工业和信息化“十三五”
高职高专人才培养规划教材

计算机组装与调试维修

Computer Assembly and Maintenance

刘博 褚宁 ◎ 主编
尉秀梅 宋霹蔚 刘强 ◎ 副主编

人民邮电出版社
北京

图书在版编目（CIP）数据

计算机组装与调试维修 / 刘博，褚宁主编. -- 北京：人民邮电出版社，2017.8
工业和信息化“十三五”高职高专人才培养规划教材
ISBN 978-7-115-46278-7

Ⅰ. ①计… Ⅱ. ①刘… ②褚… Ⅲ. ①电子计算机－组装－高等职业教育－教材②电子计算机－调试方法－高等职业教育－教材③电子计算机－维修－高等职业教育－教材 Ⅳ. ①TP30

中国版本图书馆CIP数据核字(2017)第180396号

内容提要

本书详细讲解计算机组装、调试、维护、优化和维修各方面技能。全书共分为 7 章，围绕计算机硬件结构基础知识、计算机组装调试、计算机维护优化及计算机故障维修几个功能模块梯度展开，既前后呼应，又环环相扣。

全书内容翔实、案例丰富、讲解深入浅出、用词通俗易懂，既重视重点知识的讲解，又关注实战技能的培养。通过系统的讲解和生动的实践，读者可以轻松掌握相关的知识点。书中还配套大量免费资源，包括多媒体资料、电子教案、辅导材料、拓展案例和工具软件等，读者可以通过扫一扫书中相应二维码及封底的“本书资源下载”二维码获取。

本书适合作为高等院校、高等职业院校相关专业课程的教材，可供各类计算机培训机构应用，也可作为初学者学习计算机硬件知识和组装调试、维护优化技能的普及性读物，还可以作为从事计算机维护及维修工作的人员、计算机硬件爱好者的参考书。

◆ 主　　编　刘　博　褚　宁
副 主 编　尉秀梅　宋霨蔚　刘　强
责任编辑　马小霞
责任印制　焦志炜

◆ 人民邮电出版社出版发行　　北京市丰台区成寿寺路 11 号
邮编　100164　　电子邮件　315@ptpress.com.cn
网址　http://www.ptpress.com.cn
北京市艺辉印刷有限公司印刷

◆ 开本：787×1092　1/16
印张：15.75　　　　2017 年 8 月第 1 版
字数：393 千字　　　2017 年 8 月北京第 1 次印刷

定价：45.00 元

读者服务热线：(010)81055256　印装质量热线：(010)81055316
反盗版热线：(010)81055315
广告经营许可证：京东工商广登字 20170147 号

前　言

随着计算机应用的日益普及，计算机已经成为人们日常生活、学习和工作中不可或缺的重要工具。但是，在人们使用计算机的过程中很多问题也随之而来，比如计算机性能在使用过程中变得越来越差，再比如很多人会使用计算机，但遇到简单的计算机故障就无法排除。也就是说，计算机硬件系统和软件系统的维护、优化和维修问题已开始成为计算机日常使用的瓶颈。

作为计算机专业的学生，更应该深入了解计算机系统各部分的性能，并且全面掌握计算机组装、调试、维护、优化和维修各方面的技能。本书凝聚了编者多年一线教学和实践的经验，注重突出“实践性、实用性、创新性”，以理论够用、强化动手为原则，充分利用多媒体等现代化手段，全面展示了计算机装调与维护优化的技巧和方法。

全书内容翔实、结构紧凑，根据科学性、先进性原则优化知识结构，共设计为 7 章，各章分别从以下角度展开讲解。

第 1～3 章对计算机各部件主要产品进行了详尽阐述，并且通过专家分析和权威发布的路线图等资料对未来的技术和产品及发展脉络进行了展望，力求跟踪技术发展前沿，使本书讲解的内容新颖实用；在篇幅上平衡了计算机各部件基本原理、性能参数和选购策略等知识点，重点是为后续装调与维护优化环节做好铺垫；特别引入笔记本电脑相关知识，并且着力介绍了当前的新材料、新工艺和新产品。

第 4 章通过实例讲解计算机硬件组装，还特别介绍了典型笔记本电脑的拆装方法。本章内容承前启后，既是前面内容的整合，又是展开后面内容的必备节点。

第 5 章介绍计算机调试的相关内容，涉及装机测试、BIOS 的设置升级、硬盘分区及格式化、软件系统的安装与设置以及对计算机系统进行检测的各种方法。本章所介绍的内容是从组装好硬件到能够正常使用计算机之间的重要必备知识，而且为后续章节优化和维护维修等内容做铺垫。由于内容涉及面广、知识点多，本书力求面面俱到，同时注意做好取舍，重点放在各方面调试的基本方法和对系统进行检测的操作。

第 6 章介绍计算机维护方法和优化技巧，涉及计算机使用过程中的注意事项和正确的操作方法，以及计算机优化的常用技巧。本章内容重在帮助读者养成良好的计算机使用习惯，介绍如何延长机器的使用寿命、如何尽量避免计算机性能下降的方法。

第 7 章介绍计算机硬件故障诊断与处理，既有计算机维修原则和基本方法技巧的介绍，又精选了典型故障案例解析，帮助读者理论联系实际地学习如何解决计算机使用过程中的常见故障。

编者在本书的编写过程中力求体现以下特点。

（1）将理论基础与实践技能相结合的理念作为贯穿全书的主线，每一章的安排都以突出主线为宗旨。对于重点、难点问题，不惜浓墨重彩；对于实用性不大或过时的知识，尽可能轻描淡写，或将它们穿插到相关知识点中。

（2）突出直观教学效果，贴近读者求知的心理感受与认识规律。本书精心创作、选编了大量示范性和实践性的案例，将抽象枯燥的理论知识融于富有针对性与趣味性的实例讲解中，从而更有效地培养读者分析问题、解决问题的能力。

（3）大量运用多媒体、二维码等多样表达手段，形象直观地揭示知识点，增大信息容量，且获取资源方便快捷。

同时，书中每章都有实训和习题，读者可以扫描二维码获取实训和习题指导，既可方便实践和巩固知识，又可缓解课业负担。扫描封底的“本书资源下载”二维码，读者可以获取大量免费的配套资源用以巩固相关知识点。

全书由主编刘博和褚宁统稿、定稿；副主编尉秀梅、宋霨蔚和刘强分别负责计算机组成结构部分、计算机组装部分和计算机维修部分的编写，参加编写的还有肖仁锋、李明、姜雪松、韩振光、黄晓春、毕明杰、高晓黎、时会美。在编写过程中，许多专家给予了技术上的指导与宝贵的建议，在此一并表示衷心感谢。

由于计算机技术日新月异，书中难免存在缺漏，请读者不吝指正。如果能将您对本书的意见或建议发至我们的电子信箱 SSTULB@163.com，我们将不胜感激。

编　者

2017 年 5 月

目　录 CONTENTS

第 1 章　计算机硬件基础知识　1

第 2 章　计算机主机部件　11

第 3 章　计算机外设部件　82

第4章 计算机硬件组装 118

第5章 计算机调试 147

第6章 计算机的维护与优化 173

第7章 计算机故障维修 215

Chapter 1 第 1 章 计算机硬件基础知识

内容概要与学习要求：

本章介绍了计算机的发展和分类，要求读者对计算机系统的历史演进有较深入的了解，并且能够把握未来发展趋势；简要介绍了计算机的组成与基本结构，要求读者明确计算机的整体组成和软、硬件系统的划分，以方便后面章节的学习。

获取本章学习指导

1.1 个人计算机简介

随着人类科技的发展，人们在生产劳动中创造并改进了多种计算工具。计算工具是人类大脑的延伸，可以让人的潜力得到更大的发挥。人类最初用手指计算，人有两只手，10 根手指头，所以人们自然而然地习惯于运用十进制记数法。用手指计算固然方便，但不能存储计算结果，于是人们用石头、刻痕或结绳来延长自己的记忆能力。

以算筹为基础产生的算盘是计算工具发展史上的第一次重大改革，是公认的最早使用的计算工具。

随着科学技术的发展，商业、航海和天文学等方面都提出了许多复杂的计算问题，为计算工具的发展提供了契机。1642 年，法国数学家、物理学家帕斯卡（Blaise Pascal）发明了第一台机械加法器 Pascaline，这也是机械式计算工具的代表。

扫一扫

获取计算工具发展史

1888 年，美国统计学家霍勒瑞斯（Herman Hollerith）为美国的人口统计局创建了第一台机电式穿孔卡系统——制表机，这台制表机参与了美国 1890 年的人口普查，是人类历史上第一次利用计算工具进行的大规模数据处理。

1．现代计算机的发展阶段

1944 年 8 月至 1945 年 6 月是计算机科学技术快速发展的时期。冯·诺依曼（John Von Neuman）博士（见图 1.1）与莫尔学院科研小组合作，提出了一个全新的存储程序通用数字电子计算机方案 EDVAC（Electronic Discrete Variable Automatic Computer，离散变量自动电子计算机），这就是人们通常所说的冯·诺依曼型计算机，如图 1.2 所示。该计算机采用“二进制”代码表示数据和指令，并提出了“程序存储”的概念，为现代计算机奠定了坚实基础。

（1）第一代电子管计算机（1945—1956 年）

1946 年，美国宾夕法尼亚大学莫尔学院物理学家莫奇利（John W. Mauchly，如图 1.3 所示）和工程师埃克特（J.Presper Eckert）领导的科研小组共同开发了数字电子计算机 ENIAC（Electronic Numerical Integrator And Calculator，电子数值积分计算机），ENIAC 是计算机发展史上的里程碑，被广泛认为是世界上第一台现实意义上的计算机。

图 1.1　冯 · 诺依曼

图 1.2　EDVAC

图 1.3　ENIAC 研发团队（左为莫奇利）

图 1.4　第一台电子管计算机（ENIAC）

ENIAC 是一个庞然大物，其占地面积为 170m^2，总重量达 30t，如图 1.4 所示。机器中约有 18000 支电子管、1500 个继电器以及其他各种元器件，在机器表面则布满电表、电线和指示灯，每小时耗电量约为 140kWh。这样一台“巨大”的计算机，每秒可以进行 5000 次加法运算，相当于手工计算的 20 万倍，相当于机电计算机的 1000 倍。ENIAC 的研制成功是计算机发展史上的一座里程碑。

第一代计算机的特点是操作指令为特定任务而编制，每种机器有各自不同的机器语言，功能受到限制，速度也慢；另一个明显特征是使用真空电子管和磁鼓储存数据，如图 1.5 所示。

（2）第二代晶体管计算机（1956—1963 年）

1948 年，晶体管的发明大大促进了计算机的发展，晶体管代替了体积庞大的电子管，电子设备的体积不断减小，如图 1.6 所示。1956 年，晶体管在计算机中广泛使用，晶体管和磁芯存储器促使了第二代计算机的产生。第二代计算机体积小、速度快、功耗低，性能更稳定。

首先使用晶体管技术的是早期的超级计算机，主要用于原子科学的大量数据处理，这些机器价格昂贵，生产数量极少。1960 年，出现了一些成功地用在商业领域、大学和政府部门的第二代计算机。比如著名的 UNIVAC LARC 计算机，LARC 计算机是 20 世纪 60 年代初期功能最强劲的一台计算机，也是最早的晶体管计算机之一，它在设计上有许多创新，例如能与主机并行操作的外围处理机，用以控制各种输入、输出设备并行地与主存交换信息，从而使计算机能高速地同时完成几个操作。它有 2 个运算器，10 个存储器模块。

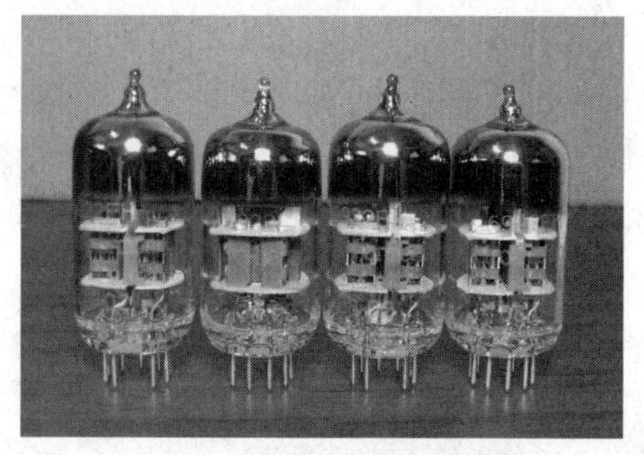

图 1.5 电子管

图 1.6 晶体管

第二代计算机用晶体管代替电子管，还有现代计算机的一些部件，如打印机、磁带、磁盘、内存、操作系统等。计算机中存储的程序使得计算机有很好的适应性，可以更有效地用于商业用途。在这一时期出现了更高级的 COBOL（Common Business-Oriented Language）和 FORTRAN（FORmula TRANslator）等语言，以单词、语句和数学公式代替二进制机器码，使计算机编程更容易。新的职业，如程序员、分析员和计算机系统专家，甚至整个软件产业由此应运而生。

（3）第三代集成电路计算机（1964—1971 年）

虽然晶体管比起电子管是一个明显的进步，但晶体管在使用中会产生大量的热量，这会损害计算机内部的敏感部分，集成电路的出现使得这种状况有了改善，集成电路如图 1.7 所示。1964 年，美国 IBM 公司成功研制第一个采用集成电路的通用电子计算机系列 IBM 360 系统，如图 1.8 所示。它的体系结构既便于事务处理，又便于科学计算；系列中各机型具有兼容性；有标准的输入、输出接口和通用的输入、输出设备，它们与中央处理器相对独立；软件既有兼容性又有可扩充性，从而可最大限度地保护用户的软件投资。这些特征大多都成为以后计算机设计与开发所遵循的基本原则。1964 年，IBM 为美国 Airlines 提供了 SABRE 系统；1966 年 IBM 为美国社会保障管理机构提供了管理系统；在 1969 年的 Apollo 11 登月计划中，IBM 360 系统更是大显身手。

图 1.7 集成电路

图 1.8 IBM 360 系统

随后，计算机体积变得更小，功耗更低，速度更快。这一时期的发展还包括使用了操作系统，使得计算机在中心程序的控制协调下可以同时运行许多不同的程序。

（4）第四代大规模集成电路计算机（1971 至今）

出现集成电路后，计算机唯一的发展方向是扩大规模。大规模集成电路（LSI）可以在一个芯片上容纳几百个元件，如图 1.9 所示。到了 20 世纪 80 年代，超大规模集成电路（VLSI）在芯片上容纳了几十万个元件，后来的 ULSI 将数字扩充到百万级。在硬币大小的芯片上容纳如此大数量的元件使得计算机的体积变小，价格不断下降，而功能和可靠性不断增强。

2016 年 11 月 14 日，新一期全球超级计算机 500 强榜单在美国公布，我国研制的“神威·太湖之光”再次问鼎冠军，如图 1.10 所示。它是世界首台运行速度超十亿亿次/秒的超级计算机，其峰值性能达每秒 12.5 亿亿次，持续性能为每秒 9.3 亿亿次，系统能效比高达每瓦特 60.5 亿次，这些指标均居世界第一。有了这套计算机系统，甚至可以在 30 天内完成未来 100 年的地球气候模拟。

图 1.9　大规模集成电路

图 1.10　神威·太湖之光超级计算机

2．计算机的发展趋势

目前计算机技术的发展趋势是向巨型化、微型化、网络化和智能化 4 个方向发展。

（1）巨型化

巨型化是指具有运算速度高、存储容量大、功能更完善的计算机系统，其运算速度一般在每秒万亿次，这样的计算机被誉为“现代科技的大脑”。巨型机主要用于尖端科技和国防系统的研究与开发。如航空航天、军事工业、气象、人工智能等几十个学科领域，特别是在复杂的大型科学计算领域，其他的机种难以与之抗衡。

由于加工数据吞吐量极大，巨型机主机由高速运算部件和大容量快速主存储器构成，在系统结构、硬件、软件、工艺和电路等方面采取各种支持并行处理的技术。截至 2017 年，全球排名前十位的巨型机的浮点运算速度都在 5000 万亿次/秒以上。

航空航天、地质勘探、车船设计、动漫制作、环境保护、新药研发、生物信息、气象监测……巨型机的应用已从实体经济转到战略领域的诸多方面。

（2）微型化

微型化得益于大规模和超大规模集成电路的飞速发展。微处理器自 1971 年问世以来，发展非常迅速，几乎每隔两三年就会更新换代一次，这也使以微处理器为核心的微型计算机的性能不断跃升。微型化、多功能、高可靠性、防静电和抗电磁干扰的各类片式电子元器件不断发展，顺应了计算机微型化的发展方向，便携、网络化和多媒体化以及更轻、更薄、更短、更小的特点，使得微型机的发展日新月异。

现在，除了放在办公桌上的台式微型计算机外，还有可随身携带的膝上型计算机、可以握在手上的掌上型计算机以及在生活中广泛使用的嵌入式计算机，如电视机顶盒、数字电视、汽车、数码相机、家庭自动化系统、空调、POS 机、工业自动化仪表与医疗仪器，使用范围覆盖了各行各业。这些微型机的体积小、使用方便、价格便宜，操作简单且技术更新快，迅速进入了社会各个领域。

（3）网络化

网络化是指利用通信技术和计算机技术，把分布在不同地点的计算机互连起来，按照网络协议相互通信，以达到所有用户都可共享数据和软硬件资源的目的。整个互联网相当于一台巨大的超级计算机，当然也可以构造地区性的网络、企事业内部网络、局域网络，家庭网络甚至个人网络。目前各国都在致力于“三网合一”的开发与利用，即将计算机网络、有线电视网、通信网合为一体，通过网络更加高效地传送文本、声音、图形和视频，用户不但可以随时随地上网，并可以方便地使用可视电话或者收看世界各地的电视节目。

现在，计算机网络在交通、金融、企业管理、教育、通信及商业等各行各业中得到广泛的应用。云计算、物联网、虚拟化、移动通信、网络安全与管理都是当今计算机网络化发展研究的热点，未来的计算机网络将向着开放、集成、智能的方向发展。

扫一扫

获取超级计算机资讯

（4）智能化

智能化就是要求计算机能模拟人的感觉和思维能力，也是第五代计算机要实现的目标。智能化的研究领域很多，其中最有代表性的领域是专家系统和机器人，如图 1.11 所示。专家系统已经在管理调度、辅助决策、医疗诊断、人脸识别、故障诊断、地质测绘、产品设计及教育咨询等方面广泛应用。文字、语音、图形图像的识别与理解以及机器翻译等领域也取得了重大进展，比如在线翻译系统、人脸识别等产品已经问世，且在不断地进行改进。

2017 年 1 月 4 日晚，随着古力认输，阿尔法狗（AlphaGo，见图 1.12）新版 Master 对人类顶尖高手的战绩停留在 60 胜 0 负 1 和，而令专业棋手最尴尬的是这唯一一场和棋还是因为计算机掉线系统自动判和。人工智能再度震撼人类，阿尔法狗制造团队谷歌 DeepMind 透露，Master 只是被发现的那一个，还有更多的人工智能“狗”正在互联网上挑战人类。

图 1.11　智能机器人

图 1.12　AlphaGo

展望未来，计算机的发展必然要经历很多新的突破。从目前的发展趋势来看，未来的计算机将是超导计算机、纳米计算机、光计算机、DNA 计算机和量子计算机等。

光子计算机的运算速度比电子计算机快 1000 倍，第一台超高速全光数字计算机已由欧盟的英、法、德、意等国的 70 多名科学家和工程师合作研制成功。

2013 年 9 月 26 日，斯坦福大学宣布人类首台基于碳纳米管技术的计算机成功测试运行。碳纳米管是由碳原子层以堆叠方式排列所构成的同轴圆管，碳纳米管的直径可以小到 1nm，而人类的 DNA 直径一般是 2.5nm。碳纳米管具有体积小、传导性强、支持快速开关等特点。这台碳纳米管计算机芯片包含 178 个晶体管，其中每个晶体管由 10～200 个碳纳米管构成。

超导计算机具有超导逻辑电路和超导存储器，其运算速度将比现在的电子计算机快 100 倍，而电能消耗仅是其千分之一。

DNA 计算机比传统计算机在体积、容量、能耗、速度方面都有很大的优势，预计 $1cm^3$ 空间的 DNA 可储存的资料量超过 1 兆片 CD 容量，运算速度更可达到惊人的 10 亿次/秒，而能耗仅相当于普通计算机的十亿分之一。目前离开发、实际应用还有相当的距离，尚有许多现实的技术性问题需要去解决。

量子计算是一种基于量子效应的新型计算方式，基本原理是以量子位作为信息编码和存储的基本单元，通过大量量子位的受控演化来完成计算任务。量子计算机将会完成比传统计算机更复杂的运算，运算速度也是传统计算机无法比拟的。2016 年 8 月，中国在量子计算机的研究上取得突破性进展，中国科技大学量子实验室成功研发了半导体量子芯片和量子存储，可实现量子计算机的逻辑运算和信息处理。

1.2 计算机的分类

随着计算机技术的发展，计算机的家族成员越来越多，可以按照不同的方法进行不同性质的分类。

根据其用途不同，计算机可分为通用机和专用机两类。通用机能解决多种类型的问题，通用性强；而专用机则配有解决特定问题的软硬件，功能单一，但能高速、可靠地解决特定问题。

计算机按照处理的数据类型可以分为数字计算机、模拟计算机以及混合计算机 3 类。通常人们又按照计算机的运算速度、字长、存储容量、软件配置及用途等多方面的综合性能指标，将计算机分为微型计算机、工作站、小型机、大型机和巨型机等几类。

1．巨型机

巨型机是计算机型谱中档次最高的机型，它的运算速度最快、性能最高、技术最复杂。巨型机主要用于解决大型机也难以解决的复杂问题，是解决科技领域中某些挑战性问题的关键工具。巨型机的研制水平、生产能力及其应用程度已成为衡量一个国家经济实力和科技水平的重要标志。

目前世界上运行速度最快的计算机是神威·太湖之光，其运算速度为 9.3 亿亿次/秒的浮点运算速度，共有 40960 块处理器。

2．大型通用机

大型通用机的特点表现为通用性强、具有很强的综合处理能力以及性能覆盖面广等，主要应用在公司、银行、政府部门、社会管理机构和制造厂等，所以通常人们称大型机为“企业级”计算机。大型机系统可以是单处理机、多处理机或多个子系统的复合体。

3．小型机

小型机可以为多个用户执行任务，通常是一个多用户系统。小型机结构简单、设计试制周期短，便于及时采用先进工艺。这类机器可靠性高，价格便宜，对运行环境要求低，易于操作且便于维护，因此对广大用户具有吸引力，特别是在一些中小企业中很有市场，可作为集中式的部门级管理计算机，可在大型应用中作为前端处理机，也可在客户端-服务器结构中作为服务器（如文件服务器、WWW 服务器及应用服务器等）。小型机的应用案例有工业自动化控制、大型分析仪器和测量仪器、医疗设备中的数据采集和分析计算等。

4．工作站

工作站是一种高档微机系统，具有较高的运算速度，既具有大、中、小型机的多任务、多用户能力，又兼具微型机的操作便利和良好的人机界面。工作站可连接多种输入、输出设备，而其最突出的特点是图形功能强，具有很强的图形交互与处理能力，因此在工程领域，特别是在计算机辅助设计（CAD）领域得到迅速应用。

5．微型计算机

以微处理器为中央处理单元而组成的个人计算机（PC）称为微型机或微型计算机，笔记本电脑、平板电脑以及种类众多的手持智能设备都属于微型计算机。现在大多家用微型机都配置了双核或四核的处理器，在某些方面已可以和以往的大型机相媲美。

6．服务器

当计算机最初用于信息管理时，信息的存储和管理是分散的，这种方式的弱点是数据的共享程度低，数据的一致性难以保证。于是以数据库为标志的新一代信息管理技术得以发展起来，以大容量磁盘为手段、以集中处理为特征的信息系统也发展起来。

随着互联网的普及，各种档次的计算机在网络中发挥着各自不同的作用，而服务器在网络中扮演着最主要的角色。服务器可以是大型机、小型机、工作站或高档微型机，可以提供信息浏览、电子邮件、文件传送、数据库、打印以及多种应用服务。服务器作为网络的节点，承担了80%的数据和信息的存储、处理任务，被视为网络的灵魂。

1.3 计算机的组成与基本结构

1.3.1 计算机的组成

一个完整的计算机系统是由硬件系统和软件系统两大部分组成的。

硬件（Hardware）即硬设备，是指各种看得见、摸得着的实实在在的物理设备的总称，是计算机系统的物质基础。

软件（Software）是在硬件系统上运行的各类程序、数据及有关文档的总称。

计算机硬件和软件的关系：没有配备软件的计算机叫“裸机”，不能供用户直接使用；没有硬件对软件的物质支持，软件的功能则无法发挥；只有硬件和软件相结合才能充分发挥计算机系统的功能。图1.13所示描述了计算机系统的组成。

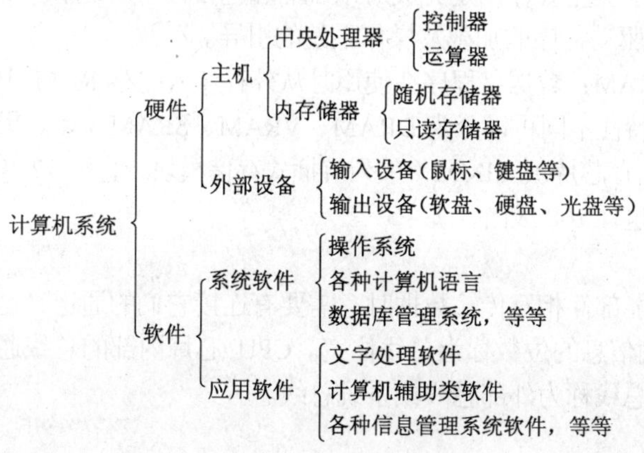

图1.13 计算机系统组成

1.3.2 计算机的基本结构

无论是巨型机、大型机、小型机还是微型计算机，尽管它们在规模和性能方面存在着极大的差别，但其硬件系统都由运算器、控制器、存储器、输入设备和输出设备5个部分组成。下面以微型计算机为例介绍计算机的各个组成部分。

微型计算机从最早的IBM PC发展到今天的四核、八核计算机，其各项性能指标得到了大大提高，但其基本结构并无大的变化，它们都是由显示器、键盘和主机构成。主机箱有卧式和立式两种，在主机箱内有主板、硬盘驱动器、DVD 光驱、电源、显示适配器（显卡）等。

1．主板部件

主板也叫系统板或母板，包括微处理器模块（Central Processing Unit，CPU）、内存模块（随机存储器 RAM、只读存储器 ROM）、基本 I/O 接口、中断控制器、DMA 控制器及连接其他部件的总线，是微机内最大的一块集成电路板，也是最主要的部件。通常系统板上集成了 SATA 硬盘接口、并行接口、串行接口、USB（Universal Serial Bus，通用串行总线）接口、HDMI 视频接口及 PCIE 总线等。

（1）中央处理器（CPU）

中央处理器主要包括运算器和控制器两大部件。CPU 是一个体积不大而集成度非常高、功能强大的芯片，也称为微处理器（Micro Processor Unit，MPU），它是计算机的核心部件。

（2）内存储器

目前，微型计算机的内存储器都由半导体器件构成。内存储器按其性能和特点可分为只读存储器（Read Only Memory，ROM）和随机存储器（Random Access Memory，RAM）两大类。

目前，常用的存储器有如下所述 4 类。

① 可擦除可编程的 EPROM：用户可通过编程器将数据或程序写入 EPROM，如需重新写入，可通过紫外线照射 EPROM 将原来的信息擦除，然后再重新写入。

② 电可擦除的 EEPROM：擦除不像 EPROM 那样用紫外线照射，而是需要一个擦除电压。同 RAM 一样，写入时擦除原有的信息，写入的速度较慢。

③ 快擦型存储器（闪存）Flash Memory：具有 EEPROM 的特点，可在计算机内进行擦除和编程，它的读取时间同 DRAM 相似，而写入时间较慢。

一般在系统板上都装有只读存储器ROM，它里面固化了一个基本输入/输出系统，称为BIOS（基本输入/输出系统）。其主要作用是完成对系统的加电自检、系统中各功能模块的初始化、系统的基本输入/输出的驱动程序的加载及操作系统的引导。

④ 随机存储器 RAM：数据、程序在使用时从外存读入内存 RAM 中，使用完毕后在关机前再存回外存。根据特性不同可以分为 DRAM、VRAM、SRAM 3 类。根据外形封装又可分为 DIP（普通双列直插内存芯片）、SIMM（单列直插式存储模块，也称 72 线内存）和 DIMM（双列直插式存储模块，也称 168 线内存）。

（3）总线

微型计算机各功能部件相互传输数据时，需要有连接它们的通道，这些公共通道就称为总线（BUS）。一次传输信息的位数称为总线位宽。CPU 芯片内部的总线通常称为内部总线，而连接系统各部件间的总线称为外部总线或系统总线。

（4）扩展槽

主机与其他外围硬件是以扩充总线相连的，一般扩充总线在主板上的接口称为扩展槽。扩展槽主要用于插接各种功能的板卡。

（5）USB 接口

USB 接口是 Intel 公司提出的一种新型接口标准，支持即插即用功能。USB 接口支持功能传递，用户只需要准备一个 USB 接口，就可以将外设相互连接成串，例如图 1.14 所示的 U 盘。其次，USB 接口本身提供电力来源，外设不需外接电源线。USB 接口能以树状结构连接 127 个外部设备，如键盘、鼠标、显示器、CD-ROM、DVD、打印机、扫描仪、数码照相机、数字音响、Modem 及游戏杆等。现在主流的 USB 3.0 接口的传输速率理论上可以达到 5Gbit/s（bit/s

为每秒的位数，即 bits per second)。

2．外设部件

（1）移动硬盘

移动硬盘是一种可携带的存储设备，如图 1.15 所示，大多使用了 USB、IEEE1394，eSATA 接口，常见尺寸有 1.8 寸、2.5 寸和 3.5 寸 3 种，体积小、重量轻，一般没有外置电源，使用起来非常方便。

图 1.14　U 盘

图 1.15　移动硬盘

移动硬盘采用以硅氧为材料的磁盘驱动器，大大提高了传输数据的可靠性和完整性，并且传输速率高，USB 3.0 接口的传输速率是 625MB/s。随着技术的发展，存储容量大多在 1TB 以上。

（2）键盘

键盘是标准输入设备，用来向微型计算机输入命令、程序和数据。现在普遍使用的是通用扩展键盘。

（3）鼠标

鼠标（Mouse）是一种“指点”设备（Pointing Device），可以取代键盘上的光标移动键移动光标，定位光标于菜单处或按钮处，完成菜单系统特定的命令操作或按钮的功能操作。鼠标操作更加简便、高效。

（4）显示系统

显示系统由显示器和显示控制适配卡（Adapter，显示适配卡或显卡）组成。显示器又称监视器（Monitor），是微型计算机系统的标准输出设备，它能快速地将计算机中的原始信息和运算结果直接转换为人能直接观察和阅读的光信号，输出信息可以是字符、汉字、图形或图像。

1.4　本章实训

1. 了解正确的开机、关机方法。
2. 熟悉键盘上按键的分区、主要功能键的作用。
3. 观察计算机，指出计算机系统的组成部分。
4. 打开计算机，指出其安装的各种软件。
5. 区分常见的输入设备。
6. 区分常见的输出设备。
7. 对给出的硬盘能够指出其主要的参数。

扫一扫

获取本章实训指导

1.5 本章习题

1. 简述计算机的发展阶段。
2. 简述计算机的发展趋势。
3. 简述计算机的分类。
4. 列出常见外设及其特点。
5. 简述常见的主机设备的特点。
6. 简述计算机硬件系统的组成部分。
7. 简述现代计算机的工作原理。
8. 简述计算机系统的组成。
9. 计算机的主要性能指标有哪些?
10. 列出常见的输入/输出设备（每项至少5个）。

获取本章习题指导

本章小结

本章首先介绍了计算机的发展历史和几个重要阶段，重点指出每个发展阶段的典型特征和代表性年物，然后介绍计算机的分类方式，最后介绍计算机的基本结构。

Chapter 2 第2章 计算机主机部件

内容概要与学习要求：

本章着重对微型计算机的主机部件及笔记本电脑相应部分的基本原理、组成和性能指标进行详细介绍。读者学习时应注意理论联系实际，并在理论指导下将选购技巧与实战经验融会贯通。

扫一扫

获取本章学习指导

2.1 CPU

2.1.1 CPU 概述

CPU 负责执行指令及控制、协调各单元，所有运算及程序处理都离不开它。

2017 年 1 月 5 日，2017 国际消费电子展（CES 2017）在拉斯维加斯开幕，包括 Intel、AMD、NVIDIA、Qualcomm、联发科等芯片厂商都在此期间揭晓了新处理器，除了预期将配合各家 OEM 厂商推行新机，更预期导入全新运算应用模式，例如更具体聚焦在巨量数据分析、人工智能或者虚拟现实等全新应用情境，而非仅像过往强调效能提升、制程技术缩减。

新款处理器与即将来到的微软 Windows 10 Creators，都将融合全新使用模式与虚拟现实体验，让个人计算机、平板电脑等装置再次成为关注议题。同时，部分新款手机也将随着新处理器推出亮相，例如华硕即将揭晓的 ZenFone AR、第二代 ZenFone Zoom 等。

1．CPU 结构简介

（1）CPU 的内部结构

CPU 内部结构分为控制单元、逻辑单元和存储单元 3 部分，它们之间相互协调，可以进行分析、判断、运算，并控制计算机各部分协调工作。8086 内部结构如图 2.1 所示。

运算器可以进行算术运算和逻辑运算，算术运算是指加、减、乘、除运算；逻辑运算是指逻辑加、逻辑乘和逻辑非运算。控制器主要用于读取各种指令，并对指令进行分析，作出相应的控制。寄存器直接参与运算，并存放运算的中间结果。

（2）CPU 的外部结构

从外部看 CPU，其主要由两个部分组成，一个是核心，另一个是基板。如图 2.2 所示，上边是 AMD PhenomⅡX4，下边是 Intel Core 2 Quad。

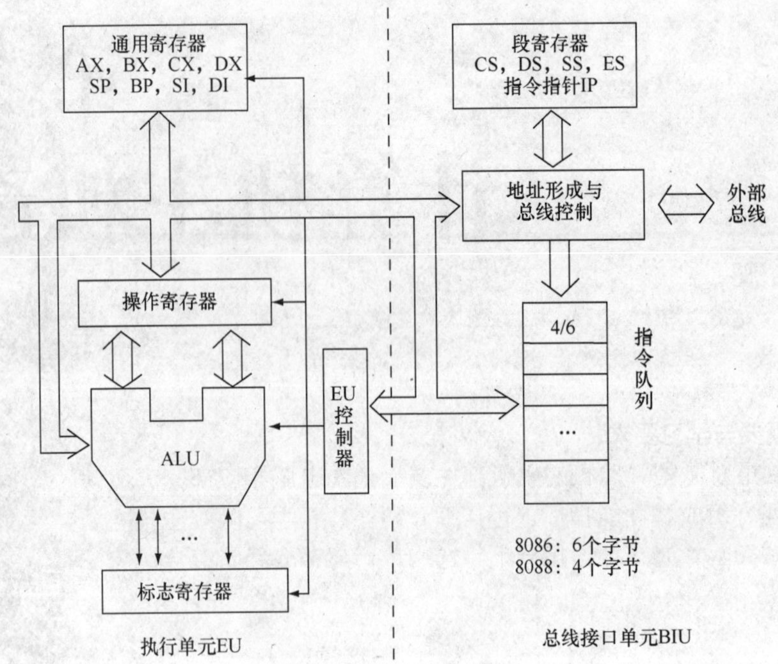

图 2.1 8086 内部结构

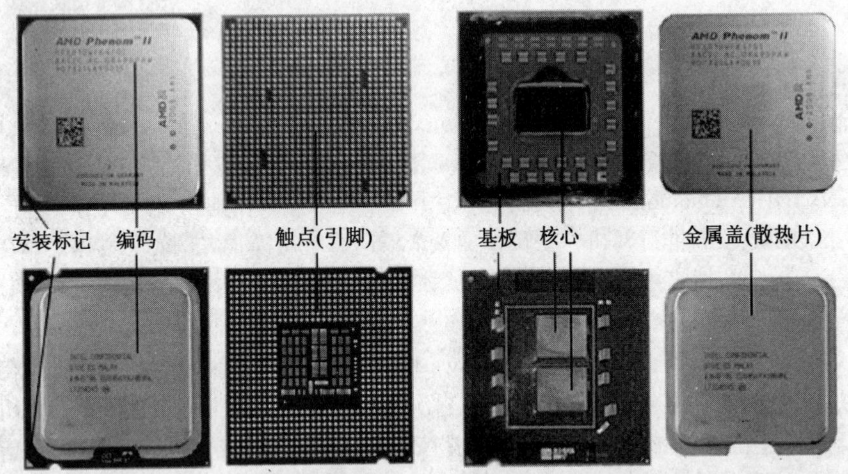

图 2.2 CPU 外部结构

① CPU 的核心

揭开散热片后看到的核心又称为内核，是 CPU 最重要的组成部分，就是 CPU 中心那块隆起的芯片，是由单晶硅以一定的生产工艺制造出来的，CPU 的所有计算、接收/存储命令、处理数据都由核心执行。目前绝大多数 CPU 都采用了一种翻转内核的封装形式，也就是说平时所看到的 CPU 内核其实是这颗硅芯片的底部，它是翻转后封装在陶瓷电路基板上的，这样的好处是能够使 CPU 内核直接与散热装置接触。CPU 核心相对的另一面，也就是被盖在陶瓷电路基板下面的那面用于和外界的电路相连接。现在的 CPU 都有以千万计的晶体管，它们都要连到外面的电路上，而连接的方法则是将每若干个晶体管焊上一根导线连到外电路上。

② CPU 的基板

CPU 基板就是承载 CPU 核心用的电路板，它负责核心芯片和外界的数据传输。

③ CPU 的编码

在 CPU 编码中，都会注明 CPU 的名称、时钟频率、二级缓存、前端总线、核心电压、封装方式、产地及生产日期等信息。

④ CPU 的触点

CPU 需要通过触点与主板连接。CPU 采用的接口方式有引脚式、卡式、触点式、针脚式等。目前 CPU 的接口主要采用针脚式和触点式，对应到主板上就有相应的接口类型。不同类型的 CPU 有不同的 CPU 接口，因此选择 CPU，就必须选择带有与之对应接口类型的主板。主板 CPU 接口根据类型不同，在插孔数、体积、形状等方面都有变化，所以不能互相接插。

2．CPU 发展简史

CPU 从最初发展至今已经有 30 多年的历史了，这期间，按照其处理信息的字长，CPU 分为 4 位微处理器、8 位微处理器、16 位微处理器、32 位微处理器以及 64 位微处理器等。

1971 年，Intel 公司诞生了第一个 CPU——4004 处理器，这便是第一个用于计算机的 4 位微处理器，它包括 2300 个晶体管，已经可以看到个人计算机的影子在里面了。

随后，Intel 公司又研制出了 8080 CPU 和 8085 CPU，与当时 Motorola 公司的 MC6800 CPU 和 Zilog 公司的 Z80 CPU，一起组成了 8 位微处理器的家族。

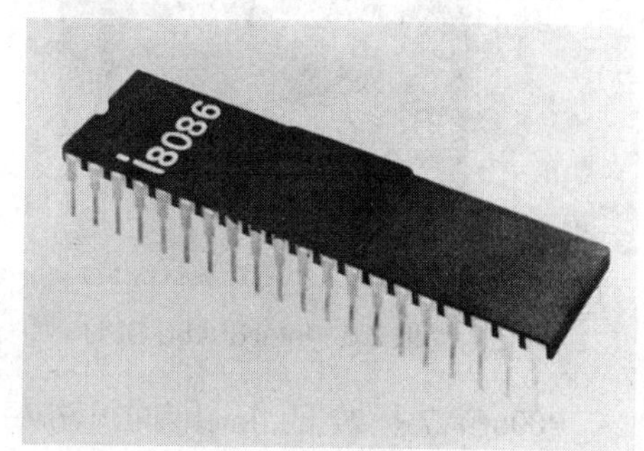

图 2.3　Intel 8086 CPU

1978 年，Intel 公司生产了第一块 16 位 CPU（i8086），如图 2.3 所示，它使用的指令代码就叫 X86 指令集。这个处理器标志着 X86 王朝的开始。

1982 年，Intel 公司发布了 80286 处理器，如图 2.4 所示，也就是俗称的 286。这是 Intel 公司第一个可以运行所有为其撰写的内部指令集的处理器，其内部包括 13.4 万个晶体管，时钟频率也达到了前所未有的 20MHz。其内、外部数据总线均为 16 位，地址总线为 24 位，可以使用 16MB 内存，可使用的工作方式包括实模式和保护模式两种。在发布后的 6 年中，全球一共交付了 1500 万台基于 286 的个人计算机。

32 位 CPU 的代表产品首推 Intel 公司 1985 年推出的 80386，如图 2.5 所示。这是一种全 32 位 CPU 芯片，也是 X86 家族中第一款 32 位芯片，其内部包括 27.5 万个晶体管，超过了 4004 CPU 芯片的 100 倍；时钟频率为 12.5MHz，后逐步提高到 33MHz。80386 CPU 的内部和外部数据总线都是 32 位，地址总线也是 32 位，可以寻址到 4GB 内存。

图 2.4　Intel 80286 CPU

图 2.5　Intel 80386 CPU

20 世纪 80 年代末 90 年代初，80486 CPU 面市，如图 2.6 所示。它集成了 120 万个晶体管，时钟频率由 25MHz 逐步提升到 50MHz。80486 是将 80386 和数学协处理器 80387 以及一个

8KB 的高速缓存集成在一个芯片内，并在 X86 系列中首次使用了 RISC（精简指令集）技术，可以在一个时钟周期内执行一条指令；它还采用了突发总线方式，大大提高了与内存的数据交换速度。

20 世纪 90 年代中期，全面超越 486 的新一代 586 处理器问世。为了摆脱 486 时代处理器名称混乱的困扰，最大的 CPU 制造商 Intel 公司把自己的新一代产品命名为 Pentium（奔腾），以区别 AMD 和 Cyrix 的产品。

1993 年至 2001 年，Intel 公司陆续研制了 Pentium、Pentium Pro、PentiumⅡ、PentiumⅢ、Pentium Xeon、Celeron 和 Pentium 4 系列 CPU。

2005 年 5 月 26 日，Intel 发布了该公司第一款双内核服务器处理器，名为 Intel 双内核 Pentium D 处理器，如图 2.7 所示。

图 2.6　Intel 80486 CPU

图 2.7　Intel Pentium D 系列 CPU

2006 年 7 月 27 日，Intel 发布了新一代基于 Core 微架构的 CPU 产品酷睿 2，如图 2.8 所示，其中基于 Clowertown 内核设计的 Xeon X5365 CPU 可以简单等同于桌面级 Kentsfield 内核的 Core 2 Extreme QX6850 四核 CPU。酷睿 2 是一个跨平台的构架体系，适用于服务器版、桌面版、移动版三大领域。

Xeon X5365　　Core 2 Extreme QX6850　　Core 2 Duo E6850

图 2.8　酷睿 2 处理器

2008 年，Intel 发布了 Nehalem 平台上的首款桌面级产品，即酷睿 i7 产品，这款产品相比于酷睿 2 处理器所带来的技术升级是革命性的：延续了多年的 FSB 前端总线系统被更加科学和高效的 QPI 总线所代替，内存也升级到了三通道，同时增添了 SMT、三级缓存、TLB 和分支预测的等级化、IMC 等技术，智能睿频技术的加入也让处理器的工作变得更加智能，另外，超线程技术也在 Nehalem 处理器中再次加入。

2010 年发布的 Clarkdale 和 2011 年发布的 Sandy Bridge 同样延续了 Nehalem 的特点。可以说，从 2008 年开始，Intel 所引领的 CPU 行业已经全面升级到了智能 CPU 的时代。

2012 年 4 月 23 日，Intel 下一代 22nm 制程 Ivy Bridge 处理器正式发布，Intel 首批发布的 Ivy Bridge 处理器为 15 款 i5、i7 四核心处理器。采用了 22nm 的工艺，Intel 称，这种处理器的性能提高了 20%，并且耗电量减少了 20%。并首次采用了一种研制 11 年的 3D 晶体管技术，把二维晶体管升级到三维“三栅晶体管”。

2013 年 6 月 4 日，Intel 发布了第四代处理器，即第四代酷睿处理器 Haswell，如图 2.9 所示，是 Intel 第四代 CPU 架构，功耗控制和小巧的体型非常适合在超级本平台上大显身手。

2015 年 CPU 的市场上出现了第五代酷睿 Broadwell 和第六代酷睿 Skylake，它们采用了 14nm 制程，架构保持不变，在功耗和性能方面有显著的提高。Broadwell 比 Haswell 带来了 30%的功耗改进。第六代酷睿 Skylake 处理器如图 2.10 所示，同样采用 14nm 工艺，是 Haswell 微架构及制程的改进版，发布时间只比 Broadwell 晚了 7 个月，但产品定位却不及 Broadwell 高，所以出现了第六代产品性能反而不及第五代产品的怪现象。

图 2.9 Haswell 处理器

图 2.10 Skylake 处理器

2016 年 8 月 31 日，基于 Skylake 架构的第七代智能英特尔® 酷睿™Kaby Lake 处理器发布，其为打造极致沉浸式的互联网体验而生。它采用了最新的 14nm 处理器，可以在 0.5s 内唤醒个人计算机，以高 8 倍的速度制作和编辑 4K 视频，可以连接到支持 Thunderbolt™3 技术的所有设备，能提供高达 40Gbit/s 的 USB-C 速度，提供到可连接设备最快最通用的连接。Y 系列和 U 系列处理器采用了超线程技术，支持双核四线程。

Kaby Lake 处理器的最低功耗为 4.5W，可以轻松实现连续 9.5 小时 4K UHD 视频，以及连续 10 小时的 1080P 视频播放。首发的 Kaby Lake Y/U 系列都是“2 2”设计，即双核心 CPU、GT2 GPU 核显，而且都支持超线程，热设计功耗分别是 4.5W、15W，支持 DDR3L-1600、LPDDR3-1866、DDR4-2133 内存，如图 2.11 所示。

图 2.11 Intel Kaby Lake 处理器

Intel 10nm 工艺的 Cannonlake（Skylake 的下一代）架构本应该于 2017 年初期发布，然而 Intel 却选择了 14nm 的 Kaby Lake 架构进行过渡。先进的工艺可以帮助 Intel 在芯片基础架构内塞进更多的晶体管和核心数量，额外元件的集成、专用的加速器和高速缓存这些先进的技术都会引入到 CPU 的生产中，相信在未来，Intel 一定会推出 10nm 工艺的产品。

3. 主流 CPU 简介

目前个人计算机用 CPU 市场上主要有 Intel 与 AMD 两大制造厂商，两家厂商各有特色，高、中、低端的产品线都很齐全，目前主流的 CPU 介绍如下。

（1）Intel 系列处理器

Intel 的处理器在市场份额和商业利润方面相比于 AMD 都占有很大的优势。现在市面上主要有酷睿 2 系列处理器和酷睿 i 系列处理器。

① Core 2 Duo 系列（酷睿双核）

采用 Core 2 微架构，使处理器在整体功耗降低 40%的同时，性能提高了 40%，前端总线频率 FSB 提升至 1333MHz，L2 高速缓存最高达 6MB，TDP 仅为 65W。接口为 LGA775，全新的智能缓存技术提高了双核心乃至多核心处理器的工作效率。目前 Core 2 Duo 系列主要有 Core 2 Duo E7200、E8200、E8300、E8400、E8500 及 E8600 等。

② 酷睿 i 系列

Core i7 即酷睿 i7 处理器，是 Intel 2008 年推出的 64 位四核心 CPU，沿用了 X86-64 指令集，并以 Intel Nehalem 微架构为基础，取代了 Intel Core 2 系列处理器。在功耗不变的前提下，酷睿 i7 处理器对视频编缉、大型游戏和其他互联网及计算机应用的运行速度提升可达 40%。酷睿 i 系列包括 Bloomfield（2008 年）、Lynnfield（2009 年）、Clarksfield（2009 年）、Arrandale（2010 年）、Gulftown（2010 年）、Sandy Bridge（2011 年）及 Ivy Bridge（2012 年）等多款子系列。例如 Core i7 3820 采用 LGA 2011 接口、主频为 3.6GHz，Turbo 到 3.9GHz，有 10MB 三级缓存，TDP 为 130W。

酷睿 i5 处理器是酷睿 i7 派生的中低级版本，包括 Lynnfield（2009 年）、Clarkdale（2010 年）、Arrandale（2010 年）及 Sandy Bridge（2011 年）等多款子系列，同样基于 Intel Nehalem 微架构。与 Core i7 支持三通道存储器不同，Core i5 只集成双通道 DDR3 存储器控制器。另外，Core i5 会集成一些北桥的功能，集成 PCI-Express 控制器。接口亦与 Core i7 的 LGA 1366 不同，Core i5 采用全新的 LGA 1156。处理器核心方面，代号 Lynnfiled，采用 45nm 制程的 Core i5 会有 4 个核心，不支持超线程技术，总共仅提供 4 个线程；L2 缓冲存储器方面，每一个核心拥有各自独立的 256KB，并且共享一个达 8MB 的 L3 缓冲存储器。

酷睿 i3 可以看做是酷睿 i5 的简化版本，可以分为 i3-530、i3-540 和 i3-550 等 3 种型号，均采用 Clarkdale 架构，双核心设计，支持超线程，采用 32nm 工艺；主频为 2.93～3.06GHz，外频 133MHz，倍频 22～23；集成 4MB 三级高速缓存，处理器内部整合北桥功能和 GPU 部分，并且还特别针对高清视频进行优化，达到流畅播放的目的；支持双通道 DDR3 1333/1066 规格内存。

③ 第六代智能 Intel® 酷睿™ 处理器

第六代智能 Intel® 酷睿™ 处理器基于新的 Skylake 微处理器架构，该架构采用了 Intel 领先的 14nm 制程技术，包括酷睿 m3、m5 和 m7 三个不同品牌级别。它是一款未锁频的移动“K”处理器，允许用户进行超频等更多自主控制，赋予用户更加自由的选择，在有史以来最低的功耗水平上，带来了更高的性能和全新的沉浸式体验；支持最广泛的计算设备，遍及从计算棒，到 2 合 1 设备、大屏高清一体机、移动工作站的各种设计。

除核心处理性能与显卡处理性能有极大提升外，第六代智能 Intel® 酷睿™处理器还带给用户很多全新的体验，比如实感技术、语音助手技术、WiFi 无线显示技术、全高清 4K 的视频流等创新技术。与第五代相比，第六代智能 Intel®酷睿™处理器的计算能力提升了 60%。借助 Intel Speed Shift 技术，系统响应速度可提升 20%～45%。第六代智能 Intel® 酷睿™处理器配对了新的 LGA 1151 插槽和 100 系列 芯片组，支持最新的 DDR4 内存，搭载 Z170 芯片组和 Core i7-6700K 的 PC，支持处理 20 条 PCI-E 3.0 通道，每条通道的带宽也提高到了 8Gbit/s，PCI-E 增加约 40% 的带宽，总线带宽提高到 64Gbit/s，每一条有 32Gbit/s。主频为 2.7～3.4GHz，睿频 3.3～4.0GHz；集成 8MB 三级高速缓存。

④ 第七代智能 Intel® 酷睿™ 处理器

第七代智能 Intel® 酷睿™ 处理器于 2016 年 9 月发布，包括智能 Intel® 酷睿™m3 处理器、智能 Intel® 酷睿™i3、智能 Intel® 酷睿™i5 及智能 Intel® 酷睿™i7 处理器。Intel 的工程与制造团队利用称为"14 纳米+"的技术，进一步改进了 14nm 制程技术。相较于一年前推出的上一代产品，第七代智能 Intel® 酷睿™处理器令生产效率性能提升了 12%，网页性能提升了 19%。内核与显卡的性能和功耗均可被动态控制，在需要时能精确地提高性能或降低功耗。

采用兼容 USB-C 的通用 Thunderbolt 3 技术的笔记本电脑可提供卓越的 I/O 体验。只需单一线缆，便可支持多至 40Gbit/s 的传输速率、2 台 4K 60 Hz 显示器、多至 100W 的系统充电、外置显卡以及 Thunderbolt 网络连接，从而显著地提升生产效率。

U 系列和 Y 系列第七代智能 Intel® 酷睿™处理器的 I/O 支持第三代 PCIe，能够实现 8 GT/s 的数据传输速率，最新的 Intel®快速存储技术支持 NVMe PCIe×4 固态硬盘，可充分发挥出第三代 PCIe 的速度优势。面向 Intel® 集成传感器解决方案的 Intel® Context Sensing SDK，将支持第三方软件厂商开发的传感器增强型应用。

2017 年 3 月，第一批搭载 Intel 第七代酷睿 Kaby Lake 处理器的笔记本电脑已全面上市。虽然 Kaby Lake 还是 14nm，但 Intel 却将其称为"14nm+"，在原有制程工艺的基础上加强了鳍片和晶体管通道应变，不仅降低了驱动电流，困扰 Skylake 的漏电和功耗问题在 Kaby Lake 上也能得到改善。按照官方说法，在 14nm+的帮助下，Kaby Lake 可带来 12%的工艺性能提升，而这也是新产品大幅提升频率的同时保持功耗不变的关键。最终，Kaby Lake 与计划中的 10nm 工艺失之交臂，但 Intel 还是通过较大幅度地提升主频加以弥补。

（2）AMD 系列处理器

AMD 的 CPU 以低廉的价格、强劲的性能和极佳的超频潜力著称，是 Intel 的主要竞争对手。目前市场上 AMD 所生产的处理器也是种类繁多。在 PC 处理器方面主要有面向中低端的速龙 II 系列产品和面向中高端的羿龙 II 系列产品；另外还有 APU 和高端的 FX 系列处理器。

AMD 速龙 II 系列产品有双核（X2）、三核（X3）和四核（X4）3 个类别，均采用 AMD K10 架构、45nm 制造工艺，二级缓存最高可达 2MB；与羿龙系列不同，该系列产品均不设三级缓存，能耗相对较低，并加入了新一代 AMD 电源管理技术，在玩 3D PC 游戏或进行高清内容渲染等重负荷工作时，可将能耗降低 40%，根据不同型号，TDP 分别为 25W、45W 到 95W 不等；内存方面，双核最高支持 DDR2-1066MHz 和 DDR3-1066MHz，X3 和 X4 最高支持 DDR2-1066MHz 和 DDR3-1333MHz。

AMD 羿龙 II 系列产品有双核（X2）、三核（X3）、四核（X4）和六核 4 个类别，也都采用 K10 架构、45nm 制造工艺，二级缓存可达 3MB，三级缓存可达 6MB，主频最高可达 3.6GHz；能耗方面，通过在运行过程中关闭处理器不用的部分，降低了处理器能耗，TDP 分别为 65W、95W 到 140W 不等；具有增强的芯片特性集，设计通过让虚拟化的应用直接快速地访问为其分配的内存，提高现有和未来虚拟化环境的性能、可靠性和安全性。

在其他方面，自 2011 年第一代 APU 和第一代 FX 系列处理器发布后，AMD 便开始实行类似 Intel 的"Tick-Tock"钟摆更新计划。2011 年的 Bulldozer（推土机）采用了"模块化"的设计，每个“模块”包括两个处理器核心；2012 年的 Piledriver（打桩机）采用了 AM3+接口和模块化设计，是 Bulldozer 的优化改进版；2014 年的 Steamroller（压路机）采用了 Kaveri 架构，作为第一款使用 28nm 制程的 APU,无论从晶体管数量还是核心面积而言 Kaveri 都刷新了 AMD 的多项纪录；2016 年的 Excavator（挖掘机）采用了 AM4 新接口，需要搭配新规格的芯片组主板，支持 DDR4 内存、USB 3.1 等。

双核时代之后，AMD 的处理器性能一直不温不火，特别是目前 AMD 的主流 CPU 仍然使用 28nm 工艺制程，而 Intel 早已进入了 14nm FinFET，性能上的劣势让产品的市场占有率没有太大的提升。2017 年推出的 AMD ZEN 处理器在性能上更有竞争实力。AMD 目前的 FX 处理器还在用 32nm，APU 是 28nm，ZEN 处理器则会升级到 14nm FinFET 工艺。AMD ZEN 处理器为 8 核 16 线程，每个核心支持 2 个线程，类似 Intel 的 HT 超线程技术，以 4 个核心为一个群组，每个核心都有自己的 32KB 一级指令缓存、64KB 一级数据缓存、512KB 二级缓存、8MB 的三级缓存；可以稳定超频 4.2GHz，风冷下电压最高 1.5V，IPC 性能提升达到 40%以上，能够与 8 核版 Intel 酷睿 i7 平起平坐。

2.1.2 CPU 的性能指标

速度一直是计算机硬件发展的一个主题，特别是 CPU 的发展更是围绕速度展开，更高的频率、更小的制造工艺、更大的高速缓存一直是 CPU 生产厂家努力的方向。CPU 的性能大致上反映出了它所配置的微型计算机的性能，因此 CPU 的性能指标十分重要。CPU 主要的性能指标有以下几点。

1．频率

涉及 CPU 频率的术语包括主频、外频、倍频、时钟频率、核心频率和工作频率。

主频也就是 CPU 的时钟频率，未变频时就是 CPU 的工作频率。一般来说，一个时钟周期完成的指令数是固定的，所以主频越高，CPU 的速度也就越快。不过，由于各种 CPU 的内部结构不尽相同，所以并不能完全用主频来概括 CPU 的性能。

外频就是系统总线的工作频率。

倍频是指 CPU 外频与主频相差的倍数，用公式表示就是主频=外频×倍频。

例如，80486DX2-66 芯片主频为 66MHz，这是设计电路时钟晶振产生的时钟频率，也叫核心频率。如果不超频也不降频，这也是工作频率。倍频为 2，所以外频为 33 MHz。选定这款 CPU 就要去找支持 33 MHz 芯片的主板，这就是为什么要先选定 CPU 再去买主板，本书正是以此为线索进行编排。

2．总线

总线包括前端总线、HT 总线、QPI 总线和 DMI 总线。

总线是将信息以一个或多个源部件传送到一个或多个目的部件的一组传输线。通俗地说，就是多个部件间的公共连线，用于在各个部件之间传输信息。总线的种类很多，前端总线（Front Side Bus，FSB）是 CPU 与主板北桥芯片之间连接的通道，也称为 CPU 总线，是 PC 系统中工作频率最高的总线，也是芯片组与主板的核心。这条总线主要由 CPU 用来与高速缓存、主存和北桥之间传送信息。由于数据传输最大带宽取决于所有同时传输的数据的宽度和传输频率，而 CPU 就是通过前端总线连接到北桥芯片，进而通过北桥芯片和内存、显卡交换数据，所以前端总线频率越大，代表着 CPU 与内存之间的数据传输量越大，更能充分发挥出 CPU 的功能。前端总线频率常以 MHz 为单位表示的速度来描述，前端总线频率越大，代表数据传输能力越强，更能充分发挥出 CPU 的功能。

2003 年 AMD 的 CPU 集成内存控制器后，将前端总线改写为 HyperTransport（超级传输通道，HT），HT 总线完成 CPU 与主板北桥芯片组之间端到端的连接。

Intel 把 CPU 与主板北桥芯片组之间的连接总线命名为 QPI（Quick Path Interconnect，快速通道互连），与 AMD 的 HT 总线相似，QPI 是 Intel 用来取代 FSB 的新一代高速总线，使用的是串行的点对点连接技术。

Lynnfield Core i7/i5 及 Clarkdale Core i3 中已将内存控制器和 PCI-E 控制器集成到 CPU，即以往主板北桥芯片组的大部分功能都集成到 CPU 内部，在与外部接口设备进行连接的时候，提供了一条简洁快速的通道，就是 DMI（Direct Media Interface，直接媒体接口）总线。

3．工作电压

工作电压指的也就是 CPU 正常工作所需的电压。提高工作电压，可以加强 CPU 内部信号，增加 CPU 的稳定性，但会导致 CPU 的发热问题。早期的 CPU（386、486）由于工艺落后，工作电压一般为 5V，发展到 Pentium 586 时，已经是 3.5V 或 3.3V 甚至 2.8V 了，随着 CPU 制造工艺的改进与主频的提高，CPU 的工作电压有逐步下降的趋势，Intel 出品的 Skylake Core i7-6700K 电压仅需要 1.35V。低电压能解决耗电过大和发热过高的问题，这对于笔记本电脑尤其重要。

4．CPU 型号、核心类型和微架构

CPU 厂商都会给属于同一系列的 CPU 产品定一个系列型号，而系列型号则是用于区分 CPU 性能的重要标识。同一档次系列的 CPU 按照型号或标称频率又分为不同规格，Intel 和 AMD 对 CPU 型号的命名方式是不同的。

为了便于对 CPU 设计、生产、销售的管理，CPU 制造商会对各种 CPU 核心给出相应的代号，这也就是所谓的 CPU 核心类型。不同的 CPU（不同系列或同一系列）都会有不同的核心类型，甚至同一种核心都会有不同版本的类型，核心版本的变更是为了修正上一版存在的一些错误与不足，并提升一定的性能，每一种核心类型都有其相应的制造工艺、核心面积、核心电压、电流大小、晶体管数量、各级缓存的大小、主频范围、流水线架构和支持的指令集、功耗和发热量的大小、封装方式、接口类型及前端总线频率等。

微架构简单来说就是 CPU 核心的设计方案。目前 CPU 大致可以分为 X86、IA64、RISC 等多种微架构，而个人计算机上的微架构，都是基于 X86 架构设计的，称为 X86 下的微架构，简称为 CPU 架构。

AMD 在 2005 年推出了第一款双核 CPU，基于 K8 架构的 Athlon64 X2 系列，2008 年推出基于 K10 架构的双核 Athlon X2 系列，2009 年推出了 K10.5 架构的双核 Phenom II X2 和 Athlon II X2。4 年来，AMD 更新了总共三次 CPU 架构，也就相当于三代 CPU。

5．封装技术

封装是指将集成电路用绝缘的塑料或陶瓷材料打包的技术。以 CPU 为例，看到的体积和外观并不是真正的 CPU 的大小和面貌，而是 CPU 核心等器件经过封装后的产品。封装不仅起着安放、固定、密封、保护芯片和增强散热功能的作用，封装后的芯片也更便于安装和运输。芯片的封装技术已经历了好几代的变迁，从 DIP、PQFP、PGA、BGA 到 FC-PGA，技术指标一代比一代先进。目前封装技术适用的芯片频率越来越高，散热性能越来越好，引脚数逐渐增多，引脚间距逐渐减小，重量逐渐减少，可靠性也越来越高。

6．X86 指令集和 CPU 扩展指令集

提升指令效率是目前公认的提升 CPU 性能的最有效的方式，同时也是代价最高的。因为这意味着 CPU 架构要进行更新。常见的方式有超线程技术（伪多核）、超流水线技术、指令预测

技术等，需要极高的半导体工艺、运筹学知识，Intel 在这一点上遥遥领先于世界上任何一家其他公司。

X86 指令集是 Intel 公司为其第一块 16 位 CPU i8086 专门开发的指令集，其简化版 i8088 使用的也是 X86 指令，同时为提高浮点数据处理能力而增加了 X87 处理器，以后就将 X86 指令集和 X87 指令集统称为 X86 指令集。由于 Intel X86 系列及其兼容 CPU（如 AMD Athlon XP）都使用 X86 指令集，所以就形成了今天庞大的 X86 系列及其兼容 CPU 阵容。

CPU 扩展指令集指的是 CPU 增加的多媒体或者 3D 处理指令。这些扩展指令可以提高 CPU 处理多媒体和 3D 图形的能力，有 MMX（MultiMedia Extension，多媒体扩展）、SSE（Streaming SIMD Extensions，单一指令多数据流扩展）、SSE2（新增加了 144 条 SSE 指令，因而称为 SSE2）、3DNow!、SSE3 及 SSE4 指令集等。2007 年 8 月底，AMD 突然宣布了新的 X86 架构扩展指令集 SSE5，效仿 Intel 一贯命名方式并断其后路，当时就预计会用于推土机架构，但是 Intel 的回应是不予支持，并搞出了新的一套 AVX 高级矢量扩展指令集，现已用于 Sandy Bridge。AMD 于 2009 年 5 月份宣布放弃 SSE5，转而支持 Intel AVX，并根据自己的架构特点重新定义为 XOP（扩展操作指令），同时还保留并增强开发了 CVT16（半精度浮点转换）、FMA4（四操作数乘加）。

7．L1/L2/L3 高速缓存

L1 高速缓存也就是经常说的一级高速缓存。CPU 里面内置高速缓存，可以提高 CPU 的运行效率。内置的 L1 高速缓存的容量和结构对 CPU 的性能影响较大，不过高速缓冲存储器均由静态 RAM 组成，结构较复杂，在 CPU 管芯面积不能太大的情况下，L1 级高速缓存的容量不可能做得太大。

L2 高速缓存是指 CPU 外部的高速缓存。Pentium Pro 处理器的 L2 高速缓存和 CPU 运行频率相同，但成本昂贵，所以早期 L2 高速缓存的运行频率相当于 CPU 频率的一半，现在的 L2 高速缓存有着与 CPU 同频和内置于 CPU 的发展趋势。为降低成本，Intel 公司曾生产了一种不带 L2 高速缓存的 CPU，名为赛扬（Celeron）。

L3 高速缓存的应用可以进一步降低内存延迟，同时提升大数据量计算时处理器的性能。这都对运行游戏很有帮助。而且在服务器领域增加 L3 缓存也会极大地提升性能。具有较大 L3 缓存的配置利用物理内存会更有效，相对于比较慢的磁盘 I/O 子系统可以处理更多的数据请求；而且能够提供更有效的文件系统缓存行为及较短消息和处理器的队列长度。

8．制造工艺

Pentium CPU 的制造工艺是 0.35μm，Pentium Ⅱ 和赛扬可以达到 0.25μm，新的 CPU 制造工艺很快将可以达到 10μm，并且采用铜配线技术，可以极大地提高 CPU 的集成度和工作频率。靠工艺技术的不断改进，器件的特征尺寸不断缩小，从而集成度不断提高，功耗降低，器件性能得到提高。芯片制造工艺在 1995 年以后，历经了 0.5μm、0.35μm、0.25μm、0.18μm、0.15μm、0.13μm、90nm、65nm，随着新材料铪的使用，制造工艺达到了 45nm、32nm，一直发展到 22nm。

9．同时多线程

同时多线程 Simultaneous MultiThreading，简称 SMT。SMT 可通过复制处理器上的结构状态，让同一个处理器上的多个线程同步执行，并共享处理器的执行资源，可最大限度地实现宽发射、乱序的超标量处理，提高处理器运算部件的利用率，缓解由于数据相关或 Cache 未命中带来的访问内存延时。当没有多个线程可用时，SMT 处理器几乎和传统的宽发射超标量处理器一样。SMT 最具吸引力的是只需小规模改变处理器核心的设计，几乎不用增加额外的成本，就可以显著地提升效能。多线程技术则可以为高速的运算核心准备更多的待处理数据，减少运算核心的闲置时间。这对于桌面低端系统来说无疑十分具有吸引力。Intel 从 3.06 GHz Pentium 4 开始，所有处理器都将支持 SMT 技术。SMT 源于 HT 技术，借助 QPI 技术发展为更具前景的第三代超线程技术。

10．多核心

多核心也指单芯片多处理器（Chip MultiProcessors，CMP）。CMP 是由美国斯坦福大学提出的，其思想是将大规模并行处理器中的 SMP（对称多处理器）集成到同一芯片内，各个处理器并行执行不同的进程。与 CMP 比较，SMT 处理器结构的灵活性比较突出。但是，当半导体工艺进入 0.18μm 以后，线延时已经超过了门延迟，要求 CPU 的设计通过划分许多规模更小、局部性更好的基本单元结构来进行。相比之下，由于 CMP 结构已经被划分成多个处理器核来设计，每个核都比较简单，有利于优化设计，因此更有发展前途。多核处理器可以在处理器内部共享缓存，提高缓存利用率，同时简化多处理器系统设计的复杂度。

提高主频是提高 CPU 性能最简单的方式，但也是瓶颈和代价最高的方式。多核心技术是 Intel 开发的使 CUP 满足“横向扩展”的方法，可以使计算机并行处理任务，但是由于在运行中存在性能损失，多核心 CPU 的实际执行效率远达不到单核心的 N 倍，关键在于虽然新的操作系统已经对多核心进行了足够的优化，但是绝大多数程序根本没有对多核心进行优化，优化的也一般是仅仅针对双核心优化，对四核心进行优化的少之又少。这不仅是因为适配多核心需要花钱的问题，主要原因还是多核心下 CPU 逻辑变得异常复杂。可编程性是多核处理器面临的最大问题，一旦核心多过 8 个，就需要执行程序能够并行处理。在并行计算上，尽管人类已经探索了超过 40 年，但编写、调试、优化并行处理程序的能力还非常弱。很多程序因为优化不到位反而出现了所谓负优化，这将是 CPU 在未来亟待解决的问题。市场研究公司 In-Stat 分析师吉姆克雷格（Jim McGregor）承认，虽然 Intel 已向外界展示了 80 核处理器原型，但尴尬的是，目前还没有能够利用这一处理器的操作系统。

2017 年 3 月 24 日，HUAWEI 在国内发布的 P10 手机处理器都采用麒麟 960 八核处理器。第七代智能 Intel® 酷睿™ 处理器更有 10 核配置的产品。

2.1.3 笔记本电脑处理器

通常所说的处理器（CPU）一般是指台式机的处理器，而用在笔记本电脑上的处理器称为“笔记本电脑处理器”或“移动处理器”，俗称“Mobile CPU”。跟台式机里的处理器一样，笔记本电脑处理器起着指挥和统筹整台机器硬件和软件的正常运作的作用，是笔记本电脑的“心脏”。

1．笔记本电脑处理器的特点

（1）发热量小

笔记本电脑体积小，内部空间相对狭小，而随着笔记本电脑硬件性能的不断提升，各种硬件散发出来的热量越来越大，尤其是处理器，更是发热大户。如果一台机器的发热量过大而又得不到有效消散，该机器将极容易发生故障，如出现反复重启、反复死机等运行不稳定的现象。

（2）功耗低

笔记本电脑主要用电池来做电源，如果其处理器功耗过大，必然会大大缩减其电池的续航能力。因而笔记本电脑处理器在设计和制造的理念上与台式机处理器都有较大的不同：台式机机箱空间相对比较大，一般更注重运算速度，不会过于在乎其功耗和发热量；而笔记本电脑处理器则将设计和制造重心放在了如何尽量降低功耗和发热量方面，然后才考虑其运算速度。当然，在为一些诸如图形工作者打造的笔记本电脑处理器中，它的设计理念是将运算速度放在第一位，然后才考虑如何尽量去降低功耗和发热量的。目前，随着计算机技术的不断提高，也有不少笔记本电脑处理器同时兼顾了性能与功耗两方面的问题，尽量使它们能取得最大的平衡。

2．主要产品介绍

（1）Intel 笔记本电脑处理器

2016 年 8 月 31 日，Intel 笔记本电脑处理器发布的 Kaby Lake 架构的 Intel 酷睿 i7-7500U 采用 14nm 制造工艺，i7-7500U 可以在大约 5ms 的时间内加速到 3.5GHz，搭配使用双通道 2133MHz 的 DDR4 内存，单核最高睿频为 3500MHz，L3 缓存为 4MB。性能有明显提升，理论性能提升 30%～40%，而实际游戏性能提升了 35%～45%。

（2）AMD 笔记本电脑处理器

AMD 笔记本电脑处理器的特点是性能不错、价格便宜，但发热量大。

APU 是 AMD“融聚未来”理念的产品，它第一次将中央处理器和独显核心做在一个晶片上，同时具有高性能处理器和最新独立显卡的处理性能。

AMD Fusion 系列 APU 将多核（X86）中央处理器、支持 DX11 标准的强大独立显卡性能以及高速总线集成在一块单一芯片上，拥有并行处理引擎和专门的高清视频加速模块，并能实现数据在不同处理核心间的加速传递。根据面向领域的不同，AMD Fusion APU 分为数个系列，例如面向便携式移动设备的 E 系列、面向嵌入式领域的 C 系列等。

2016 年 6 月 1 日，AMD 发布了全新的第七代 APU，如图 2.12 所示，采用四核挖掘机架构，支持 DDR4 内存，CPU 可提升 50%的性能，功耗仅为一套 3 年前的 AMD 1080p 视频回放系统的 1/3，它的双显卡交火技术可以让集成显卡和独显兼容配合，发挥出“1+1>2”的协同效果。

图 2.12　第七代 APU

（3）威盛笔记本电脑处理器

威盛笔记本电脑处理器由台湾威盛电子制造，台湾威盛电子是全球前五大专业 IC 设计公司之一，其笔记本电脑处理器产品主要有 C3、汉腾、C7 等。

C7-M 笔记本电脑处理器是一款敢于挑战 Intel 的产品，如图 2.13 所示。本产品是一款完全为笔记本电脑用户量身打造的处理器，针对经常移动办公的用户的超轻超薄产品，可以满足快速发展的新兴市场之需，能够以最快的响应速度自动调整频率，平均功耗小于 1W，最低待机功耗甚至只有 0.1W。即便是全速运行状态，C7-M 笔记本电脑处理器的功耗也分别只是 20W（2.0GHz）和 12W（1.6GHz）。

图 2.13 C7-M 处理器

2.1.4 CPU 的选购

市面上的 CPU 产品种类繁多，情况复杂，假货、水货名目繁多。不法商家的主要伎俩就是以次充好或 Remark。芯片制造商为了方便自己的产品定级，把大部分 CPU 都设置为可以自由调节倍频和外频，它在同一批 CPU 中选出好的定为较高的一级，性能不足的定为较低的一级，这些都在工厂内部完成，是合法的频率定位方法。但出厂以后，有的经销商把低档的 CPU 超频后，贴上新的标签，当成高档 CPU 卖，这种为非法频率定位，称为 Remark。下面介绍选购 CPU 的方法。

根据包装形式，CPU 可以分为散装 CPU 与盒装 CPU。

1．散装 CPU 的分类选购

（1）工程测试版：由于此类散装芯片严重挑主板，所以市面上一般不易见到。

（2）磨码散片：即打磨 CPU，所谓打磨，就是 OEM 大厂把用不完的、多余的 CPU 表面上的系列号和点阵图经过处理加工磨掉，然后卖到零售市场上，打磨的原因是防止 Intel 或 AMD 查出货源，逃避罚款。

（3）原码散片：此类散片最受不法奸商欢迎，奸商多是用此类散片封装成假盒装来牟取暴利的。

（4）联保散片：此类散片实际上是从联保盒装或原包原封 CPU 里拆出来的，只要配上原装风扇，就能享受全国联保 3 年的待遇。

从价格上来讲，这 4 类散片是依次增高的，由低到高依次为工程测试版、磨码散片、原码散片、联保散片。前 3 类 CPU 质保期为一年，不能查号；第 4 类 CPU 享受全国联保 3 年的待遇，可以查号。

Intel 或 AMD 散装 CPU 的主要来源是走私、回收二手和品牌机成批拆卸等，散装不是不可以购买，不管是打磨还是没打磨，都是 Intel 或 AMD 厂生产的，没有假货。

2．盒装 CPU 的分类选购

（1）一年质保盒装 CPU：由一年质保散片加假风扇封装而成，价格最为低廉，市场上相对比较少见。

（2）三年质保盒装 CPU：由一年质保散片加原装风扇或假风扇封装而成。

（3）全国联保盒装 CPU：即所谓行内人讲的“联保后封”或“联保二次封装”盒装 CPU。此类 CPU 由经销商在报关之前将其拆散，进关之后再将其封装起来，由全国联保散片加原装风扇封装而成。此类 CPU 一般有两种情况，外包装盒侧面的 CPU 系列号标签与激光防伪标签为一体，并且标签上的系列号与 CPU 表面的相对应；另一种是外包装盒侧面的 CPU 系列号标签为后打印的、粘贴上去的。但不论哪一种，其品质和售后都是一样的。

（4）原包原封 CPU：由 Intel 或 AMD 封装测试厂进行封装而成，此类 CPU 完全避免了被不法奸商动手脚的可能性，保证了 CPU 及其风扇的品质与售后。

从价格上来讲，这 4 类盒装 CPU 是依次增高的，由低到高依次为一年质保盒装 CPU、三年质保盒装 CPU、全国联保盒装 CPU、原包原封 CPU。前两类 CPU 由经销商提供质保，不能查号；后两类 CPU 享受全国联保 3 年的待遇，可以查号。后两类 CPU 理论上可以终身保修，Intel 或 AMD 只需要一张简单的经销商收据，就可以按上面的日期进行质保，根本不需要发票，不看生产日期。如果没有购买日期证明，最多可享受 3 年质保。不过一定要保留原装风扇，风扇上号码都是配套的。

市场上的假货主要是盒装 CPU，造假的手段不外乎两个，一是用假风扇冒充原装风扇，二是 CPU 用一年散片假冒联保散片。

3．鉴别 CPU

鉴别 CPU 真伪主要有两个方法。

（1）软件法

软件测试是一种比较保险的方法。用户可以在网上找到相应软件，比如 CPU-Z、Super PI 等，利用这些软件可以方便地区分 CPU 的型号，有效地防止以次充好。具体使用方法参照本书 CPU 测试工具部分。

（2）观察法

① 识别包装盒颜色和字迹。

正品盒装 CPU 的包装盒颜色鲜艳，字迹清晰细致，包装盒上的塑料薄膜使用了特殊的印字工艺，薄膜上的水印文字非常牢固，无法用指甲刮去。

而假冒盒装 CPU 包装盒上的塑料薄膜非常容易脱落，字迹可以用指甲轻易刮去。

② 识别包装盒封口。

正品 CPU 盒装的塑料薄膜只在包装盒的两侧封口，贴有标签的一侧没有封口线，而且包装盒的封口胶水痕迹呈连续的点状，共 12 个点；包装纸的材质很硬，撕开后颜色为纯白。假冒的包装盒封口线在标签面，印刷质量差，撕开后的颜色为灰色。

③ 识别激光防伪标签。

正品盒装 CPU 的包装盒外壳左侧的激光防伪标签是一张完整的贴纸，上半部分是防伪层，下半部分标有该 CPU 的频率标识，并采用了四重着色技术，层次丰富，字迹清晰。

假货则做不到这样的技术水平。有些假货上的激光防伪标签甚至是由两部分组成的，可以分别撕开。

扫一扫

获取最新 CPU 相关资讯

2.2 主板

主板，又叫主机板（mainboard）、系统板（systemboard）和母板（motherboard）；它安装在机箱内，是计算机最基本也是最重要的部件之一。主板一般为矩形电路板，上面安装了组成计算机的主要电路系统，一般有 BIOS 芯片、I/O 控制芯片、键盘和面板控制开关接口、指示灯插接件、扩充插槽、主板及插卡的直流电源供电接插件等元件。

2.2.1 主板概述

主板使得计算机各组件间有了联系，这样各组件才能在CPU的协调下共同工作。各种周边设备都能通过主板紧密连接在一起，形成一个有机整体，因此计算机可以稳定工作的首要条件就要看主板工作稳定。主板的另一特点是采用了开放式结构，主板上大都有6～8个扩展插槽，供计算机外围设备的控制卡（适配器）插接，通过更换这些插卡，可以对计算机的相应子系统进行局部升级，使厂家和用户在配置机型方面有更大的灵活性。总之，主板在整个计算机系统中扮演着举足轻重的角色。可以说，主板的类型和档次决定着整个计算机系统的类型和档次，主板的性能影响着整个计算机系统的性能。

1．主板的分类

下面以常见的计算机主板的分类角度来认识主板。

（1）按主板上使用的CPU分类

CPU类型从早期的奔腾、毒龙，到今天的酷睿2、酷睿i系列、第七代智能酷睿™处理器、速龙II、羿龙II、Excavator等经历了很多代改进。每种类型的CPU在针脚、主频、工作电压、接口类型、封装等方面都有差异，尤其在速度性能上差异更大。只有购买主板支持的类型的CPU，两者才能配套工作。现在都是按照CPU的插槽类型来加以区分的，例如支持Intel处理器的主板主要有LGA775、LGA1156、LGA1155、LGA2011以及最新的 LGA1155、LGA1156、LGA1366；支持AMD处理器的主板主要有Socket AM2、Socket AM2+、Socket AM3、Socket AM3+以及Socket FM1、PAC611、PAC418、LGA 775。

（2）按主板结构分类

主板按各种电器元件的布局、排列方式的不同和在不同机箱中的配套模式，可以分为AT、Baby-AT、ATX、Micro ATX、LPX、NLX、Flex ATX、EATX、WATX以及BTX等结构。其中，AT和Baby-AT是多年前的老主板结构，现在已经淘汰；LPX、NLX、Flex ATX是ATX的变种，多见于国外的品牌机，国内尚不多见；EATX和WATX多用于服务器/工作站主板；ATX是目前市场上最常见的主板结构之一，扩展插槽较多，PCI插槽数量有4～6个，大多数主板都采用此结构；Micro ATX又称Mini ATX，是ATX结构的简化版，就是常说的“小板”，扩展插槽较少，PCI插槽数量在3个或3个以下，多用于品牌机并配备小型机箱；BTX使用窄板（Low-profile）设计，尚未流行便被放弃；NLX是Intel最新的主板结构，最大特点是主板、CPU的升级灵活方便有效，不再需要每推出一种CPU都必须更新主板设计。

一体化（All in one）主板集成了声音，显示等多种电路，一般不需再插卡就能工作，具有高集成度和节省空间的优点，但也有维修不便和升级困难的缺点，在原装品牌机中采用较多；此外还有一些上述主板的变形结构。

（3）按功能分类

① PnP功能。带有PnP BIOS的主板配合PnP操作系统（如Windows 95）可帮助用户自动配置主机外设，做到“即插即用”。

② 节能（绿色）功能。例如在开机时有能源之星（Energy Star）标志，能在用户不使用主机时自动进入等待和休眠状态，在此期间降低CPU及各部件的功耗。

③ 无跳线主板。这是一种新型的主板，是对PnP主板的进一步改进。在这种主板上，CPU的工作电压等指标都无须用跳线开关，均自动适配，只需用软件略作调整即可。经过Remark的CPU在这种主板上将无所遁形。

486以前的主板一般没有上述功能，586以上的主板均配有PnP和节能功能，可通过主板控制主机电源的通断，进一步做到智能开/关机。

（4）其他主板分类方法

① 按结构特点分类，主板还可分为基于适配电路的主板、一体化主板等类型。基于 CPU 的一体化的主板是目前较佳的选择。

② 按印制电路板的工艺分类，主板又可分为双层结构板、四层结构板、六层结构板等。主板的平面是一块 PCB（印制电路板），一般采用四层板或六层板。相对而言，为节省成本，低档主板多为四层板，包括主信号层、接地层、电源层和次信号层。六层板相比于四层板增加了辅助电源层和中信号层，因此，六层 PCB 的主板抗电磁干扰能力更强，主板也更加稳定。

③ 按元件安装及焊接工艺分类，主板又有表面安装焊接工艺板和 DIP 传统工艺板之分。

2．主板的结构

在电路板上面，是错落有致的电路布线；布线上面，则为棱角分明的各个部件，如插槽、芯片、电阻、电容等（见图 2.14）。当主机加电时，电流会在瞬间通过 CPU、南北桥芯片、内存插槽、AGP 插槽、PCI 插槽、IDE 接口以及主板边缘的串口、并口、PS/2 接口等。随后，主板会根据 BIOS（基本输入/输出系统）来识别硬件，并进入操作系统发挥支撑系统平台工作的功能。

（1）芯片部分

① BIOS 芯片：一块方块状的存储器（见图 2.15），里面存有与该主板配套的 BIOS 程序，能够让主板识别各种硬件，还可以设置引导系统的设备及调整 CPU 外频等。BIOS 芯片是可以写入的，这可以方便用户更新 BIOS 的版本，以获取更好的性能及对计算机最新硬件的支持，当然不利的一面便是会让主板遭受诸如 CIH 病毒的袭击。

图 2.14　ATX 主板结构

图 2.15　主板 BIOS 芯片

② 南北桥芯片：横跨 AGP 插槽左右两边的两块芯片就是南北桥芯片（见图 2.16），南桥芯片多位于 PCI 插槽的旁边；CPU 插槽旁边被散热片盖住的就是北桥芯片。北桥芯片是主板芯片组中起主导作用的最重要的组成部分，一般来说，芯片组的名称就是以北桥芯片的名称来命名的。北桥芯片主要负责处理 CPU、内存和显卡三者间的“交通”，由于发热量较大，因而需要散热片散热。南桥芯片则负责硬盘等存储设备和 PCI 插槽之间的数据流通。南桥和北桥合称芯片组，芯片组在很大程度上决定了主板的功能和性能。需要注意的是，因 AMD CPU 内置内存控制器，AMD 平台中部分芯片组采取单芯片的方式，如 nVIDIA nForce 4 便采用无北桥的设计。

③ RAID 控制芯片：相当于一块 RAID 卡的作用，可支持多个硬盘组成各种 RAID 模式。目前主板上集成的 RAID 控制芯片（见图 2.17）主要有 HPT372 RAID 控制芯片和 Promise RAID 控制芯片两种。

图 2.16　主板南、北桥芯片

（2）插拔部分

所谓的"插拔部分"是指这部分的配件可以用"插"来安装，用"拔"来反安装。

① 内存插槽：内存插槽一般位于 CPU 插座下方。如图 2.18 所示即为 DDR SDRAM 插槽，这种插槽的线数为 184 线。

图 2.17　主板 RAID 控制芯片

图 2.18　主板内存插槽

② AGP 插槽：颜色多为深棕色，位于北桥芯片和 PCI 插槽之间。AGP 插槽有 1×、2×、4×和 8×之分。AGP 4×的插槽中间有间隔，AGP 2×则无。在 PCI Express 插槽出现之前，AGP 显卡较为流行，其传输速率最高可达到 2133MB/s（AGP 8×）。主板 AGP 插槽及 AGP 金手指如图 2.19 所示。

图 2.19　主板 AGP 插槽及 AGP 金手指

③ PCI Express 插槽：随着用户对三维性能的要求不断提高，AGP 已越来越不能满足视频处理带宽的需求，目前主流主板上的显卡接口多转向 PCI Express。PCI Express 插槽有 1×、2×、4×、8×和 16×之分。主板 PCI Express 插槽如图 2.20 所示。

④ PCI 插槽：PCI 插槽多为乳白色（见图 2.21），是主板的必备插槽，可以插上软 Modem、声卡、股票接收卡、网卡及多功能卡等设备。

图 2.20 主板 PCI Express 插槽

图 2.21 主板 PCI 插槽

⑤ CNR 插槽：多为淡棕色，长度只有 PCI 插槽的一半（见图 2.22），可以接 CNR 的软 Modem 或网卡。这种插槽的前身是 AMR 插槽，CNR 和 AMR 的不同之处在于 CNR 增加了对网络的支持性，并且占用的是 ISA 插槽的位置；共同点是它们都把软 Modem 或者软声卡的一部分功能交由 CPU 来完成。这种插槽的功能可在主板的 BIOS 中开启或禁止。

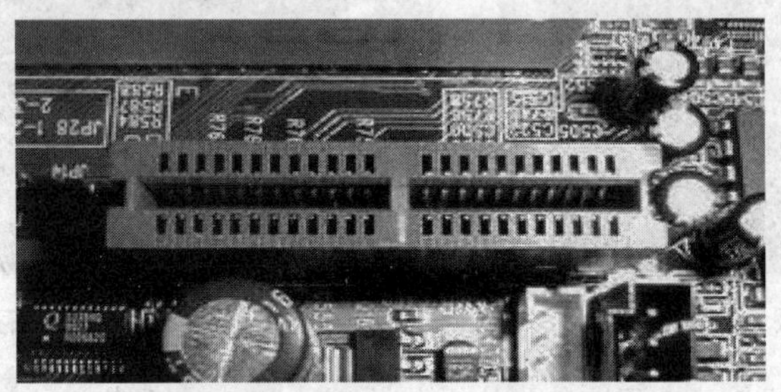
图 2.22 主板 CNR 插槽

（3）接口部分

① 硬盘接口

硬盘接口可分为 IDE 接口和 SATA 接口。型号老些的主板多集成两个 IDE 口，IDE 接口通常都位于 PCI 插槽下方，空间上垂直于内存插槽（也有横着的）。新型主板上大多缩减 IDE 接口，甚至没有，代之以 SATA 接口。如图 2.23 所示为硬盘接口，右图为 SATA 接口。

图 2.23 硬盘接口

② COM 接口（串口）

目前大多数主板一般都提供了两个 COM 接口（见图 2.24），分别为 COM1 和 COM2，作用是连接串行鼠标和外置 Modem 等设备。COM1 接口的 I/O 地址是 03F8h～03FFh，中断号是 IRQ4；COM2 接口的 I/O 地址是 02F8h～02FFh，中断号是 IRQ3。由此可见，COM2 接口比 COM1 接口的响应更具有优先权。

③ PS/2 接口

PS/2 接口（见图 2.25）的功能比较单一，仅能用于连接键盘和鼠标。一般情况下，鼠标的接口为绿色，键盘的接口为紫色。PS/2 接口的传输率比 COM 接口稍快一些，是应用最为广泛的接口之一。

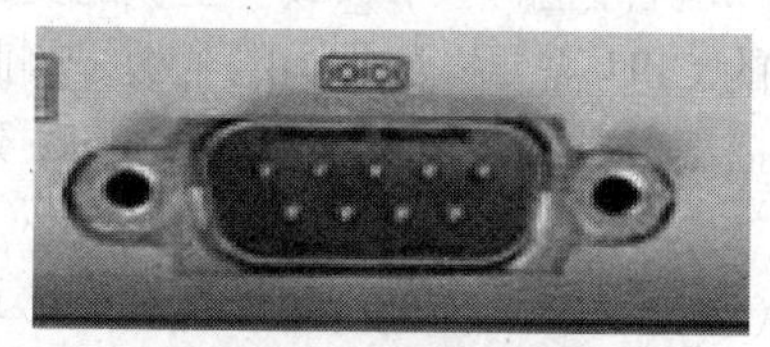

图 2.24　主板 COM 接口

图 2.25　PS/2 接口

④ USB 接口

USB 接口（见图 2.26）是现在最为流行的接口，最大可以支持 127 个外设，并且可以独立供电，其应用非常广泛。USB 接口可以从主板上获得 500mA 的电流，支持热插拔，真正做到了即插即用。一个 USB 接口可同时支持高速和低速 USB 外设的访问，由一条四芯电缆连接，其中两条是正负电源，另外两条是数据传输线；信号是串行传输的；最新一代是 USB 3.1，传输速度为 10Gbit/s，三段式电压为 5V/12V/20V，最大供电功率 100W。

⑤ LPT 接口（并口）

LPT 接口一般用来连接打印机或扫描仪，如图 2.27 所示。其默认的中断号是 IRQ7，采用 25 脚的 DB-25 接头。该接口的工作模式主要有如下所述 3 种。

图 2.26　USB 接口

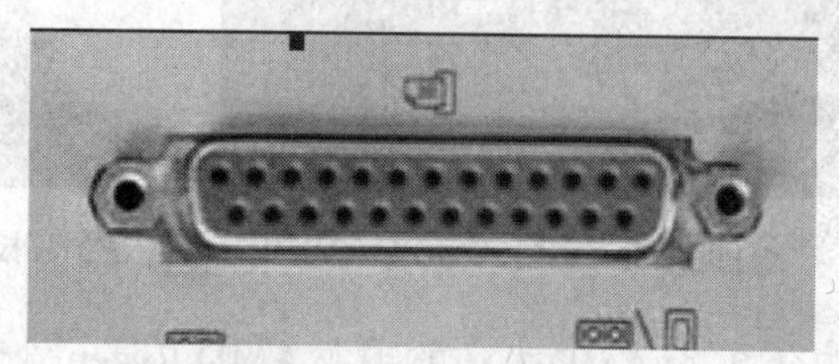

图 2.27　LPT 接口

SPP——标准工作模式。SPP 数据是半双工单向传输的，传输率较慢，仅为 15Kbit/s，但应用较为广泛，一般设为默认的工作模式。

EPP——增强型工作模式。EPP 采用双向半双工数据传输，其传输速率比 SPP 高很多，可达 2Mbit/s，目前已有不少外设使用此工作模式。

ECP——扩充型工作模式。ECP 采用双向全双工数据传输，传输速率比 EPP 还要高一些，但支持的设备不多。

⑥ MIDI 接口

MIDI 是一种连接计算机与 MIDI 设备的硬件，同时也是一种数字音乐标准。声卡的 MIDI 接口和游戏杆接口是共用的，接口中的两个针脚用来传送 MIDI 信号，可连接各种 MIDI 设备，例如电子键盘等。

2.2.2 主板的新技术、新工艺和新产品

几乎所有主板厂商在每一代重点产品上首先升级的就是外观部分，为消费者展现出一个更好的“卖相”。不过单纯的外观升级，对于普通用户的吸引力并不大，还是要靠 CPU 性能的大幅提升，或是新主板能够提供具有划时代意义的新功能。主板作为平台，众品牌都打个性设计创新，新材料、新设计布局和新技术层出不穷，本书将遴选典型的进行详细介绍。

1．主板新产品

主板作为计算机的重要组成部件，已经成为计算机行业的一个领域。主板的更新换代，主要起因于 CPU 和主板上芯片组的更新换代。不同的 CPU 需要搭配不同的主板，因此主板的发展在很大程度上依赖于 CPU 的更新。随着第一批搭载 Intel 第七代酷睿 Kaby Lake 处理器的笔记本电脑的上市，主板也在悄然发生着变化。

2017 年 1 月上市的微星 Z270 GAMING M7（见图 2.28）以全新的外观和众多功能接口引领了主板发展的方向，11 相数字供电为第七代酷睿处理器的稳定高速运行提供了强有力的保障，也满足了 Kabylake 超频到 5GHz 的电力需求；4 个 DDR4 内存插槽，最大支持 64G 双通道内存组合，并支持 DDR4-4000 的 XMP 内存。微星还创造性地配置了 3 个 M.2 接口，不仅可以满足 RAID 需求，还能提供接口为 Intel 全新的 Optane 硬盘加速技术作支持。此外，微星也更加关注小细节的设计，M.2 Shield 针对未来一两年各种高速 NVMe 的散热问题进行了优化，在实测中的降温效果非常不错。

图 2.28　微星 Z270 GAMING M7（左）和技嘉 AORUS AX370-Gaming 5（右）

2017 年 2 月，AMD 发布的锐龙 AMD Ryzen 处理器热销，针对 AMD 芯片规划的技嘉 AORUS AX370-Gaming 5（见图 2.28）以出色的规格性能赢得了众多用户的青睐。该主板采用了十相数字供电电路设计，为用户提供了稳定高效的超频环境；可支持四条 3000MHz 以上 DDR4 双通道内存组合，满足了用户对高主频内存的使用需求；PCI 扩展方面也很出色，提供了 1 条 PCI-E x16 高速显卡插槽，1 条 PCI-E x8 插槽，1 条 PCI-E x4 插槽，以及 3 条 PCI-E x1 插槽；CPU 底座为全新的 AM4 规格，统一了未来 AMD 处理器的底座，包括 APU 也将共用一个平台；板载了 1680 万色全彩 RGB 魔光系统，并支持 2 个分区可单独编程设置，加上外接 RGBW 灯带插座，配合可更换式板边导光条以及自带的 6 种不同的灯光模式（呼吸、音乐、多彩、监控等），更注重个性主机的打造。

2．1333MHz 前端总线

前端总线频率直接影响 CPU 与内存之间数据交换的速度。由于数据传输最大带宽取决于所有同时传输的数据的宽度和传输速率，而 CPU 就是通过前端总线连接到北桥芯片，进而通过北

桥芯片和内存、显卡交换数据，所以前端总线频率越大，代表着 CPU 与内存之间的数据传输量越大，更能充分发挥 CPU 的功能。

从 400MHz 前端总线到今天的 1333MHz 前端总线，Intel 经历了 6 代总线的变迁。1333MHz 前端总线规格，现在已经较为普通，进入 1333MHz 前端总线时代，可以获得更高的 CPU 频率和性能，这是历史发展的必然所在。它加快了多核心处理器在市场的普及率，更有利于多核心处理器的推广。

3．PCI-E 3.0 规范

PCI-E 3.0 架构从细节上对前两代 PCI-E 规范进行了极大地改进，在对可制造性、成本、功耗、复杂性、兼容性等诸多方面进行综合、平衡之后，PCI-E 3.0 规范将数据传输速率提升到 8GHz|8GT/s（最初也预想过 10GHz），并保持了对 PCI-E 2.x/1.x 的向下兼容，继续支持 2.5GHz、5GHz 信号机制。基于此，PCI-E 3.0 架构单信道（x1）单向带宽即可接近 1GB/s，十六信道（x16）双向带宽更是可达 32Gbit/s。

PCI-E 3.0 同时还特别增加了 128b/130b 解码机制，可以确保几乎 100%的传输效率，相比于此前版本的 8b/10b 机制提升了 25%，从而促成了传输带宽的翻番，延续了 PCI-E 规范的一贯传统。

新规范在信号和软件层的其他增强之处还有数据复用指示、原子操作、动态电源调整机制、延迟容许报告、宽松传输排序、基地址寄存器（BAR）大小调整、I/O 页面错误等，从而全方位提升平台效率、软件模型弹性、架构伸缩性。

4．整合图形核心

2006 年以前，整合主板一直是低端产品的代名词，主要由 Intel、VIA 和 SIS 等传统主板芯片厂商制造生产，主要供应给品牌机制造商和商业用户，在 DIY 市场中占有率非常低。由于受低端独立显卡利润降低的影响，传统显示芯片厂商将大部分精力投入到了整合主板研发当中，提高游戏性能、视频性能成为整合芯片组发展的主旋律。

5．无铅、固态电容、热管

除了芯片组技术外，主板行业也出现了三大制造趋势。

首先，主板厂商在产品上引入无铅制造技术，主板业迎来绿色的时代。在各种重金属污染中，铅是首当其冲的危害源。此前的板卡设备上的芯片，都是通过芯片封装下面的小焊点和 PCB 板连接的，这些小焊点传统上是用铅的，而“无铅”技术则是使用一种锡、银、铜的合成物来取代铅，这将让主板更环保。目前，市场上的大多数主板都已经采用无铅工艺。

除此之外，在主板方面，固体聚合物电容将逐渐取代电解电容。从主板厂商返修数据来看，其中 30%的主板故障出自电解电容。为固体聚合物电容多投入的成本，远比主板返修中投入的成本低；从使用寿命和环保回收来看，固体聚合物电容也比电解电容更具优势。

同时，传统处理器供电模块也将面临淘汰，传统处理器供电模块由 MOSFET、电感线圈和电容组成，这 3 类产品受环境和温度影响非常大。静音散热器和水冷逐渐开始普及，传统处理器散热模块已经成为制约电脑静音的“瓶颈”。显卡上常见的数字供电模块将大量使用在主板处理器供电模块上，虽然仍采用 MOSFET、电感线圈和电容的组合方式，但高级的电器元件更适合主板的发展趋势。

6．PCB 板

PCB 是英文 Printed circuit board 的缩写，中文翻译为印刷电路板。不光是主板，几乎所有电子设备上都有 PCB，其他电子元器件都是镶嵌在 PCB 上，并通过内藏的迹线连接起来进行工作。

通常主板的板基是由 4 层或 6 层树脂材料粘合在一起的 PCB，其上的电子元件是通过 PCB 内部的迹线（即铜箔线）连接的。一般的主板分为 4 层，最上面和最下面的两层为“信号层”，中间两层分别是“接地层”和‘电源层”。将信号层放在电源层和接地层的两侧，既可以防止相互之间的干扰，又便于对信号线做出修正。布线复杂的主板通常会使用 6 层 PCB，这样可使 PCB 具有三或四个信号层、一个接地层、一个或两个电源层。这样的设计可使信号线相距足够远的距离，减少彼此的干扰，并且有足够的电流供应。PCB 的层数会直接影响主板的电气性能，然而随着层数的增加，主板的成本出现了几何性的增长。4 层 PCB 基板在价格与性能之间找到了平衡，因此被主板厂商广泛采用。

7．电感线圈

电感线圈（CHOKE）的主要作用在于过滤高频信号，在市面上常见的电感有开放式、半封闭式、全封闭式 3 种形式。

开放式电感的铜线均全部裸露在外面，如图 2.29 所示。电感在工作过程中产生的电磁波将得不到有效屏蔽，同时，其余元件的电磁波也将对电感造成一定的影响。半封闭式电感（见图 2.30）和全封闭式电感（见图 2.31）最大的好处是使产生的电磁辐射降到了最低，防止辐射对周围的元器件带来的干扰。防电磁波辐射性能更强的电感的使用为主板提供了更高的电压精度以及更好的超频能力，无论哪种形式的电感，它们的构造是相同的，都是采用磁环包磁力线的设计方式，线圈粗细有多种规格可选择，缠绕的密度也不相同。

图 2.29　开放式电感线圈

图 2.30　半封闭式电感线圈

图 2.31　全封闭式电感线圈

8．主板的工艺和结构

主板的更新要配合 CPU 和主板上芯片组的更新换代，现在 CPU 已采用 14nm 工艺以及最新的第七代酷睿 Kaby Lake 处理器，在未来更要推出 10nm 工艺的 Cannonlake，这都需要主板厂商在工艺和结构上及时跟进。

9．水冷套件

水冷套件的支持成为了高端产品的标配。高端主板在使用的时候，供电模块以及北桥新品等部分都会大幅度升温，有时候发热量会超出主板原配散热片的处理能力，这时使用有效且又不影响其他硬件的水冷套件就非常重要了。

10．芯片的升级

芯片的升级往往伴随着软件的升级。通常一个全新系列的主板产品，都会在网络、音频、接口等部分进行芯片的升级，因此对应的应用软件也会在界面及功能部分进行调整，以便用户可以更好地控制整套平台来发挥新硬件的最佳性能，为用户带来更好的使用体验，可以更好地调校各种设备。

11．灯效

灯效部分是主板厂商的发力点之一，RGB 可调灯光除了可以分区域对主板灯光进行自定义设定之外，还增加了不同硬件之间的灯光交互和联动功能，让主板不再作为一个独立的个体，而是可以通过用户的个性化设计，使整套平台成为一个密不可分的整体。

2.2.3 笔记本电脑主板

笔记本电脑主板是笔记本电脑上的核心配件，是笔记本电脑中各种硬件传输数据、信息的“中转站”，它连接整合了 CPU、显卡、内存等各种硬件，使其相互独立又有机地结合在一起，各司其职，共同维持电脑的正常运行。

笔记本电脑追求便携性，其体积和重量都有较严格的控制，因此同台式机不同，笔记本电脑主板集成度非常高，设计布局也十分精密紧凑。CPU 插座、内存插槽 A、芯片组、扩展卡（Express Card）插槽和 CMOS 电池、内存插槽 8、网络接口等分别位于主板的两侧，相关的外部接口（如读卡器接口、IEEE1394 接口、VGA 接口、S-Vide0 接口等）位于主板的边缘。为减小体积，笔记本电脑主板上的元器件大都为贴片式，而且电路的密度和集成度都很高。

通常，笔记本电脑主板的外形会随着笔记本电脑的整体设计不同而变化，所以主板之间并没有很好的通用性。不同型号的笔记本电脑用的主板也有所不同，甚至是同一个型号的机器也有可能有些区别，比如接口多一个或者少一个，都可能会导致两台笔记本电脑不能互相兼容。笔记本电脑主板的生产厂家也有很多，品牌也有很多，一般制造笔记本电脑的厂商都拥有自己的主板系列。

如图 2.32 所示为两款不同的笔记本电脑主板。

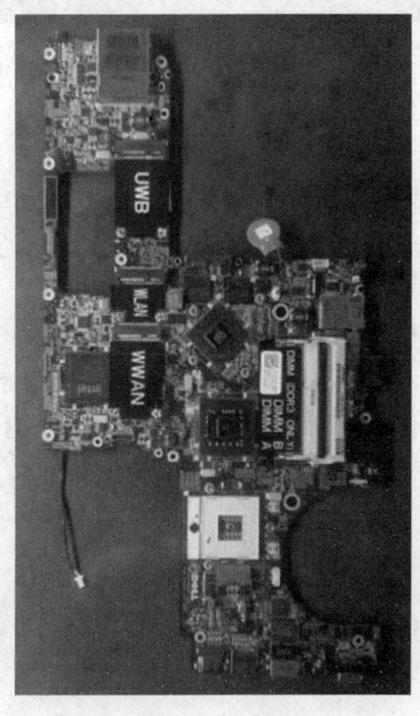

图 2.32　笔记本电脑主板

1．主板芯片组

笔记本电脑主板上的南桥芯片和北桥芯片合称芯片组。它是主板的核心部分，按照在主板上的排列位置不同，通常靠 CPU 较近的称为北桥芯片，较远的则称为南桥芯片。北桥芯片提供对 CPU 的类型和主频、内存的类型和容量、各种接口插槽、ECC 纠错等功能的主持，南桥芯片则对键盘控制器、实时时钟控制器、USB 接口等提供支持。由此可见，北桥芯片对主板起到了主导性作用，因此也称为主桥芯片。

目前市场上常见的芯片组有 Intel 芯片组、威盛（VIA）芯片组、矽统（SiS）芯片组、扬智（ALi）芯片组和霸王（ATI）芯片组等。

2．笔记本电脑接口

笔记本电脑接口通常位于笔记本电脑主板的边缘。笔记本电脑可以通过接口与其他设备进行相连。笔记本电脑的接口类型很多，其功能特点也不尽相同。下面主要介绍笔记本电脑中常见的接口类型。

（1）并行接口

如图 2.33 所示，并行接口是一个 25 针梯形接口，主要用于连接打印机，故常称为打印机接口。

（2）串行接口

串行接口的全称为串行总线接口，也就是 COM 接口。该接口是采用串行通信总线协议的扩展接口。图 2.34 所示为笔记本电脑串行接口的实物外形。早期的串行接口主要用于连接键盘和鼠标，但随着 PS/2 接口的出现，已少使用。

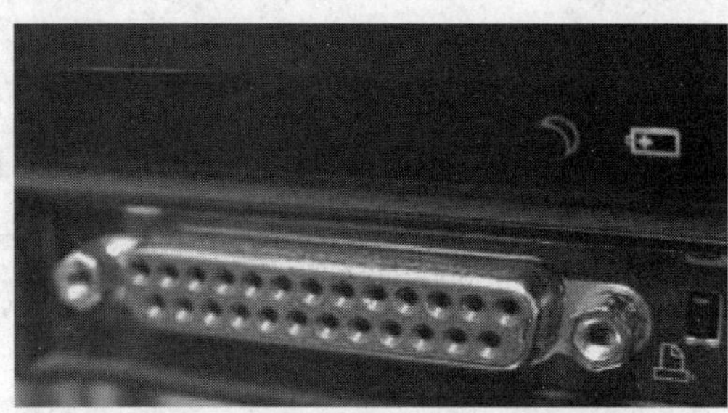

图 2.33　并行接口

图 2.34　串行接口

（3）PS/2 接口

由于笔记本电脑的键盘是与电脑集成一体的，因此，笔记本电脑提供的 PS/2 接口主要用于外接鼠标。

（4）USB 接口

图 2.35 所示为笔记本电脑 USB 接口。这种接口是一个 4 针的扁平接口，支持热插拔。

目前，USB 接口有三种标准，分别为 USB 1.1、USB 2.0 和 USB 3.0，其中，USB1.1 标准接口的数据传输速率为 12Mbit/s，USB 2.0 标准接口的数据传输速率为 480Mbit/s，而 USB 3.0 接口的数据传输速率达到了 5Gbit/s。USB 接口最多可在一台计算机上同时支持 127 种设备，并且不会损失带宽。

（5）VGA 接口

VGA 接口的英文全称为 Video Graphic Array，如图 2.36 所示。它是 15 针的梯形接口，是 IBM 于 1987 年提出的一个使用模拟信号的计算机显示标准，分成 3 排，每排 5 个孔，绝大多数显卡都带有此种接口。

图 2.35　USB 接口

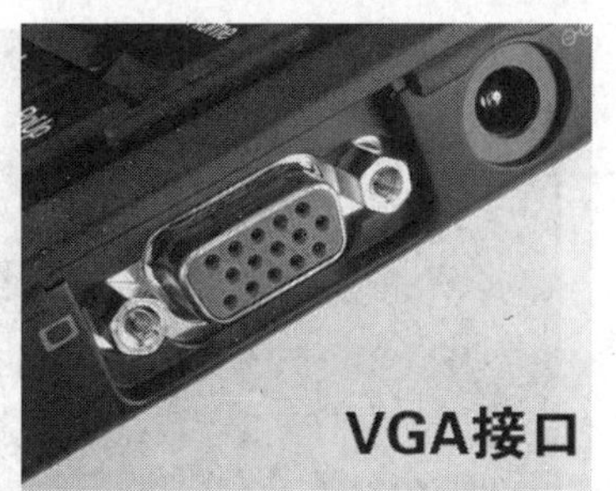

图 2.36　VGA 接口

计算机内部以数字方式生成的显示图像信息，通过模拟 VGA 接口连接模拟 CRT 显示器，信号被直接送到相应的处理电路，驱动控制显像管生成图像。而对于 LCD、DLP 等数字显示设备，显示设备中需配置相应的 A/D（模拟/数字）转换器，将模拟信号转变为数字信号。在经过 D/A 和 A/D 两次转换后，不可避免地造成了一些图像细节的损失。所以 VGA 接口应用于连接液晶之类的数字显示设备，则转换过程的图像损失会使显示效果略微下降"

（6）DVI 接口

DVI 的英文全称是 Digital Visual Interfaee，外形如图 2.37 所示。笔记本电脑上常见的 DVI 接口可分为 DVI-D 型和 DVI-I 型。

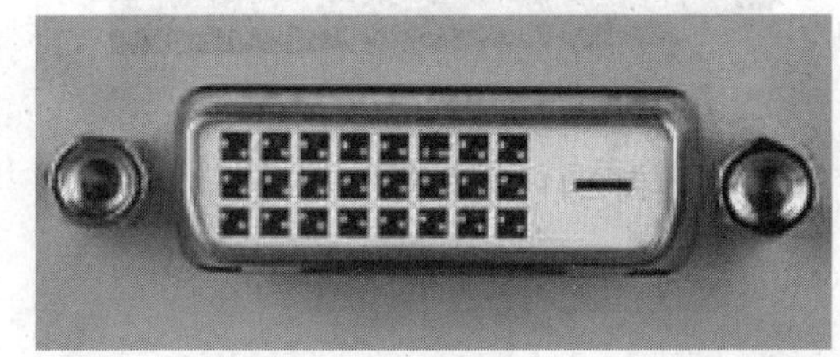

DVI-D 接口

DVI-I 接口

图 2.37　DVI 接口

其中 DVI-D 只能接收数字信号，其右上角的一个引脚为空脚，不兼容模拟信号，而 DVI-I 可以兼容模拟信号和数字信号。

（7）HDMI

HDMI 是一种新型的数字多媒体接口，这种接口可以保证以数码方式传输未经压缩的高分辨视频和多声道音频数据。图 2.38 所示为笔记本电脑上 HDMI 接口的实物外形。

（8）网络接口

笔记本电脑都带有网络接口，如 Modem 接口（RJ-11）和网卡接口（RJ-45）。其中，Modem 接口主要用来与电话线连接，以便实现拨号上网；网卡接口则是为了实现局域连接所使用的接口。在通常情况下，笔记本电脑的两个网络接口并列排在一起，如图 2.39 所示。Modem 接口是一个 4 针的小型接口，而网卡接口则是一个 8 针的大型接口，从形状上可以轻易地将它们区分开来。

（9）IEEE1394 接口

IEEE1394 接口又称火线接口，同 USB 接口一样支持外部设备的热插拔，其传输速率可高达 400Mbit/s。笔记本电脑的 IEEEl394 接口广泛用于连接网络以及数码设备等传输速率比较高的外部设备。图 2.40 所示为笔记本电脑的 IEEE l394 接口。

图 2.38　HDMI 接口

图 2.39　网络接口

（10）读卡器接口

笔记本电脑的读卡器接口如图 2.41 所示。读卡器接口通常可分为单一功能型和多功能型。单一功能型读卡器接口就是指只能读取一种存储卡，而多功能型则可以读取两种以上的存储卡，如二合一读卡器、四合一读卡器、七合一读卡器等。

图 2.40　IEEE1394 接口

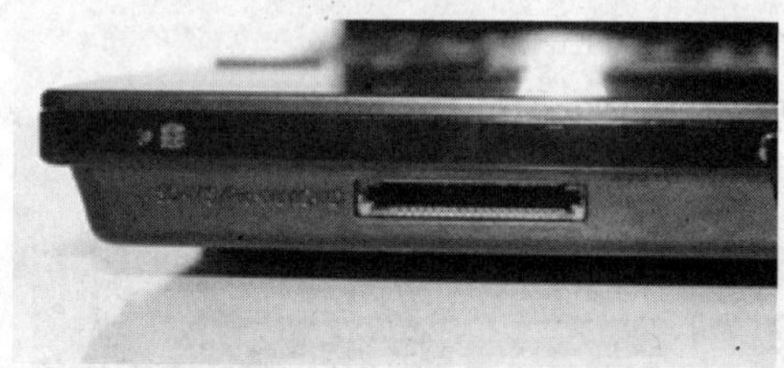

图 2.41　读卡器接口

2.2.4　主板的选购

主板作为计算机中一个非常重要的部件，其质量的优劣直接影响整个计算机的工作性能，因此在选购时要特别注意，仔细甄别。

1．台式机主板的选购

（1）CPU 供电电路

在采用相同芯片组的时候断定一块主板的优劣，最好的方法就是看供电电路设计，CPU、内存、显卡、芯片组的供电缺一不可，其中最主要的是 CPU 的供电电路，它是主板最关键的部位，优质和劣质主板之间最大的差别也可以在这里体现出来。

优秀的主板 CPU 供电部分上面可以见到全线的优质 Nichicon、Rubycon、KZG、SANYO 等电容与 Infineon、飞利浦、IR 等名牌 Mosfet。

（2）PCB 板

PCB 板几乎会出现在每一种电子设备中，主要功能是提供上面各项零件相互间的电气连接。优秀的 PCB 板是主板稳定可靠的基石，现在很多小品牌 PCB 品质不稳定，常导致电脑经常不确定地出现死机、接触不良、主板变形等问题。

（3）芯片组、内存、显卡、供电设计方案

要达到最优稳定性能，除了需要 CPU 供电竞价电路设计合理优秀以外，主板上还有 3 个重要部件——芯片组、内存、显卡供电部分同样不容轻视。现在主流的显卡功耗已经突破 50W，已经与一个低端的闪龙处理器的功耗接近，所以芯片组、高频率运作的内存同样不可忽视。因此，采用独立的供电方案就显得十分有必要。

在优秀的主板上，可以看到显卡、芯片组和内在的供电部分都会有加强的电路元件配合，BIOS 也会有相应的电路电压调整。

（4）保护电路

有很多品牌为了降低成本，在主板上省去各类保护电路，有的小品牌产品甚至在主板的研发阶段就放弃主板上的保护电路，这样做虽然可以降低成本，但会给用户带来较大的隐患，容易导致主板、芯片或者是一些外设的烧毁，给消费者带来较大的损失。优秀的主板都会在 I/O 接口、芯片组供电保护位置着重加上保护电路。

（5）主板 BIOS

BIOS 是计算机中最底层的一种程序。BIOS 程序一般都保存在 CMOS 芯片中，BIOS 为计算机提供最直接的硬件控制，协调整个硬件系统的工作，除了本身的功能外，主板还要有个优秀的 BIOS 配合。

2．笔记本电脑主板选购注意事项

随着计算机的普及，越来越多的朋友对笔记本电脑产生了兴趣，但是笔记本电脑过高的价格限制了许多抱有浓厚兴趣的爱好者，此时二手笔记本电脑成了选择。二手电脑及其配件通常没有较好的售后服务，买到质量不佳的配件会影响整机的性能，严重时将导致整机无法运行，因而配件质量检查应作为重点，在挑选笔记本电脑主板时应注意以下几点。

（1）外形方面

笔记本电脑的主板外观与台式机完全不同，特别是 CPU 插槽。一般在笔记本电脑主板正面右部（有的是左部，视厂商和机型而异）由白色插槽与黑色框条组合成的矩形器件是 PCMCIA 插槽，用以插接 PCMCIA 网卡、MODEM 卡、储存卡等，它用螺钉固定在主板上，不属于主板固有器件。另外，在大多数主板背面或左右两侧都会有回型的内存插槽、固化的音频输入输出口、串口、USB 接口、打印接口、视频输出接口及外接稳压电源接口等。

（2）工艺方面

笔记本电脑的主板除了芯片组方面的差别外，主板的结构工艺也是影响笔记本电脑稳定性的重要环节。笔记本电脑的主板工艺可以很直观地分辨优劣。与台式机的主板类似，笔记本电脑的主板也是采用多层的 PCB，一般来说，层数越多，主板各部分线路之间发生干扰和冲突的几率也就越小，主板的稳定性和超频能力也会相应提高不少。通常情况下，主板的 PCB 层数至少要达到四层才能满足需要，而高端主板通常都会采用高价格的六层板甚至八层板。当然，主板的层数越多，制造成本自然会提高，但机器的稳定性能将会得到大幅度提升。

多层设计带来的最大问题就是难以修理，如果在安装主板的过程中过度弯曲，可能会破坏其中隐藏的铜导线。另外，由于笔记本电脑主板上有很多超乎台式机主板的精致的电阻和电容，如 SMT 贴片式元件和 DIP 插接元件，大工厂多用波峰焊接或表面装配的方式来连接插件，而一些杂牌的小厂家往往采用人工装配，质量难以保证。

扫一扫

获取最新主板相关资讯

（3）电容和布线方面

笔记本电脑主板的电容和布线也十分重要。一块优秀的笔记本电脑主板，在 CPU 插槽附近必定会使用高容量钽电容，这样会让其输出的电流更加纯净稳定。而布线方面，常常可以在台式机的主板上见到很多的蛇行布线，其主要作用是保证各条线的长度一致，减少工作时产生的干扰。质量可靠的笔记本电脑主板板面平整，小电容等元件没有被压倒或明显变形的痕迹，板上的铜箔导线光滑平整、无毛刺，焊点均匀。

2.3 内存

在计算机的组成结构中，有一个很重要的部分，就是存储器。存储器是用来存储程序和数据的部件，对于计算机来说，有了存储器，才有记忆功能，才能正常工作。存储器的种类很多，按其用途可分为主存储器和辅助存储器，主存储器又称内存储器，简称内存。

2.3.1 内存概述

计算机诞生初期并不存在内存条的概念，那时的内存均被焊接在主板上，以内存芯片的形式为计算机的运算提供直接支持。那时的内存芯片容量都特别小，最常见的莫过于256KB×1bit和1MB×4bit，虽然如此，这相对于那时的运算任务来说已经绰绰有余了。

1. 内存条的诞生

内存的芯片状态一直沿用到286初期，由于它存在着无法拆卸更换的弊病，对于计算机的发展造成了现实的阻碍。鉴于此，内存条应运而生。将内存芯片焊接到事先设计好的PCB上，而电脑主板上也改用内存插槽。这样就把内存难以安装更换的问题彻底解决了。

在80286主板刚推出的时候，内存条采用了SIMM（Single In-line Memory Modules，单边接触内存模组）接口，规格为30pin、256KB。随后，在1988～1990年当中，72pin SIMM内存出现了，72pin SIMM支持32位快速页模式内存，内存带宽得以大幅度提升。图2.42所示为72pin SIMM内存的外观。

EDO DRAM（Extended Date Out RAM，外扩充数据模式存储器）内存（见图2.43）是1991～1995年之间盛行的内存条，EDO RAM同FP DRAM极其相似，但速度要比普通DRAM快15%～30%。其主要应用在当时的486及早期的Pentium电脑上。

图2.42　72pin SIMM内存

图2.43　EDO DRAM内存

2. SDRAM时代

自Intel Celeron系列、AMD K6处理器以及相关的主板芯片组推出后，EDO DRAM内存性能再也无法满足需要了，新一代CPU架构需要内存技术彻底进行革新，此时内存开始进入比较经典的SDRAM时代。

第一代SDRAM内存为PC66规范，但很快由于Intel和AMD的频率之争将CPU外频提升到了100MHz，所以PC66内存很快就被PC100内存取代。接着，133MHz外频的PentiumⅢ以及K7时代来临，PC133规范也以相同的方式进一步提升了SDRAM的整体性能，带宽提高到了1Gbit/s以上。

随着Intel Pentium 4的推出，SDRAM PC133内存逐渐满足不了发展需求，Intel为了达到独占市场的目的，与Rambus联合在PC市场推广Rambus DRAM内存（称为RDRAM内存）。与SDRAM不同，其采用了新一代高速简单内存架构，基于一种类RISC（Reduced Instruction Set Computing,

精简指令集计算机）理论，这个理论可以减少数据的复杂性，使得整个系统性能得到提高。

3．DDR 时代

DDR SDRAM（Dual Date Rate SDRAM）简称 DDR，也就是“双倍速率 SDRAM”的意思。DDR 可以说是 SDRAM 的升级版本，同速率的 DDR 内存与 SDR 内存相比，性能要超出一倍，可以简单理解为 133MHz DDR=266MHz SDR。DDR 与 SDRAM 外形体积相比差别并不大，它们具有同样的尺寸和同样的针脚距离。

4．DDR2 时代

随着 CPU 性能不断提高，对内存性能的要求也逐步升级。不可否认，仅依靠高频率提升带宽的 DDR 迟早会力不从心，因此 JEDEC 组织很早就开始酝酿 DDR2 标准，而且 LGA775 接口的 915/925 以及后来的 945 等平台也对 DDR2 内存给予支持。

DDR2 对于 DDR 有 4 位预取（DDR 是 2 位）、Posted CAS、整合终结器（ODT）和 FBGA/CSP 封装 4 项技术革新。DDR2 能够在 100MHz 的发信频率基础上提供每插脚最少 400Mbit/s 的带宽，而且其接口将运行于 1.8V 电压上，从而进一步降低发热量，以便提高频率。此外，DDR2 将融合 CAS、OCD、ODT 等新性能指标和中断指令，提升内存带宽的利用率。

5．DDR3 内存技术

2007 年，Intel 公司除了将前端总线提高到 1333MHz 外，也将拥有更高带宽的 DDR3 内存技术引入自家平台。DDR3 内存不仅在技术上优于 DDR2 内存，在频率和速度上也拥有更多的优势。此外，由于 DDR3 所采用的根据温度自刷新、局部自刷新等其他一些功能，其在功耗方面也要出色得多，主要优势有如下 3 点。

（1）频率更高

DDR3 可以在 800～1666MHz 下运行（也可更高），而 DDR2 是在 533～1066MHz 下运行。一般来讲，DDR3 是 DDR2 频率的两倍，通过削减一半读写时间 给系统带来操作性能提高。

（2）功耗更低

DDR3 相比于 DDR2 可以节约 16%的电能，因为新一代 DDR3 是在 1.5V 电压下工作，而 DDR2 则是在 1.8V 下工作，这样可以弥补由于过多的操作频率所产生的高电能消耗，减少能量消耗的同时可以延长部件的使用寿命。

（3）效率提高

DDR3 内存 Bank 增加到了 8 个，比 DDR2 提高了一倍。所以相比于 DDR2 预读取会提高 50%的效率，是 DDR2 标准的两倍。

因此，在移动设备和 PC 领域，DDR3 倍受欢迎，DDR3 SDRAM 内存条的结构如图 2.44 所示。

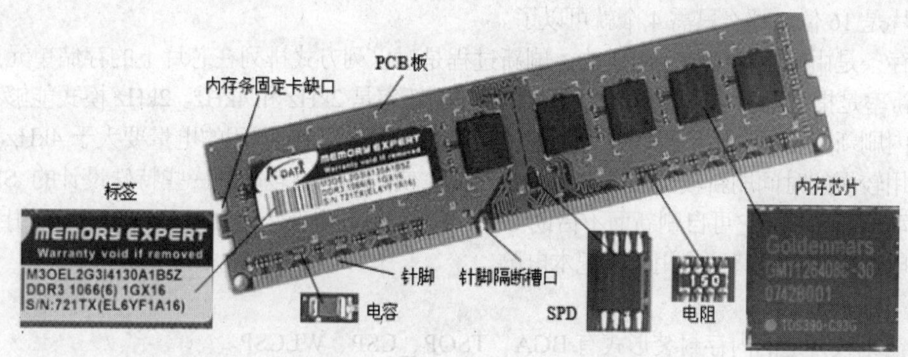

图 2.44　DDR3 SDRAM 内存条的结构

6. DDR4 内存

JEDEC 固态技术协会在 2011 年公布了 DDR4 内存标准中的部分关键属性，并宣布将在 2012 年年中正式发布新一代内存标准规范，相比于 DDR3 取得重大性能提升，同时继续降低功耗。

DDR4 的外观变化明显，金手指变成弯曲状，保证金手指和内存插槽触点有足够的接触面，确保信号传输稳定。DDR4 最重要的使命当然是提高频率和带宽，它的起始频率就达到了 2133，量产产品最高频率达到了 3000；带宽方面，DDR4 内存的每个针脚都可以提供 2Gbit/s（256MByte/s）的带宽；此外，DDR4 内存的容量也有很明显的提升，单条容量最大可以达到 128GB，而 DDR3 内存最大单条容量为 64GB。DDR4 使用 20nm 以下的工艺来制造，电压从 DDR3 的 1.5V 降低至 DDR4 的 1.2V，甚至可以做到更低，功耗表现非常出色。

2016 年 8 月 22 日，镁光正式公布了 DDR5 内存的详细规格。从镁光公布的文件来看，DDR5 内存将从 8GB 容量起步，最高可达单条 32GB，I/O 带宽能达到 3.2～6.4Gbit/s，电压为 1.1V，内存带宽将为 DDR4 内存的两倍。

2.3.2 内存性能指标

内存只能用来暂时存放数据，断电后内存里的东西就会消失，所以有什么需要留下来的都得保存在放硬盘里。

CPU 在处理问题时要从硬盘调用数据，都会先将数据存在内存里，然后再从内存中读取数据供自己使用，简单的说，内存就是计算机的一个缓冲区。在这个过程中，内存的主要工作是寻址。CPU 为了存储数据或者是从内存内部读取数据，会为数据编上地址（也就是十字寻址方式），当需要访问的时候，CPU 会通过地址总线（Address Bus）将地址送到内存，内存会根据地址先定出横坐标（也就是“行地址”），再定出纵坐标（也就是“列地址”），准确地定出这个位置后，数据总线（Data Bus）会把对应的正确数据送往 CPU，传回去给 CPU 使用。

1. 内存工艺和工作电压

SDRAM 内存工艺主要以 CMOS 为主，内存的工作电压和芯片类型有很大关系，在 JEDEC（Joint Electron Device Engineering Council，电子元件工业联合会）的规范中，SDRAM 的工作电压是 3.3V，DDR 是 2.5V，DDR2 是 1.8V，DDR3 是 1.35V～1.5V，DDR4 降到了 1.2V。

2. 芯片密度、位宽及刷新

芯片的密度一般都会用 bit 为单位进行表示（1B=8bit），比如 16Mbit 是 16Mbit÷8bit=2MB 也就是单颗芯片是 2MB 的。

还有一个参数就是位宽，SDRAM 系的位宽是 64 位，采用多个颗粒（一般为偶数）组成 64 位的方式也是不一样的。比如一个芯片是 4 位的，那么要用 16 个同样的芯片才能组成 64 位的；如果芯片是 16 位，那么只需 4 个就可以了。

内存条是由电子存储单元组成的，刷新过程是对以列方式排列在芯片上的存储单元进行充电。刷新率是指被刷新的列的数目。两个常用的刷新率是 2kHz 和 4kHz。2kHz 模式能够在一定的时间内刷新较多的存储单元，并且所用时间较短，因此 2kHz 所用的电量要大于 4kHz。4kHz 模式利用较慢的时间刷新较少的存储单元，然而它使用的电量较少。一些特殊设计的 SDRAM 具有自动刷新功能，它可自刷新而不借助 CPU 或外部刷新电路。建立在 DRAM 内部的自刷新，减少了电量消耗，被普遍应用于笔记本电脑。

3. 内存的封装

现在比较普遍的内存封装形式有 BGA、TSOP、CSP、WLCSP。

BGA 封装分为 FBGA、μBGA、TinyBGA（KingMAX）等，TSOP 分为 TSOP Ⅰ 和 TSOP Ⅱ。

BGA 封装具有芯片面积小的特点，可以减少 PCB 板的面积，发热量也比较小，但是需要专用的焊接设备，无法手工焊接。另外，一般 BGA 封装的芯片，需要多层 PCB 板布线，这就对成本提出了要求。此外，BGA 封装还拥有芯片安装容易、电气性能更好、信号传输延迟低、允许高频运作、散热性卓越等许多优点，所以它成为 DDR2 官方选择也在情理之中。而 TSOP 相对来说工艺比较成熟，成本低，缺点是频率提升比较困难，体积较大，发热量也比 BGA 大。

CSP 封装主要有柔性基片、硬质基片、引线框架、圆片级、叠层 CSP，不但体积小，同时也更薄，其金属基板到散热体的最有效散热路径仅有 0.2mm，大大提高了内存芯片在长时间运行后的可靠性，线路阻抗显著减小，芯片速度也随之得到大幅度提高。

WLCSP 先在整片晶圆上进行封装和测试，然后才切割成一个个的 IC 颗粒，明显地缩小封装体积，提高集成度，同时引脚产生的电磁干扰几乎被消除，使数据传输的速度与稳定性得到很大的提升。

4．SPD 及 SPD 芯片

SPD（Serial Presence Detect）即“配置（存在位）串行探测”，SPD 是一颗 8 针的 EEPROM（Electrically Erasable Programmable ROM，电子可擦写程序式只读内存），容量为 256B～2KB，里面主要保存了该内存的相关资料，如容量、芯片厂商、内存模组厂商、工作速度、是否具备 ECC 校验等。SPD 的内容一般由内存模组制造商写入。支持 SPD 的主板在启动时自动检测 SPD 中的资料，并以此设定内存的工作参数。当开机时，计算机的 BIOS 将自动读取 SPD 中记录的信息，如果没有 SPD，就容易出现死机或致命错误的现象。建议用户购买有 SPD 芯片的内存。

5．排阻

排阻也称终结电阻（终结器），是 DDR 内存中比较重要的硬件。DDR 内存对工作环境提出了很高的要求，如果先前发出的信号不能被电路终端完全吸收而在电路上形成反射现象，就会影响后面的信号，可能造成运算出错，因此支持 DDR 的主板都通过采用终结电阻来解决这个问题。由于每根数据线至少需要一个终结电阻，这意味着每块 DDR 主板需要大量的终结电阻，这也无形中增加了主板的生产成本，而且由于不同的内存模组对终结电阻的要求不可能完全一样，也造成了所谓的“内存兼容性问题”，由于 DDR2 内部集成了终结器，这个问题也得到了较好的解决。

6．针脚（pin）

针脚是内存金手指上的金属接触点。不同的内存针脚不同，所以从针脚外观区分各种内存也是主要方法。内存针脚分为正反两面，例如笔记本电脑 DDR 内存是 200pin，那么正反两面的针脚就各为 200÷2=100 个。此外，有些大厂的金手指使用技术先进的电镀金制作工艺，镀金层色泽纯正，可以有效提高抗氧化性，保证了内存工作的稳定性。

7．内存控制器技术

内存控制器技术即是指内存的通道技术，常见的有双通道、三通道及四通道等。

所谓双通道 DDR，简单来说就是芯片组可以在两个不同的数据通道上分别寻址、读取数据。这两个相互独立工作的内存通道依附于两个独立并行工作的、位宽为 64bit 的内存控制器，因此使普通的 DDR 内存可以达到 128bit 的位宽。如果是 DDR333，双通道技术可以使其达到 DDR667 的效果，内存带宽陡增一倍。

随着 Intel Core i7 平台发布，三通道内存技术应运而生。与双通道内存技术类似，三通道内存技术的出现主要是为了提升内存与处理器之间的通信带宽。

Intel 的三通道内存技术并不仅仅只是在原有基础上增加一个内存通道那么简单，而是通过一系列全新技术覆盖，将三通道技术打造成未来的内存主流标准。在内存带宽方面，三通道内存则拥有 3 个 64bit 的 CPU 和内存间的交互位宽，再加上其使用的 DDR3 1333 内存，内存带宽可以达到 32Gbit/s，如果再超频到 DDR3 1600 的水平，内存带宽就会提升到 38.4Gbit/s，比起主流的双通道技术，有着近 3 倍的提升。

目前，四通道内存控制器主要用于 X79 平台，在此不做详细介绍。

2.3.3 笔记本电脑内存

笔记本电脑内存就是应用于笔记本电脑的内存产品，笔记本电脑内存只是使用的环境与台式机内存不同，在工作原理方面并没有什么区别。基于笔记本电脑对内存的稳定性、体积、散热性方面的需求，笔记本电脑内存在这几方面都优于台式机内存，价格方面也要高于台式机内存。

由于笔记本电脑整合性高，设计精密，对于内存的要求比较高，笔记本电脑内存必须符合小巧的特点，需采用优质的元件和先进的工艺，拥有体积小、容量大、速度快、耗电低、散热好等特性。由于追求体积小巧，大部分笔记本电脑最多只有两个内存插槽。

从第一个真正的笔记本电脑内存条的出现，到现在的 DDR 内存，笔记本电脑内存也是经历了从简单到复杂、从混乱到标准的过程，这中间经历了很多变化，也出现了很多产品，发展历程可总结为如下 3 个阶段。

1．非标准阶段

真正的笔记本电脑内存是始于 486 时代的。那时笔记本电脑为使用的内存千奇百怪，一个品牌、一个机型一种内存，因为本身那时的机器就带有摸索和试验的性质，有的机器更是直接用 PCMICA 内存卡来做内存。

到了 586 阶段，台湾厂商的笔记本电脑产品逐步推广使用了 72pin SO DIMM 标准笔记本电脑内存，72pin SO DIMM 内存存在至少 4 种，分别是 72pin 5V FPM SO DIMM、72pin 5V EDO 72pin 3.3V FPM SO DIMM、72pin 3.3V EDO SO DIMM。这时的内存大部分和显卡一样是焊接在主板上的。

到了 Pentium MMX 阶段，出现了 144pin 3.3V EDO SODIMM 标准笔记本电脑内存，也就是所说的 EDO 内存，如图 2.45 所示。这种内存需要双条搭配使用，而且价格依旧很贵。另外仍然存在一些异类，例如 TOSHIBA 的某些机型及台湾 TWINHEAD（伦飞）的 8、9 系列。

EDO 内存主要用于古老的 MMX 和 486 机型，也有部分厂家在 Pentium II 笔记本电脑中使用过 EDO 内存。这种 EDO 单条最高容量只有 64M，而且由于 EDO 内存的工作电压为 5V，和 SD RAM 的 3.3V 相比更费电一些，所以很快就被 SDRAM 内存所取代。

2．过渡阶段

笔记本电脑经历了 Pentium 时代，CPU 的速度已经越来越快，这时 Intel 公司提出了具有里程碑意义的内存技术——SDRAM，如图 2.46 所示。至此，笔记本电脑内存进入完全的标准内存时代。

图 2.45 EDO 笔记本电脑内存条

图 2.46 SDRAM 笔记本电脑内存条

市场上的标准笔记本电脑用的 SDRAM 都是 144pin 的 SO-DIMM 接口，而大部分 Pentium II 和 Pentium III 笔记本电脑使用的就是 SDRAM 内存。SDRAM 内存生产商和牌子很多，而且价格相对来讲都不是很贵，产品性能区别不大，比较著名的品牌有 Kingmax、Kinghorse、创见等。

SDRAM 的全称是 Synchronous Dynamic Random Access Memory（同步动态随机存储器），就像它的名字所表明的那样，这种 RAM 可以使所有输入输出信号保持与系统时钟同步。由于 SDRAM 内存条总线的数据位宽为 64bit，因此它只需要一条内存就可以工作，数据传输速度比 EDO 内存至少快了 25%。SDRAM 包括 PC66、PC100、PC133 等几种规格。

3．DDR 内存阶段

随着台式机 DDR 内存的推出，笔记本电脑也步入了 DDR 时代，最初比较流行的有 DDR266 和 DDR333 等规格，如图 2.47 所示，当时的 Pentium4-M、Pentium-M、P4 核心赛扬的机器都是采用 DDR 内存，也有少量 Pentium3-M 的机器早早跨入 DDR 时代。其实 DDR 的原理并不复杂，它让原来一个脉冲读取一次资料的 SDRAM 可以在一个脉冲之内读取两次资料，也就是脉冲的上升沿和下降沿通道都利用上，因此 DDR 本质上也就是 SDRAM。而且相对于 EDO 和 SDRAM，DDR 内存更加省电（工作电压仅为 2.25V），单条容量更加大。

开始大部分笔记本电脑都是用 DDR266 内存，2002 年，INTEL 855GME 芯片组的出现首先支持 DDR333，早已经在台式机上得到普及的 DDR400 内存也很快在笔记本电脑上得到了普及，于是 DDR 迅速接替了 SDRAM。

时间推移，新一代的 Sonoma 架构选用了 9XX 系列移动芯片组设计，增加了对如图 2.48 所示的 DDR2 内存规范的支持，DDR2 内存开始在移动设备中得到推广。

图 2.47　1GB 的 DDR 笔记本电脑内存条

图 2.48　DDR2 笔记本电脑内存条

DDR2 笔记本电脑内存技术从研发到应用要比台式机内存复杂得多。单看 DDR2-533 笔记本电脑内存，产品的外观要比台式机内存短小得多，这就要求制造厂商需要在很小的 PCB 板上精密地印刷上密密麻麻的电路，笔记本电脑内存的电气元件也显得非常袖珍，据介绍，KINGXCON（金士刚）DDR2 笔记本电脑内存采用的是 0.1μm 制程、标准的 200 针、双向数据控制针脚。

2007 年，DDR3 内存开始出现，笔记本电脑也随之开始使用 DDR3 内存条，如图 2.49 所示。DDR3 内存的频率从 1066MHz 一直延伸到 2133MHz，是 DDR2 频率的两倍，由于工作电压降低，可以节约 16%的电能；同时预读取提高 50%，是 DDR2 标准的两倍。DDR3 分为 DDR3 标准电压版和 DDR3L 低电压版，二者的区别在于 DDR3 是标准的 1.5V 电压内存，而 DDR3L 是 1.35V 低电压内存。

这两年来，笔记本电脑的硬件发生了许多变革，从 CPU 到显卡都有了更高性能、更低功耗的全新架构，只有内存却一直停留在历时已经十年之久的 DDR3 标准不前进。直到 2016 年初，大量采用 Intel 第六代酷睿 Skylake 架构处理器的笔记本电脑上市之后，其全面支持 DDR4 内存的特性才让这个已经问世两年有余的标准开始真正普及起来。2016 年 6 月，金士顿推出了一款专门针对笔记本电脑升级更换使用的 DDR4 系统指定内存，具体型号为 KCP421SD8/8，如图 2.50 所示。DDR4 笔记本电脑内存通用插槽的金手指规格：默认 1.2V 超低电压，单条 8GB 容量与 2133MHz 的主频。在默认频率下，内存的读取、写入、复制速率分别为 27343MB/s、31601MB/s、29022MB/s，而延迟时间为 88.8ns。

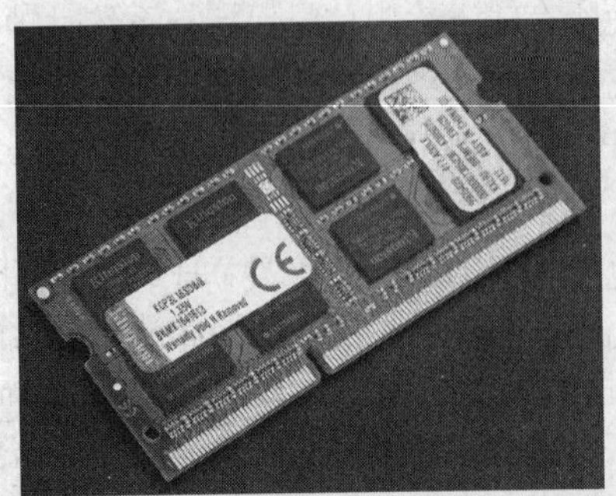

图 2.49　DDR3 笔记本电脑内存

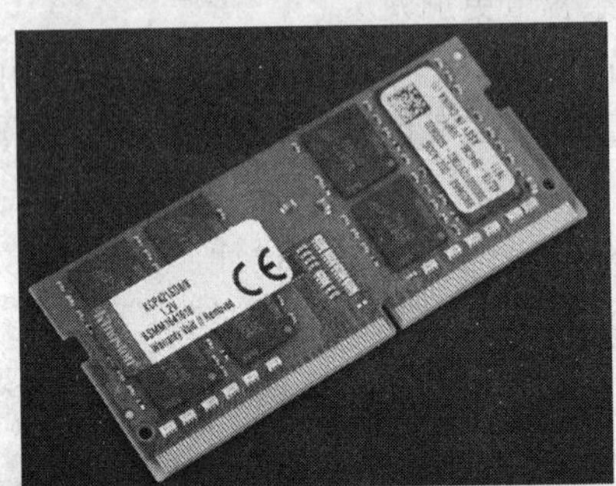
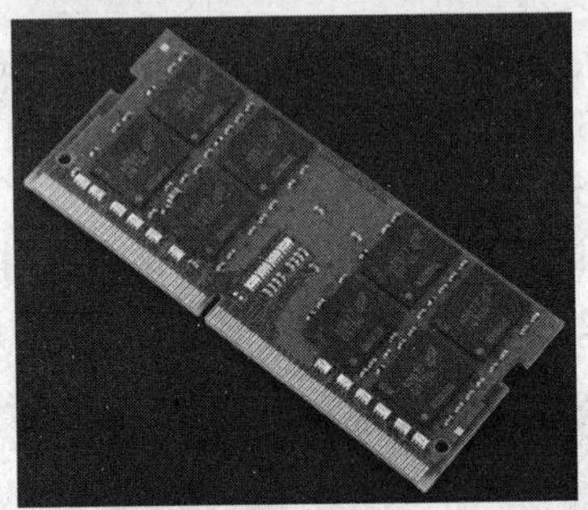

图 2.50　DDR4 笔记本电脑内存

2.3.4　内存的选购

系统物理内存的容量对于一台机器的性能有着很大的影响，特别是运行一些大型程序和多窗口工作的时候，内存的大小就显得十分重要。虽然不能说内存越大越好，但大容量物理内存的好处也是显而易见的。用户在购买内存的时候往往都存在着疑问，不知道所购买的内存的质量到底如何，下面就介绍选购内存时应该注意的一些问题。

1．台式机内存的选购

（1）做工

通常大厂生产的内存产品做工都一流，线路走线也会十分清晰，PCB 上部的蛇行线。有利于提高内存的电气性能，不容易受到外来电磁的干扰。此外，做工细致的内存条可以确认不是手工打磨的内存。还得注意内存模块上印刷的文字一定要清晰，如果内存模块上的文字模糊不清或者有许多白点，很可能是经过打磨的内存条，购买时一定要十分留心。市场上的 Kingmax PC100 就是这样来改装成 PC133 内存来出售的。

（2）尽量选购大厂的内存条

目前市场上知名的笔记本电脑内存品牌主要有三星、HY（现代）、KingMax、KingHorse、Kingston 及宇瞻（Apacer）等。这些大厂的产品在出厂时都经过严格的检测，兼容性一般比杂牌产品好，稳定性也更佳。从价格上来看，目前名牌笔记本电脑内存和杂牌笔记本电脑内存相差不大，但名牌笔记本电脑内存在质量上却比杂牌笔记本电脑内存高很多。因为笔记本电脑对内存要求比较严格，因此不建议大家选购杂牌的产品。

售后服务也是一个重要的考虑因素，这方面同样是品牌内存做得比较好，不过也有一些品牌内存的知名度很高，但由于价格和渠道的问题，市场占有率较低，可能售后体系不完善，售后服务质量也可能较差，这种品牌的笔记本电脑内存也尽量不要购买。

（3）避开返修货

由于内存价格都是非常透明的，在各大媒体网站上都有相应品牌内存的报价，相差只是20～30元之间，购买时不要为了这点钱而和商家斤斤计较，碰到特别便宜的内存条，要小心是否是返修货，因为这些返修的产品通常都只可以正常使用一段时间，过了保修期或者超频的时候就会出现问题，频频死机也是十分正常的事情。

（4）看金手指光泽程度

要保证稳定的超频工作，金手指也是一个不可忽视的地方。看似普普通通的一个“信号传输接口”，其实是为内存提供稳定特性的一个重点。

通常金手指都会采用电镀或化学沉金工艺，而厚度一般在 5μm 左右，做工精良的产品甚至达到更多，给人以厚实的感觉。好的金手指因为加入了镀层工艺，所以一定程度上防止了氧化的发生，而没有做这类加工的产品则意味着内存从生产出来时金手指就已经开始被氧化了。氧化所带来的危害是会直接影响到电脑的稳定，可能导致开机不能点亮等问题。可以说金手指是内存可以正常工作最基本的东西，如同主板一样，没有一个好的基础，再好的配件也无法发挥效能。

（5）内存颗粒很关键

内存颗粒的好坏会直接影响内存的性能，可以说也是内存最重要的核心元件。一些玩家喜欢通过观察内存颗粒上的信息，如颗粒厂家生产编号、相关颗粒的速度和规格信息等，来判断内存好不好超频。从某种意义上说，一款内存是否好超频，颗粒占了较大的比重。由于目前内存市场比较混乱，许多内存厂商使用的颗粒也比较混乱。

2．笔记本电脑内存的选购

（1）做工

首先目测。把内存条侧放于光线明亮的地方，仔细观察金手指部位是否呈纯金褐色，如果呈现深褐色，就说明已经被氧化了，说明该产品已经存放了很久，最好不要选择；如果有金属磨痕，就表示曾经被插拔过，这一般情况下是正常的，因为内存条出厂前要插拨测试，不过有些则是使用过的返修产品，当然这很难判别。

其次看编号。如果内存条与颗粒的编号不一致，说不定就是组装。产品再反复摩擦几下编号上的字迹，有些组装货便会出现掉字的现象。然后检查内存条的 PCB 板，内存条由芯片与 PCB 板（印刷电路板）组成，PCB 板的好坏会直接影响整个内存条的性能。六层板的抗干扰能力较强，在工作时比四层板要稳定一些。最后看内存条上打标的多少，总代理商出货要打标一次，二级代理商打标一次，如果打标超过两个，就有可能是返修产品。

扫一扫

获取最新内存相关资讯

（2）检验

在购买的时候务必要携带笔记本电脑一同前往，这有两个好处，一是可现场检验所购内存条的兼容性，具体就是插上内存条后看笔记本电脑能否启动，显示的内存容量是否正确；二是可检验内存条的稳定性，有些笔记本电脑插上内存条后能启动，在 DOS 下也一切正常，可进入 Windows 后就出现问题了，例如容易死机、常重启或出错等，这是因为 DOS 对内存条的要求远低于 Windows，因此插上新的内存条后一定要进入 Windows 运行一些大的程序，例如 Photoshop、3DMax 或一些大型的 3D 游戏。

当然也可使用一些专业的内存测试软件进行检验测试，例如 DocMemory，这是一款免费软件，具体使用方法参照本书内存测试工具部分。

2.4 硬盘

硬盘有固态硬盘（SSD，新式硬盘）、机械硬盘（HDD 传统硬盘）、混合硬盘（HHD，一块基于传统机械硬盘诞生出来的新硬盘）。SSD 采用闪存颗粒来存储，HDD 采用磁性碟片来存储，HHD 是把磁性硬盘和闪存集成到一起的一种硬盘。绝大多数硬盘都是固定硬盘，被永久性地密封固定在硬盘驱动器中，所以一般认为硬盘即硬盘驱动器。

2.4.1 硬盘概述

1．硬盘的发展历程

由于机械硬盘体积小、容量大、速度快、使用方便，2000 年前的几十年一直是计算机的标准配置，其结构如图 2.51 所示。它由一个或者多个铝制或者玻璃制的碟片作为盘基，这些碟片外覆盖有铁磁性材料，磁层可以采用甩涂工艺制成，此时磁粉呈不连续的颗粒存在；也可以用电镀、化学镀和溅射等方法制取连续膜磁盘。

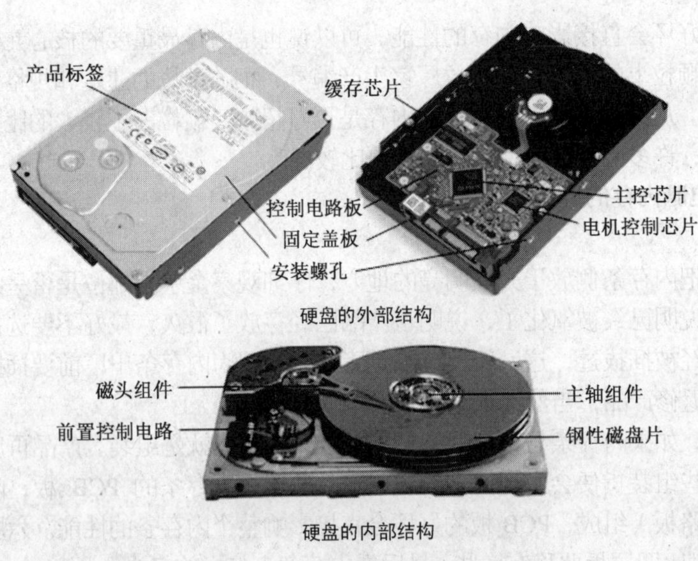

图 2.51　机械硬盘的结构

从第一块硬盘 RAMAC 的产生到现在单碟容量高达 15GB，硬盘也经历了几代的发展，介绍其历史及发展如下所述。

1956 年 9 月，IBM 的一个工程小组向世界展示了第一台磁盘存储系统 IBM 350 RAMAC（Random Access Method of Accounting and Control），其磁头可以直接移动到盘片上的任何一块存储区域，从而成功地实现随机存储。这套系统的总容量只有 5MB，共使用了 50 个直径为 24 英寸的磁盘，盘片表面涂有一层磁性物质，它们被叠起来固定在一起，绕着同一个轴旋转。此款 RAMAC 在当时主要用于飞机预约、自动银行、医学诊断及太空领域。

1968 年，IBM 公司首次提出“温彻斯特（Winchester）”技术，探讨对硬盘技术做重大改造的可能性。“温彻斯特”技术的精髓是“密封、固定并高速旋转的镀磁盘片，磁头沿盘片径向移动，磁头悬浮在高速转动的盘片上方，而不与盘片直接接触”，这也是现代绝大多数硬盘的原型。

1973 年 IBM 公司制造出第一台采用“温彻斯特”技术的硬盘 IBM 3340（见图 2.52），从此硬盘技术的发展有了正确的结构基础。它的容量为 60MB，转速略低于 3000r/min，采用 4 张 14 英寸盘片，存储密度为每平方英寸 1.7MB。

图 2.52　IBM 3340 硬盘

1979 年，IBM 再次发明了薄膜磁头，为进一步减小硬盘体积、增大容量、提高读写速度提供了可能。

到 20 世纪 80 年代末期，IBM 对硬盘发展又作出一项重大贡献，即发明了 MR（Magneto Resistive）磁阻技术，这种磁头在读取数据时对信号变化相当敏感，使得盘片的存储密度能够比以往的 20MB 每英寸提高了数十倍。

1991 年，IBM 生产的 3.5 英寸硬盘使用了 MR 磁头，使硬盘的容量首次达到了 1GB，从此硬盘容量开始进入 GB 数量级。

1999 年 9 月 7 日，Maxtor 宣布了首块单碟容量高达 10.2GB 的 ATA 硬盘，硬盘的容量有了一个新的里程碑。

2000 年 2 月 23 日，希捷发布了转速高达 15000r/min 的 Cheetah X15 系列硬盘，其平均寻道时间仅 3.9ms，它也是有史以来转速最高的硬盘，阅读一整部 Shakespeare 只用 0.15s。此系列产品的内部数据传输速率高达 48MB/s，数据缓存为 4～16MB，支持 Ultra160、SCSI 及 Fibre Channel（光纤通道），这将硬盘外部数据传输速率提高到了 160～200MB/s。总的来说，希捷的此款（“捷豹”）Cheetah X15 系列将硬盘的性能是一个新的里程碑。

2000 年 3 月 16 日，硬盘领域又有新突破，第一款“玻璃硬盘”问世，这就是 IBM 推出的 Deskstar 75GXP 及 Deskstar 40GV，此两款硬盘均使用玻璃取代传统的铝作为盘片材料，这能为硬盘带来更大的平滑性及更高的坚固性。另外，玻璃材料在高转速时具有更高的稳定性。此外，Deskstar 75GXP 系列产品的最高容量达 75GB，是当时最大容量的硬盘，而 Deskstar 40GV 的数据存储密度则高达 14.3Gbit/in^2（十亿数据位每平方英寸），再次刷新了当时数据存储密度的世界纪录。

2001 年出现了新的磁头技术，此时的全部硬盘几乎均采用 GMR，最新技术为第四代 GMR 磁头技术。2007 年 1 月，日立环球存储科技宣布将会发售全球首只 1TB 的硬盘，2010 年 12 月，日立环球存储科技日前同时宣布，将向全球 OEM 厂商和部分分销合作伙伴推出 3TB、2TB 和 1.5TB Deskstar 7K3000 硬盘系列。

在数据量不断增长的前提下，目前的硬盘存储容量已经发展到了最高 10TB 的阶段，而且还会继续增长。

2．硬盘未来发展趋势

对于硬盘的未来，其实还可以做更多的预测。由于硬盘的设计遵循温彻斯特原理，其读写过程完全属于机械操作，这使得想要提升内部传输速率需要付出很多代价。更为重要的是，虽然业界不断进行攻关，但超顺磁现象仍然是无法避免的，也就是说硬盘不仅是容量还是性能都遇到无法解决的瓶颈，未来的硬盘将向以下方向做更大的转变。

（1）全息存储

全息存储是利用全息照相的技术原理来实现数据记录的。这一概念是丹尼斯・加博尔

（Dennis Gabor）在 1947 年为提高电子显微镜的分辨率而提出的。它的最大优点是超高密度，不仅如此，全息存储还具有极大的提升潜力，只要控制芯片具有足够强的数据处理能力，全息存储技术甚至可以提供高达 1000TB 的容量。相比之下，目前硬盘的最大容量才 10TB，这个容量只相当于全息存储的“立方体糖块”的一个小碎片所提供的存储能力。

与目前的存储技术相比，全息存储在容量、速度和可靠性方面都极具发展潜力。由于全息存储器是以页作为读写单位，不同页面的数据可以同时并行读写，理论存储速度将相当迅速。使用全息存储技术后，一块方糖大小的立方体就能存储高达 1TB 的数据。此外，全息存储器不需要任何移动部件，数据读写操作为非接触式，使用寿命、数据可靠性、安全性都达到理想的状况。全息存储几乎可以永久保存数据，在切断电能供应的条件下，数据可在感光介质中保存数百年之久，这一点也远优于硬盘。

（2）蛋白质存储

蛋白质存储原理基于从细菌中抽取的 Bacteriorhodopsin，Bacteriorhodopsin 是一种能以多种化学状态存在的有机分子，因为每种状态有不同的光吸收率，所以比较容易检测出分子处于哪一种状态。蛋白质存储采用了两种状态，一种为二进位的 0，另一种为二进位的 1，基于这种特性制作存储装置。

当目前为止，已有一台蛋白质存储原型样机，用了 1×1×2 英寸的立方体，能够存储 100MB/s 的数据。这个原型的开发者预计两个立方英寸装置最后可以存储 125GB/s 的数据。

（3）混合硬盘

希捷 2011 年推出所谓固态混合硬盘 SSHD 产品。混合硬盘是机械硬盘与固态硬盘的结合体，主盘体和机械硬盘是一样的，但是在电路板部分增加了 SSD 模块和闪存颗粒。结合了两者优点的混合硬盘也继承了两者的缺点，比如抗震性能差、单颗闪存颗粒导致擦写次数受到了严重制约等。一般来说，SSD 速度够快，但容量小、价格贵；HDD 虽然速度一般，但容量大，价格便宜。SSHD 的出现意在平衡价格、容量及性能三者间的尖锐关系。

（4）固态硬盘

固态硬盘（Solid State Disk、IDE Flash Disk），如图 2.53 所示，也称作电子硬盘或者固态电子盘，由控制单元和存储单元（Flash 芯片）组成，简单的说就是用固态电子存储芯片阵列而制成的硬盘。固态硬盘的接口规范和定义、功能及使用方法上与普通硬盘完全相同，在产品外形和尺寸上也完全与普通硬盘一致。广泛应用于军事、车载、工控、视频监控、网络监控、网络终端、电力、医疗、航空及导航设备等领域。

图 2.53　固态硬盘

固态硬盘相比于机械硬盘有很多优点，如存取速度快、防震抗摔、发热低、零噪音、体积小，但是也存在成本高、容量小、寿命相对较短等缺点。

自 1989 年世界上第一款固态硬盘出现以来，固态硬盘技术发展非常迅速。固态硬盘的存储介质分为两种，一种采用闪存（Flash 芯片）作为存储介质，另外一种采用 DRAM 作为存储介质。基于闪存的固态硬盘（IDE Flash Disk、Serial ATA Flash Disk）采用 FLASH 芯片作为存储介质，这也是我们通常所说的 SSD。它的外观可以被制作成多种模样，例如笔记本电脑硬盘、微硬盘、存储卡、U 盘等样式。基于 DRAM 的固态硬盘采用 DRAM 作为存储介质，目前应用范围较窄。

多家存储厂商推出了自己的便携式固态硬盘，更有支持 Type-C 接口的移动固态硬盘和支持指纹识别的固态硬盘推出。现在已有多家厂商推出 4TB 的固态硬盘。

近两年，固态硬盘价格不断下滑，技术不断革新，超越机械硬盘速度的趋势不容置疑。越来越多的用户也对 SSD 产品抱有尝试心态，各大厂商和分析公司也都对固态硬盘市场前景非常看好。实际上，回顾硬盘的发展史，SSD 的降价是大势所趋，在 2003 年，一个 120GB 的硬盘售价也在 132～188 美元，随着制造工艺的成熟，有理由相信高速又便宜的 SSD 时代即将到来。

2.4.2 硬盘的性能指标

1．容量

作为计算机系统的数据存储器，容量是硬盘最主要的参数，决定着个人电脑的数据存储量大小的能力，这也是用户购买硬盘时首先要关注的参数之一。

对于用户而言，硬盘的容量就像内存一样，永远只会嫌少不会嫌多。Windows 操作系统带来的除了更为简便的操作外，还带来了文件大小与数量的日益膨胀，一些应用程序动辄就要占上百兆的硬盘空间，而且还有不断增大的趋势。因此，在购买硬盘时适当超前是明智的。近两年主流硬盘容量为 500GB～2TB，在数据量不断增长的前提下，目前的硬盘存储容量已经发展到了最高 8TB 的阶段。

硬盘的容量指标还包括硬盘的单碟容量。所谓单碟容量是指硬盘单片盘片的容量，单碟容量越大，单位成本越低，平均访问时间也越短。

2．转速

转速（Rotational speed 或 Spindle speed）是指硬盘盘片每分钟转动的圈数，单位为 r/min，有时记作 rpm。硬盘的转速越快，硬盘寻找文件的速度也就越快，相对的硬盘的传输速度也就得到了提高。

高转速硬盘肯定是计算机用户的首选，家用的普通台式机硬盘的转速以 5400r/min、7200r/min 为主；而对于笔记本电脑用户则是以 5400r/min 为主，虽然已经有公司发布了 7200r/min 的笔记本电脑硬盘，但在市场中还较为少见；服务器用户对硬盘性能要求最高，服务器中使用的 SCSI 硬盘转速基本都采用 10000r/min，甚至 15000r/min，性能要超出家用产品很多。

3．平均访问时间

平均访问时间（Average Access Time）是指磁头从起始位置到达目标磁道位置，并且从目标磁道上找到要读写的数据扇区所需的时间。

平均访问时间体现了硬盘的读写速度，它包括了硬盘的寻道时间和等待时间，即平均访问时间=平均寻道时间+平均等待时间。

硬盘的平均寻道时间（Average Seek Time）是指硬盘的磁头移动到盘面指定磁道所需的时间。这个时间当然越小越好，目前硬盘的平均寻道时间通常在 8～12ms 之间，而 SCSI 硬盘则小于或等于 8ms。

硬盘的等待时间又叫潜伏期（Latency），是指磁头处于要访问的磁道，等待所要访问的扇区旋转至磁头下方的时间。平均等待时间为盘片旋转一周所需的时间的一半，一般应在 4ms 以下。

4．传输率

硬盘的数据传输率（Data Transfer Rate）是指硬盘读写数据的速度，是衡量硬盘速度的一个重要参数，它与硬盘的转速、接口类型、系统总线类型有很大关系，单位为兆字节每秒（MB/s）。硬盘数据传输率又包括了内部数据传输率和外部数据传输率。

内部传输率（Internal Transfer Rate）也称为持续传输率（Sustained Transfer Rate），它反映了硬盘缓冲区未用时的性能。内部传输率主要依赖于硬盘的旋转速度。

外部传输率（External Transfer Rate）也称为突发数据传输率（Burst Data Transfer Rate）或接口传输率，是指计算机从硬盘中准确找到相应数据并传输到内存的速率，以每秒可传输多少兆字节来衡量（MB/s），标称的是系统总线与硬盘缓冲区之间的数据传输率。外部数据传输率与硬盘接口类型和硬盘缓存的大小有关，IDE 接口目前最高的是 133MB/s，SATA 已经达到了 600MB/s，SCSI 的传输率最高可达 320MB/s。

串口硬盘是一种完全不同于并行 ATA 的新型硬盘接口类型，由于采用串行方式传输数据而知名。相对于并行 ATA 来说，串口硬盘具有非常多的优势，首先，串行 ATA（SATA）以连续串行的方式传送数据，一次只会传送 1 位数据。这样能减少 SATA 接口的针脚数目，使连接电缆数目变少，效率也会更高。实际上，ATA 仅用 4 支针脚就能完成所有工作，分别用于连接电缆、连接地线、发送数据和接收数据，同时这样的架构还能降低系统能耗和减小系统复杂性。其次，ATA 的起点更高、发展潜力更大，ATA 1.0 定义的数据传输率可达 150MB/s，这比最快的并行 ATA（即 ATA/133）所能达到的最高数据传输率 133MB/s 还高，ATA 2.0 的数据传输率达到 300MB/s，最终 SATA 将实现 600MB/s 的最高数据传输率。

5．磁头技术

磁阻磁头技术（Magneto Resistive Head）是一种比较传统的硬盘磁头技术，完全基于磁电阻效应工作，电阻随磁场的变化而变化。其原理就是：通过磁阻元件连着的一个十分敏感的放大器可以测出微小的电阻变化。所以先进的磁阻磁头技术可以提高记录密度来记录数据，增加单碟片容量即硬盘的最高容量，提高数据传输速率。

采用巨型磁阻磁头（GMR）技术的硬盘，其读、写工作分别由不同的磁头来完成，这种变化有效地提高了硬盘的工作效率，并使增大磁道密度成为可能。

OAW（光学辅助温式技术）是未来磁头技术的发展方向，应用 OAW 技术，未来的硬盘可以在 1 英寸面积内写入 105000 以上的磁道，单碟容量有望突破 36GB。

6．防震技术

SPS 防震保护系统设计思路就是分散外来冲击能量，尽量避免硬盘磁头和盘片之间的意外撞击，使硬盘能够承受 1000g 以上的意外冲击力；ShockBlock 防震保护系统虽然是 Maxtor 公司的专利技术，但其设计思路与防护风格与昆腾公司的 SPS 技术有异曲同工之妙，也是为了分散外来的冲击能量，尽量避免磁头和盘片相互撞击，但它能承受的最大冲击力却可以达到 1500g 甚至更高。

7．数据保护技术

数据保护技术可以分为以下几种。

（1）S.M.A.R.T 技术

S.M.A.R.T 技术全称是 Self-Monitoring，Analysis and Reporting Technology。由硬盘的监测电路和主机上的监测软件对被监测对象的运行情况与历史记录及预设的安全值进行分析、比较，当出现安全值范围以外的情况时，会自动向用户发出警告。它是目前绝大多数硬盘已经普遍采用的通用安全技术，应用S.M.A.R.T技术，用户们能够预先测量出某些硬盘的特性。

（2）数据卫士

在硬盘工作的空余时间里，西部数据（WD）公司的数据卫士能够每 8 个小时便自动执行硬盘扫描、检测、修复盘片的各扇区等操作，无须用户干预与控制，特别是对初级用户与不懂硬盘维护的用户十分适用。另外，昆腾公司在推出火球7代硬盘以后，从8代开始的所有硬盘中都内建了 DPS（数据保护系统）系统模式，其工作原理是在硬盘的前 300MB 内存放操作系统等重要信息，DPS 可在系统出现问题后的 90s 内自动检测恢复系统数据，如果不行，则启用随硬盘附送的 DPS 软盘，进入程序后 DPS 系统模式会自动分析造成故障的原因，尽量保证用户硬盘上的数据不受损失。

（3）MaxSafe 技术

MaxSafe 技术是迈拓公司在其金钻二代以后普遍采用的技术。该技术的核心就是将附加的.ECC 校验位保存在硬盘上，使硬盘在读写过程中，每一步都经过严格的校验，以此来保证硬盘数据的完整性。

2.4.3 笔记本电脑硬盘

笔记本电脑硬盘是专为像笔记本电脑这样的移动设备而设计的，具有体积小、功耗低、防震等特点。从产品结构和工作原理看，笔记本电脑硬盘和台式机硬盘并没有本质的区别。

1．笔记本电脑硬盘的特点

笔记本电脑硬盘最大的特点就是体积小巧，目前标准产品的直径仅为 2.5 英寸（还有 1.8 英寸甚至更小的），厚度也远低于 3.5 英寸硬盘。一般厚度仅有 7～12.5mm，重量在 100g 左右，绝对称得上是小巧玲珑。笔记本电脑内部空间狭小，散热不便，且电池能量有限，再加上移动中难以避免的磕碰，因而对其部件的体积、功耗和坚固性等都提出了很高的要求。

笔记本电脑硬盘的技术要求和处理难度相对较高，因而在成本上也会提高不少，笔记本电脑硬盘与台式机硬盘相比，价格上也要高一些。

笔记本电脑硬盘的性能跟台式机硬盘的性能差距仍然很大，虽然现在笔记本电脑硬盘已经可以达到 7200r/min，但由于笔记本电脑硬盘采用的是 2.5 英寸盘片，即使转速相同，外圈的线速度也无法和 3.5 英寸盘片的台式机硬盘相比，所以硬盘成为了绝大多数的笔记本电脑的性能瓶颈。

2．笔记本电脑硬盘的相关参数

（1）尺寸

笔记本电脑所使用的硬盘一般是 2.5 英寸，只是使用一个或两个磁盘进行工作，而台式机采用的 3.5 英寸硬盘最多可以装配 5 个进行工作；如果只是进行区域密度存储容量比较，2.5 硬盘的表现也相当令人满意。笔记本电脑硬盘是笔记本电脑中为数不多的通用部件之一，基本上所有笔记本电脑硬盘都是可以通用的。

（2）厚度

硬盘厚度是笔记本电脑硬盘特有的参数。厚度直接影响厂商制造轻便笔记本电脑的可能性，于是这一课题永远都没有退热的迹象。标准的笔记本电脑硬盘有 7mm、9.5mm、12.5mm、17.5mm 四种厚度，目前主流笔记本电脑硬盘厚度均在 9.5mm 以下，厚度大于 9.5mm 的一般只能在早期的产品上找到。在互相缩减厚度的竞争中，TOSHIBA 更加推出了独有的 7mm 厚度的 1.8 英寸硬盘。

（3）磁头技术

随着应用程序越来越庞大，硬盘容量也有愈来愈高的趋势，对于笔记本电脑的硬盘来说，不但要求其容量大，还要求其体积小。为解决这个矛盾，笔记本电脑的硬盘普遍采用磁阻磁头（MR）技术或扩展磁阻磁头（MRX）技术，MR 磁头以极高的密度记录数据，从而增加磁盘容量，提高数据吞吐率，同时还能减少磁头数目和磁盘空间，提高磁盘的可靠性、抗干扰和抗震动性能。另外，它还采用了诸如增强型自适应电池寿命扩展器、PRML 数字通道、新型平滑磁头加载/卸载等高新技术。

3．笔记本电脑硬盘的技术指标

（1）硬盘缓存

硬盘缓存的作用类似于 CPU 中的一、二级高速缓存，主要用来缓解速度差和实现数据预存取等。在接口技术已经发展到一个相对成熟的阶段时，缓存的大小与速度是直接关系到硬盘传输速率的重要因素。缓存是硬盘与外部总线交换数据的场所，硬盘读数据的过程是将磁信号转化为电信号后，通过缓存一次次地填充与清空，再填充，再清空，一步步按照 PCI 总线的周期送出，可见，缓存的作用是相当重要的。硬盘的数据缓存能力也随着硬盘的不断发展而不断增强，早期硬盘的数据缓存只有 128KB 甚至更小，而那时 2MB 的数据只能在高端的 SCSI 硬盘上看到。

（2）防震能力

抗震性能是数据安全的命脉，由于笔记本电脑可能需要经常移动，所以完全可以将笔记本电脑的硬盘当成是一个移动硬盘来看待。当今市场上的绝大部分笔记本电脑硬盘都通过对其读写磁头的控制来降低高强度震动对于硬盘的损坏。当然这样的抗震动能力是有限的。厂商所标称的 1000g 抗震等技术参数只适用于非运行状态，如果在磁盘运行过程中受到强烈的震动，那硬盘的损坏依然不可避免。作为厂商龙头老大的 IBM，开发出了由电子芯片参与的主动硬盘防震保护技术，进一步对脆弱的硬盘进行保护。在选购过程中，对于硬盘的抗震能力也不能轻视。

2.4.4　硬盘的选购

在选购硬盘的时候，考虑的基本因素主要包括接口、容量、速度、稳定性、缓存和售后服务，下面逐一进行分析。

1．接口

从整体的角度上，硬盘接口分为 IDE、SATA、SCSI、光纤通道和 SAS 共 5 种，IDE 接口硬盘多用于家用产品，也部分应用于服务器。SCSI 接口的硬盘主要应用于服务器市场，而光纤通道只在高端服务器上，价格昂贵。SATA 是时下主流的硬盘接口类型，在家用产品中已逐渐取代 IDE。在 IDE 和 SCSI 的大类别下，又可以分出多种具体的接口类型，且各自拥有不同的技术规范，具备不同的传输速度，比如 ATA100 和 SATA；Ultra160 SCSI 和 Ultra320 SCSI 都代表了一种具体的硬盘接口，各自的速度差异也较大。

2．容量

市场中硬盘的最大容量已经超过了 8TB，价格在 2600 元人民币以上。目前的主流硬盘容量为 500G～2TB，硬盘是个人电脑中存储数据的重要部件，其容量就决定着个人电脑的数据存储量大小的能力，所以买硬盘也不用迟疑，容量越大越好。不过要注意的一点是应尽量购买单碟容量大的硬盘，因为单碟容量大的硬盘性能比单碟容量小的硬盘高。

3．速度

现在市场上硬盘的转速主要有 15000r/min、10000r/min、7200r/min、5900r/min 和 5400r/min

四种。目前台式机硬盘的主流是 7200r/min，5400r/min 的产品已经很少了，大多是笔记本电脑硬盘或者服务器专用的，而且 5400r/min 的笔记本电脑硬盘和 7200r/min 的笔记本电脑硬盘只相差几十元。10000r/min 以上的都是 SCSI 和最新的 SAS 硬盘，主要用在服务器上。

4．稳定性

强大的稳定性是任何一个人都希望自己的系统所具有的，但是如果买了一个容量大、速度快的硬盘，偏偏稳定性不好，那将是很可惜的事情，所以在选购硬盘的时候要保证一个原则，那就是淘汰的东西不买，最新的东西也尽量不买。

5．缓存

缓存方面其实可说的不多，因为现在 8MB、16MB、32MB 缓存的硬盘价格相差并不大，只有 64MB 和 128MB 的价格稍高。大容量缓存可以很明显地提高硬盘性能，只不过相对价格还是有些偏高。

6．质保

质保是买任何东西都要考虑的问题，尤其是比较贵的东西。在国内，对于硬盘的售后服务和质量保障这方面各个厂商做得都还不错，尤其是各品牌的盒装货还为消费者提供 3 年或 5 年的质量保证，提醒切记一点，千万不要买水货硬盘。

扫一扫

获取最新硬盘相关资讯

2.5　显卡

2.5.1　显卡概述

显卡又称显示适配器，作用是控制显示器的显示方式。在显示器里也有控制电路，但起主要作用的是显卡。从总线类型分，显卡有 ISA、VESA、PCI、AGP（见图 2.54）和 PCI Express（见图 2.55）5 种。现在，比较主流的是 PCI Express 显卡。

图 2.54　AGP 显卡

图 2.55　PCI Express 显卡

显卡的性能主要取决于显卡上使用的图形芯片。早期的图形芯片作用比较简单，每件事都由 CPU 去处理，它们只是起一个传递显示信息的作用，这样就降低了显示速度，增加了 CPU 的工作量。随着图形操作系统 Windows 的出现，这种弊端越来越严重，于是出现了图形加速卡。现在大部分显卡都有加速芯片，这些芯片有图形处理功能，比如 Windows 要求画一个圆，只需要“告诉”显卡：“给我画一个圆”，剩下的工作就由显卡来完成，不需要 CPU 再去计算如何画出一个圆，从而减少 CPU 的压力。不过这样的显卡要配上比较多的显示内存。有一些更高级的显卡，卡上有协处理器，它可以大大降低 CPU 的处理图形任务量。

1．显卡工作原理

需要显示的数据离开 CPU，必须通过 4 个步骤才会到达显示屏。显卡的工作原理如图 2.56

所示。

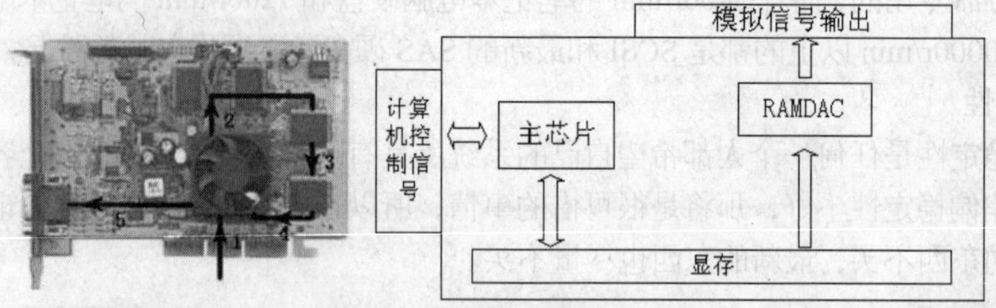

图 2.56　显卡工作原理示意图

（1）数字数据从总线进入显卡芯片。

这里是将 CPU 送来的数据送到显卡芯片里面进行处理。

（2）数字数据从显卡芯片进入显存。这里是将芯片处理完的资料送到显存。

（3）数字数据从显存进入 Digital Analog Converter（RAMDAC）。

这里是由显示显存读取资料再送到 RAMDAC 进行数据转换的工作，由数字数据转换为模拟信号。

（4）模拟信号从 RAMDAC 进入显示器。

这里是将转换完的模拟信号送到显示器。

2．显卡结构

显卡的主要部件包括 PCB 板、显示芯片、显示内存、RAMDAC 等。显卡的结构如图 2.57 所示。

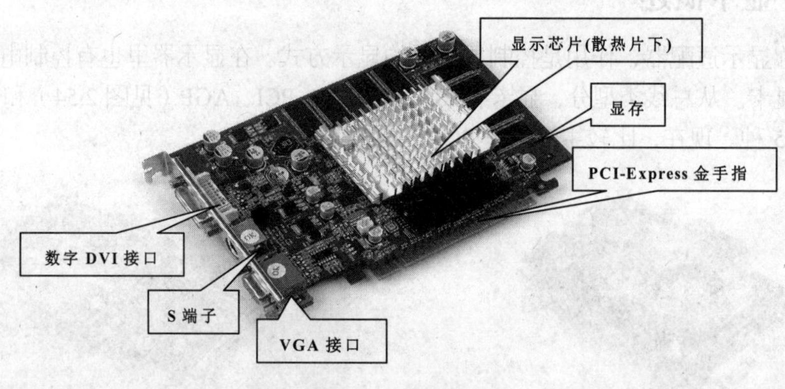

图 2.57　显卡结构

（1）PCB 板

PCB 板是一块显卡的基础，所有元件都集成在 PCB 板上，所以 PCB 板也影响着显卡的质量。好坏直接影响显示的稳定性。目前显卡主要采用黄色和绿色 PCB 板，而蓝色、黑色、红色等也有出现，虽然颜色并不影响性能，但它们在一定程度上会影响到显卡出厂检验时的误差率。另外，目前不少显卡采用 4 层板设计，而一些做工精良的大厂产品多采用 6 层 PCB 板，抗干扰性能要好很多。

（2）显示芯片

一般来说显卡上最大的芯片就是显示芯片，显示芯片的质量好坏直接决定了显卡的优劣。作为处理数据的核心部件，显示芯片可以说是显卡上的 CPU，一般的显卡大多采用单芯片设计，而专业显卡则往往采用多个显示芯片，比如 ATI RAGE MAXX 和大名鼎鼎的 3DFX Voodoo5 系列显卡。显示芯片按照功能来说主要分为“2D”（如 S3 64v+）“3D”（如 3DFX Voodoo）和“2D+3D”（如 Geforce MX）几种，目前流行的主要是 2D+3D 的显示芯片。现在主流的显示芯片为 256 位，目前已推出最大显示芯片位宽是 512 位，那是由 Matrox（幻日）公司推出的 Parhelia-512 显卡，这是世界上第一颗具有 512 位宽的显示芯片。“位”是显示芯片性能的一项重要指标，但并不能按照数字倍数简单判定速度差异。

（3）显示内存

与系统主内存一样，显示内存同样也是用来进行数据存储的，不过储存的只是图像数据而已。主内存容量越大，存储数据速度就越快，整机性能就越高。同样道理，显存是用来存储等待处理的图形数据信息的，分辨率越高，屏幕上显示的像素点也越多，相应所需显存容量也较大。显示内存容量的大小也直接决定了显卡的整体性能，容量越大，分辨率就越高。

（4）RAMDAC

RAMDAC（Random Access Memory Digital-to-Analog Converter，随机数模转换记忆体）的作用是把数字图像数据转换成计算机显示需要的模拟数据。显示器收到的是 RAMDAC 处理过后的模拟信号。由于 RAMDAC 是一块单向不可逆电路，故经过 RAMDAC 处理过后的模拟信号不可能再被转换成数据。早期显卡的 RAMDAC 频率一般为 300MHz，很快发展到 350MHz，目前主流的显卡 RAMDAC 频率都能达到 400MHz，已满足和超过大多数显示器所能提供的分辨率和刷新率。

（5）VGA BIOS

VGA BIOS 存在于 Flash ROM 中，包含了显示芯片和驱动程序间的控制程序、产品标识等信息。目前大多数 Flash ROM 芯片都可以通过专用程序进行升级，改善显卡性能，甚至可以给显卡带来改头换面的效果。

（6）视频输入输出端口

VGA 插座一般为 15pin RGB 接口，某些书籍及报刊称其为 D-SUB 接口。显卡与显示器之间的连接需要 VGA 插座来完成，它负责向显示器输出图像信号。在一般显卡上都带有一个 VGA 插座，但也有部分显卡同时带有两个 VGA 插座，使一块显卡可以同时连接两台显示器，比如 MGA G400DH 和双头 GeForce MX。另外，部分显卡还同时带有视频输入（Video in）端口、输出（Video out）端口、S 端子或数字 DVI 接口。视频输出端口和 S 端子的出现使得显卡可以将图像信号传输到大屏幕彩电中，获取更佳的视觉效果。

2.5.2 显卡的性能指标

1．最大分辨率

当一个图像被显示在屏幕上时，它是由无数小点组成的，它们称为像素（pixel）。最大分辨率是指显卡能在显示器上描绘像素点的最大数量，一般以“横向点数×纵向点数”表示。

2．色深

像素描绘的是屏幕上极小的一个点。每一个像素可以被设置为不同的颜色和亮度，像素的每一种状态都由 3 种颜色（红、蓝、绿）所控制，当它们都处于最大亮度时，像素就呈现为白色，反之为黑色。像素的颜色数称为色深，该指标用来描述显卡能够显示多少种颜色，一般以多少色或多少位色来表示，如 8 位色深可以显示 256 种颜色；16 位色深可显示 65536 种颜色，称为增强色；24 位色深可以显示 16M 种颜色，称为真颜色。所以，色深的位数越高，所能看见的颜色就越多，屏幕上画面的质量就越好。但色深增加时，也增大了显卡所要处理的数据量，这就要求显卡配有更大显示内存，并具有更高的转换速率。

3．刷新频率

刷新频率是指图像在显示器上更新的速度，也就是图像每秒在屏幕上出现的帧数，单位为赫兹（Hz）。刷新频率越高，屏幕上图像的闪烁感就越小，图像越稳定，视觉效果也越好。一般刷新频率在75Hz以上时，人眼对影像的闪烁才不易察觉。这个性能指标与显卡上RAMDAC的转换速率有关。

4．AGP纹理

AGP纹理是指在系统内存大于64MB的前提下，使用系统内存来弥补显卡在处理大容量纹理贴图时所需要的显存容量。并不是所有使用AGP接口的显卡都具备这一功能。

5．三角形生成数量

三维显卡主要指标中，有一项是“每秒钟可生成多少万个三角形”或“每秒钟可处理多少三角形”。微型机显示三维图形时，首先是用多边形建立三维模型，然后再进行着色等其他处理，物体模型组成的三角形数量多少，将直接影响重现后物体外观的真实性。显卡每秒生成三角形的数量越多，也就能在保障图形显示帧速率的前提下，为物体模型建立更多的三角形，以提高三维模型的分辨率。

6．像素填充率和纹理贴图量

像素填充率也是衡量三维显卡性能的主要指标之一。像素填充率决定了三维图形显示时可能达到的最高帧速率，直接影响三维显卡运行时的显示速度。有些显卡没有提供像素填充率，但提供了纹理贴图量，比如说每秒能处理多少兆字节的纹理贴图等，其意义和数据都与像素填充率相近。

7．32位彩色渲染

表示显卡可以对所显示的图形中的景物采用32位真彩进行光线和纹理贴图处理，位数越大，表明渲染时所使用的颜色数量越多。

8．32位Z缓冲

在三维图形处理中，Z参数用于表示景物在空间的纵深位置，Z缓冲位数越大，表明处理时景物定位越精细、准确。

9．支持的API

API是应用程序接口，显卡是否支持API由显卡所使用的图形处理芯片而定，但通常都能支持DirectX和OpenGL等，使用Voodoo系列芯片的还支持专用的Glide。显卡能支持的图形API越多，表明该显卡的功能越强，应用范围也越广。

2.5.3 笔记本电脑显卡

笔记本电脑显卡又叫移动显卡，是相对台式机使用的桌面显卡而制造的笔记本电脑显卡，具有体积小、功耗低的特点。

1．笔记本电脑显卡的基本构成

（1）GPU

GPU全称是Graphic Processing Unit，中文翻译为“图形处理器”，是NVIDIA公司在发布GeForce 256图形处理芯片时首先提出的概念。GPU使显卡减少了对CPU的依赖，并进行部分原本属于CPU的工作，尤其是在三维图形处理时。GPU所采用的核心技术有硬件T&l、立方环境材质贴图和顶点混合、纹理压缩和凹凸映射贴图、双重纹理四像素256位渲染引擎等，其中，硬件T&l技术可以说是GPU的标志。

（2）显示卡

显示卡（Display Card）的基本作用就是控制计算机的图形输出，由显示卡连接显示器，才能够在显示屏幕上看到图像，显示卡由显示芯片、显示内存、RAMDAC 等组成，这些组件决定了计算机屏幕上的输出，包括屏幕画面显示的速度、颜色以及显示分辨率。显示卡从早期的单色显示卡、彩色显示卡、加强型绘图显示卡，一直到 VGA 显示绘图数组，都是由 IBM 主导显示卡的规格。VGA 在文字模式下为 720*400 分辨率，在绘图模式下为 640*480*16 色或 320*200*256 色，而此 256 色显示模式成为了后来显示卡的共同标准，因此通称显示卡为 VGA。后来各家显示芯片厂商更致力于将 VGA 的显示能力再提升，而有 SVGA（SuperVGA）、XGA（eXtended Graphic Array）等名词出现，近年来显示芯片厂商将 3D 功能与 VGA 整合在一起，即成为目前所贯称的 3D 加速卡、3D 绘图显示卡。

（3）显存

显存是显示内存的简称。顾名思义，其主要功能就是暂时存储显示芯片要处理的数据和处理完毕的数据。图形核心的性能愈强，需要的显存也就越多。以前的显存主要是 SDR 的，容量也不大。而现在市面上基本采用的都是 DDR 规格的，在某些高端卡上更是采用了性能更为出色的 DDR3 代内存。

2．影响显卡性能的参数

（1）流处理器

流处理器的作用就是处理由 CPU 传输过来的数据，处理后转化为显示器可以辨识的数字信号。每个流处理器当中都有专门的高速单元负责解码和执行流数据。例如片载缓存是一个典型的采用流处理器的单元，它可以迅速输入和读取数据，从而完成下一步的渲染。

流处理器多少对显卡性能有决定性作用，可以说高中低端的显卡除了核心不同外，最主要的差别就在于流处理器数量。一般来说，流处理器数量越多，显卡性能越强劲，比如拥有 640 个流处理器的显卡要比拥有 80 个流处理器的显卡高出几个档次。但是有一点要注意，就是 NV 和 AMD 的显卡流处理器数量不具有可比性，他们两家的显卡核心架构不同，不能通过比较流处理器多少来看性能。一般情况下 NV 的显卡流处理器数量会明显少于 AMD，要从流处理器多少来看性能，只能自家与自家的产品对比，比如 3850 与 3450 相比，8600 与 8800 相比。

（2）核心频率

显卡的核心频率是指显示核心的工作频率，在一定程度上可以反映出显示核心的性能。

在同样级别的芯片中，核心频率高的性能要强一些，提高核心频率就是显卡超频的方法之一。显示芯片主流厂商只有 ATI 和 NVIDIA 两家，两家都提供显示核心给第三方的厂商，在同样的显示核心下，部分厂商会适当提高其产品的显示核心频率，使其工作频率在高于显示核心的固定频率，以达到更高的性能。

（3）显存位宽

显存位宽是显存在一个时钟周期内所能传送数据的位数，位数越大，瞬间所能传输的数据量越大，这是显存的重要参数之一。目前市场上的显存位宽主要有 128 位、192 位、256 位、384 位、512 位和 1024 位 6 种，习惯上所说的 128 位、256 位显卡、384 位显卡、512 位显卡和 1024 位显卡就是指明了其相应的显存位宽。

一般来说，品牌显卡会在产品包装盒或显卡的 PCB 上标明显存位宽大小，而一些小厂商为了蒙骗用户，对显存位宽甚至不会做任何说明。显存位宽越大，性能越好，当然价格也就越高，因此 1024 位宽的显存更多应用于高端显卡。

2.5.4 显卡的选购

在选购显卡时可参考如下考察过程。

1．看显卡特性、指标

这一步主要考察显卡的技术参数，例如显存大小和显存参数，包括位数、频率（带宽）等，具体可以根据前文的介绍进行判断。

2．看显卡核心

这一步主要考察显卡的核心及图形处理器（GPU），新的 GPU 具有更强劲的性能和更多的技术特征。具体也可以根据前文的介绍进行判断。

3．看做工

显卡是一个模拟电路和数字电路联合工作的部件，对做工要求比较高。杂牌厂商可能在用料上缩水，导致性能、稳定性方面的缺失。如果用户对电路比较在行，那么可以查看工艺是否考究，或者通过品牌来判断。

4．看品牌

一流显卡品牌的设计、用料都比较可靠，但价格贵；二流显卡品牌稍弱，但性价比更好。除非有可靠的判断方法，或者只是临时使用，一般不要选择杂牌显卡。

扫一扫

获取最新显卡相关资讯

5．其他方面

经过上述考察，基本上可以锁定部分显卡型号。其他因素主要考虑价格和销售渠道，尤其是要注意销售渠道的可靠性，避免购买后没有更换、维修和技术支持等服务。

2.6 声卡

2.6.1 声卡概述

声卡是多媒体技术中最基本的组成部分，是实现声波/数字信号相互转换的一种硬件。声卡的基本功能是把来自话筒、磁带、光盘的原始声音信号加以转换，输出到耳机、扬声器、扩音机、录音机等设备，或通过音乐设备数字接口（MIDI）使乐器发出美妙的声音。

1．声卡的工作原理

声卡的工作原理其实很简单，麦克风和喇叭所用的都是模拟信号，而计算机所能处理的都是数字信号，两者不能混用，声卡的作用就是实现两者的转换。从结构上分，声卡可分为模数转换电路和数模转换电路两部分，模数转换电路负责将麦克风等声音输入设备采样到的模拟声音信号转换为计算机能处理的数字信号；而数模转换电路负责将计算机处理的数字声音信号转换为喇叭等设备能使用的模拟信号。

2．声卡的结构

一般来说，一块完整的声卡由控制芯片、DSP 和 CODEC、功放芯片、各种端口等部分组成。

（1）控制芯片

控制芯片是声卡的灵魂，它的任务是负责处理、控制音频数字信号，一块声卡支持哪些功能基本上取决于控制芯片的“能力”。

（2）DSP

DSP 是声卡中的加速芯片，负责对信号进行运算，然后生成各种音效。有些 DSP 芯片还可以辅助 CPU 进行一些特定的运算，比如实现 MP3 解码功能、对输入的杜比数字音频信号流进行实时解码等。DSP 最突出的特点在于可以提供对各种音效的支持。不过 DSP 对于声卡来说并不是必备的，一些低档声卡（常常是集成声卡）往往会省略这一部分，而把相应的计算量转移到 CPU 上面，利用 CPU 的运算能力来完成这些工作。

（3）CODEC

声卡上的 CODEC 芯片负责数字信号与模拟信号之间的互相转换，严格来说，它包含 DAC（数字→模拟）和 ADC（模拟→数字）两部分。在数字信号一定的情况下，CODEC 的好坏关系到声卡回放和采集的音质。

不过考虑到各类声卡的复杂性，上面说的 3 个部分并不是绝对不变的，三者既可以相互独立，又可以相互组合。

（4）功放芯片

功放芯片即声音放大芯片，功能就是功率放大以推动喇叭发声工作。

（5）各种端口

声音输入/输出端口较简单，它起的作用就是音频信号的输入和输出。它主要有外接端口和内接端口，外接端口基本上有“Speaker out”喇叭输出，“Line out”线性输出、“Line in”线性输入和“MIC in”麦克风输入。一般喇叭输出经过声卡上功放芯片的简单处理，声音比较大，适合于无源音箱的接驳。不过，由于声卡上的功放芯片比较简单，声音效果通常都比较差。对于有源音箱，一般都是用线性输出相连接，不过也有声卡综合了喇叭和线性输出，线性输入和麦克风输入只适用于录音。如果想将磁带或者其他媒介上的声音信号保存到电脑硬盘，线性输入是很好的选择，录制个人声音采用麦克风输入即可。

内置的输入/输出端口基本上是 CD 音频接口，通过 3～4pin 的音频线直接和光驱连接，使用模拟信号，早期的操作系统往往需要音频线才可以直接播放 CD。

MIDI 端口的作用就是连接电子乐器以及连接游戏控制器，目前看来，作为游戏控制器连接口的比较多，用的手柄、摇杆多通过这个 15pin 的接口相连。由于早期设计的原因，它最多只能支持 8 个按键，已经有被淘汰的趋势。

2.6.2 声卡的性能指标

1．S/PDIF

S/PDIF 是 Sony、Philips 品牌家用数字音频接口的简称，可以传输 PCM 流和 Dolby Digital、dts 这类环绕声压缩音频信号，所以在声卡上添加 S/PDIF 功能的最重大的意义就在于让电脑声卡具备更加强大的设备扩展能力。S/PDIF 技术应用在声卡上的表现即是声卡提供了 S/PDIF In、S/PDIF Out 接口，如果有数字解码器或者带有数字音频解码的音箱，就可以通过 S/PDIF 接口输出数码音频，使用外置的 DAC（Digital-Analog Converter，数字-模拟转换器，简称数模转换器）进行解码，以达到更好的音质。

S/PDIF 接口一般有两种，一种是 RCA 同轴电缆接口，另一种是 TOSLINK 光缆接口。RCA 接口的优点是阻抗恒定，有较宽的传输带宽。在国际标准中，S/PDIF 需要 BNC 接口 75Ω电缆传输，然而很多厂商由于各种原因大多使用 RCA 接口，甚至使用 3.5mm 的小型立体声接口进行 S/PDIF 传输。

2．采样位数与采样频率

音频信号是连续的模拟信号，而电脑处理的却只能是数字信号。因此，电脑要对音频信号进行处理，首先必须进行模/数（A/D）转换。这个转换过程实际上就是对音频信号的采样和量化过程，即把时间上连续的模拟信号转变为时间上不连续的数字信号。只要在连续量上等间隔取足够多的点，就能逼真地模拟出原来的连续量。这个“取点”的过程称为采样，采样精度越高(“取点”越多)，数字声音越逼真，信号幅度(电压值)方向的采样精度称为采样位数(Sampling Resolution)，时间方向的采样精度称为采样频率（Sampling Frequency）。

采样位数指的是每个采样点所代表音频信号的幅度。8 位二进制数可以描述 256 种状态，16 位二进制数则可以表示 65 536 种状态，所以对于同一信号幅度而言，使用 16 位的量化级来描述自然要比使用 8 位来描述精确得多，道理与使用毫米为单位进行度量要比使用厘米为单位更精确一样。一般来说，采样位数越高，声音就越清晰。

采样频率是指每秒钟对音频信号的采样次数。单位时间内采样次数越多，即采样频率越高，数字信号就越接近原声。采样频率只要达到信号最高频率的两倍，就能精确描述被采样的信号。一般来说，人耳的听力范围在 20Hz～20kHz 之间，因此，只要采样频率达到 20kHz×2=40kHz 时，就可以满足人们的听觉要求。现时大多数声卡的采样频率都已达到 44.1kHz 或 48kHz，即达到所谓的 CD 音质水平了。

3．复音数

在各类声卡的命名中，经常会发现诸如 64、128 之类的数字。有些用户乃至商家将它们误认为是 64 位、128 位声卡，以为代表的是采样位数。其实 64、128 代表的只是此卡在 MIDI 合成时可以达到的最大复音数。所谓“复音”，是指 MIDI 乐曲在一秒钟内发出的最大声音数目。波表声卡支持的复音值如果太小，一些比较复杂的 MIDI 乐曲在合成时就会出现某些声部被丢失的情况，直接影响到播放效果。复音越多，音效越逼真，但这与采样位数无关，如今的波表声卡可以提供 128 位以上的复音值。

另外需要注意的是“硬件支持复音”和“软件支持复音”之间的区别。所谓“硬件支持复音”，是指其所有复音数都由声卡芯片所生成，而“软件支持复音”则是在“硬件复音”的基础上以软件合成的方法加大复音数，但这是需要 CPU 来带动的。眼下主流声卡所支持的最大硬件复音为 64 位，而软件复音则可高达 1024 位。

4．动态范围

动态范围是指当声音的增益发生瞬间态突变时，设备所能承受的最大变化范围。这个数值越大，表示声卡的动态范围越广，就越能表现出作品的情绪和起伏。一般声卡的动态范围在 85dB 左右，能够做到 90dB 以上动态范围的声卡就是非常好的声卡了。

5．Wave 音效与 MIDI 音乐

Wave 音效合成与 MIDI 音乐的合成是声卡最主要的功能。其中，Wave 音效合成是由声卡的 ADC（模数转换器）和 DAC（数模转换器）来完成的。模拟音频信号经 ADC 转换为数字音频后，以文件形式存放在磁盘等介质上，成为声音文件，称为 Wave 格式文件，通常以.wav 为扩展名，因此也称为 wav 文件。Wave 音效可以逼真地模拟出自然界的各种声音效果。可惜的是，wav 文件需要占用很大的存储空间，也正是这个缺点促使了 MP3 的成长。

6．输出信噪比

输出信噪比是衡量声卡音质的一个重要因素，其为输出信号电压与同时输出的噪音电压的比例，单位是分贝。这个数值越大，代表输出时信号中被掺入的噪声越小，音质就越纯净。声卡作为计算机的主要输出音源，对信噪比的要求是相对较高的。由于声音通过声卡输出，需要通过一系列复杂的处理，所以决定一块声卡信噪比大小的因素也有很多。由于计算机内部的电磁辐射干扰很严重，所以集成声卡的信噪比很难做到很高，一般的信噪比在 80dB 左右。PCI

声卡一般拥有较高的信噪比（大多数可以轻易达到 90dB），有的高达 195dB 以上，较高的信噪比保证了声音输出时的音色更纯，可以将杂音减少到最低限度。

7．HRTF

HRTF 是 Head Related Transfer Function 的缩写，中文意思是“头部对应传输功能”，也是实现三维音效比较重要的一个因素。简单讲，HRTF 是一种音效定位算法，它的实际作用在于用数字和算法欺骗耳朵，让听者认为自己处在一个真实的声音环境中。3D 定位就是通过声卡芯片采用的 HRTF 算法实现的，定位效果也是由 HRTF 算法决定的。

像 Aureal 和 Creative 这样的大公司，他们既能够开发出强大的指令集规范，也可以开发出先进的 HRTF 算法集成在自己的芯片中。当然也有一些厂商专门出售或者为声卡定制各种各样的 HRTF 算法，比较有名的是 Sensaura 3D 和 Qsound。Sensaura 3D 是由 CRT 公司提供的。Sensaura 支持包括 A3D 1.0 和 EAX、DS3D 在内的大部分主流 3D 音频 API，此技术主要运用于 ESS、YAMAHA 和 CMI 的声卡芯片上。而 Qsound 开发的 Q3D 主要包括 3 个部分，第一部分是 3D 音效和听觉环境模型，第二部分是立体音乐加强，第三部分是虚拟的环境音效，可以提供一个与 EAX 相仿的环境模拟功能，但效果还比较单一，与 Sensaura 大而全的性能指标相比稍逊一筹。此外，C-MEDIA 在 CMI8738 上使用了自己的 HRTF 算法，称为 C3DX，支持 EAX 和 DS3D，实际效果很不理想。

8．AC-3

AC-3 是完全数字式的编码信号，所以正式英文名为“Dolby Digital”，是由著名的美国杜比实验室（Dolby Laboratories）开发的一个环绕声标准。AC-3 规定了 6 个相互独立的声轨，分别是前置两声道、后置环绕两声道、一个中置声道和一个低音增强声道。其中前置、环绕和中置 5 个声道建议为全频带扬声器，低音炮负责传送低于 80Hz 的超重低音。早期的 AC-3 最高只能支持 5.1 声道，再经过不断的升级改进后，目前 AC-3 的 6.1 EX 系统增加了后部环绕中置的设计，可以让用户体验到更加精准的定位。

对于 AC-3，目前可以通过硬件解码和软件解码这两种方式实现。硬件解码是通过支持 AC-3 信号传输的声卡中的解码器将声音进行 5.1 声道分离后通过 5.1 音箱输出。软件解码就是通过软件来进行解码，如 DVD 播放软件 WinDVD、PowerDVD 都可以支持 AC-3 解码，当然声卡也必须支持模拟六声道输出。不过这种工作方式比较大的缺陷在于解码运算需要通过 CPU 来完成，会增加系统负担，而且软件解码的定位能力依然较逊色，声场相对较散。

虽然软件模拟 AC-3 存在着缺陷，但其成本相对低廉，目前中低档的声卡大都使用这种方式。

2.6.3　笔记本电脑声卡

由于笔记本电脑的优势主要体现在移动性能上，而要获得更为良好的移动性能，就要在一定程度上牺牲机器的整体性能。为了使笔记本电脑能做得更小、更轻，以获得更好的移动性能，笔记本电脑通常不采用独立的声卡，而会将声卡整合到主板上，即使是 5.1 以上声道的也不例外，以减小其占用的空间和发热量。当然，这么做的一个原因是笔记本电脑一般用来移动办公，而非作为娱乐之用，其声音效果也不是显得很重要；还有一个原因就是笔记本电脑不太可能像台式机那样配备两个以上大音箱，如果不用音箱，独立声卡的优势就能完全体现出来。

为此，笔记本电脑的声卡一直以来都被大多数人忽视，随便配上板载声卡了事，直到宽屏笔记本电脑、游戏笔记本电脑等新型笔记本电脑的出现，笔记本电脑的声音系统才引起某些用户的注意，因为这些用户对声音效果要求比较高，这促使了笔记本电脑厂商生产出音质更好的产品来，5.1 以上声道的声卡也相继被用于笔记本电脑。

由于笔记本电脑本身的特性所限制，长期以来所采用的声卡一般多为 AC’97 规范的 AC’97 Codec，因为它造价低廉、音质也能基本上满足人们的需求，其中应用最广的为 AD1885/1985 SoundMAX 系列。虽然 AD1885/1985 SoundMAX 系列的音响效果在同类的 AC97 Codec 中算是不错的一款，但是它干涩，没有层次感的音质还是不能完全让人接受，而且使用 AC97 Codec 后会使系统运行速度变慢。除了多数笔记本电脑所采用的 AC97 Codec 外，也有一些比较高档的笔记本电脑采用其他系列的声卡，例如富士、东芝则分别采用 RealTek ALC202 和 YAMAHA YMF753，这两款芯片虽然和 AC’97 Codec 相比效果能稍好一些，但也会占大量的 CPU 资源。

对于那些对音频系统要求较高的用户来说，笔记本电脑的板载声卡是很难满足要求的，于是就有了今天的外置笔记本电脑声卡产品的出现，用以弥补那些具有先天性不足的笔记本电脑音效。早期的 USB 声卡都是采用 USB1.1 的接口规范，在速度和带宽都十分有限，而且也会占用相当大的系统资源。后期推出 Audigy2 NX 则采用了 USB 2.0，降低了 CPU 占用率，提高了传输速度。但其价格不菲，使得许多用户对 Audigy2 NX 也只是看看而已。外置 USB 声卡可以简单地理解为采用优质音效芯片的硬声卡做成了外置式，然后通过 USB 接口与笔记本电脑连接，把原来笔记本电脑中内置声卡的工作交给外置声卡的芯片来处理，从而获得更好的音质和降低被占系统资源。

笔记本电脑要发出声音，除了需要声卡外，音箱也是必不可少的硬件，笔记本电脑由于受到体积限制，通常用两个小喇叭来代替音箱，不过，这两个小喇叭常常会因笔记本电脑品牌、型号的不同而被设计在不同的位置，例如有些设计在机器的底部，有些则设计在上面。设计在底部的好处是底部空余的地方比较多，可以将喇叭做得大些，这样音质就会好一些，但耳朵是长在头上而不是长在腿上，所以耳朵接收的效果较差。设计在上面的好处是方便耳朵接收，缺点是笔记本电脑上面空余的地方比较少，只能放置面积较小的喇叭，这样会影响音质。此外，有些笔记本电脑厂商并不内置小喇叭，而在机器两旁挂上两个小音箱，音箱的音质无疑比内置喇叭会好许多，只是成本要高些，携带起来也会没那么方便。

2.6.4 声卡的选购

1．总线类型

选购时，采用 PCI 接口的声卡应当成为首选。由于 PCI 声卡比 ISA 声卡的数据传输速率高出十几倍，因而受到许多消费者的欢迎。除此之外，PCI 声卡有着较低的 CPU 占用率和较高的信噪比，这也使功能单一、占用系统资源过多的 ISA 声卡显得风光不再，PCI 声卡理所当然地成为用户的首选。

2．按需选购

现在声卡市场的产品很多，不同品牌的声卡在性能和价格上的差异也十分巨大，所以一定要在购买之前想一想自己打算用声卡来做什么，要求有多高。一般说来，如果只是普通的应用，如听听 CD、看看影碟、玩一些简单的游戏等，所有的声卡都足以胜任，那么选购一款一般的廉价声卡就可以了；如果是用来玩大型的三维游戏，就一定要选购带三维音效功能的声卡，因为三维音效已经成为游戏发展的潮流，现在所有新游戏都开始支持它了，不过这类声卡也有高、中、低档之分，选购时需要综合起来考虑。如果对声卡的要求较高，如音乐发烧友或个人音乐工作室等用户会对声卡都有特殊要求，如信噪比高不高、失真度大不大等，甚至连输入输出接口是否镀金都斤斤计较，这时当然只有高端产品才能满足要求了。

3．价格因素

一般而言，普通声卡的价格大约在 100～200 元。中高档声卡的价格差别就很大，从几百元到上千元不等，除了主芯片的差别以外，还和品牌有关，这就要根据预算和各品牌的特点综合考虑。如果对声卡的要求较高而且预算充足，建议不必过于考虑价格的问题，毕竟声卡在计算机的各种配件中是比较保值的，它绝不会像显卡那样因为更新换代而使价格变化大得不可思议。而且声卡使用寿命也很长，颇有“一次投资，终生受益”的味道，因此还是选一款做工和性能都很出色的产品较好，毕竟一旦选定后，很可能就要使用好几年。

4．音效芯片

和显卡的显示芯片一样，在决定一块声卡性能的诸多因素中，音频处理芯片所起的作用是决定性的；不过与显卡不同的是，不仅是不同的声卡所采用的芯片不同，就是同一个品牌的声卡音频处理芯片也不一定完全相同，这一点显得很复杂。所以，当大致确定了要选购声卡的范围后，一定要了解一下有关产品所采用的音频处理芯片，它是决定一块声卡性能和功能的关键。

5．兼容性

声卡与其他配件发生冲突的现象较为常见，不光是非主流声卡，就连名牌大厂的声卡都有这种情况发生，所以一定要在选购之前先了解自己机器的配置，以尽可能避免发生不兼容的情况。

6．声卡的做工

声卡的设计和制造工艺都很重要，因为模拟信号对干扰相当敏感。在买声卡时看一看声卡上面的电容和 CODEC 的牌子、型号，再对照其性能指标比较一下。如果有耳朵比较灵的音乐发烧友相陪就更好了，有些东西只能用耳朵去听，用眼睛是看不出来的。切记“耳听为虚，眼见为实”对挑选声卡来说不是真理而是谬误。

不管选购声卡的经验有多少，其实最能决定一块声卡品质又能直观察觉出来的还是价格，只要是廉价的声卡，做工一般都不会好；而昂贵的声卡无论是用料还是做工都是无可挑剔的，这可是对声卡的音质影响很大的。此外，好的声卡也需要好的音箱来辅佐。

获取最新声卡相关资讯

2.7 网卡

2.7.1 网卡的概述

网卡（network interface card，NIC）也称网络适配器，是局域网中连接计算机和传输介质的接口，不仅能实现与局域网传输介质之间的物理连接和电信号匹配，还涉及帧的发送与接收、帧的封装与拆封、介质访问控制、数据的编码与解码以及数据缓存功能等。

1．网卡的分类

网络有许多种不同的类型，如以太网、令牌环、FDDI、ATM、无线网络等，不同的网络必须采用与之相适应的网卡。然而，事实上接触的绝大多数局域网都是以太网，因此，用户接触到的网卡也基本上都是以太网网卡，所以在这里只讨论以太网网卡。

（1）根据总线分类

按总线类型，网卡可以分为 ISA 网卡、PCI 网卡及专门应用于笔记本电脑的 PCMCIA 网卡和 USB 网卡。

① ISA 网卡

随着 PC 架构的演化，ISA 总线存在速度缓慢、安装复杂等自身难以克服的问题，ISA 总线的网卡也随之消亡了。一般来讲，10Mbit/s 网卡多为 ISA 总线，大多用于早期的电脑。

② PCI 网卡

PCI 总线在服务器和桌面机中有不可替代的地位。32 位、33MHz 下的 PCI 总线数据传输速率可达到 132Mbit/s，当前的最大数据传输速率可达到 1000Mbit/s，从而适应了电脑高速 CPU 对数据处理的需求和多媒体应用的需求。

PCI 总线与 ISA 总线在电脑中可以很容易地进行区别。主板上较长且呈黑色的扩展槽就是 ISA 总线，而较短且呈白色的就是 PCI 总线。若欲购买 ISA 总线的网卡，应该首先检查一下电脑中是否有 ISA 扩展槽，因为现在许多非商用电脑已经不再提供 ISA 扩展槽了。PCI 网卡如图 2.58 所示。

③ PCI-E 网卡

PCI-E 采用了目前业内主流的点对点串行连接，它的双单工连接能提供更高的传输速率和质量，目前最高可以达到 10GB/s 以上，而 PCI-E 网卡的主流规格为 PCI-E X1 和 PCI-E X16，其中 PCI-E X16 能够提供 5Gbit/s 的带宽，即使有编码上的损耗，也仍能够提供 4Gbit/s 左右的实际带宽。

④ PCI-X 网卡

这是目前最新的一种在服务器中开始使用的网卡类型，这种总线类型的网卡在市面上还很少见，主要是由服务器生产厂商独家随机提供。PCI-X 总线接口的网卡一般采用 32 位总线宽度，也有的是用 64 位数据宽度的。它将取代 PCI 和现行的 AGP 接口，最终实现内部总线接口的统一。

⑤ PCMCIA 网卡

PCMCIA 网卡是用于笔记本电脑的一种网卡，大小与扑克牌差不多，只是厚度厚一些，在 3～4mm 左右，如图 2.59 所示。PCMCIA 是笔记本电脑使用的总线，PCMCIA 插槽是笔记本电脑用于扩展功能使用的扩展槽。PCMCIA 总线分为两类，一类为 16 位的 PCMCIA，另一类为 32 位的 CardBus。CardBus 是一种用于笔记本电脑的较新的高性能 PC 卡总线接口标准，不仅能提供更快的传输率，而且可以独立于主 CPU，与电脑内存间直接交换数据，减轻了 CPU 的负担。

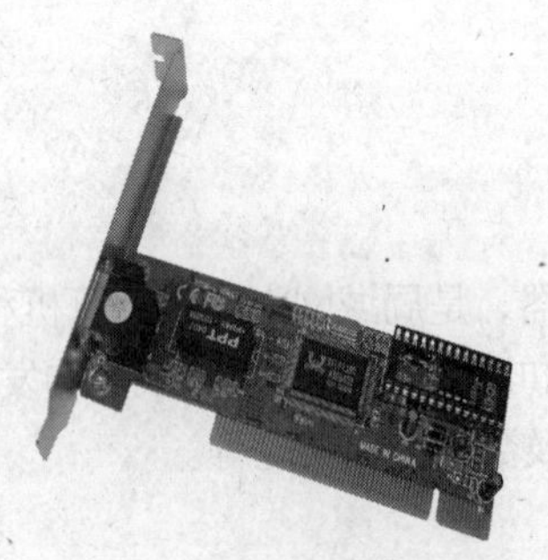

图 2.58　PCI 网卡

图 2.59　PCMCIA 网卡

⑥ USB 网卡

USB 作为一种新型的总线技术，由于传输率远远大于传统的并行口和串行口，设备安装简单又支持热插拔，已被广泛应用于鼠标、键盘、打印机、扫描仪、Modem、音箱等各式设备，网络适配器自然也不例外。USB 网络适配器其实就是一种外置式网卡，如图 2.60 所示。

（2）根据端口类型分类

按传输介质连接端口的类型不同，网卡分为 RJ-45 端口（双绞线）网卡、AUI 端口（粗缆）网卡、BNC 端口（细缆）网卡、ATM 接口网卡和光纤端口网卡；按端口的数量不同，网卡分为单端口网卡、双端口网卡甚至三端口网卡，如 RJ-45+BNC（见图 2.61）、BNC+AUI、RJ-45+BNC+AUI，用以适应不同传输介质的网络。因此，在购买网卡之前应搞清楚网络使用的传输介质是什么、需要什么样端口的网卡，以免由于端口不匹配导致选购的网线或网卡无法使用。

图 2.60 USB 网卡

图 2.61 RJ-45+BNC 双口网卡

随着网络技术的发展，千兆以太网技术受到了大家的关注。Intel 公司还发布了几款千兆网卡的芯片。这类网卡采用光纤端口，适用于与多模光纤的连接。

（3）根据带宽分类

① 1000Mbit/s 网卡

1000Mbit/s 网卡也称为千兆以太网网卡。目前主流的 PCI-E 接口的网卡都是千兆网卡，而且还有很多自带唤醒功能，普通的价格在 50 元左右。

② 10/100Mbit/s 自适应网卡

10/100Mbit/s 自适应网卡也称作快速以太网网卡，具有一定的智能，可以与远端网络设备（集线器或交换机）自动协商，以确定当前可以使用的速率是 10Mbit/s 还是 100Mbit/s。

③ 10Mbit/s 网卡

10Mbit/s 网卡也称作（经典）以太网网卡，在比较老式的网络和对传输率没有较高要求的网络中还能见得到。

2．网卡的基本结构

一块以太网网卡包括 OSI（开方系统互联）模型的两个层，分别是物理层和数据链路层。物理层定义了数据传送与接收所需要的电与光信号、线路状态、时钟基准、数据编码和电路等，并向数据链路层设备提供标准接口。数据链路层则提供寻址机构、数据帧的构建、数据差错检查、传送控制、向网络层提供标准的数据接口等功能。

以太网卡中数据链路层的芯片一般简称为 MAC 控制器，物理层的芯片简称为 PHY。许多网卡的芯片把 MAC 和 PHY 的功能做到了一颗芯片中，比如 Intel 82559 网卡和 3COM 3C905 网卡，如图 2.62 所示。但是 MAC 和 PHY 的机制还是单独存在的，只是外观的表现形式是一颗芯片。当然也有很多网卡的 MAC 和 PHY 是分开做的，比如 D-Link 的 DFE 530TX 等，如图 2.63 所示。

网卡上还有一颗 EEPROM 芯片，通常是一颗 93C46，里面记录了网卡芯片的供应商 ID、子系统供应商 ID、网卡的 MAC 地址及网卡的一些配置，如 SMI 总线上 PHY 的地址、BooTROM 的容量、是否启用 BootROM 引导系统等信息。

大多数网卡现在都使用 3.3V 或更低的电压，有的是双电压，需要电源转换电路。

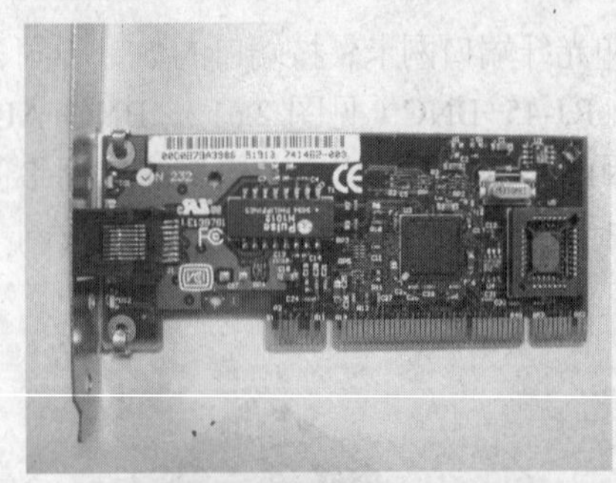

图 2.62　MAC 和 PHY 集成在一颗芯片的以太网卡

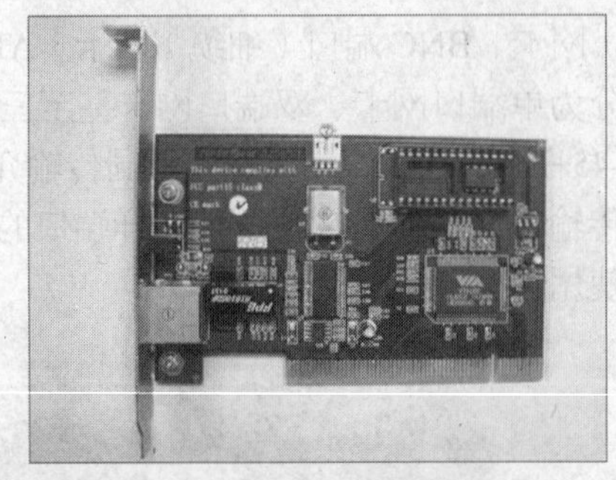

图 2.63　MAC 和 PHY 分开的以太网卡

而且网卡为了实现 Wake On Line 功能，必须保证 PHY 和 MAC 的极少一部分始终处于有电的状态，这需要把主板上的 5V Standby 电压转换为 PHY 工作电压的电路。在主机开机后，PHY 的工作电压应该被从 5V 转出来的电压替代，以节省 5V Standby 的消耗（许多劣质网卡没有这么设计）。

有 Wake On Line 功能的网卡一般还有一个 WOL 的接口。那是因为 PCI 2.1 以前没有 PCI 设备唤醒主机的功能，所以需要配着一根线通过主板上 WOL 的接口连到南桥里面，以实现 WOL 的功能。

新的主板和网卡一般支持 PCI 2.2/2.3，扩展了 PME#信号功能，不需要 WOL 的接口而通过 PCI 总线就可以实现唤醒功能。

2.7.2　无线网卡

无线网卡是在无线局域网的无线覆盖下通过无线连接网络进行上网使用的无线终端设备。具体来说，无线网卡就是使计算机可以利用无线网络信号上网的一个装置。

1．无线网卡的分类

无线网卡可分为内置无线网卡和外接无线网卡。

（1）内置无线网卡

内置无线网卡分为两种，一种是台式机专用的 PCI 接口无线网卡，如图 2.64 所示；另一种是笔记本电脑内置的 MINI-PCI 无线网卡，如图 2.65 所示。

图 2.64　台式机专用的 PCI 接口无线网卡

图 2.65　笔记本电脑内置的 MINI-PCI 无线网卡

（2）外置无线网卡

外置无线网卡分为两种，一种是笔记本电脑专用的 PCMCIA 接口网卡，如图 2.66 所示；另一种为 USB 接口无线网卡，如图 2.67 所示，这种网卡不管是台式机用户还是笔记本电脑用户，只要安装了驱动程序，都可以使用。在选择时要注意，只有采用 USB 2.0 接口的无线网卡才能满足 802.11g 或 802.11g+的需求。目前这几种无线网卡在价格上差距不大，在性能/功能上也差不多，按需选择即可。

图 2.66　笔记本电脑专用的 PCMCIA 接口无线网卡

图 2.67　USB 接口无线网卡

2．无线网卡通信标准

1997 年，IEEE（The Institute of Electrical and Electronics Engineers）提出并制定了最早的无线标准 IEEE 802.11，1999 年 9 月又提出了 IEEE 802.11a 标准和 IEEE 802.11b 标准。IEEE802.11a、IEEE 802.11b 标准的出台以及 WI-FI 组织的成立促进了无线局域网产品的兼容化、标准化以及市场化，现在常见的标准主要有如下 4 个。

① IEEE 802.11a：使用 5GHz 频段，传输速度 54Mbit/s，与 802.11b 不兼容。

② IEEE 802.11b：使用 2.4GHz 频段，传输速度 11Mbit/s。

③ IEEE 802.11g：使用 2.4GHz 频段，传输速度 54Mbit/s，可向下兼容 802.11b。

④ IEEE 802.11n（Draft 2.0）：用于 Intel 新的迅驰 2 笔记本电脑和高端路由上，可向下兼容，传输速度 300Mbit/s。

新一代无线局域网标准 IEEE 802.11n 的制定完成令人期待，但巨大的市场潜力促使无线局域网厂商纷纷提前推出了 11n 草案产品，由于所采用标准的不统一，致使 11n 产品间的互联互通问题层出不穷。针对这一情况，Wi-Fi 联盟制定了 Wi-Fi 11n（草案 2.0）互操作测试方法，以确保 11n 草案产品之间良好的互操作性，也为今后准标准化产品向 802.11n 最终版本的升级奠定了基础。

3．无线网卡与无线上网卡的区别

无线网卡和无线上网卡是两种不同的无线网络设备，无线网卡可以在无线局域网中实现无线上网，无线上网卡可以在无线广域网中实现无线上网。

在选购无线网卡的时候，很多消费者因为不知道概念，而且外观大致相同，而且有的产品同样采用 PCMCIA 接口，所以很容易将无线网卡和无线上网卡混淆。

无线网卡和无线上网卡虽然都能实现无线上网，但是实现的方式和途径是完全不同的。无线网卡和普通网卡一样，完成信号的接收和发送；而无线上网卡相当于无线的 Modem，可以在拥有无线电话信号覆盖的任何地方，利用手机的 SIM 卡来连接 Internet。无线上网卡一般分为 GPRS、CDMA 以及 GPRS+WLAN 上网卡，GPRS+WLAN 无线上网卡既可以进行 GPRS 无线上网，又可以通过 WLAN（无线局域网）无线上网。无线上网卡适合于移动办公、商务人士使用。

2.7.3　网卡的选购

虽然每片网卡的价格并不贵，但质量会在很大程度上影响计算机的性能、连接速率和通信质量，甚至影响网络的稳定性，所以对网卡的选择应当非常慎重。

1．普通网卡的选购

（1）端口类型

不同的传输介质需要对应不同类型端口的网卡。如果网络中仅仅使用双绞线一种传输介质，只需要网卡有一个RJ-45口就可以了。如果网络中既有双绞线又有细缆，则要考虑多购置BNC+RJ-45双接口的网卡，以适应部分计算机从双绞线移动到细缆或从细缆移动到双绞线接口的需要。

（2）传输率

作为电脑与网络的唯一接口，网卡将直接影响电脑与网络的连接速率，因此，只要资金允许，应该尽量选择PCI-E网卡。

（3）支持全双工

全双工网卡可以在发送信息的同时进行接收。

（4）总线接口

对于现在普通的100Mbit/s网络，32位接口是充分使用所有带宽的必备条件，而PCI-E总线的理论带宽是10Gbit/s，完全可以满足100Mbit/s网络的需求。PCI-E总线的网卡特点是速度快且占用CPU资源少。

（5）支持远程唤醒

远程唤醒就是在一台计算机上通过网络启动另一台已经关闭电源的计算机，这种功能特别适合机房管理人员使用。

（6）支持远程引导

如果要组建无盘工作站，所购买的网卡必须具有远程引导芯片插槽，而且要配备专用的远程启动芯片。因为远程启动芯片在一般情况下是不能通用的，所以在购买时，必须购买与自己的网络操作系统相吻合的网卡。

2．无线网卡的选购

（1）注意无线标准

目前市面上的无线局域网设备主要支持IEEE 802.11g和IEEE 802.11n两种标准。支持IEEE 802.11g+标准的网卡最高传输速率是108Mbit/s；支持IEEE 802.11n标准的网卡最高传输速率是300Mbit/s，而支持IEEE 802.11b标准的网卡最高速率仅有11Mbit/s，支持IEEE 802.11g标准的网卡最高速率是 54Mbit/s，这些标准都是向下兼容的，消费者在选购的时候就要留意，不要买错或被忽悠。

（2）选对接口

USB无线网卡接口主要分USB 3.0、USB 2.0、USB 1.1、USB 1.0四种，现在绝大部分USB接口的无线网卡都已经采用USB 3.0接口。USB 3.0接口理论上能够提供5Gbit/s的数据通信带宽，而USB 1.0则速度要慢得多。

（3）注意发射功率

无线局域网设备都有一定的发射功率，USB无线网卡的发射功率当然是越高越好，这样它的传输距离就越远，在选购的时候尽量选择发射功率较高的无线网卡。带有天线技术的无线网卡能够提高信号覆盖范围，让用户可以拥有更高效稳定的无线网络。

（4）查看产品外形

USB无线网卡可以分为盒型和U盘型两种外观形式。盒型的USB无线网卡标配带有一条数据延长线，大部分都是天线外露，这些设计是为了方便它放置在桌面上；而U盘型的USB无线网卡同样标配数据延长线，它的USB接口可以直接插入电脑的USB接口，由于它的天线都是内置的，所以不能够调节天线的方向。两者在外形上相比，U盘型的无线网卡更小巧方便携带。

扫一扫

获取最新网卡相关资讯

2.8 机箱与电源

2.8.1 机箱

机箱一般包括外壳、支架、面板上的各种开关、指示灯等。外壳多用钢板和塑料结合制成，硬度高，主要起保护机箱内部元件的作用；支架主要用于固定主板、电源和各种驱动器。

1．计算机机箱的作用

（1）提供空间给电源、主机板、各种扩展板卡、软盘驱动器、光盘驱动器及硬盘驱动器等存储设备，并通过机箱内部的支撑、支架、各种螺丝或卡子夹子等连接件将这些零配件固定在机箱内部，形成一个集约型的整体。

（2）保护板卡、电源及存储设备，防压、防冲击、防尘，还能防电磁干扰、辐射的功能，起屏蔽电磁辐射的作用。

（3）提供许多便于使用的面板、开关指示灯等，让操作者更方便地操作计算机或观察计算机的运行情况。

2．机箱的发展

纵观个人计算机的发展历史，机箱在整个硬件发展过程中一直在硬件舞台的背后默默无闻的静静成长，虽然其发展速度与其他主要硬件相比要慢很多，但它也经历了几次大的变革，而每一次的变革都是为了适应 Intel 新的体系架构，为了适应日新月异发展着的主要硬件，如 CPU、主板、显卡之类。

从 AT 架构机箱到 ATX 架构机箱，再到 Intel 后来推出却又推广乏力的 BTX 架构机箱，到如今非常盛行的 38 度机箱，内部布局变得更加合理，散热效果更理想，再加上更多人性化的设计，从侧面反应了个人计算机硬件系统发生的变化，而功能的变化则更加体现了消费者对个人计算机使用舒适性和人性化的要求。

近年来，各种实用的功能纷纷亮相在计算机机箱上，如金河田公司的可发送接收红外线的创导机箱、带触摸屏的数字机箱、集成负离子发生器的绿色机箱等，都极大扩展了机箱的功能，全折边、免螺丝设计（见图 2.68）、防辐射弹片已经成为机箱的标准功能配置，同时也方便了用户的使用。相信随着机箱产品的同质化愈演愈烈，机箱厂商一定会开拓出更多更实用的功能来满足用户的不同需要。

图 2.68 免螺丝设计机箱

在机箱的个性化方面，各大厂商更是各显神通，有从材质上创新的，如金河田的皮革面板机箱等；有从面板或者侧板造型上创新的，如增加液晶显示屏、透明侧板、动物造型等；还有一些加入中国文化的中国风机箱等，使机箱不再是以前的中规中矩、千篇一律的形象，而逐渐成为家居生活中一道亮丽的风景线。如图 2.69 所示就是两款中国风机箱。

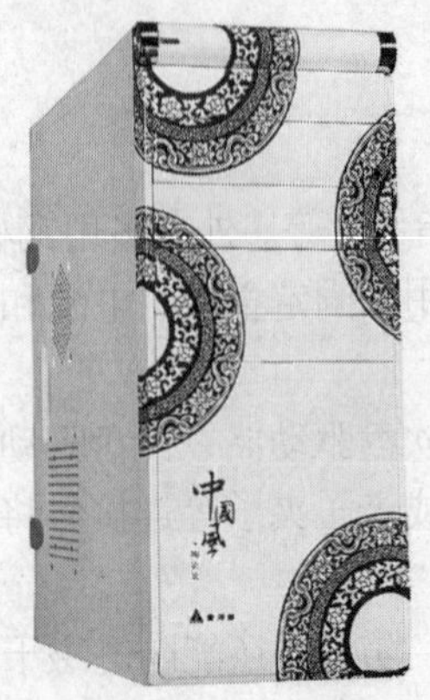

图 2.69　中国风主机箱

说到个性化，不能不提及近年来十分盛行的 MOD（机箱改造）。MOD 始于国外，可以说他们是更加狂热的 DIY 爱好者，他们追求的更多的是具有张扬个性的作品和自己动手的乐趣，而国内玩家最初对 DIY 的理解和这些 MODer 是有很大不同的，大多数人对 DIY 的理解都还局限于性价比、组装电脑和超频，很少有更多自己动手的体验，当然也无法体会到更多国外玩家所享受的 DIY 乐趣。值得庆幸的是，MOD 近年来在国内越来越受到 DIY 玩家的追捧，这个可以从国内历次举办的 LAN Party 的火爆程度上得到印证。可以说，DIYer 正逐步转向 MODer，这也从一个侧面反应出了广大消费者追求机箱个性化的趋势和潮流。

3．机箱分类

（1）按照外形分类

标准箱式：外形像微波炉，大小在 50cm × 40cm × 30cm 左右，容易融入家居风格。

普通机箱：和通常看到的一样，是主流的方案。

HTPC 机箱：HTPC（Home Theater Personal Computer），即家庭影院计算机机箱，主要用在客厅，有立式和卧式两种，主要用于连接电视收看视频和娱乐。

塔式机箱：比普通机箱要高 1/2，内部空间很大，散热性能很好，一般是发烧友级用户才用。

（2）按照结构分类

AT：AT 机箱的全称应该是 BaBy AT，主要应用到只能支持安装 AT 主板的早期机器中。

ATX：ATX 机箱是目前最常见的机箱，支持现在绝大部分类型的主板。

Micro ATX：Micro ATX 机箱是在 ATX 机箱的基础之上建立的，为了进一步节省桌面空间，因而比 ATX 机箱体积要小一些。各个类型的机箱只能安装其支持的类型的主板，一般是不能混用的，而且电源也有所差别。

BTX：BTX 就是 Balanced Technology Extended 的简称，是 Intel 定义并引导的桌面计算平台新规范。BTX 架构可支持下一代电脑系统设计的新外形，使行业能够在散热管理、系统尺寸和形状以及噪音方面实现最佳平衡。

（3）按照散热功能分类

分为 38 度机箱和非 38 度机箱，但现在绝大多数都是 38 度机箱。

（4）按照功能分类

从功能上分为服务器机箱和普通机箱。

普通机箱是最常见的机箱，其最基本的功能就是安装电脑主机中的各种配件。除此之外，还要求有良好的电磁兼容性，能有效屏蔽电磁辐射，保护用户的身心健康。与普通机箱相比，服务器机箱的材质、散热、抗碰击等性能均更优。一般家庭和企业用户使用普通的机箱就够了。

4．发展趋势

（1）人性化

个人计算机发展到今天，产品同质化越来越严重，同时，电脑已经不再只是简单的工具，随着各项新技术的发展，它除了用于安装电脑主机中的各种配件，还要求有良好的电磁兼容性，能有效屏蔽电磁辐射，扩展性能良好，有足够数量的驱动器扩展仓位和板卡扩展槽数，以满足日后升级扩充的需要；要求通风散热设计合理，能满足电脑主机内部众多配件的散热需求；在易用性方面，要求有足够数量的各种前置接口，例如前置USB接口、前置IEEE1394接口，前置音频接口、读卡器接口。现在许多机箱对驱动器、板卡等配件和机箱的自身紧固都采用了免螺丝设计，以方便用户拆装；有些还外置了CPU、主板以及系统的温度显示功能，使用户对电脑的运行和散热情况一目了然。

（2）个性化

在外观方面，今天的电脑机箱已经不仅仅是一个装载各种部件的铁盒子，更是一件点缀家居的装饰，机箱也越来越美观新颖，色彩缤纷，可以满足人们在审美和个性化方面的需求。对于更多的个人用户而言，个性化则是一种趋势，这也与社会发展密不可分，现代人都崇尚个性，喜欢特立独行，当然希望所拥有的计算机也与众不同，更加具有个性。

（3）小型化

随着Intel酷睿2双核处理器的上市，以频率高低决定性能的时代结束了，随之而来的是效率为王的时代。酷睿2双核处理器效率提高了40%，而能耗却下降了40%，这使得整机的功耗大为降低，这也正迎合了目前节能的大趋势，散热变得不再是最重要的事情，于是，机箱的小型化、便携性将成为未来的主流趋势。最新Intel的Roadmap显示，Intel也将会大力推广SFF（Small Form Factor）小机箱，如图2.70所示。

可以想象，未来的机箱不仅便携，而且会更加人性化，更加个性化，机箱作为电脑硬件的载体最终将会和其他家用电器一样成为家居装饰的一部分。

5．机箱的选购

（1）制作材料

好的机箱钢板厚度至少应在1mm以上，并且板材应该是经过特殊处理的镀锌钢板，它的优点是能够防静电。此外，镀锌钢板还有不易生锈等优点，这些都是普通的不锈钢板没有的特点。

这里提供一个选购机箱的小窍门：在选择时可以用试重量的方法来辨别机箱用料的好坏。用料实在的机箱因为采用的钢板更厚实，所以一般都比较重，掂起来沉沉的；而一些重量很轻的机箱大多是偷工减料、以次充好的产品。因此大家在选购时一定要挑重的买。

在用料方面还有一点需要特别说明，就是机箱在制造时选用的塑料。目前市场上的比较好的机箱面板普遍采用ABS材料注塑，这样的产品柔韧性好，不易老化变色，能够长期使用。而有一些厂家为了节省成本，用普通的塑料代替，这样的机箱在外观上与好的机箱区别并不大，但是实际效果就差强人意了，所以选购的时候要格外小心。

最后，还有一些小的细节需要注意，例如查看机箱侧板接合处、后部电源位置是否设置了金属弹片（见图2.71），这弹片会使机箱各个部件之间连接更为紧密，形成一个有效的金属体，包围着内部的配件，有效防止辐射泄漏。有些厂商生产的机箱 5 英寸和 3.5 英寸槽位的挡板都使用了带有防辐射弹片与防辐射槽的钢片，更加有效地对电磁辐射进行屏蔽，这些细微处也可以多注意一下。

图 2.70　SFF 小机箱图

2.71　机箱金属弹片

（2）制作工艺

机箱的制作工艺同样很值得注意，一些看起来很细微的设计，往往对使用者有很大的帮助。以前拆卸机箱的时候，人人手里都少不了必备的螺丝刀。不过这种时代不会长久了，现在的机箱全身上下也就几个螺丝，有的干脆就采用卡子的形式，彻底不用螺丝了，不仅仅是机箱外部没了螺丝的身影，连机箱内部也没了螺丝的身影。目前的高档机箱多数采用镶嵌衔接式结构，告别了螺丝时代。一个好机箱不会出现机箱毛边、锐口、毛刺等现象。好机箱背后的挡板也比较结实，需要动手多弯折几次才可卸掉，不像劣质机箱后边的挡板拿手一抠就掉了。此外，优质机箱的驱动槽和插卡位定位准确，不会出现偏差或装不进去的现象。这种问题在有些低价机箱上很常见。

（3）布局

说到布局，涉及的范围相当广，如扩展卡插口、驱动器架的个数和使用方式、机箱面板的设计以及机箱内的散热问题。目前关于扩展卡插口都应该没有多大问题，不过有些厂家就采用了一些独特的设计，例如滑插式固定锁，它可以让扩展卡无须螺丝就能直接固定，取下扩展卡的时候也不必用螺丝刀，非常方便。另外一个重要的方面就是驱动器架，现在的驱动器越来越多，从软驱到 CD-ROM、CD-RW，还有 DVD-ROM 和活动硬盘托架等，都需要各占一个驱动器架。而多数机箱也只有 3 个 5.25 英寸驱动器架，日后想添加活动硬盘、读卡器等设备也不易实现了，因此这时驱动器架就显得相当重要了。所以在选购机箱时，驱动器架是越多越好。

至于机箱面板的布局设计，主要还是启动（Power 键）和重启（Reset 键）的功能，但是已经增加了一些新鲜的附加功能。在这方面比较实用的设计就是 USB 口前置、音频口前置以及机箱自带的状态监测显示等，如温控机箱，内部有温度探头，可以随时探测机箱内部件温度，甚至还有报警和控制风扇功率等功能；还有一些机箱整合了红外线接口的功能，感觉比较新颖。它们都能在使用计算机的过程中带来很多的方便，这些也是选购时可以考虑的方面。目前，由于硬件技术的进步，计算机的散热问题已经越来越被重视了，除了给芯片降温之外，机箱内散热的好坏也是相当重要的，购买机箱时可以注意一下是否有预留的机箱风扇位置，最好是前后两个方向都有，这样才能有效控制机箱内的温度；然后也应该看看机箱内的空间大小，看钢板上有没有散热孔等。这些与 CPU、显卡的风扇一样，直接影响着系统的稳定运行和配件的安全。

2.8.2 笔记本电脑外壳

笔记本电脑的外壳既是保护机体的最直接的部分，也是影响其散热效果、“体重”、美观度的重要因素。一般来说，预算固定的情况下，笔记本电脑配置越高，外壳的材质就会越差。很大一部分消费者只看到了配置，而忽略了材质。其实笔记本电脑外壳的材质对于日后笔记本电脑的使用有着比配置更重要的意义。因为，笔记本电脑的外壳在日常使用中，会起到以下 3 方面的作用。

第一，保护笔记本电脑内部硬件。外壳作为笔记本电脑的皮肤，同样具有重要的保护作用。尤其是对屏幕的保护。采用合金、碳纤维就要比采用工程塑料能够起到更好的保护作用。

第二，帮助笔记本电脑散热。人类的皮肤努力保护体内的热量缓慢散去，而笔记本电脑需要外壳尽快传导内部硬件发出的热量，避免产生棉被效应。

第三，美观。通常采用合金、碳纤维等材料的笔记本电脑往往比采用工程塑料材质的笔记本电脑外观更显高档。同时，笔记本电脑的外壳手感以及使用过程中的漆层脱落问题，也一样反映在外壳材质上。

1．笔记本电脑外壳材料

笔记本电脑常见的外壳用料有合金（有铝镁合金与钛合金）和塑料（有碳纤维、聚碳酸酯 PC 和 ABS 工程塑料）。

（1）铝镁合金

铝镁合金一般主要元素是铝，再掺入少量的镁或其他金属材料可以加强其硬度。因本身就是金属，其导热性能和强度尤为突出。铝镁合金质坚量轻、密度低、散热性较好、抗压性较强，能充分满足 3C 产品高度集成化、轻薄化、微型化、抗摔撞及电磁屏蔽和散热的要求。其硬度是传统塑料机壳的数倍，但重量仅为后者的三分之一，通常用于中高档超薄型或尺寸较小的笔记本电脑外壳。而且，银白色的铝镁合金外壳可使产品更显豪华、美观，而且易于上色，通过表面处理工艺变成个性化的粉蓝色和粉红色，可以为笔记本电脑增色不少，这是工程塑料以及碳纤维所无法比拟的，如图 2.72 所示，因而铝镁合金成了便携型笔记本电脑的首选外壳材料。目前大部分笔记本电脑产品均采用铝镁合金外壳，缺点是镁铝合金并不是很坚固耐磨，成本较高，比较昂贵，而且成型比 ABS 困难（需要用冲压或者压铸工艺），所以笔记本电脑一般只把铝镁合金使用在顶盖上，很少有机型用铝镁合金来制造整个机壳。

（2）碳纤维

碳纤维材质是很有趣的一种材质，它既拥有铝镁合金高雅坚固的特性，又有 ABS 工程塑料的高可塑性。它的外观类似塑料，但是强度和导热能力优于普通的 ABS 塑料。而且碳纤维是一种导电材质，可以起到类似金属的屏蔽作用（ABS 外壳需要另外镀一层金属膜来屏蔽）。因此，早在 1998 年 4 月，IBM 公司就率先推出采用碳纤维外壳的笔记本电脑，也是 IBM 公司一直大力促销的主角，如图 2.73 所示。据 IBM 公司的资料显示，碳纤维的强韧性是铝镁合金的两倍，而且散热效果更好，若使用时间相同，碳纤维机种的外壳摸起来最不烫手。碳纤维的缺点是成本较高，成型没有 ABS 外壳容易，因此碳纤维机壳的形状一般都比较简单缺乏变化，着色也比较难。此外，碳纤维机壳还有一个缺点，就是如果接地不好，会有轻微的漏电感，因此 IBM 在其碳纤维机壳上覆盖了一层绝缘涂层。

图 2.72　铝镁合金外壳

图 2.73　碳纤维外壳

（3）钛合金

钛合金材质的可以说是铝镁合金的加强版，钛合金与镁合金最大的分别之处就是还渗入碳纤维材料，无论散热、强度还是表面质感都优于铝镁合金材质，而且加工性能更好，外形比铝镁合金更加复杂多变。其关键性的突破是强韧性更强，而且变得更薄。就强韧性看，钛合金是镁合金的 3～4 倍。强韧性越高，能承受的压力越大，也越能够支持大尺寸的显示器，因此，钛合金机种即使配备 15 英寸的显示器，也不用在面板四周预留太宽的框架。至于厚度，钛合金厚度只有 0.5mm，是镁合金的一半，厚度减半可以让笔记本电脑体积更小。钛合金唯一的缺点就是必须通过焊接等复杂的加工程序，才能做出结构复杂的笔记本电脑外壳，这些生产过程衍生出的是可观的成本，因此十分昂贵。目前，钛合金及其他钛复合材料依然是 IBM 专用的材料，这也是 IBM 笔记本电脑比较贵的原因之一。

（4）聚碳酸酯 PC

聚碳酸酯是笔记本电脑外壳采用的材料的一种，它的原料是石油，经聚酯切片工厂加工后就成了聚酯切片颗粒物，再经塑料厂加工就成了成品。从实用的角度看，其散热性能比 ABS 塑料更好，热量分散比较均匀，它的最大缺点是比较脆，一跌就破，常见的光盘就是用这种材料制成的。运用这种材料比较显著的是 FUJITSU，在很多型号中都是用这种材料，而且是全外壳都采用这种材料。不管从表面还是从触摸的感觉上，这种材料感觉都像是金属。如果笔记本电脑内没有标识，单从外表面看不仔细去观察，可能会以为是合金物。

（5）ABS 工程塑料

ABS 工程塑料即 PC+ABS（工程塑料合金），在化工业的中文名字叫塑料合金，之所以命名为 PC+ABS，是因为这种材料既具有 PC 树脂的优良耐热耐候性、尺寸稳定性和耐冲击性能，又具有 ABS 树脂优良的加工流动性。所以应用在薄壁及复杂形状制品上，能保持其优异的性能，以及保持塑料与一种酯组成的材料的成型性。ABS 工程塑料最大的缺点就是质量重、导热性能欠佳。一般来说，ABS 工程塑料由于成本低，被大多数笔记本电脑厂商采用，目前多数塑料外壳笔记本电脑都是采用 ABS 工程塑料做原料的。

上述几种材料中，ABS 工程塑料最为常见，成本最低，且性能最差；聚碳酸酯 PC 常被一线大牌用在其中低端的产品上，例如富士通的低端产品线；铝镁合金则常见于索尼、富士通、戴尔的高端型号上，让这些高端产品从各方面看上去都更加华丽；碳纤维作为新兴的材料，前途最为看好，目前能够在宏碁和戴尔的一些机型上看到它的身影。而钛合金复合碳纤维则是 ThinkPad T 系列的专利，也会出现在 ThinkPad 其他高端型号上。

另外，现在好多厂家推出了一些环保的自然材料外壳，例如华硕的笔记本电脑有一款就采用了天然竹子作为外壳材料，如图 2.74 所示，使用竹材料作为外壳的特点是环保、个性、质量轻，但缺点就是耐磨性能比较差、加工比较复杂。

2．笔记本电脑外壳如何保养

外壳是笔记本电脑的门面，虽然不直接影响笔记本电脑的运算性能，但陈旧的外壳给人一种对笔记本电脑失去信心的感觉。笔记本电脑外壳主要有磨损、划伤和污损等情况发生，下面介绍怎样在这些方面维护好笔记本电脑外壳。

图 2.74 竹子外壳

（1）防止磨损、划伤

笔记本电脑外壳的划伤和磨损主要来自于移动过程中，如果背包尺寸与笔记本电脑不相符，就会导致笔记本电脑在包内不稳定，外壳非常容易被背包内物件划伤和磨损。可以使用以下方法防止磨损和划伤。

① 采用原装笔记本电脑包来携带笔记本电脑，减少笔记本电脑在包内晃动的几率。

② 使用笔记本电脑背包内胆包装笔记本电脑，这些内胆采用柔软质地材料制造，并且大小与笔记本电脑相匹配，可以使笔记本电脑在内部相对稳定，不易划伤和磨损笔记本电脑外壳。

③ 使用专用笔记本电脑外壳保护膜，类似于手机屏幕贴膜，保护膜附着在笔记本电脑外壳，即不影响笔记本电脑外观，又可以起到外壳保护作用。

如果用户钟意于笔记本电脑外壳的手感，也可以采用透明胶带贴附外壳四角的方法来保护笔记本电脑外壳，因为外壳最容易磨损的就是四角。

（2）注意清洁

笔记本电脑外壳很容易聚集指纹、灰尘、汗渍、饮料痕迹、圆珠笔痕迹等，可以采用下述不同的手段来清理这些污渍。

① 普通污渍可以使用柔软纸巾加少量清水清洁即可。

② 指纹、汗渍、饮料痕迹、圆珠笔痕迹可以用专用清洁剂进行清洁，因为清洁剂可以有效地溶解油性和粘性污渍，而不需要反复用力擦拭外壳，避免导致不必要的外壳磨损。其实，可以尝试使用一些蜡制清洁剂，如碧丽珠等进行外壳清洁，但是千万不要使用有腐蚀性的清洁剂，尤其是酒精。

另外需要注意：清洁外壳时，首先应关闭笔记本电脑电源，要使用柔软的纸巾或布，尽量使用较少的水；一定不要使液体流入键盘，以免导致键盘失灵或主板损坏，尤其是清洁轻薄型笔记本电脑时更需要注意。

3．笔记本电脑外壳用料的识别方法

现在的笔记本电脑外壳越来越漂亮，样子也是不断翻新，面对各式各样的笔记本电脑外壳，在购买时该如何来判断该笔记本电脑外壳用的是什么材料呢？

（1）看说明书

如果该笔记本电脑用料上乘，它的说明书上则可能会有注明是用什么材料做外壳的，当然，这并不一定有，而且，如果用料比较差就肯定不会有说明。

（2）通过触觉来判断

用手触摸笔记本电脑外壳，如果是塑料外壳的，会感觉除了磨砂的感觉外，几乎再体会不到什么了，特别是 PC+ABS。而如果是合金外壳，除了本身有磨砂的感觉外，还会有非常明显的冰凉感，当然是在关机状态下；如果是开机很久，则可触摸屏盖的中央位置，因为那个地方通常没有热量到达，可以获得准确的感觉。

（3）通过声音来判断

用手敲打笔记本电脑外壳的表面，如果是塑料外壳，声音会比较沉，而且会感觉到有些弹性；如果是铝合金，声音会明显很脆，而且敲击边缘部分的时候，会有明显的金属碰撞声，还能感觉到细微的对手指的反冲击感觉。

（4）到厂商网站去找资料

有些经销商为了提高自己销售的笔记本电脑的身价，在网上的报价资料会打上“铝镁合金”外壳的字样，这对于某些中低端笔记本电脑，就要注意了，因为这很可能是假的。这时，可到厂商网站去找资料，看看这款笔记本电脑的技术参数中到底有没有“铝镁合金”字样。一般来说，如果是用这一材料做外壳，厂商都会以此为卖点而标称出来，否则要么会直接标称为塑料外壳，要么就不标称外壳的用料，但一般都不会做假。

（5）通过观察其边缘的情况来判断

通过对其边缘的观察，也可以看到一些线索，因为不管什么材料，外表面都会进行喷漆，观看其露出内表面的边缘部分可以进一步确定。那么，如何才能查看到其表面呢？把电池拿出来，如果光驱可以抽出的，把光驱抽出来，那在机子的这些组件的边缘处就可以看到外壳的内表面的真实面目：是塑料合还是合金就很明显了。如果是 PC+ABS 材料，会有明显的塑料质感；铝合金的话则金属色质可以很容易区分了。不过，这种方法并不适用所有机型，有的笔记本电脑做工确实非常细致，在所有边缘露出内表面的地方都衬上很常薄的锡箔纸，或是薄如纸的铝合金片。

2.8.3 电源

计算机属于弱电产品，也就是说部件的工作电压比较低，一般在 ± 12V 以内，并且是直流电。而普通的市电为 220V（有些国家为 110V）交流电，不能直接在计算机部件上使用。因此计算机和很多家电一样需要一个电源部分，负责将普通市电转换为计算机可以使用的电压，一般安装在计算机内部。

计算机的核心部件工作电压非常低，并且由于计算机工作频率非常高，因此对电源的要求比较高。目前计算机的电源为开关电路，将普通交流电转为直流电，再通过斩波控制电压，将不同的电压分别输出给主板、硬盘、光驱等计算机部件。计算机电源的工作原理属于模拟电路，负载对电源输出质量有很大影响，因此计算机最重要的一个指标就是功率，这就是说足够功率的电源才能提供稳定的电压。

1．计算机电源分类

（1）AT 电源

AT 电源应用在 AT 机箱内，其功率一般在 150～250W 之间，共有 4 路输出（± 5V，± 12V），另外向主板提供一个 PG（接地）信号。输出线为两个 6 芯插座和几个 4 芯插头，其中两个 6 芯插座为主板提供电力。AT 电源采用切断交流电网的方式关机，不能实现软件开关机。随着 ATX 电源的普及，AT 电源如今已渐渐淡出市场。

（2）ATX 电源

和 AT 电源相比较，ATX 电源最明显的特点就是增加了 ± 3.3V 和+5V StandBy 两路输出和一个 PS-ON 信号，并将电源输出线改成一个 20 芯的电源线为主板供电，在外形规格和尺寸方面并没有太大的变化。

（3）Micro ATX 电源

Micro ATX 电源是 Intel 公司在 ATX 电源的基础上改进的，其主要目的就是降低制作成本，最显著的变化是体积减小、功率降低。

（4）BTX 电源

BTX 电源是在 ATX 的基础上进行升级得到的，其工作原理与内部结构基本没变，它包括

ATX12V、SFX12V、CFX12V 和 LFX12V 4 种电源类型。输出标准与 ATX12V 2.0 规范一样，也是像 ATX12V 规范一样采用 24pin 接头。BTX 并不是一个革新性的电源标准，虽然 INTEL 公司大力推广，但因为支持的厂商太少，现在已经很少提及。

2．电源的性能指标及选购

首先可以从电源的外部标识上有个大致的了解，每个电源都有一个铭牌，铭牌上记录了电源的具体参数以及安全认证标志，可以说，一个电源的大部分信息都可以直接由铭牌得到。在铭牌的右上角一般可以看到型号、对电流的输入要求、序列号；铭牌的中间一般还会有关于是否符合 PC 99 规范的字样以及一些具体的标识，大致有直流最大输出功率、标称提供的直流电压和在标称电压下的最大电流 3 种；最下面一般都是安全认证标志，如果一个电源通过的认证很多，那么它很可能就是一款比较可信的电源。

下面介绍选购电源时需要考虑的几个方面。

（1）电源功率

选购电源时，首先考虑的应该是产品的功率。电源铭牌上常有峰值（最大）功率和额定功率两种标称参数，其中峰值功率是指当电压、电流在不断提高，直到电源保护起作用时的总输出功率，但它并不能作为选择电源的依据。用于有效衡量电源的参数是额定功率，额定功率是指电源在稳定、持续工作下的最大负载，额定功率代表了一台电源真正的负载能力。比如，一台电源的额定功率是 300W，其含义是每天 24 小时、每年 365 天持续工作时，任意时刻负载之和不能超过 300W。但实际上，电源都有一定的冗余，比如额定功率 300W 的电源，在 310W 的时候还能稳定正常工作，但尽量不要超过额定功率使用，否则可能导致电源或其他电脑部件因为过流而烧毁。在市场零售电源产品的铭牌标签上一般能看出厂商为该产品标识的最大功率和额定功率，这有利于选购，但也有部分产品（如多彩科技的电源）在标签铭牌处不会标明其功率参数，这时候选购就必须注意了。不能单纯以电源的型号来辨别其额定功率，因为目前产品型号命名规则不一，有部分产品的型号中会包含其额定功率参数，但是更多的是以其最大功率命名，比如长城 BTX-500SP 电源，它就是以最大功率来作为型号命名的。

（2）电源各种接口

供电接口设计是 2.0 与 1.3 版电源所不同的地方之一。为了满足大功率供电需求，ATX12V 2.0 主供电接口在 1.3 版的 20pin 设计上进行了增强，采用的是 24pin 接口。但是为了照顾旧平台用户，市面上大部分 2.0 电源主供电接口都采用“分离式”设计或附送一条 24pin→20pin 的转换接头，这样设计非常体贴，购买时不妨留意一下。另外，主板副供电一般使用的都是 4pin 接口，但现在某些高端主板上已经采用了 8pin 接口，选购时也必须注意。2.0 版电源上一般都带有多个 IDE 设备供电接口（硬盘、光驱、AGP 显卡辅助供电等）和 2～4 个 SATA 硬盘供电接口，现在 SATA 规格已经成为硬盘主流。很多电源上依然保留了软驱供电接口，部分电源产品还配置有 6pin 显卡辅助供电接口，可以方便用户在使用高端 PCI-E 显示时进行辅助供电。

（3）电源的转换效率

一般计算机主机稳定运行的功率为 200W 左右，就算使用双核处理器+Geforce6800×2 SLi 的高端机器，300W 的电源也已经可以应付，而 400W 的产品则是面向各种 DIY 发烧玩家。现在功率大小已经没有以往所说的那么重要，随着技术进步，现在电源厂商都把研发精力转移到提高电源的转换效率上来，而不是提高电源功率。首先必须明确电源转换效率的概念，转换效率就是输出功率除以输入功率的百分比，它是电源的一项非常重要的指标。由于电源在工作时有部分电量转换成热量损耗掉了，因此电源必须尽量减少热量（也即电量）的损耗。旧版 1.3 的电源要求满载下最小转换效率为 70%，而 2.0 版更是将推荐转换效率提高到 80%。

（4）电源散热设计及噪音

电源运行时，内部元件都会产生热量，电源输出功率越大，发热量也越大。但随着电源技术的进步，电源转换效率提高了，也就是电量损耗有所减少，电源发热量也受到有效控制。基于散热效果和成本因素，一般市售电源产品都采用风冷散热设计，其中前排式和大风车散热形式最为常见；而直吹式形式是世纪之星电源产品的专利设计，它对于电源内部散热性能良好，工作噪音较低，且成本较低，但是在 350W 以上的高端电源上散热效果欠佳。

风冷散热设计必然会产生一定噪音，计算机电源的主要噪音来源于电源的散热风扇，要想散热效果越佳，噪音就会越大，但是静音环境也是很多用户所重视的地方，所以为了使散热效能和静音之间得到平衡，一般较好的电源都带有智能温控电路，主要是通过热敏电阻实现的。当电源开始工作时，风扇供电电压为 7V，随着电源内温度升高，热敏电阻阻值减小，电压逐渐增加，风扇转速也提高，以保持机壳内温度保持一个较低的水平，在负载很轻的情况下，能够实现静音效果；负载很大时，能保证良好的散热。

目前电脑电源散热形式有前排风式、下吸前排式、大风车式、后吹前排式、后吹风式几种。

① 前排风式是最常见的电脑电源散热形式之一，它是利用位于电脑电源正面的 8cm 散热风扇将电源内部热量吸出排到机箱外。前排风式优点是技术成熟，预留给电源内部其他元件空间较大；缺点则为噪音较大，风扇寿命较短，对于机箱内部散热帮助较小。

② 采用下吸前排式设计的电源，通常会出现在一些“发烧级玩家”的机器上。下吸前排式散热设计是对于前排风式散热设计的一种改良结果。由于采用了两颗 8cm 散热风扇，噪音也会有所增加。这种电脑电源散热形式散热性能好，有利于机箱整体散热，可是噪音较大，电源内部设计复杂。

③ 大风车式采用 12cm 低速或者更大尺寸的风扇，在保证良好散热性能的同时，风扇噪音也能够达到大幅度的降低。大风车式噪音低，能够帮助机箱整体散热，但是为了应对大功率输出，风扇转速仍需提高，相应的噪音也会有所增加。

④ 后吹前排风式设计通常出现在强调稳定性的工作站、服务器电源。该种电脑电源散热形式优点是电源内部散热性能良好，方便电源在功率上的提高，缺点则为工作噪音较大，电源体积较其他散热结构电源要大一些。

⑤ 后吹风式是各种电源散热形式中比较少用的一种形式，其优势在于很好地改善了电源内部散热结构，工作噪音较小；缺点则为对机箱内部整体散热效果作用不是很大。

（5）电磁干扰

由于开关电源的工作原理决定了内部具有较强的电磁震荡，具有类似无线电波的对外辐射特性，如果不加以屏蔽，可能会对其他设备造成影响，将移动电话或无线通信设备置于电脑附近，如果发生通信质量的下降就说明受到电磁干扰。所以国内对这种有害的辐射量也有严格的限定。电源一般通过外面的铁盒和机箱加以屏蔽，但泄漏在所难免，只是量的多少的问题。电磁对电网的干扰会对电子设备有不良影响，也会对人体健康带来危害。由于这种干扰看不见摸不着，而抗电磁干扰要花费较大的成本，所以劣质电源往往都忽略此项指标。

从电磁安全的角度上讲，计算机要符合电磁干扰标准。国际标准化组织和世界绝大多数国家对电磁干扰和射频干扰制定了若干标准，标准要求电子设备的生产厂商对其产品的辐射和传导干扰降低到可接受程度。在国际上有 FCCA 和 FCCB 标准，在国内也有国标 A（工业级）和国标 B 级（家用电器级）标准，优质的电源都可以通过 B 级标准。最著名的标准是 FCCCLASSB，它是美国针对住宅环境所制定的电磁干扰标准，国内市场上通过此项测试认证的电源有航嘉牌、百盛牌、长城牌。

（6）安全规格

国内外业界在电源元件的选择、材料的绝缘性、阻燃性等方面都有严格规定的安全标准，如国外著名的有 UL、CSA、TUV、CCIB，而国内著名的就是 CCEE（中国电子产品质量认证）。如果电源上有这些标志，说明它通过了这些认证。由于安全规格申请时间较长，又有严格的限制和要求，所需费用也颇多，并且还要接受定期和不定期的监督及检查，一旦申请以后，不可随意变更、替代或修改产品的元件及型式，若变更，则必须重新验证，所以，有安全规格的产品起点会比非安全规格产品高出许多。

（7）电源品牌

现在市场上产品品牌众多，以性价比而言，长城、航嘉、全汉（FSP）更值得推荐，当然酷冷至尊（CoolerMaster）、TT、台达、海盗船和康舒也不错，其他还有世纪之星、金河田、九州风神等品牌也可以选购。

2.8.4 笔记本电脑电池

使用可充电电池是笔记本电脑相对于台式机的优势之一，它可以极大地方便用户在各种环境下使用笔记本电脑。最早推出的电池是镍镉电池（NiCd），但这种电池具有“记忆效应”，每次充电前必须放电，使用起来很不方便，不久就被镍氢电池（NiMH）所取代，NiMH 不仅没有“记忆效应”，而且每单位重量可提高 10%的电量。

目前笔记本电脑使用的电池主要分镍镉电池、镍氢电池、锂电池三种，分别表示为镍镉 NI-CD、镍氢 NI-MH、锂电 LI。

1．笔记本电脑电池的构成

笔记本电脑电池一般由外壳、电芯组成，电芯是笔记本电脑电池的主要组成部分，电芯的数量决定了笔记本电脑电池的续航能力。目前笔记本电脑电池主要分为 3 芯、4 芯、6 芯、8 芯、9 芯及 12 芯等。简单来说，4 芯电池可以续航 2 小时，6 芯则为 3 小时，以此类推。芯数越大，续航时间越长，当然价格也越高，但是稳定性就会比电芯少的要差点。普通家庭用户建议使用与自己的电脑标配的芯数，如 3 芯、4 芯，因为主要是在家用，有稳定的电源；普通办公用户建议使用 6 芯和 8 芯电池，因为待机时间相对长点，办公更方便；如果有较高的移动办公要求，可以考虑 9 芯和 12 芯的电池，这电池太重不便于携带，也没有 6 芯和 8 芯稳定。

笔记本电脑电池还有一个重要参数，即 mAh，mAh 是指笔记本电脑电池的容量。笔记本电脑电池的待机时间主要由 mAh 值来决定，一般情况下，电芯数越多，mAh 值越大，待机时间越长。笔记本电脑电池的寿命主要由充放电次数来衡量，品质合格的产品一般为 500～600 次。所以，笔记本电脑电池有效使用期为 2 年以内，过期电池就会老化，待机时间会急剧下降，而且会影响笔记本电脑的移动性。

2．笔记本电脑电池的选购

电池是笔记本电脑的“动力之源”，但也是一种消耗品，一般使用一两年之后其性能会有明显下降，加上有些用户平时不注重电池的维护保养工作，电池性能急速衰减甚至提前报废的例子并不少见。如何选购一款合适的电池主要从以下 4 个方面入手。

（1）参数

由于笔记本电脑电池的不通用性，消费者购买前必须掌握自己机器能够接受的电池类型，同时为了避免受骗，在“看”的环节也不能放松对做工的查验！

目前除了个别品种低档笔记本电脑采用镍氢电池外，大多数采用的都普通锂离子电池，锂聚合物电池只在部分高档超薄型笔记本电脑中使用。锂电池一般由电芯组、保护电路和容量监测及通信电路等几部分组成。从参数的角度看，电池容量是最需要关注的一个指标，目前一般为 2400～7800mAh，也有极少数配备 9400mAh 容量的。理论上，数值越高，在相同配置下的使用时间就越长。

（2）质量

很多时候电源的质量都与重量成正比，笔记本电脑电池也不例外。由于原装电池中的监测保护电路都做得比较到位，电芯质量也比较好，所以重量会比偷工减料的组装电池要大得多，购买时用手掂掂，要是比笔记本电脑的原装电池轻很多的话，这样的电池就需要谨慎选择了！

（3）性能

在电脑市场和商家面对面选购笔记本电脑电池时，对电池进行检测是必不可少的一个环节。测试的重点一是查看充电次数，二是看待机时间。

（4）服务

笔记本电脑电池也是商品，售后服务同样不可忽视，何况目前笔记本电脑电池的价格依然不菲！

从保修的角度来看，电池是笔记本电脑所有配件中保修期最短的配件，大多数只保修 3 个月到半年，甚至有的根本就不在保修之列，保修时间长达一年的电池少之又少。电池这样的待遇并没有因为单独购买而得到改善，一般来说，全新电池（包括兼容电池）只能享有 3 个月或 6 个月的质保期，如果是二手电池，大约会只有 7 天到 1 个月不等的保修期。因此，消费者在交款前一定要问清楚电池的保修时间和条件，千万别忘了向商家索要购买凭证（如发票或盖章的收据），并让商家注明电池质保期限。

获取最新机箱和电源相关资讯

2.9 本章实训

1. 观察主机的内部结构，了解计算机的主要部件及各部件之间的连接方法。
2. 了解机箱后面板上的插头和接口。
3. 熟悉常见的各种类型的内存。
4. 熟悉常见不同品牌、不同类型的硬盘，对其标签标注的主要性能指标进行了解。
5. 查看机箱的结构。
6. 对给出的显卡能够指出其主要的组成结构。
7. 学会识别各种无线网卡。

获取本章实训指导

2.10 本章习题

1. 简述 CPU 的主要技术参数。
2. CPU 选购注意事项有哪些？
3. 简述主板的分类。
4. 最新的主板技术有哪些？

5. 主板选购注意事项有哪些？
6. 简述内存的发展。
7. 简述内存性能指标。
8. 内存的选购应该注意什么问题？
9. 简述硬盘的性能指标。
10. 硬盘选购注意事项有哪些？
11. 简述显卡的性能指标。
12. 简述显卡的工作原理。
13. 简述显卡选购注意事项。
14. 简述声卡的性能指标。
15. 简述声卡的工作原理。
16. 声卡选购注意事项有哪些？
17. 机箱选购注意事项有哪些？
18. 简述电源的工作原理。
19. 简述电源的性能指标。

扫一扫

获取本章习题指导

本章小结

本章主要介绍了计算机的主机部件，分别以 CPU、主板、内存、硬盘、显卡、声卡、网卡、机箱和电源为主题展开，详细介绍了各部件的结构和性能指标及其采用的新技术和选购知识。

Chapter 3 第3章 计算机外设部件

内容概要与学习要求：

本章着重对微型机外设的基本原理、组成和主要性能指标进行详细的介绍，要求读者学习原理和性能时注意理论联系实际，并在理论指导下将产品选购技巧与实战经验结合运用，通过了解本章介绍的一些新产品和新技术，及时掌握适应市场需求的产品发展脉络。

扫一扫

获取本章学习指导

3.1 外设概述

外部设备简称“外设”，是指连在计算机主机以外的硬件设备。对数据和信息起着传输、转送和存储的作用，是计算机系统的重要组成部分。除去主板部分包括中央处理器（CPU）和主存，再除去各种驱动器、板卡之外的大多数设备都可以归为外设。但是，很多时候外设可以简单地理解为输入设备和输出设备，例如显示器是用来显示信息的输出设备，鼠标、键盘是用来输入信息的输入设备。

外部设备大致可分为下述3类。

第一类：人机交互设备，如鼠标、键盘、打印机、显示器、绘图仪、语言合成器等。

第二类：计算机信息的存储设备，如光盘、U盘、移动硬盘。

第三类：机—机通信设备，如两台计算机之间可利用电话线进行通信，它们可以通过调制解调器等设备完成。

3.2 键盘与鼠标

3.2.1 键盘

键盘是电脑中最常用的输入设备之一，键盘的主要功能是把文字信息和控制信息输入计算机，其中文字信息输入是最重要的功能，因为在Windows操作系统中，鼠标已分担了大部分的控制信息输入任务。

1．键盘的分类

一般台式机键盘的分类可以根据击键数、按键工作原理、键盘外形进行分类，下面主要以按键工作原理分类介绍。

根据按键工作原理分类，键盘主要有机械式键盘、塑料薄膜式键盘、导电橡胶式键盘、电容式键盘和无线键盘。

（1）机械式键盘

机械式键盘一般利用类似金属接触式开关的原理使触点导通或断开。在实际应用中，机械开关的结构形式很多，最常用的是交叉接触式，如图 3.1 所示。它的优点是结实耐用，缺点是不防水，敲击比较费力，打字速度快时容易漏字。不过现在比较好的机械键盘都增加了 click 功能，click 功能实际上就是从机械结构上进行了改进，加大了缓存，防止快速打字时漏掉字符。它的使用寿命是敲击 5000 万到一亿次，普通用户 10 年大约键盘敲击 20 万次，所以一款好的机械键盘够用一生了。

（2）塑料薄膜式键盘

塑料薄膜式键盘内有 3 层，塑料薄膜一层有凸起的导电橡胶，当中一层为隔离层，上下两层有触点，如图 3.2 所示。通过按键使橡胶凸起按下，使其上下两层触点接触，输出编码。这种键盘无机械磨损，可靠性较高，目前在市场占相当大的比重，不过也有商家将这种成本相对较低的键盘当成电容式键盘。它最大的特点就是低价格、低噪音、低成本。

图 3.1　机械式键盘结构图

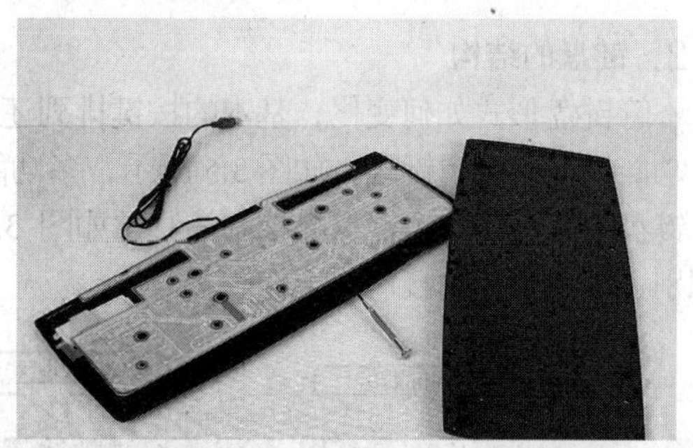

图 3.2　塑料薄膜式键盘结构图

（3）导电橡胶式键盘

导电橡胶式键盘触点通过导电的橡胶接通。如图 3.3 所示，其结构是有一层带有凸起的导电橡胶，凸起部分对准每个按键，凸起部分导电，互相连接的平面部分不导电，当键帽按下去时，下面的触点接通，不按时，凸起部分会弹起。此种键盘目前使用较多。

（4）电容式键盘

电容式键盘根据一种类似电容式开关的原理，通过按键改变电极间的距离而产生电容量的变化，暂时形成震荡脉冲允许通过的条件。电容的容量是由介质、两极的距离及两极的面积来决定的。所以当键帽按下时，两极的距离发生变化，这就引起电容容量发生改变。当参数设计合适时，按键时就有输出，而不按键就无输出。这个输出再经过整形放大，送去驱动编码器。由于电容器无接触，所以这种键在工作过程中不存在磨损、接触不良等问题，耐久性、灵敏度和稳定性都比较好。为了避免电极间进入灰尘，电容式按键开关采用了密封组装，具有 1000 万～3000 万次的按键寿命。但目前市场上真正的电容式键盘并不多，大部分是前面两种键盘，真正的电容键盘价格是比较高的。

（5）无线键盘

当下最时尚的就是无线键盘，如图 3.4 所示，这种键盘与电脑间没有直接的物理连线，通过红外线或无线电波将输入信息传送给特制的接收器。接收器的连接与普通键盘基本相同，也只需简单地连接到 PS/2 或 COM 口、USB 口上。无线键盘需要使用干电池供电，红外线型的无线键盘具有较严格的方向性，尤其是水平位置的关系更为敏感。由于接收器接收角度有限（中心直线范围内 6m），在键盘距离接收器太远时，会出现失灵的情况，同时灵敏度低时不能快速敲键，否则肯定会漏字符。而采用无线电的键盘要灵活得多，考虑到无线电是辐射状传播的，为了避免在近距离内有同类型（同频率）的键盘工作，导致互相干扰，一般都备有 4 个以上的频道，如遇干扰可以手动转频。

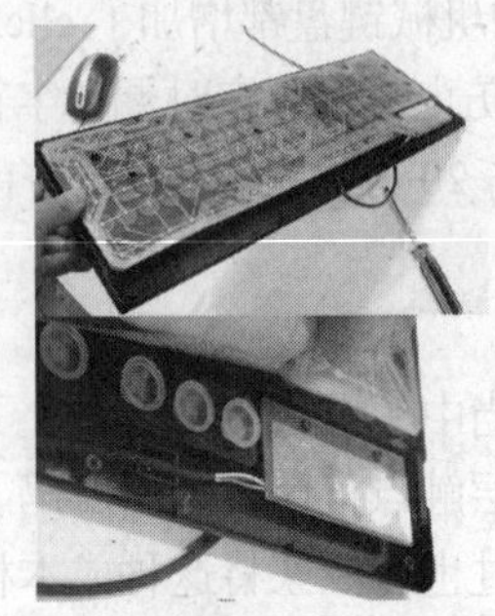

图 3.3　导电橡胶式键盘结构图

图 3.4　无线键盘

2．键盘的结构

不管键盘形式如何变化，基本的按键排列还是保持基本不变，可以分为主键盘区、数字键区、功能键区和编辑键区，如图 3.5 所示，多功能键盘还增添了快捷键区。

键盘电路板是整个键盘的控制核心，如图 3.6 所示，它位于键盘的内部，主要担任按键扫描识别、编码和传输接口的工作。

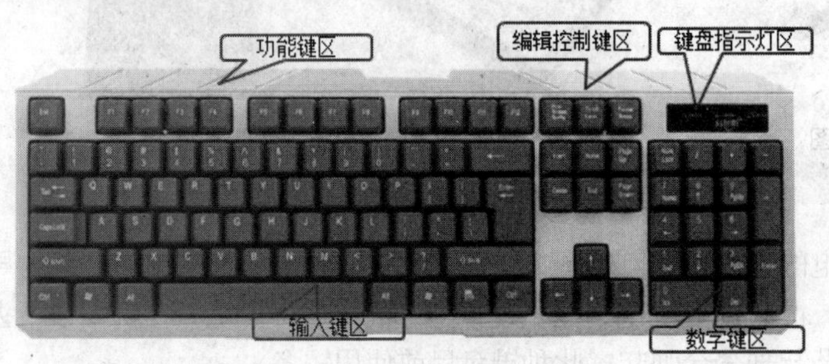

图 3.5　常规键盘按键功能区

图 3.6　键盘电路板

键盘的接口有早期的 AT 接口、PS/2 接口和 USB 接口，目前 AT 接口已被淘汰。

3．键盘的选购

键盘作为电脑的外部设备之一，市场正向两极化发展，一部分用户对键盘忽视，购买一套键盘鼠标套装花三四十元就觉得已经足够，殊不知键盘鼠标套装买回家后，不久就会出现键盘字漆脱落，鼠标不灵等现象。而一些游戏玩家则只盯着那些动辄四五百元的高端键盘鼠标不放，对一百多元的普通键盘鼠标不屑一顾。其实这两种观点都是比较片面的，配置一套键盘鼠标跟配置计算机的原则一样，一定要按需所求，够用就好。下面就简单谈谈购买键盘鼠标的方法和原则。

不管是什么档次的键盘产品，用户都可参照以下方面选购。

（1）手感

选择一款键盘时，首先就是用双手在键盘上敲打几下，由于个人的喜好不一样，有人喜欢弹性小一点的，有人则喜欢弹性大一点的，只有在键盘上操练几下，才知道自己的满意度。

（2）按键数目

目前市面上最多的还是标准 108 键键盘，高档点的键盘会增加很多多媒体功能键，在键盘的上方设计一整排，另外如 Enter 键和空格键选设计得大气点的为好，毕竟这是日常使用最多的按键。

（3）键帽

对于键帽，第一看字迹，激光雕刻的字迹耐磨，印刷的字迹易脱落。将键盘放到眼前平视，会发现印刷的按键字符有凸凹感，而激光雕刻的键符则比较平整。

扫一扫

获取最新键盘相关资讯

（4）键程

很多人喜欢键程长一点的，按键时很容易摸索到；也有人喜欢键程短一点的，认为这样打字时会快一些。

（5）键盘接口

目前大多数键盘使用USB接口的键盘，PS/2接口的键盘已很少见。USB接口键盘最大的特点就是可以支持即插即用。

（6）品牌、价格

最后一点就是看品牌和价格，在同等质量、同等价格的情况下挑选名牌大厂的键盘，大厂品牌能给人一定的信誉度和安全感。

3.2.2 鼠标

1．鼠标的分类

鼠标虽然很小，但也是现在计算机上很重要的输入设备，下面介绍鼠标常见的分类方法。

按鼠标的结构不同可以划分为机械鼠标、光机式鼠标（光电机械鼠标）和光电鼠标。光电鼠标以其精度高、可靠性好和使用免维护的优点占据了如今市场，而机械鼠标已经逐渐被淘汰。

按鼠标的接口类型的不同可分为串口鼠标、PS/2 鼠标和 USB 鼠标，串口鼠标和 PS/2 鼠标已经成为历史，鼠标市场都已被 USB 鼠标所占据。

按鼠标的按键数量可分为双键鼠标 、三键鼠标和多键鼠标。传统双键式鼠标只有左右两个按键，结构简单、应用广泛，此方式最早由微软推出。三键鼠标由 IBM 最早推出，又称 PC 鼠标，它比双键式多了个中键，使之在某些特殊程序中起到事半功倍的作用。现在的按键数已经从两键、三键发展到了四键、八键乃至更多键，按键数越多，所能实现的附加功能和扩展功能也就越多，能自己定义的按键数量也就越多，对用户而言使用也就越方便。例如罗技的 G700 就是多按键鼠标，如图 3.7 所示。该款鼠标拥有 13 个可编程控键。外形自然，贴合手型，无拘无束的全速无线技术，性能毫不受损，无论做什么设计，都可以随心操控，快速完成工作。

图 3.7 罗技 G700

2．光电鼠标简介

Intellimouse Explorer 鼠标是 1999 年微软与安捷伦公司合作推出的第一款光电鼠标，从此揭开了光电鼠标时代的序幕，如图 3.8 所示。其中的 Intellieye 定位引擎是世界上第一个光学成像式鼠标引擎，它的高适应能力和不需清洁的特点使其成为当时最为轰动的鼠标产品，并被多个科学评选为 1999 年最杰出的科技产品之一。

最初的光电鼠标必须和特殊垫板配合才能使用，造成诸多不便。随着技术的进步，光电鼠标最终抛弃了垫板，工作的时候通过发送一束红色的光照射到桌面上，然后通过桌面不同颜色或凹凸点的运动和反射来判断鼠标的运动。

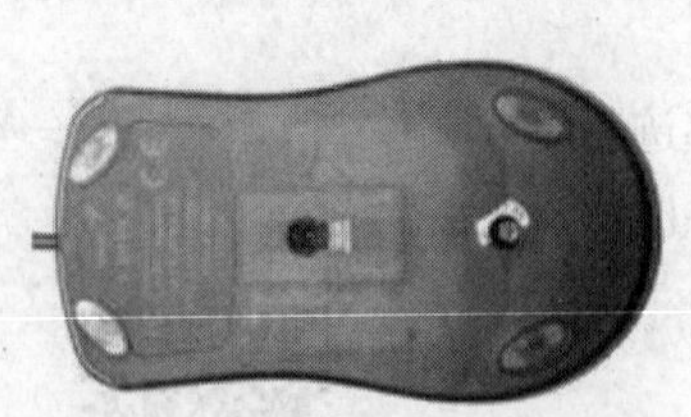

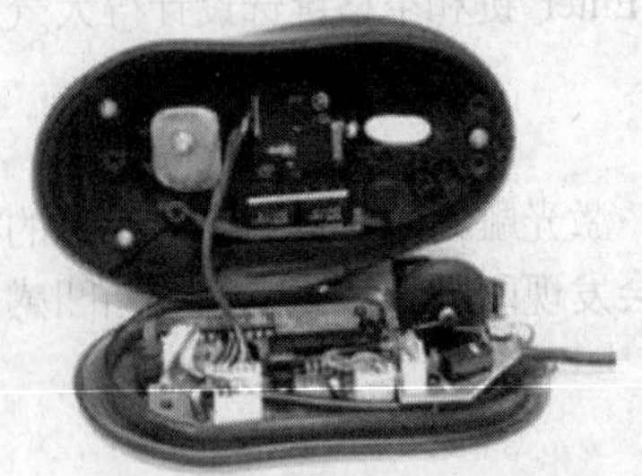

图 3.8　光电鼠标

光电鼠标的精度相对来说要高一些，所以常用于需要精确定位的设计领域。

光电鼠标主要由 4 部分核心组件构成，分别是发光二极管、透镜组件、光学传感器以及控制芯片，如图 3.9 所示。

光电鼠标内部有一个发光二极管，该发光二极管发出的光照亮光电鼠标底部表面（这就是为什么鼠标底部总会发光的原因），然后将光电鼠标底部表面反射回的一部分光线经过一组光学透镜（见图 3.10）传输到一个光感应器件（微成像器）内成像。这样，当光电鼠标移动时，其移动轨迹便会被记录为一组高速拍摄的连贯图像，最后利用光电鼠标内部的一块专用图像分析芯片（DSP，数字微处理器）对移动轨迹上摄取的一系列图像特征点位置的变化进行分析，来判断鼠标的移动方向和移动距离，从而完成光标的定位。

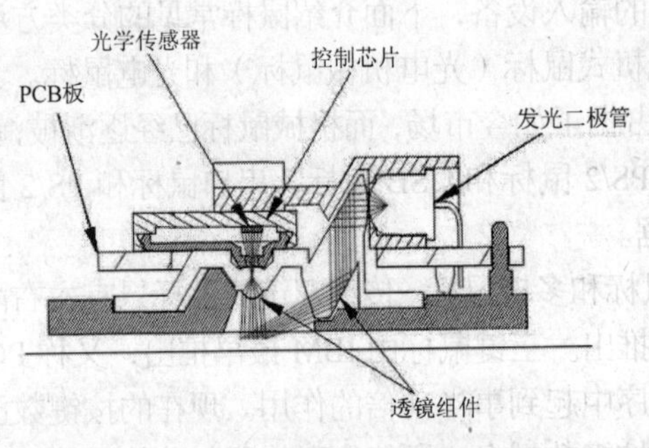

图 3.9　光电鼠标组件结构

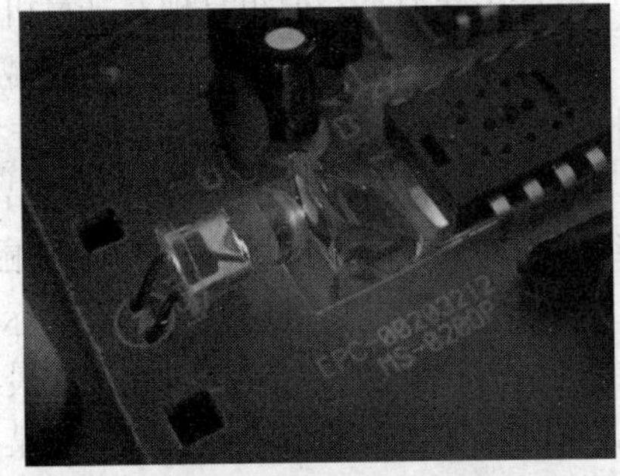

图 3.10　光电鼠标光学透镜

3. 无线鼠标

无线鼠标是为了适应大屏幕显示器而生产的。所谓“无线”，即没有电线连接，而是采用两节七号电池的无线遥控，鼠标有自动休眠功能，电池可用上一年，一般接收范围在 1.8m 左右。

无线鼠标普及率越来越高，其发展由来已久。早在 1984 年，罗技的第一款无线鼠标就研制成功。不过那时候的无线鼠标还依靠红外线作为信号的载体，虽然说这款产品由于性能方面的诸多问题而告失败，但是罗技在无线方面的创新也给后来的产品带来了很多思路的指引。

从原理上看，无线鼠标主要分为红外线式和无线电式，两种鼠标都需要使用干电池供电。红外线型的无线鼠标具有较严格的方向性，尤其是水平位置的关系更为敏感，因此目前采用这种方式的产品已经不多，大多数都是采用了更为先进的无线电发射方式。

无线电式鼠标的学名叫 DRF（Digital Radio Frequency，数字无线电频率），这项技术能够对短距离通信提供充足的带宽，非常适合鼠标和键盘这样的外围设备使用。它的原理也非常简单，鼠标部分工作原理与传统鼠标相同，无线发射器把鼠标在 x 或 y 轴上的移动，按键按下或抬起的信息转换成无线信号并发送出去，无线接收器收到信号后经过解码传递给主机，驱动程序告诉操作系统鼠标的动作，控制鼠标指针移向哪个方向或是执行何种指令。

采用无线电技术的好处是，只要在限定距离以内，就可以在任何位置使用，几乎不受障碍物的影响。一般传输的距离达 10～20m，已经足够用户使用。

无线电最突出的特点是可以进行 360° 全方位无线射频遥控，而且耗电量较低，具有触发工作待机休眠。无线设备的接收端已经内置接收器，发射器装在主机的设备口上，均不会影响产品外观。

无线电接收器本身所具有的接口是 USB 或 PS/2，可以从计算机的 PS/2 接口或 USB 接口取电，不需要另加电池。它具有双或多波段，如果有多个无线设备，均可以通过这一个接收器进行管理，键盘工作频率一般占用通道 1（如 27.185MHz 和 27.035MHz），鼠标工作频率占用通道 2（如 27.085MHz 和 27.135MHz），工作时鼠标和键盘或多个鼠标之间干扰性较低，而且不会影响无线电话等数字无线设备。

现在很多厂商还推出了蓝牙鼠标，蓝牙鼠标是采用蓝牙技术制造的高精度无线光学鼠标。因为使用蓝牙规范的设备非常广泛，不需要专门的适配器就可以与其他蓝牙设备包括现在标配蓝牙的笔记本电脑连接，更适合移动电脑用户使用。

目前生产无线鼠标比较知名的厂商有微软、罗技、明基等。微软的 ARC TOUCH 鼠标出身名门，手感极佳，如图 3.11 所示，这款鼠标采用突破性的设计，鼠标的弯曲可带来舒适的操作体验，展平后十分方便携带；弯曲，电源即开，展平则自动断开，无须电源开关按钮。采用蓝牙技术，可在几乎所有常用生活用品表面（如桌面、沙发）上尽情使用。

图 3.11　ARC TOUCH 鼠标

4．鼠标的选购

目前在市场上主流的鼠标就是光电鼠标，下面就简单谈谈光电鼠标的选购常识。

（1）解析度

鼠标的内在性能跟解析度有着密切的关系，常看见某某鼠标在说明书上标注着 800dpi 或 1000dpi，这就是鼠标的解析度。通常可以这样理解，1 个 800dpi 解析度的鼠标实际就意味着每移动 1 英寸就传回 800 次坐标的高解析度，鼠标解析度越低的鼠标拖曳时越会明显感觉比较迟钝。一般鼠标的解析度越高，鼠标会越敏感，但稳定性就要稍差一些，有得必有失。目前市面的鼠标大都提供 1000dpi 的解析度，Razer 和罗技的高端鼠标则采用的是 16000dpi 的解析度。

（2）刷新率

刷新率也是鼠标的一个重要参数，即鼠标每一秒能够采集到的图像数据，一般以 FPS/S（帧/秒）为单位，刷新率在一定程度上甚至比解析度更重要。刷新率越高的鼠标每秒所能传回的成像次数越多，所形成的图像也就越精准。第一代的光学鼠标刷新率在 1500 帧/秒，不过高端的鼠标就可达到 9000 帧/秒的刷新率。

（3）是否符合人体工程学

除了要注重鼠标的内在性能之外，选购鼠标比较关键的一点就是看是否符合人体工程学设计。一款鼠标拿到手里，手感是第一位的，鼠标的轻重、大小以及手指按键的设计等都是很关键的，它决定了一个用户对鼠标的喜爱程度。一般而言，符合人体工程学设计的鼠标手握起来非常舒服，在工作、学习、娱乐中使用不容易感到疲劳。

（4）外观

获取最新鼠标相关资讯

外观上的挑选大家可能是见仁见智了，目前可以根据自己的个人喜好挑选适合自己的鼠标，鼠标颜色最好跟机箱、键盘、显示器的搭配和谐。当然也可以根据个人喜好选择一些个性化外观的鼠标，如图 3.12 所示，这款 BenQ 鼠标是由美国加州的 BMW 设计团队设计的，出身豪门，鼠标的样子本身就很有个性，而这个接收器就更有特色了，接收器银色和黑色相间，第一感觉就让人想起汽车轮子；雾银色的表面光泽非常引人入胜，靠近边缘的一颗联结按钮下还藏着一颗橙色的 LED 灯，实在是经典的设计，接收器的侧面有一条狭缝，这里是外壳上下两部分的结合线；按钮兼具工作指示灯的作用，内部的橙色 LED 会在鼠标动作期间闪动，只要鼠标和接收器之间有信号传送它就会闪动，包括鼠标移动、滚动滚轮、按键动作。

图 3.12　BMW 团队设计的 BenQ 鼠标

（5）接口

鼠标的接口跟键盘类似，目前市面上主流是 USB 和蓝牙接口的鼠标。

3.2.3　笔记本电脑键盘

从 2004 年巧克力键盘出现以来，笔记本电脑键盘的种类也日益丰富起来，诸如 X 型结构、弧面键帽、全尺寸键盘等新词逐渐出现在广告中。孤岛式，浮萍式，都代表着什么样的键盘呢？下面来详细了解一下。

1．笔记本电脑键盘的结构

笔记本电脑键盘由于厚度和尺寸所限，大多键程较短。为了能够弥补键帽回弹力弱、受力不均匀、容易卡键的问题，大都采用了 X 型支架结构，如图 3.13 所示。这样即使按到了键帽的边缘，X 型支架结构也能把力道均匀地分散到另一边上，最终键帽会平稳推动橡皮碗，使触点下面的电极顺利接通。

2．笔记本电脑键盘的分类

根据外观、设计原理的不同，笔记本电脑键盘分为好多种，诸如孤岛式、浮萍式、背光式等，下面逐一介绍。

（1）平面孤岛式键盘

孤岛式键盘并非什么新生事物，早在 2004 年，索尼 VAIO X505 就使用了这样的键盘结构，如图 3.14 所示。索尼将其称为独立式键盘（isolation keyboard），而后，苹果笔记本电脑全线采用了这种设计。孤岛式键盘有整体厚度低的优势，这样，就让其在超薄机型和小屏幕上网本上优势明显；键帽间存在明显间隙，显得美观，在清洁时也方便很多。所以，平面孤岛式键盘已经成为时尚本和超薄本的一个标志物了。

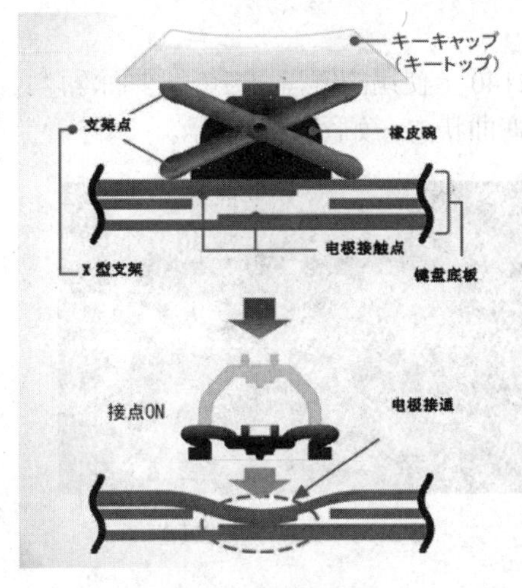

图 3.13　X 型支架结构

图 3.14　平面孤岛式键盘

（2）弧面孤岛式键盘

弧面孤岛式键盘是平面孤岛式的后续产品，如图 3.15 所示，弧形的键帽使手感更佳，极大地缓解了一些使用者尤其是 ThinkPad 老用户难以适应巧克力键盘平面键帽的困扰，增加了孤岛式键盘的适用范围。

（3）平面浮萍式键盘

宏基的 Timeline 系列轻薄本率先提出了浮萍式键盘这一概念。这种键盘拥有悬浮的结构和巧克力式的键帽，如图 3.16 所示。浮萍式键盘键面只是一种平面的片状结构，而中心的支撑点掩盖在键帽下方，这种特殊的结构也令浮萍式键盘的手感比较特殊，触发力度小，键帽反应迅速。

图 3.15　弧面孤岛式键盘

图 3.16　平面浮萍式键盘

浮萍式键盘也存在一些问题，键帽与键盘底面存在较大的间隙，加之两个键之间的缝隙也较大，容易进入杂物；同时由于无键帽与卡槽的限位作用，在使用时，键盘还有左右摇晃的感觉；还有，过分紧密地按键，也使得手指的边缘容易误碰到其他按键。

（4）阶梯浮萍式键盘

笔记本电脑市场上还有另外一种浮萍式键盘，与传统的平面浮萍式键盘不同，这种浮萍式键盘可算改进型。以图 3.17 中这款产品为例，它的键盘部分更像是在传统键盘基础上对键帽进行了改进，以方正的阶梯形状巧克力造型来替代传统笔记本电脑上那种平面键盘，将以往笔记本电脑键面上的弧面改为平面设计。

这样设计不仅会令键盘显示出一种平面的整洁感，而且按键与按键之间的缝隙很小，不容易进灰；而且这种阶梯浮萍式键盘可以将键程做得更大，手感会更好。

（5）弧面浮萍式键盘

惠普也带来了一类改良型的浮萍式键盘，如惠普 2140 上使用的键盘，与传统平面浮萍式键盘一样，它也没有 C 面基板，但它的键帽呈现出弧面弯曲状态，如图 3.18 所示。

图 3.17 阶梯浮萍式键盘

图 3.18 弧面浮萍式键盘

这种键盘设计既保证了键盘的密度，避免了灰尘的进入，又依靠弧形表面，将手指的触压点集中在了键帽的中心位置，不至于让按键在按压时“东倒西歪”。总体来说，这种弧面浮萍式设计的优势在于较多贴合手指、触压感稳定，且造型非常漂亮。

图 3.19 宽触丽落键盘

（6）宽触丽落键盘

经过演化后，TOSHIBA 为自己的笔记本电脑键盘起了一个不错的名字——宽触丽落键盘，如图 3.19 所示。针对笔记本电脑键盘容易误触的缺陷，TOSHIBA 先将按键设计得较宽，然后在左右两边划上一条细槽，这样一来，宽度仍然能完全支持手指的发力，保持稳定，而旁边的细槽因为不如中间那样平整，每一次触碰后会提醒手指在离位时都下意识的自觉调整，下一次误击的几率就大大减小了。

3．笔记本电脑键盘的选购

- 键位布局合理。有人喜欢 Fn 键在左下，有人却习惯了玩游戏按左下“Ctrl”键。因此键位顺手很重要。
- 全尺寸键盘。所谓全尺寸，简单地讲就是每个键之间的距离是否合适。
- 键程合理。键程就是按下去的距离，较长的键程会带来更好的感受。
- 便于清洁。孤岛式键盘都比较好清洁，脏物不易卡键。
- 手感好。手感这东西只能意会，所以买之前尽量多试试，尤其是要多摸摸高端本。

3.3 外部存储设备

3.3.1 光驱

曾经光驱（光盘驱动器）是台式机比较常见的一个配件，如图 3.20 所示。随着移动硬盘、U 盘和固态硬盘的出现，普通光驱正在慢慢淡出市场，小巧便携的上网本的热销，使得外置式光驱仍有市场。

1．光驱的基本工作原理

光驱是一个结合光学、机械及电子技术的产品。在光学和电子结合方面，激光光源来自于一个激光二极管，它可以产生波长约 0.54~0.68μm 的光束，经过处理后光束更集中且能精确控制。光束首先打在光盘上，再由光盘反射回来，经过光检测器捕获信号。光盘上有两种状态，即凹点和空白，它们的反射信号相反，很容易经过光检测器识别。检测器所得到的信息只是光盘上凹凸点的排列方式，驱动器中有专门的部件把它转换并进行校验，然后才能得到实际数据。光盘在光驱中高速转动，激光头在伺服电机的控制下前后移动读取数据。

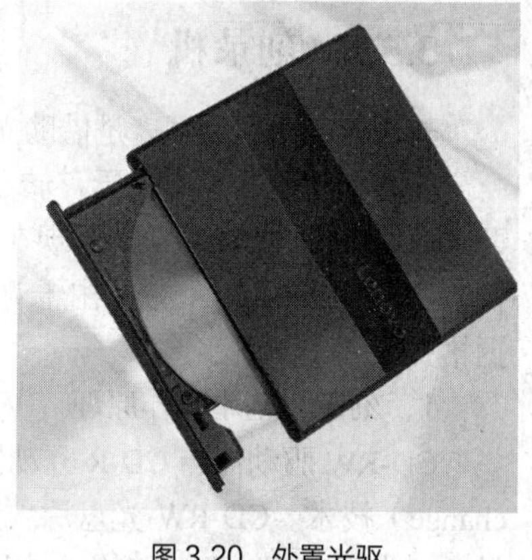

图 3.20　外置光驱

2．光驱的选购

对于光盘驱动器的选购可以从下面几个方面考虑。

（1）接口类型

CD-ROM 驱动器接口有 IDE、EIDE 接口和 SCSI、SATA、USB 几种，其中 IDE、EIDE 和 SCSI 接口的光驱已淡出市场。SATA 以连续串行的方式传送数据，可以在较少的位宽下使用较高的工作频率来提高数据传输带宽。现在主机均带有 USB 接口，因此 USB 接口光驱也极其常见。

（2）数据传输速率

数据传输速率是光驱最基本的性能指标，该指标直接决定了光驱的数据传输速度，通常以 Kbit/s 来计算。最早出现的 CD-ROM 的数据传输速率只有 150Kbit/s，当时有关国际组织将该速率定为单速，光驱的数据传输率越高越好。

（3）数据缓冲区和格式支持

这里指的是驱动器内部的缓冲区，足够大的数据缓冲区才能保证数据从驱动器到计算机上的持续传递。缓冲区大小直接影响数据的正确性和多媒体处理的速度，缓冲区越大，CD-ROM 驱动器工作得越快、越连续。另外，随着可擦写光盘驱动器的普及，对包括 CD-R/RW 盘片在内的多种光碟类型的支持也显得非常重要，这无疑扩大了光驱作为多媒体部件的使用范围。

（4）容错能力

任何光驱的性能指标中都没有标出容错能力的参数，但这却是一个实在的光驱评判标准。在高倍速光驱设计中，高速旋转的马达使激光头在读取数据的准确定位性上相对于低倍速光驱要逊色许多，同时劣质的光碟更加剧了对光驱容错能力的需求，因而许多厂家都加强了对容错能力的设计。必须注意的是，为了保证数据读取的严密性，光驱产品不可能具有同 DVD 影碟机一样的超强纠错能力，因为两者设计的出发点和使用目的都不相同。

（5）品牌

在很多人眼里，品牌似乎标志着一个产品的质量好坏，在市场上，宏碁、华硕、源兴、Philips、Sony 等都属知名品牌。这些名牌产品的质量一般都有保障。但由于光驱结构简单，所以假冒产品从很多渠道进入了零售市场。

（6）售后服务

售后服务无非就是质量保证期长短的问题，现在光驱产品保修期按不同品牌有几个月到 3 年不等，保修期的长短在一定程度上体现了厂家对自家产品的信心。

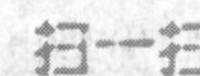

获取最新光驱
相关资讯

3.3.2 刻录机

刻录机的工作原理就是借助光驱内的激光束读取存储在光盘片上的数据。

光驱和 DVD 都是由于存储数据的需要而产生，而刻录机的产生则源于人们对数据存储的要求。从初始的 CD 刻录机到现在的 DVD 刻录机只经历了不长时间，但在刻录机早期发展的年代，由于规格不统一，以及出于对 CD-ROM 盘片格式的兼容性考虑，衍生出了多种刻录光盘数据格式。

1．刻录机基本工作原理

CD-RW 驱动器与 CD-R 驱动器在技术上有所不同，CD-RW 驱动器采用先进的相变（phase change）技术。CD-RW 光盘片内部镀上一层 200～500Å（1Å=10^{-8}cm）的薄膜，而此种薄膜的材质多为银、铟、硒或碲的结晶层，这个结晶层的特色是能呈现出结晶与非结晶的状态。因此在刻录数据时，高功率的激光束反射到 CD-RW 光盘片的介质层时，会产生结晶（crystalline）和非结晶（amorphous）两种状态，并通过激光束的照射，介质层可以在这两种状态中相互转换，从而达到重复擦写的目的。

2．刻录机相关技术简介

（1）安全装置

早期的刻录机刻录成功率并不高，经常出现刻录错误的提示，但是刻录技术的不断提升使得刻录成功率和准确性大大提高了，刻录速度的提升是刻录机成功率提升的关键，因为随着速度提升，刻录所需时间大大降低，越短的时间，不稳定的可能性也越低。同时，刻录机在机械结构方面也出现了一些改良，其主要原理是通过调整两层橡胶垫的软硬度，将光驱内部的震动传导到内部的一层配重上，从而使激光读取头和光盘达到一种稳定的状态，增加光驱读盘的稳定性。在现阶段，一些优秀的刻录机中也采用了 DDS 的设计，增加了其对不平衡盘片的容忍度，提高了刻录盘片和读盘的成功率。准确说来，这项技术几乎每一个大厂都采用。还有精确的基座设计，刻录盘片就要求激光头可以非常精确的定位。各个厂商所推出的防 BUR 的技术就是有利于激光头的精确定位。光驱生产车间的激光头准焦过程因为流水作业速度相当快，标准仅仅是控制误差，人为的设计偏差对于刻录机的影响很大，精确的基座设计可以有效地减少这种误差带来的损失。

（2）防欠载设计

为了杜绝刻死盘的情况发生，目前比较流行防欠载技术，像三洋的 burn proof 和 NEC、理光采用的 Just Link 以及 Just Speed 技术。MAG 的 CRR 5224D 刻录机就采用了后两种技术，Just Link 技术可以预测数据错误的发生，并通过智能缓冲技术自动纠错。Just Speed 技术使得产品在具备良好的光盘数据纠错及数据还原能力的情况下，确保可靠的高速率刻录操作。在安全性和稳定性方面，针对 650MB 容量的普通盘片，美格 CRR 5224D 刻录机几乎完全不会面临欠载，速度上的优势也令美格 CRR 5224D 刻录机不太可能遇到使用时间过长造成的损害。

3．刻录机的选购

对于刻录机的选购可以从下面几个方面考虑。

（1）刻录速度

这是标志光盘刻录机性能的主要技术指标之一，包括数据的读取传输率和数据的写入速度。刻录光驱一般标示的速度都是类似“52×24×52”，其中，第一个数字 52 表示刻录速度最大为 52 速；第二个数字 24 表示擦写速度最大为 24 速；第三个数字 52 表示普通读取速度最大为 52 速。而×表示刻录机是以“倍速”方式标记速度的，传输速度以 150KB/s 为一个基准单位，即每秒钟能进行 150KB 大小的数据读或写称为一个倍速。基于刻录期间要求高度的稳定，所以刻录机的写入需要在恒定的速度下才能保证写入的正确，因此刻录机上面标识的速度均为恒定线速度。理论上速度越快性能就越好。

（2）接口方式

光盘刻录机按接口方式分，内置的多为 SATA 接口，外置的有 USB 和 SATA 接口。

（3）缓存容量

缓存的大小也是衡量光盘刻录机性能的重要技术指标之一，前面谈到过刻录时数据必须先写入缓存，因而一般来说缓存的容量越大，刻录的成功率就越高。建议选择缓存容量较大的产品。增加高速缓存，既有利于刻录机的稳定工作，也有利于降低 CPU 的占用率。

（4）刻录保护技术

随着刻录速度越来越高，单纯采用增大缓存的方法不能完全解决刻坏盘的问题，于是厂商又通过采用防欠载技术来确保刻录的安全性和稳定性。

（5）兼容性

刻录机的兼容性有几个概念，一是对刻录格式的兼容，支持的格式越多越好，主流刻录机一般都支持 CD-ROM、CD-R/RW、CD Audio、CD-ROM XA，CD-I、CD-Extra、Mixed Mode、Photo CD、Video CD 及 CD Text 等多种数据格式；二是盘片兼容性，反映了刻录机对各种盘片的读写操控能力，现在市面上主要为 DVD-R/DVD-RW 以及 DVD+R/DVD+RW 等不同格式的盘片；三是刻录机本身的软硬件兼容性，并不是所有刻录机都能兼容所有刻录软件，一般名牌大厂生产的刻录机支持的刻录软件会多一些，软件兼容性就较好，因此在选择刻录机软硬件产品的时候，应尽量选择名牌产品，以保持良好的兼容性。另外，有些杂牌的外置产品还可能存在硬件兼容性方面的问题，在某些计算机上出现安装困难，选购时也要注意。

（6）超刻的支持

所谓超刻，即超长时间刻录（Over Burning），是指在一张可刻录光盘上写入比标准的容量更多的数据。大多数刻录机都能非常安全地多刻 2min 的音乐或者 20MB 的数据。这里的“超刻”指是否还能存放超过标准的更多数据，比如超过 80min 甚至 90min 等。在某些极端的情况下，一些刻录机与特殊刻录盘配合，甚至能完整地刻下 99min 的数据。

（7）避震设计

光存储产品的避震设计是很多消费者在选购时容易忽略的因素。目前市场上能见到的光存储产品的避震设计原理各异，效果差别明显。钢索悬挂式减震机构 WSS（Wire Suspension System）利用钢索连接被动吸震器与机芯，得到极低的变异量与稳定的避震效果，但设计工艺复杂，成本较高；悬浮承载减震机构 FDS（Floating Damper Suspension）和双悬浮式悬挂减震机构 DFS（Double Floating Suspension）都存在小机芯上震动大、伺服系统难设计等缺陷；目前最先进的当属集震器减震机构 VAS（Vibration Absorber System），它利用传导共振的原理，将机芯上的震动导引到内部独立的集震器，并配以适当的避震器，在高低速下皆有极佳的避震效果。

（8）防尘及散热

和计算机中任何一个配件一样，刻录机的防尘和散热设计也应该注意，它对光存储设备的稳定性、可靠性的作用是非常重要的。灰尘的侵入会严重影响光头等重要部件的灵敏度和使用寿命，而且有可能造成漏电、短路等故障；过高的温度会影响电子元件的工作效率，缩短这些元件的使用寿命。不过防尘和散热似乎是一对矛盾体，为了防尘，密封似乎是最好的办法，但是密封最直接的副作用就是不利于散热；而与之对应，散热的最好办法似乎就是增加通风口，并设置风扇，但是通风口与风扇都对防尘不利。为解决防尘与散热这对难以解决的矛盾，目前一些高速刻录机采用设置内膜防尘技术和硅胶散热等方式。

（9）附件及售后服务

在附件方面，标准配置是说明书、软件光盘、音频线、几张空白盘片等，有的刻录机甚至还非常贴心地提供了一根紧急出盘针。在配套软件方面，目前的“标配”主要有 Adaptec Easy CD Creator、Direct CD、Nero Burning Rom 等，这方面的问题应该不大，只须注意应尽快把它们升级到最新版本。

刻录机的使用寿命通常用平均故障间隔时间来衡量，一般都号称在 10 万小时以上，但实际上，刻录机的故障率比较高，寿命也并不太长，因此刻录机的售后服务是很重要的问题。另外，由于刻录机可能存在与刻录软件及某些硬件的兼容问题，最好能与商家商量好一个包换的时间。一些刻录机产品虽然价格特别便宜，但由于售后服务态度不佳，或者根本没有完善的售后服务，一旦出现故障就会很被动，购买时应小心，最好选择名牌大厂的产品。

3.3.3　笔记本电脑光驱

1．笔记本电脑光驱的状态

由于笔记本电脑讲究小巧，而光驱又并非其非用不可和经常使用的硬件，为了减轻整机的重量和缩减机器体积，不少笔记本电脑采用了光驱外置，有些笔记本电脑为了顾及性能而采用光软驱互换或全内置等方法。具体来说，笔记本电脑光驱在笔记本电脑中的状态有 3 种，用专用术语 Spindle 区别，Spindle 是指能够旋转的轴或锥，在笔记本电脑中，Spindle 代表硬盘、软驱和光驱等。

第一种：1-Spindle。这是指笔记本电脑机器内部只有一个 Spindle，这个 Spindle 当然是指硬盘，因为没有硬盘基本上是不能开机工作的。这时，该类型的笔记本电脑软驱和光驱全外置，或者没有配备光驱和软驱。

第二种：2-Spindle。这是指笔记本电脑内部只有 2 个 spindle，除硬盘之外还有一个光驱或者软驱，如果内置光驱，没有标配软驱或者软驱外置、光软驱互换等都属于此列。

第三种：3-Spindle。当然是指硬盘、光驱、软驱全部内置于机器内部，就是常说的全内置机种了。

2．笔记本电脑光驱的种类

笔记本电脑光驱大致可分为 CD-ROM 驱动器、DVD 光驱（DVD-ROM）、康宝（COMBO）和刻录机等。

（1）CD-ROM 光驱

又称为致密盘只读存储器，是一种只读的光存储介质。它是基于原本用于音频 CD 的 CD-DA（Digital Audio）格式发展起来的。这种光驱一般除了能读 CD 格式的碟片外，还可读取 VCD、MP3 等格式的碟片内的文件，也可读取电脑的各种应用软件的文件。

（2）DVD 光驱

是一种可以读取 DVD 碟片的光驱，除了兼容 DVD-ROM、DVD-VIDEO、DVD-R、CD-ROM 等常见的格式外，对于 CD-R/RW、CD-I、VIDEO-CD、CD-G 等都要能很好地支持。简单地说，DVD 光驱除了可读取 CD-ROM 光驱能读取的格式文件外，还能读取 DVD 格式的文件（碟片）。

（3）康宝光驱

“康宝”光驱是人们对 COMBO 光驱的俗称，COMBO 光驱是一种集合了 CD 刻录、CD-ROM 和 DVD-ROM 为一体的多功能光存储产品。

（4）刻录光驱

包括了 CD-R、CD-RW 和 DVD 刻录机等，其中 DVD 刻录机又分 DVD+R、DVD-R、

DVD+RW、DVD-RW（W 代表可反复擦写）和 DVD-RAM。刻录机的外观和普通光驱差不多，只是其前置面板上通常都清楚地标识着写入、复写和读取 3 种速度。

3．笔记本电脑光驱的相关指标

衡量光驱好坏的指标主要为转速、防震能力和纠错能力等。

笔记本电脑由于受体积和散热能力限制，转速一般要略为落后于台式机光驱，现在的笔记本电脑 CD-ROM 转速一般都在 24X 左右，DVD-ROM 则在 8X 左右，前 Combo 笔记本电脑光驱通常的读写速度为 24x16x24x8（24xCD-R、16xCD-RW、24xCD-ROM、8xDVD）。

纠错能力一般为厂商标称，光凭其文字介绍很难准确地判断真实情况，比较有效的判断方法是在购机前带上一张在好的光驱上能读取的质量低劣的盘，然后放进欲买的笔记本电脑光驱里，如果能正常读取，证明该光驱质量较好；如果不能正常读取，则还是不买为佳。

至于防震能力就很难测试了，只有通过厂商介绍的文字进行分析，或者结合互联网上的信息、该厂商产品的口碑等来综合分析判断。

3.3.4 移动硬盘

移动硬盘（Mobile Hard disk）是以硬盘为存储介质、计算机之间交换大容量数据、强调便携性的存储产品。市场上绝大多数移动硬盘都是以标准硬盘为基础的，而只有很少部分用的是微型硬盘（1.8 英寸硬盘等），但价格因素决定着主流移动硬盘还是以标准笔记本电脑硬盘为基础，因此移动硬盘在数据的读写模式与标准 IDE 硬盘是相同的。移动硬盘多采用 USB、IEEE1394 等传输速度较快的接口，可以较高的速度与系统间进行数据传输。

1．移动硬盘特点

（1）体积小，容量大

近几年来，移动硬盘发展迅速，“体积最小化，容量最大化”可以说是整个移动存储设备的发展趋势。市面上移动硬盘主要有 1.8 英寸、2.5 英寸和 3.5 英寸三种规格。1.8 英寸硬盘虽然进入移动存储市场的时间较晚，但却完美地调和了体积与容量之间的矛盾。1.8 英寸硬盘的容量约为 2.5 英寸硬盘的 50%～75%，最大存储容量可以达到到 2T，但是与 2.5 英寸硬盘相比，厚度更薄、体积更小、重量更轻。IBM 在 1999 年发布了容量为 340MB 的首个 1 英寸微型硬盘，到 2000 年容量增加到 1GB；截至 2017 年 3 月，西部数据推出的 My Book Pro 系列的 3.5 英寸移动硬盘的最大存储容量已达 16T。

（2）传输速度高

移动硬盘大多采用 USB、IEEE1394、eSATA 接口，能提供较高的数据传输速率。不过移动硬盘的数据传输速率还一定程度上受到接口速率的限制，尤其在 USB 1.1 接口规范的产品上，在传输较大数据量时，将考验用户的耐心。而 USB 2.0、IEEE1394、eSATA 接口就相对好很多。USB 3.0 接口传输速率是 5Gbit/s，IEEE1394 接口传输速率是 400～800Mbit/s，而 eSATA 可达到 1.5Gbit/s～3Gbit/s 之间，在与主机交换数据时，读一个几个 GB 的大文件只需几分钟，特别适合视频与音频数据的存储和交换。

（3）使用方便

移动硬盘大多使用 USB 接口，具有真正的“即插即用”特性，使用起来灵活方便。部分大容量硬盘由于转速高达 7200r/min，需要外接电源（USB 供电不足），在一定程度上限制了硬盘的便携性。

2009 年，国内移动存储的厂商开始提倡多媒体移动硬盘，逐渐整合适合大众消费者的功能，比如可以播放高清电影的多媒体移动硬盘、连上网线可直接下载电影的高清播放器等。

无线硬盘壳体内设有 USB 芯片，还设有与 USB 芯片分别连接的蓝牙模块以及红外传输模块，壳体的上部设有蓝牙与红外切换旋钮，通过红外传输或者蓝牙传输的方式与电脑等设备进行数据传输，免去物理拔插的过程，能大大延长移动硬盘的使用寿命；同时，由于蓝牙模块的存在，可使移动硬盘同时供多台电脑同时使用，大大提高了其利用效率。

（4）可靠性提升

数据安全一直是移动存储用户最为关心的问题，也是人们衡量该类产品性能好坏的一个重要标准。移动硬盘以高速、大容量、轻巧便捷等优点赢得许多用户的青睐，而更大的优点还在于其存储数据的安全可靠性。这类硬盘与笔记本电脑硬盘的结构类似，多采用硅氧盘片。这是一种比铝、磁更为坚固耐用的盘片材质，并且具有更大的存储量和更好的可靠性，提高了数据的完整性。

虽然与闪存相比，移动硬盘在防震、安全等性能上暂时处于劣势，但移动硬盘厂商们对于防震，抗摔等安全技术上的探索从来没有停止过。以矽霸电子为例，其在百事灵 1.8 英寸移动硬盘上应用的许多技术使得这个产品在安全存储上具有独特的优势，其自动平衡滚轴系统能保护硬盘在恶劣环境下或突发震动中依然能够正常运转，最大限度地保护硬盘和数据的安全。同时，市场上也有越来越多的产品在往硬件加密方向上发展。

2．移动硬盘的选购

（1）读写速度

高速的数据读写至关重要。如果速度过慢，在复制大型视频或音频文件时，会耗时相当长，降低了工作效率。另外，当使用笔记本电脑连接移动硬盘时，如果传输速度太慢，会加快缩短笔记本电脑电池的使用时间。通常，2.5 英寸品牌移动硬盘的读写速度由硬盘、读写控制芯片、USB 端口类型三种关键因素决定。目前主流 2.5 英寸品牌移动硬盘的读写速度约为 60～140MB/s，固态硬盘可以达到 400MB/s 甚至更高。2.5 英寸笔记本电脑硬盘根据转速快慢分为 7200r/min 和 5400r/min 两种类型，此外为了加快硬盘的读写速度，不少硬盘厂商将硬盘的读写缓存从 2MB 加大到了 8MB。目前市面上较为常见的 2.5 英寸笔记本电脑硬盘品牌有日立、希捷、西部数据、三星等，它们之间的速度差异相对来说不是太明显，在选购品牌移动硬盘时不必对里面的硬盘型号过多计较。

（2）供电

有不少劣质台式机主板的机箱前置 USB 端口容易出现供电不足情况，这样就会造成移动硬盘无法被 Windows 系统正常发现的故障。在供电不足的情况下就需要给移动硬盘进行独立供电，因此大部分移动硬盘都设计了 DC-IN 直流电插口以解决这个问题。

对于笔记本电脑来说，2.5 英寸 USB 移动硬盘工作时，硬盘和数据接口由 USB 接口供电。USB 接口可提供 0.5A 电流，而笔记本电脑硬盘的工作电流为 0.7～1A，一般的数据复制不会出现问题。但如果硬盘容量较大或移动文件较大时很容易出现供电不足，而且若 USB 接口同时给多个 USB 设备供电，也容易出现供电不足的现象，造成数据丢失甚至硬盘损坏。为加强供电，2.5 英寸 USB 移动硬盘一般会提供从 PS/2 接口或者 USB 接口取电的电源线。所以在移动较大文件等时候就需要接上 PS/2 电源线。

（3）品质

市面上有不少所谓的品牌移动硬盘其实是由经销商自己组装的，也就是说，厂商提供给经销商的只是移动硬盘盒，经销商拿到盒子后再把硬盘装进去。这种品牌移动硬盘的品质是无法得到保证的，所以购买移动硬盘最好是选购有一定市场知名度、口碑好的产品。

此外，PCB 板的做工也对移动硬盘的品质有很大影响。但是作为普通消费者，是无法拆开机器仔细检查 PCB 板的，此时最好的方法就是去网上搜索下，看看能否找到权威媒体的拆机评测报告和网友试用后的评价。

（4）厚度

说到移动硬盘，现在的移动硬盘售价越来越便宜，外形也越来越薄。但一味追求低成本和漂亮外观，使得很多产品都不具备防震措施，有些甚至连最基本的防震填充物都没有，其存储数据的可靠性也就可想而知了。

一般来说，机身外壳越薄的移动硬盘抗震能力越差。为了防止意外摔落对移动硬盘的损坏，有一些厂商推出了超强抗震移动硬盘。其中不少厂商宣称自己是 2 米防摔落，其实高度根本就不是应该关注的重点，应该关注这个产品是否通过了专业实验室不同角度数百次以上的摔落测试。

扫一扫

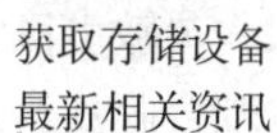

获取存储设备最新相关资讯

3.4 音频外设

3.4.1 音箱

顾名思义，音箱乃装有喇叭的箱子。好的音箱应该尽量能够真实完整地再现乐器和声音原本的属性和特色，声音听上去应该给人一种平滑而且毫无润色修饰的感觉，而没有十分明显的音染和高低音描述失真现象；中音和高音没有太“空旷”或者“压抑”的特殊感觉。

1．音箱的分类

音箱的外型五花八门，常见的大多是长方形，箱体结构主要有密闭箱、反射箱、传输线、无源辐射器、耦合腔和号筒等几类。

密闭式音箱（Closed Enclosure）是结构最简单的扬声器系统，1923 年由 Frederick 提出，由扬声器单元装在一个全密封箱体内构成，它能将扬声器的前向辐射声波和后向辐射声波完全隔离。密闭式箱体增加了扬声器运动质量产生共振的刚性，使扬声器的最低共振频率上升。密闭式音箱的声色有些深沉，但低音分析力好，使用普通硬折环扬声器时，为了得到满意的低音重放，需要采用容积大的大型箱体，新式的密闭音箱利用封闭在箱体中的压缩空气质量的弹性作用，尽管扬声器装在较小的箱体中，锥盆后面的气垫会对锥盆施加反驱动力，所以这种小型密闭音箱也称气垫式音箱。

低音反射式音箱（Bass-Reflex Enclosure）也称倒相式音箱（Acoustical Phase Inverter），1930 年由 Thuras 发明，在它的负载中有一个出声口开孔在箱体一个面板上，开孔位置和形状有多种，但大多数在孔内还装有声导管。箱体的内容积和声导管孔的关系，根据亥姆霍兹共振原理，在某特定频率产生共振，称反共振频率。扬声器后向辐射的声波经导管倒相后，由出声口辐射到前方，与扬声器前向辐射声波进行同相叠加，能提供比密闭式音箱更宽的带宽，具有更高的灵敏度种较小的失真。理想状态下，低频重放频率的下限可比扬声器共振频率低 20%之多。这种音箱用较小箱体就能重放出丰富的低音，是目前应用最为广泛的类型。

声阻式音箱（Acoustic resistance Enclosure）实质上是一种倒相式音箱的变形，它以吸声材料或结构填充在出声口导管内，作为半密闭箱控制倒相作用，使之缓冲，以降低反共振频率来展宽低音重放频段。

传输线式音箱（Labyrinth Enclosure）是以古典电气理论的传输线命名的，在扬声器背后设有用吸声性壁板做成的声导管，其长度是所需提升低频声音波长的 1/4 或 1/8。理论上它衰减由锥盆后面来的声波，防止其反射到开口端而影响低音扬声器的声辐射。但实际上传输线式音箱具有轻度阻尼和调谐作用，增加了扬声器在共振频率附近或以下的声输出，并在增强低音输出的同时减小冲程量。通常这种音箱的声导管大多折叠呈迷宫状，所以也称迷宫式或曲径式。

无源辐射式音箱（Drone Cone Enclosure）是低音反射式音箱的分支，又称空纸盆式音箱，是 1954 年美国 Olson 及 Preston 发表的，它的开孔出声口由一个没有磁路和音圈的空纸盆（无源锥盆）取代，无源锥盆振动产生的辐射声与扬声器前向辐射声处于同相工作状态，利用箱体内空气和无源锥盆支撑元件共同构成的复合声顺和无源锥盆质量形成谐振，增强低音。这种音箱的主要优点是避免了反射出声孔产生的不稳定的声音，即使容积不大也能获得良好的声辐射效果，灵敏度高，可有效减小扬声器工作幅度，驻波影响小，声音清晰透明。

耦合腔式音箱是介于密闭式和低音反射式间的一种箱体结构，1953 年由美国 Henry Lang 发表，它的输出由锥盆一边所驱动的出声孔输出，锥盆另一边则与一闭箱耦合。这种音箱的优点为低频时扬声器所推动的空气量大大增加，由于耦合腔是个调谐系统，在锥盆运动受限制时，出声口输出不超过单独锥盆的声输出，展阔了低频重放范围，所以失真减小，承受功率增大。1969 年日本 Lo-D 的河岛幸彦发表的 A·S·W（Acoustic Super Woofer）音箱就是一种耦合腔式音箱，适于用小口径长冲程扬声器不失真重放低音。

号筒式音箱（Horn type Enclosure）对家用型来讲，多采用折叠号筒（Folded Horn）形式，它的号筒喇叭口在口部与较大空气负载耦合，驱动端直径很小，这种音箱的背面是全密封，箱腔内的压力都多至扬声器锥盆的背面上。为保锥盆前后压力保持平衡，倒相号筒装置于扬声器前面。折叠号筒音箱是倒相式音箱的派生，其音响效果优于密闭式音箱和一般低音反射式音箱。

2．音箱的结构

（1）磁钢大小

磁钢的磁强度影响振膜控制力的好坏，磁强度和磁钢大小以及磁密度大小有关，这点在音箱中低音单元中体现得很明显，如图 3.21 所示。在磁密度相同的情况下，磁钢大小决定了磁强度，决定了控制力高低。磁密度和充磁时间以及充磁材质有关，一些稀有金属合金往往可以在相同的磁体大小条件提供大得多的磁强度。有人说，音箱重量过轻不予考虑，因为磁钢的大小很大程度上影响了音箱净重大小。在非使用特殊磁体材料的情况下，过小的磁钢往往是低音不好的症结所在。而过于庞大的磁钢存在另外一个弊端，即运输途中容易摔坏，盆架变形，这正是木质箱体的一个突出优势。

（2）低音单元口径与冲程

低音单元（见图 3.22）口径往往决定了低音下潜深度与量感，因为低音量感的大小和推动的空气的体积有关，推动的体积越大，低音量感也就越强。在冲程相当的情况下，面积较大的振膜可以推动更大体积的空气，这就是口径与量感的关系。为了在有限的口径内提高量感，加大运动冲程是有效办法，音箱上为了体现低音量感，长冲程低音单元非常必要。长冲程提高低音量感的好处是十分明显的，但是过长的冲程运动也往往会使得一个冲程的动作周期变长，在表现节奏过快的音乐的时候，不少低音单元无法完全完成一个动作就进入到下一个冲程，导致低音变得混乱，导致低音速度较慢。

（3）倒相式与密闭式

音箱的声学结构主要分为倒相式和密闭式。在大部分的低音炮或者 2.0 的音箱上都会看到一个孔，有的称其为散热孔或者气孔，其实它真正的称呼叫做倒相孔，如图 3.23 所示。倒相孔上往往还插着一根管子，这根管子叫做倒相管。而密闭式的设计是完全密封的，密闭箱的扬声器在做对外推动空气的动作时，箱体内容积实际在变大，密闭的箱体导致箱体内与箱体外的气压不同，扬声器振膜会被外界气压迅速压回，这样扬声器的冲程距离变得较短，因此密闭箱的低音下潜相对较差，但它的低音表现往往会比倒相式的干净快速。倒相式设计的箱体与外界大气相连接，扬声器做冲程运动的时候，箱体内的气压与箱外的气压差不会像密闭式的那么大，这种设计往往能推动更大的空气体积，因此往往低音量感较好。目前，大部分多媒体音箱都采用了倒相式设计。在倒相箱中，根据倒相孔的位置分为前倒相与后倒相两种，倒相孔位于音箱前面板的即前倒相，反之为后倒相。一般情况下，前倒相结构能够推动提供更好的低音量感。

图 3.21　音箱磁钢

图 3.22　音箱低音单元

（4）箱体体积

箱体体积也决定了低音量感的大小，最直接的好处就是大箱体可以安装大口径的扬声器，大口径扬声器可以直接带来低音量感的提升。箱体容积的增大也会改变扬声器冲程运动带来的箱体内外气压差的变化，大的箱体内容积可以让低音变得更有弹性和具有量感。在评测 X.1 音箱的时候，目测它的卫星箱的大小是一项必需的检测项目，过小的卫星箱无法实现足够的低频下限，从而和低音炮的低频衔接存在断层，使得一段频率凹陷导致听感变差。

图 3.23　音箱倒相孔

（5）低频的方向感

一般音箱都会给出一个频率响应范围的参数，例如 20kHz～20kHz，这个 20Hz 就是其低频下限。X.1 的低频下限一般都会达到较低的频率，那么它们的卫星箱呢。考虑到用户桌面紧张的实际情况，大部分 X.1 的卫星箱都尽量小型化，但受扬声器口径限制和箱体容积限制，卫星箱的低频不可能达到一个较为理想的值。小于 150Hz 的低频难以听出方向，一个完美的设计就得要求卫星箱的低频下限达到 150Hz 甚至更低，而小型化的卫星箱是很难做到的。音箱设计妥协的现状就是让这个断层事实存在，例如卫星箱下潜到 250Hz，而低音炮的上限设置为 150Hz，这样低音炮可以随意较为摆放了，但存在一个 151Hz～249Hz 段的凹陷，听某些音乐会显得没味道；还有一种方式就是提高低音炮的上限频率到卫星箱的低频下限频率，让低音炮发出大于 150Hz 的频率，这样衔接是解决了，但是摆位成了一件麻烦事，因为低音很容易被听出方向来。通常情况下，只有 4 寸口径的卫星箱才可以达到较为理想的低频下限，但是这样的卫星箱个头过大，并不常见。

（6）低音炮的摆放

既然某些低音炮为了妥协卫星箱的低频下限而被迫提高上限造成低音炮能被听出方向来，

那么可通过摆位来尽量缓解这种情况。在测试的 X.1 系统中，甚至可以在某些低音炮中提到人声部，这更加需要靠摆位解决了。正确的摆放方法是，让低音炮应该尽量摆放在卫星箱的中间。低音箱一般都是倒相箱，低音澎湃的时候，这个倒相孔可以推出强大的气流。如果这个倒相孔被设计在低音箱的后面板上，那么这个低音炮的后面板不应该紧紧挨着墙，而需要保存一定的距离。低音箱不要紧紧靠着其他物体，低音经过反射后会变得混浊，低音箱摆在一个相对空荡稳固的地方是比较合理的。如果低音炮过分追求所谓的超重低音效果，会导致低音变得很混浊，此时可以找一块棉布卷紧后堵住低音箱上的倒相孔，低音会立刻干净很多。

（7）卫星箱或 2.0 音箱的摆放

2.0 音箱基本都是为听音乐准备的，因此摆放上应该更多一些要求。大部分 2.0 音箱下都安装了 4 个小小的橡胶垫子，为的就是让音箱底部进少接触桌面。在播放某些爆棚的曲子的时候，音箱可能会有些震动，建议在音箱上方压些重物，这样可以明显改善音质。和低音炮一样，如果觉得音箱的低音混浊了，在一些改善措施都无太多效果的情况下也可以尝试堵住倒相孔。

X.1 的前置和后置卫星箱应该尽量摆放于同一个水平面上，这样有利于听声定位，在摆放 X.1 系统的时候，后置也许很难做到和前置等高，解决办法就是挂在墙上。卫星箱主要负责发出中高频的信号，很容易被听出方向来，因此，挂在墙上的时候请尽量将卫星箱单元的延长线和卫星箱到人的连线保持平行，当卫星箱高于人耳的时候，尽量保持向下的倾角，反之亦然。卫星箱到人的距离要做到尽量等长，这段距离之间不要有阻碍物，中高频被反射后，方向会乱掉，从而影响定位。

（8）箱体的造型、吸音棉、板材厚度

箱体造型表明了外观是否好看，如图 3.24 所示，但更多时候是为了声学设计的需要，和水波一样，声波一样具有叠加、衍射等波的特征，叠加后的声波会改变频率，达到一定的能量时威力巨大。虽然箱体内的声波不管如何叠加都不会让音箱出现故障，但它强大到可以足够让箱体振动起来，箱体一旦振动，也会发出声音，从而破坏音质。在音箱箱体设计中，等边的设计是应该忌讳的，例如正立方体状的造型，等边的立方体容易让波叠加。如果音箱必须设计成正方体造型，那么只有在内部去改变造型了。音箱箱体的设计原则是尽量减少这些驻波，让这些驻波尽量失去威力，解决的办法就是让箱体变得非等边，著名的例子就是倒三角设计的惠威 T200A。另外还有一些手段可以帮助消除驻波，例如在箱体内填充吸音棉，也有一些音箱在箱体内壁上粘贴波浪状的海绵达到同样的效果。不管怎样的设计，驻波都不可能完全消除，让箱体变得难以振动是最后的办法，最直接的手段就是加厚箱体板材，让其难以振动，在对音质讲究的设计当中，都会使用到厚实的木质板材，这也是为什么高档音箱异常沉重的原因。

图 3.24　箱体造型

很多音箱为了做出一个漂亮的外观，把外形设计得很有曲线感，这往往使得音箱的面板要用更多的网格来雕塑这个造型，在经典的立方形设计中，音箱的网罩是很简单的，一个边框加一层黑纱（也可以别的颜色），而如果要把这个网罩做成曲线造型的，就不能靠一个边框来实现了，需要加入更多的网格来让造型改变。为了达到一定的强度，网格一般会比较粗，这会严重影响声音的质量，单元发出声音遇到这些网格就会散射开来，使用的时候，可把这些面罩摘除掉。另外有些音箱使用的金属丝网面罩来装饰，但它在大音量下会振动，破坏音质，如果为了音质，也建议摘除。

（9）双分频与全频带

在许多 X.1 的卫星箱上只有一只扬声器，那么这只扬声器通常就是全频带扬声器。全频带扬声器就是能发出全部频率的扬声器，但事实上它并非如此，若非顶级的全频带扬声器，一般都很难发出较高的高频信号与较低的低频信号，只不过比一般的低音单元频带更宽一点。全频带扬声器不单被大量应用到多媒体 X.1 音箱，大部分汽车音响也有采用。为了让频段响应更宽，设计中使用双分频设计，就是使用一只高音扬声器和一只低音扬声器来实现更宽频段的响应，双分频设计的音箱往往会显得更加明亮，解析力也更好点，但并不表示频率衔接就正确。

（10）分频器

双分频设计就是使用一只高音扬声器和一只低音扬声器来合作工作，但是两个扬声器的上下限并不是天然吻合的，高音扬声器的频率下限可以达到 3kHz 左右，而低音扬声器的上限可以达到 5～8kHz，有一段较长的重合，必须让两只扬声器在一个较小的频率段截止组合，否则波的叠加会让声音完全变味。在低端的设计中，往往采用电容分频的方式，这种设计的最大好处就是成本低廉，分频效果一般。而高级的设计当中则使用分频器来分频，如图 3.25 所示，正确设计的分频器可以完美控制中高频的衔接。分频器的作用十分重要，它才是音箱的真正灵魂，分频器的作用不只是分频，还有控制音色等重要功能。分频器的外观十分好认，它有一组信号输入，两组信号输出，分别将处理过的信号传输到两只扬声器。分频器一般都会使用到一只或者多只大电感。电子分频技术和传统的分频器工作原理不同，但实现相同的效果，电子分频器没有显著外观特征。

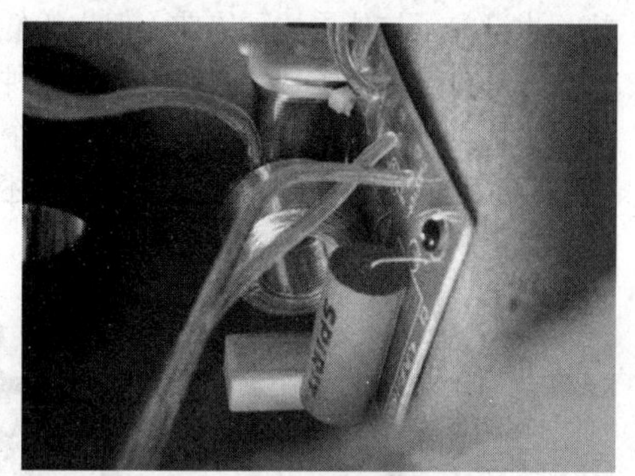

图 3.25　音箱分频器

3．音箱的主要性能指标

在选购音箱时，用熟悉的音乐来试听，就容易听出音箱的好坏。音箱主要性能有以下几个方面。

（1）频率响应

试听不同频率范围的声音。低音听上去应该紧凑、连接有力并且有纵深感，而不是缓慢、局促和杂乱。中音是最重要的部分，几乎所有乐曲的核心部分皆为中音，一个音箱如果连这个都不能表现，肯定不是合格的音箱。中音的人声和乐器声应该显得清晰自然，没有过于高亢、激奋的感觉。高音部分应显得开阔、轻快而有纵深感，不应该出现任何刺耳或者急促的表现或爆音声。

（2）瞬态响应

好的音箱应该能够很好地反映瞬态表现，进行曲中急促的鼓点和弹吉他时“抡指”的效果，都能够精确且快速地表现出来，而不应有缓慢和杂糅的感觉。此外，声调缓减和铙钹消退的余音也都应该是富有层次性的，而不是很平板的。

（3）音质和音场、多声道环绕效果

测试是否能够在相当广阔的音场里面正确地辨认出乐器的来源和方向感。

（4）散射模式

在不同的地方站着或者坐着来聆听一下同一个音箱的表现，有些音箱要求必须在正确的视听点上才能够获得满意的效果，这是因为，它将声音都集中在一定区域内表现，不过有的音箱可以在较大范围内都表现出良好的效果。

（5）动态范围

细心聆听感受一下低音部分和高音部分之间的差别，质量过关的音箱能够持续地表现出从最柔和的声音到最嘹亮的高音之间那个广阔的音域，而没有阻绕、停顿。

3.4.2 耳机

1．耳机的分类

耳机可分为封闭式、开放式和半开放式，如图 3.26 所示。封闭式就是通过其自带的软音垫来包裹耳朵，使其被完全覆盖起来，因为有大的音垫，所以个头也较大，但有了音垫就可以在噪音较大的环境下使用而不受影响；开放式耳机是目前比较流行的耳机样式，此类机种的特点是通过采用海绵状的微孔发泡塑料制作透声耳垫，体积小巧，佩戴舒适，不再使用厚重的染音垫，也没有了与外界的隔绝感，但它的低频损失较大，在听音方面，这类耳机还是不错的；半开放式耳机是综合了封闭式和开放式两种耳机优点的新型耳机，融合了前两种耳机的优点，改进了不足之处，采用多振膜结构，除一个主动有源振膜之外，还有多个无源从动振膜，不仅具有低频描述的丰满浑厚，还具有高频描述的明亮自然、层次清晰等多特点。如今许多较高档次的耳机上广泛应用半开放式耳机。

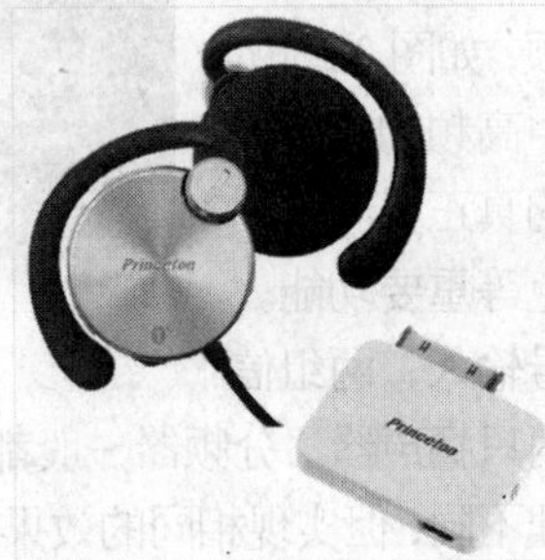

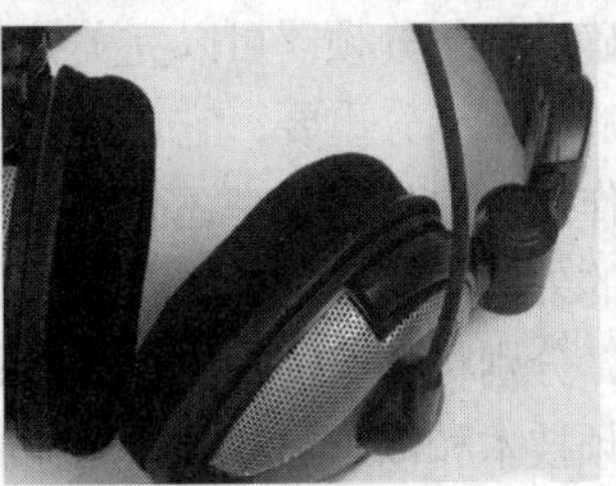

图 3.26　耳机（左：封闭式；中：开放式；右：半开放式）

目前耳机的知名生产厂家有好多，例如欧洲的 AKG、美国的 GRADO 和 KOSS，GRADO 的外观简洁古朴，声音富有活力，中频艳丽透彻，低频强悍，经典产品有 HP1000、SR60（见图 3.27）、SR325、RS1；KOSS 的产品主要照顾中低端民用市场，声音富于力度和动感，经典产品有专业耳机 PRO4、HIFI 耳机 KSC35（见图 3.28）、A250 等，当然这些知名品牌的耳机在价格上也是比较高的，与普通耳机相比有的甚至高出上百倍。

图 3.27　SR60

图 3.28　KSC35

2．耳机的主要性能指标

（1）灵敏度

灵敏度是指在同样响度的情况下，音源需要的输入功率的大小，也就是说用户在听起来声音一样的情况下，耳机的灵敏度越高，音源所需要输入的功率就越小。对于随身听等便携设备来说，灵敏度越高，耳机就越容易驱动。

（2）频响范围

频响范围是指耳机能够放送出的频带的宽度。国际电工委员会 IEC 581.10 标准中规定高保真耳机的频响范围不能小于 50Hz～12 500Hz 之间。优秀耳机的频响宽度可达 5Hz～40 000Hz 左右，而人耳的听觉范围仅在 20Hz～20 000Hz 左右。值得注意的是限定频响宽度的标准是不同的，例如以低于平均输出幅度的 1/2 为标准或低于 1/4 为标准，这显然是不同的，一般的生产商是以输出幅度降低 1/2 为标准测出频响宽度，也就是说以-3dB 为标准，但是由于所采用的测试标准不同，有些产品也就是以-10dB 为标准测量的了。但是实际上是等价于低于正常值 1/16 以下为标准测量的，因此频响宽度大大地拓宽了。用户在选购时应注意不同品牌耳机的频响宽度可能有不同的测试标准。

（3）耳机阻抗

耳机阻抗是耳机交流阻抗的简称。不同阻抗的耳机主要用于不同的场合，在台式机或功放、VCD、DVD、电视等设备上常用高阻抗耳机，有些专业耳机阻抗甚至会在 200Ω以上，这是为了与专业机上的耳机插口匹配。对于各种便携式随身听，例如 CD、MD 或 MP3，一般会使用低阻抗耳机，通常是因为这些低阻抗耳机比较容易驱动。

（4）谐波失真

谐波失真是一种波形失真，在耳机指标中有标识，失真越小，音质也就越好，一般小于 0.5%即可接受。

（5）换能方式

换能方式分为电动式、电容式和双分频式耳机。电动式最为普遍，具有结构简单、音质音色稳定、承受功率大、灵敏度高等特点；电容式也称静电式耳机，具有音质好、频带宽的优点，但是结构很复杂，造成了制造难度大，使得很少有厂家来做此类耳机，现在市面上也很少见到采用这种机型的立体声耳机；双分频耳机是在半开放式耳机的基础上整合了电动式和电容式两者的优点的双段分频耳机。它把电动式、电容式、封闭式和开放式 4 种耳机的优点集于一身，此类耳机无论从动态范围、瞬态响应、放音质量、音色厚度等方面都是十分出众的，而且它的声音解析准确，是音乐发烧友的最佳选择。

扫一扫

获取音频外设最新相关资讯

3.5 显示器

3.5.1 显示器概述

显示器通常也称为监视器。显示器是属于电脑的 I/O 设备，即输入输出设备，可以分为 CRT、LCD、LED、PDP、OLED 等多种，是将一定的电子文件通过特定的传输设备显示到屏幕上再反射到人眼的显示工具。

CRT 显示器是一种使用阴极射线管（Cathode Ray Tube）的显示器，阴极射线管主要由 5

部分组成，包括电子枪（Electron Gun）、偏转线圈（Deflection coils）、荫罩（Shadow mask）、荧光粉层（Phosphor）及玻璃外壳。CRT 纯平显示器具有可视角度大、无坏点、色彩还原度高、色度均匀、可调节的多分辨率模式、响应时间极短优点，在早期的计算机市场上应用广泛。但是由于 CRT 显示器物理结构的限制和电磁辐射的弱点，现在已经被 LCD、LED 等新型显示器取代。

与比较笨重的 CRT 显示器相比，液晶显示器只要前者三分之一的空间。液晶显示器属于低耗电产品，可以做到完全不发热，而且辐射远低于 CRT 显示器，这对于整天在电脑前工作的人来说是一个福音，液晶显示器画面不会闪烁，画面柔和不伤眼，可以减少显示器对眼睛的伤害。其根据光源分为 LCD 显示器和 LED 显示器，LED 显示器为目前主流的液晶显示器，是一种通过控制半导体发光二极管的显示方式显示文字、图形、图像、动画、行情、视频及录像信号等各种信息的显示屏幕。

OLED 即有机电激发光二极管，因其同时具备自发光，不需背光源、对比度高、厚度薄、视角广、反应速度快、可用于挠曲性面板、使用温度范围广及构造和制程较简单等优异之特性，被认为是下一代平面显示器的新兴应用技术。对于有机电激发光器件，按发光材料不同可分为小分子 OLED 和高分子 OLED（也可称为 PLED）两种，它们的差异主要表现在器件的制备工艺不同，小分子器件主要采用真空热蒸发工艺，高分子器件则采用旋转涂覆或喷墨工艺。

3.5.2 液晶显示器

液晶显示器是一种采用液晶为材料的显示器。液晶是介于固态和液态间的有机化合物。将其加热会变成透明液态，冷却后会变成结晶的混浊固态。在电场作用下，液晶分子会发生排列上的变化，从而影响通过其的光线变化，这种光线的变化通过偏光片的作用可以表现为明暗的变化，这样，人们通过对电场的控制最终控制了光线的明暗变化，从而达到显示图像的目的。

对于液晶显示器来说，最重要的是其液晶面板和背光类型，LCD 和 LED 显示器采用的液晶面板大都是一样的，而它们的背光类型不一样，LED 显示器采用的是 LED 背光，LCD 显示器采用的是 CCFL 背光。相比较而言，LED 更好一些，不仅省电，而且色彩的鲜艳度和饱和度都要优于 LCD，不过价格相对也要高一些。

常见的液晶显示器按物理结构分为如下 4 种。

① 扭曲向列型（TN-Twisted Nematic）。

② 超扭曲向列型（STN-Super TN）。

③ 双层超扭曲向列型（DSTN-Dual Scan Tortuosity Nomograph）。

④ 薄膜晶体管型（TFT-Thin Film Transistor）。

1．液晶显示器的工作原理

下面简单介绍两种液晶显示器的工作原理。

（1）扭曲向列型液晶显示器

简称 TN 型液晶显示器，液晶组件构造如图 3.29 所示，向列型液晶夹在两片玻璃中间，玻璃的表面上先镀有一层透明而导电的薄膜以作电极之用，薄膜通常是一种铟（Indium）和锡（Tin）的氧化物（Oxide），玻璃上镀表面配向剂，以使液晶顺着一个特定且平行于玻璃表面的方向排列。如图 3.29（a）中左边玻璃使液晶排成上下的方向，右边玻璃则使液晶排成垂直于图面的方向。此组件中液晶的自然状态具有从左到右共 90° 的扭曲，这也是被称为扭曲型液晶显示器的原因。利用电场可使液晶旋转的原理，在两电极上加上电压则会使得液晶偏振化方向转向与电场方向平行，因为液态晶的折射率随液晶的方向而改变，其结果是光经过 TN 型液晶盒以后偏振性发生变化，选择适当的厚度使光的偏振化方向刚好改变 90°，就可利用两个平行偏振片使得光完全不能通过，如图 3.29（b）所示。若外加足够大的电压，使得液晶方向转成与电场方向平行，光的偏振性就不会改变，光可顺利通过第二个偏光器，进而利用电的开关达到控制光的明暗，这样会形成透光时为白、不透光时为黑，字符就可以显示在屏幕上了。

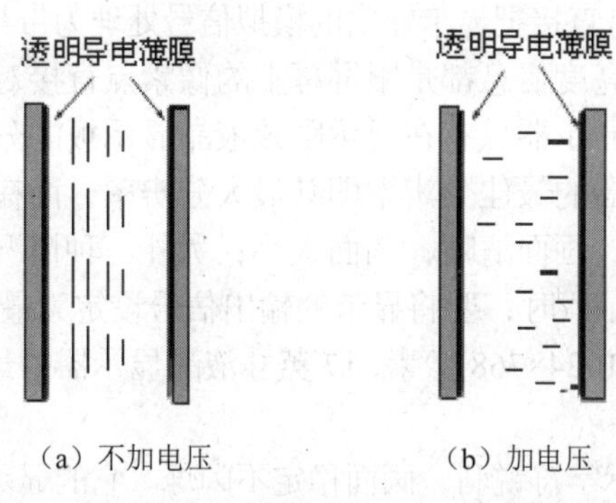

图 3.29　TN 型液晶显示器工作原理

（2）薄膜晶体管型液晶显示器的工作原理

简称为 TFT 型液晶显示器，采用了两夹层间填充液晶分子的设计，左边夹层的电极改为了 FET 晶体管，右边夹层的电极改为了共通电极。在光源设计上，TFT 的显示采用“背透式”照射方式，即假想的光源路径不是像 TN 液晶那样从左至右，而是从右向左。这样的作法是在液晶的背部设置类似日光灯的光管，光源照射时先通过右偏振片向左透出，借助液晶分子来传导光线，由于左右夹层的电极改成 FET 电极和共通电极，在 FET 电极导通时，液晶分子的表现如 TN 液晶的排列状态一样会发生改变，也通过遮光和透光来达到显示的目的。但不同的是，由于 FET 晶体管具有电容效应，能够保持电位状态，先前透光的液晶分子会一直保持这种状态，直到 FET 电极再次加电改变其排列方式为止，如图 3.30 所示。相对而言，TN 就没有这个特性，液晶分子一旦没有被施压，立刻就返回原始状态，这是 TFT 液晶和 TN 液晶显示原理的最大不同。

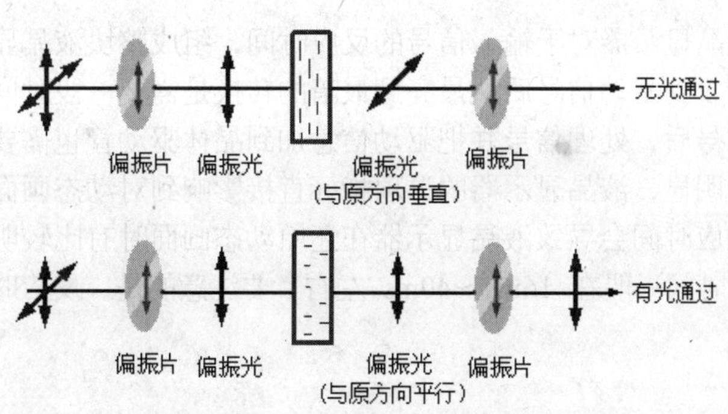

图 3.30　TFT 型液晶显示器工作原理

2．液晶显示器的性能指标

（1）点距和可视面积

所谓点距就是指同一像素中两个颜色相近的磷光体之间的距离。液晶显示器的点距和可视面积有直接的对应关系，例如，一台 14 英寸的液晶显示器的可视面积一般为 285.7mm×214.3mm，最大分辨率为 1024×768 像素，说明液晶显示板在水平方向上有 1024 个像素，垂直方向有 768

个像素，很容易计算出此液晶显示器的点距是 285.7÷1024=0.279mm，一般这个技术参数在产品说明书都有标注。同样可以在得知液晶显示器的点距和最大分辨率下算出该液晶显示器的最大可视面积来。

（2）最佳分辨率和刷新率

液晶显示器的显示原理是直接把显卡输出的模拟信号处理为带具体“地址”信息的显示信号，任何一个像素的色彩和亮度信息都是跟屏幕上的像素点直接对应的，所以液晶显示器不能支持多个显示模式，液晶显示器只有在显示跟该液晶显示板的分辨率完全一样的画面时才能达到最佳效果。液晶显示器的最佳分辨率即其最大分辨率，而在显示小于最佳分辨率的画面时，一种情况是居中显示，画面清晰，画面太小；另外一种情况是扩大方式，画面大但比较模糊。所以在使用液晶显示器时，要将显卡的输出信号设定为最佳分辨率状态，15 英寸的液晶显示器的最佳分辨率为 1024×768 像素，17 英寸液晶显示器的最佳分辨率则是 1280×1024 像素。

液晶显示器的特点是显示字符锐利，画面稳定不闪烁。它的显示原理决定了其屏幕上各个像素发光均匀，而且红绿蓝三基色像素紧密排列，视频信号直接送到像素背后以驱动像素发光，普通情况下刷新率设定在 60Hz 即可。

（3）亮度

由于液晶分子自己本身并不发光，而是靠外界光源照射，即采用在液晶的背部设置发光管提供背透式发光。这一指标是相当重要的，它将决定其抗干扰能力的大小。液晶显示器亮度以平方米烛光 cd/m^2（流明）或者 nits（尼特）为单位表示，液晶显示器亮度普遍在 150～250nits 之间，在 $200cd/m^2$ 的亮度下，画面较艳丽明亮。

（4）对比度

对比度是指最亮区域和最暗区域之间的比值，对比度是直接体现该液晶显示器能否体现丰富的色阶的参数，对比度越高，还原的画面层次感就越好，即使在观看亮度很高的照片时，黑暗部位的细节也可以清晰体现，液晶显示器的对比度普遍在 150∶1 到 500∶1。如果对比度小于 250∶1，看屏幕时就会产生模糊感。

（5）响应时间

响应时间是指液晶显示器对于输入信号的反应时间，组成整块液晶显示板的最基本的像素单元“液晶盒”接收到驱动信号后从最亮到最暗的转换是需要一段时间的，而且液晶显示器接收到显卡输出信号后，处理信号并把驱动信息加到晶体驱动管也需要一段时间，在大屏幕液晶显示器上尤为明显，液晶显示器的这项指标直接影响到对动态画面的还原。反应时间越短越好，过长的响应时间会导致液晶显示器在还原动态画面时有比较明显的拖尾现象，15 英寸液晶显示器响应时间一般在 16ms～40ms 左右。要注意的是，反应时间包括上升时间和下降时间。

（6）可视角度

液晶显示器的可视角度就是指能观看到可接收失真值的视线与屏幕法线的角度。这个数值当然是越大越好，液晶显示器属背光型显示器件，由液晶模块背后的背光灯发光。而液晶主要靠控制液晶体的偏转角度来“开关”画面，导致液晶显示器只有一个最佳的欣赏角度即正视。当从其他角度观看时，背光穿透旁边的像素而进入人眼可以造成颜色的失真。15 英寸液晶显示器的水平可视角度一般在 120° 或以上，并且是左右对称。而垂直可视角度则比水平可视角度要小得多，普遍水平是上下不对称共 95° 或以上，高端的液晶显示器可视角度可做到水平和垂直都是 170°。

（7）最大显示色彩数

液晶显示器的色彩表现能力是一个重要指标，15 英寸的液晶显示器像素一般是 1024×768 色彩数，每个像素由 RGB 三基色组成，低端的液晶显示板各个基色只能表现 6 位色，即 2 的 6 次方为 64 种颜色，每个独立像素可以表现的最大颜色数是 64×64×64=262 144；高端液晶显示板利用 FRC 技术使每个基色可以表现 8 位色，即 2 的 8 次方为 256 种颜色，则像素能表现的最大颜色数为 256×256×256=16 777 216，这种显示板显示的画面色彩更丰富，层次感也更好。

（8）点缺陷

液晶面板上不可修复的物理像素点就是坏点。液晶显示器的点缺陷分为亮点、暗点和色点。

在黑屏的情况下呈现的 R、G、B 的点叫做亮点。亮点的出现分为两种情况，一是在黑屏的情况下单纯地呈现 R、G 或者 B 色彩的点；二是在切换至红、绿、蓝三色显示模式下只有在 R、G 或者 B 中的一种显示模式下有白色点，同时在另外两种模式下均有其他色点的情况，这种情况是在同一像素中存在两个亮点。

在白屏的情况下出现非单纯 R、G、B 的色点叫做暗点。暗点的出现分为两种情况，一种是在切换至红、绿、蓝三色显示模式下，在同一位置只有在 R、G 或者 B 一种显示模式下有黑点的情况，这种情况表明此像素内只有一个暗点；另一种是在切换至红、绿、蓝三色显示模式下，同一位置上在 R、G 或者 B 中的两种显示模式下都有黑点的情况，这种情况表明此像素内有两个暗点。

所谓色点，就是在液晶显示器制造过程中出现的不可避免的液晶缺陷。由于目前工艺的局限性，在液晶显示器生产过程中很容易造成硬性故障，即色点的产生，这种缺陷表现为无论在何种情况下都只显示为一种颜色的一个小点。要注意的是，挑色点时不能只看纯黑和纯白两个画面，要将屏幕调成各种不同的颜色来查看，在各种颜色下捕捉色点，如果色点多于两个，最好不要购买。按照行业标准，3 个色点以内都是合格的。

3．液晶显示器的选购

（1）屏幕尺寸与比例

以往的液晶显示器以 17 英寸和 19 英寸为主，但是随着大尺寸液晶显示器价格不断下调，19 英寸、21 英寸以及 24 英寸的液晶现在已经成为市场主流。

每个人的用眼习惯不同，使用目的不同，也决定了选购的液晶屏幕比例也不尽相同。4∶3 普屏液晶显示器由于发展时间较长，生产成本较低，在一段时间里应用十分广泛；由于 16∶10 宽屏液晶显示器在文字处理、上网学习、游戏、HDTV 影音、图形处理等用途上的优势，逐渐成为时下最热销的显示器产品。

（2）响应时间

响应时间是指液晶显示器各像素点对输入信号的反应速度，此值当然是越小越好。目前，液晶显示器的最大卖点就是不断提升的响应时间，从最开始的 25ms 到如今的灰阶 2ms，甚至 1ms 响应时间液晶显示器也已经出现，速度提升之快让人惊叹不已。响应时间决定了液晶显示画面的连贯性，人眼会将快速变换的画面视为连续画面。

一般的液晶显示器的响应时间在 5ms～10ms 之间，而如华硕、三星、LG 等一线品牌的产品中，普遍达到了 5ms 以下的响应时间，基本避免了尾影拖曳问题产生，而优派的新产品可以达到 1ms。

（3）亮度和对比度

一般来说，亮度最好在 250cd/m^2。低档液晶显示器存在严重的亮度不均匀的现象，中心的亮度和靠近边框部分区域的亮度差别比较大。如果亮度过低，显示出来的画面颜色会偏暗，画面效果严重失真，影响到液晶的对比度。

对比度是亮度的比值，也就是在暗室中，白色画面下的亮度除以黑色画面下的亮度得到的比值，因此白色越亮、黑色越暗，对比度就越高，显示的画面就越清晰亮丽，色彩的层次感就越强。对一般用户而言，对比度能够达到 350：1 就足够了，而在专业领域对比度已达 500：1 甚至更高。

当然也并不是亮度、对比度越高就越好，长时间观看高亮度的液晶屏，眼睛同样很容易疲劳，高亮度的液晶显示器还会造成灯管的过度损耗，影响使用寿命。

（4）可视角度

由于液晶显示器采用的面板不同，光线透过液晶射出的角度也不尽相同，在一些极限情况下会看到明显的色彩失真，这就是可视角度大小所造成的。

具体来说，可视角度分为水平可视角度和垂直可视角度。在选择液晶显示器时，应尽量选择可视角度大的产品。目前，采用普通 TN 面板的液晶显示器水平可视角度基本上在 140° 以上，这可以满足普通用户的需求。由于人的视力范围不同，如果没有站在最佳的可视角度内，所看到的颜色和亮度将会有误差，所以各种广视角技术应运而生，如 IPS（In Plane Switching）、MVA（Multidomain Vertical Alignment）、TN+FILM。这些技术都能把液晶显示器的可视角度增加到 160°，甚至更多。而采用 PVA、MVA 等广视角面板的产品，可视角度均在 170° 以上，几乎可以和传统的 CRT 显示器相媲美。

（5）色彩还原能力

液晶显示器的色彩一直都让人关注，目前市售绝大多数液晶都是 16.7M 色。

实际上，16.7M 色彩的含义是指液晶显示器可以还原出 166 777 216 种色彩，而 16.2M 则为 16 194 277 种色彩，看上去它们二者似乎相差无几，但其中也大有差别。16.7M 色彩的液晶显示器有着一个共性就是都采用了广视角面板，提供了更高的对比度与可视角度（对比度大于 700：1，可视角度大于 170/170°），因而在画质方面也就更加出色。

（6）坏点和亮点

在选购液晶显示器时，“坏点”和“亮点”同样是选购时必须注意的一点。它们的存在会影响到画面的显示效果，所以坏点越少就越好。

现在已经有很多商家还提出“无亮点”“无坏点”的承诺。“无亮点”和“无坏点”是不一样的，前者允许存在 3 个以下暗点，而后者则要求既没有亮点也没有暗点。有些商家会以此来蒙蔽消费者，更有些厂商还用特殊技术将坏点进行处理，消费者很难察觉。

在选购时，可以借助 Nokia Monitor Test、DISPLAYX 这类软件进行检测。

（7）接口类型

目前液晶显示器接口主要有 HDMI、MHL、Displayport、D-Sub（VGA）和 DVI、Thunderbolt5 种，如图 3.31 所示，其中，D-Sub 接口需要经过数/模转换、模/数转换两次转换信号；HDMI 是一种数字化视频/音频接口技术，是适合影像传输的专用型数字化接口，其可同时传送音频和影像信号，最高数据传输速率为 4.5Gbit/s；而 DVI 接口则是全数字无损失的传输信号接口。MHL 接口显示设备需要有专门的芯片才能使用，如图 3.32 所示，可通过单电缆与低引脚数接口来实现输出高达 1080p 高清晰度（HD）的视频和数字音频，同时为设备充电；DisplayPort 最大支持 10.8Gbit/s 的传输带宽，可以同时传输音频与视频，真正意义上实现高清一线通解决方案；Thunderbolt 研发的初衷是为了替代并统一目前电脑上数量繁多性能参差不齐的扩展接口，理论上最高传输速率可达 50Gbit/s。

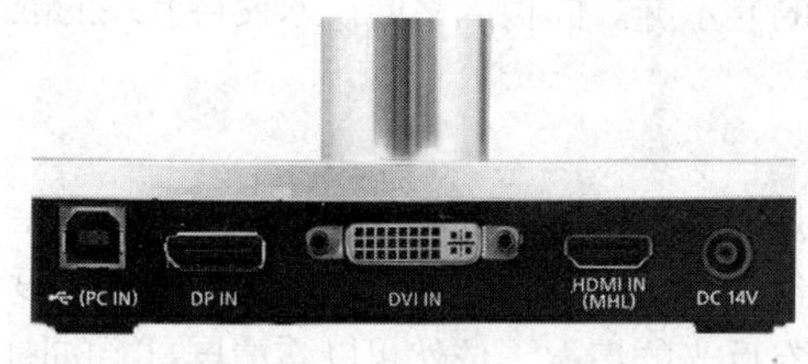

图 3.31 Displayport、DVI 和 HDMI 接口

图 3.32 MHL 接口

HDMI、MHL、Displayport 都是高清数字化接口，和 HDMI 一样，DisplayPort 也允许音频与视频信号共用一条线缆传输，支持多种高质量数字音频。但比 HDMI 更先进的是，DisplayPort 在一条线缆上还可实现更多的功能，可以实现对周边设备最大程度的整合和控制。MHL 接口需要专门的芯片，但其优势在于可以连接手机和平板电脑，外接好显示器、键盘鼠标后就可以进行上网娱乐、聊天、简单处理图片文档、观看电影、玩游戏等最基本的应用了。Thunderbolt 的优势在于它可以同时在多个设备之间交换视频，并兼容大量设备，既支持相对较新的 DisplayPort 显示器接口，也支持硬盘等设备所使用的 PCI Express 接口。

（8）认证标准

在液晶认证标准中，用户最关心的就是安全认证。在 3C 认证已经成为电脑产品必备的“身份证”后，是否通过 TCO 认证对于显示器来说尤为重要。

为了有效避免显示器边框所产生的视觉差，只有白色和银色的液晶显示器才能通过 TCO′03 认证。而一部分黑色边框液晶最高只能透过 TCO′99 认证，甚至有些采用镜面反射材料的液晶连 TCO 认证都没有通过，这其实并不影响销售，但长时间使用会产生不必要的视觉干扰。

（9）售后服务

产品一般都有三包制度，液晶显示器也不例外，质保时间是由厂商自行制定的，目前市场中一般都提供 3 年的质保服务，但是在 3 年之中全免费却不是每个厂商都能做到的， 所以，在选购时还要详细了解质保事项。

现在，像优派、飞利浦、BenQ 明基等一线品牌厂商做得就比较出色，在宣传彩页上都标明了保修规定。而且目前已经有越来越多厂商开始了 3 年全免费质保承诺，这无疑给使用带来更多的保障，所以应尽量选择质保期长的产品。

3.5.3 笔记本电脑显示屏

在买笔记本电脑的时候都要考虑哪些因素呢？当面对这个问题的时候，大多数人们都会脱口而出：CPU、硬盘、内存、机身尺寸、重量、价格等许多因素，根据需求的不同考虑的方面也不尽相同。但是，少有人会提到笔记本电脑显示屏，显示屏是笔记本电脑最主要的输出硬件，可以说是笔记本电脑的“灵魂之窗”，其实，诸如机身尺寸、重量等因素都是受笔记本电脑显示屏影响的，所以，显示屏应该是考量一款笔记本电脑的重要因素。

1．笔记本电脑显示屏的种类

在目前的笔记本电脑市场中，常见的笔记本电脑显示屏有镜面屏和雾面屏两种。

（1）镜面屏

“镜面屏”就是表面“光可鉴人”的显示屏，如图 3.33 所示。最早的镜面屏出现在 Sony 的 VAIO 笔记本电脑上，镜面屏在外表面上不作任何防眩处理，而使用另外一种能够提高透光率的薄膜代替（Anti-Reflection）。此外，镜面屏给人的第一印象就是亮度高、对比度高、锐度高，

是目前主流液晶显示器中比较流行的高对比度高亮度的显示屏。面板的镜面技术使得光线的散射减少，大大提高了产品的对比度和色彩还原度。

（2）雾面屏

雾面屏是一种液晶显示屏，适合商用，如图 3.34 所示。相比于镜面屏，在光线强烈时不会产生反光现象。此外，雾面屏表面是粗糙的，于是光线射到上面就发生了漫反射，从哪个角度看都不会刺眼，都能够看到光线反射过来。雾面屏在有反光的情况下依然可以看清屏幕上的图像，这是雾面屏表面雾化，光线发生漫反射导致。其透光率相对而言不如镜面屏高。

图 3.33　镜面屏

图 3.34　雾面屏

2．笔记本电脑显示屏特色增强技术

笔记本电脑显示屏的面板技术有时无法得到更好的效果，而笔记本电脑厂商又不得不利用各种新技术来吸引用户，因而在笔记本电脑显示屏技术竞争上，品牌厂商纷纷在液晶屏中加入了各自的特色技术，目的是为了提升显示效果或实现更好的节能目的，尽管这些技术有时显得过于炒作，但毕竟可以增加屏幕显示效果。至少对于普通笔记本电脑用户而言，特色技术的加入在日常应用上是显而易见的，其中包括惠普的 BrightView 亮屏技术、富士通的高亮 SuperFine 屏技术、SONY 的 Clear Bright LCD 液晶显示屏技术、TOSHIBA CSV 超亮炫彩屏技术、三星 WiseView 及 TOSHIBA 低温多晶硅技术等，下面简单介绍几种常见的屏幕增强技术。

（1）惠普 BrightView 技术

惠普 BrightView 技术去掉了传统 LCD 液晶屏上的反光，使得图像比一般的液晶屏更加亮丽和生动，看起来更像液晶电视和等离子电视的显示效果。BrightView 技术采用特殊工艺抛弃了遮光图层，取而代之的是抗划痕图层，液晶屏的亮度和清晰度都相当高，而且屏幕可以提高 18%的对比度，无论是文字还是图像，都可以获得清晰的显示效果。

（2）TOSHIBA Clear Super View 技术

TOSHIBA Clear Super View 技术拥有硬涂层和低反射涂层两个层面，“低反射双涂层”技术有效地解决了内光散射与外光反射的问题。当屏幕背光穿过液晶板的时候会先经过硬涂层，涂层此时起到了抑制光线散射的作用，从而使图像更鲜亮。

（3）SONY Clear Bright 贵丽屏技术

SONY Clear Bright 贵丽屏技术采用了双灯管照明，一套双重反相器、一块高效能闪点过滤膜以及抗反射（AR）涂层，不论在什么样的光线条件下，也不论处于什么样的角度，显示屏都能产生宜人的视觉效果，同时画面对比度有着明显的区别特征，而色彩也显得更富于动感。

（4）三星 WiseView 技术

三星 WiseView 技术对屏幕可提供高流明，左右可视视角度增大，上下角度也如此，最大限度降低了液晶屏偏色的问题。

（5）NEC 超级广角炫丽屏技术

该技术具有 Glare 和 AR 低反射涂层，在不增加灯管、不增加耗能的同时提升屏幕的亮度，并提高色彩的明暗对比度，而且加入了 IPS 技术，不仅提高了屏幕的观赏角度，而且达到了省电的目的。

3. 笔记本电脑显示屏尺寸与分辨率

选购笔记本电脑厂商的宣传中，往往会看到 LCD 屏幕中有 10 英寸 LED、12.1 XGA、14.1 TFT、14.2 WXGA+等之类的参数介绍，对于 LTPS、SXGA、WXGA 等这些字母，大多数人都不知道它的具体意思，为什么要了解笔记本电脑屏幕类型？这归根到底都要从分辨率说起。购买笔记本电脑时，用户最为关注的还是 LCD 屏幕分辨率，分辨率的高低直接影响到视觉感受，电影或游戏的清晰度等。然而不同类别的 LCD 屏幕分辨率也不同，从 640×480 像素到 1600×1200 像素的分辨率级别，经常在笔记本电脑上看到类似的情景。

其实对于笔记本电脑而言，由于 LCD 屏幕传来的物理像素要与显卡输出的逻辑点相对应，所以 LCD 液晶屏往往只有一个最佳显示分辨率，而这一最佳分辨率一般就是该 LCD 面板的最大分辨率。例如 12.1 英寸宽屏笔记本电脑的最大（推荐）分辨率为 1280×800 像素，而 14.1 英寸普通笔记本电脑则一般为 1280×1024 像素，如果用户强行使用小于最佳分辨率的分辨率来显示，会出现居中显示、扩展显示两种现象，这样必然会对使用带来不利，甚至让图像以及文字的显示模糊不清。因此，如果购买的笔记本电脑选择的屏幕类型不理想，就会出现一些问题。

购买笔记本电脑时，需要特别关注屏幕的类型，笔记本电脑屏幕按尺寸分为普屏和宽屏两种，普屏笔记本电脑已经慢慢退出市场，而宽屏笔记本电脑是主流机型，如果需要对 LCD 屏幕进行现场检测，测试时应按照 LCD 屏幕的真实分辨率来显示（产品说明书中的介绍）。

对于普屏笔记本电脑而言，其屏幕类型有 VGA、SVGA、XGA、SXGA+以及 UVGA 几种。其中 VGA（Video Graphics Array）是最早笔记本电脑使用的屏幕，由于最大分辨率只支持 640×480 像素，因此，目前 VGA 屏幕在笔记本电脑上已经绝迹了，可以在二手笔记本电脑市场依稀看到它们的身影。当然，由于成本的原因，一些对分辨率要求不高的小型便携设备还在使用 VGA 屏幕。

SVGA（Super Video Graphics Array）是 VGA 屏幕的下一代产品，由于技术的改进不大，其最大支持 800×600 像素分辨率，同时屏幕大小仅为 12.1 英寸，由于分辨率无法摆脱性能瓶颈，对于游戏、视频播放等都无法完美胜任，因此采用 SVGA 屏幕的笔记本电脑也非常少。不过市场上仍有部分低端笔记本电脑使用这类屏幕。

XGA（Extended Graphics Array）支持最大 1024×768 像素分辨率，并且屏幕大小支持 10.4 英寸、12.1 英寸、13.3 英寸、14.1 英寸、15.1 英寸等，不管从技术还是从成本来看，XGA 屏幕无疑是厂商选择的主要对象，所以市场上有 80%的普通笔记本电脑采用了 XGA 屏幕。为了追求更高的性能，韩国 BOE-Hydis 专门设计了一种 10.4 英寸 XGA 液晶面板，其采用了 DRIM 技术和 AFFS 技术，可以将显示亮度提高 30%，而功耗却下降了 20%，同时可以使水平、垂直两个方向达到 180 度的视角。

SXGA+（Super Extended Graphics Array）是 SXGA 的一种扩展产品，其最大分辨率为 1280×1024 像素，而 SXGA+是专为笔记本电脑而设计的屏幕，其分辨率可支持 1400×1050 像素，由于笔记本电脑 LCD 屏幕的水平与垂直点距不同于桌面 LCD 显示器，其显示精度要比普通桌面 LCD 显示器高。

UVGA（Ultra Video Graphics Array）一般被应用在 15 英寸屏幕的笔记本电脑上，其支持最大 1600×1200 像素分辨率。由于 UVGA 对制造工艺要求较高，所以成本比较大，导致生产出来的产品价格也比较昂贵，加上目前很少有游戏或图形设计软件需要 1600×1200 像素分辨率，因此市场上几乎很难找到这类屏幕的笔记本电脑。

对于宽屏笔记本电脑而言，屏幕类型一般有 WXGA、WXGA、WSXGA、WUXGA 以及 LED 几种情况。其中 WXGA（Wide Extended Graphics Array）是普通 XGA 屏幕的宽屏版本，采用了 16：10 的横宽比例来扩大屏幕的尺寸，其最大显示分辨率为 1280×800 像素，一般而言，市场上采用这类屏幕的笔记本电脑以 15.4 英寸居多，其次 12.1 英寸、17 英寸的笔记本电脑也会采用这种屏幕；WXGA+（Wide Extended Graphics Array）是 WXGA 屏幕的扩展产品，其最大显示分辨率为 1280×854 像素，WXGA+屏幕的横宽比例改为了 15：10 规格，而非标准宽屏的 16：10，所以 15.2 英寸的笔记本电脑很少采用这类屏幕，但在 17 英寸笔记本电脑上却可以经常看到采用这类屏幕。

此外，WSXGA+（Wide Super Extended Graphics Array）采用了 16：10 标准宽屏比例，支持 12.1 英寸、14 英寸、15.4 英寸以及 17 英寸等，在亮度、分辨率、可视角度以及响应时间上都比较不错，其最大支持 1680×1050 像素分辨率，使用时可以平铺几个窗口同时操作，十分方便办公用户使用；与普通 4：3 屏幕的 UVGA 一样，WUXGA（Wide Ultra Video Graphics Array）由于成本太高，价格昂贵，市场上很少见到采用这类屏幕的笔记本电脑，但其分辨率可以达到 1920×1200 像素，支持 16：10 标准宽屏比例，也只能在移动工作站中见到少量的类似产品。另外还有 QSXGA 屏幕，它最大可支持 2560×2048 像素分辨率，成为大屏高端笔记本电脑的新宠。

为了节能的需要，不少宽屏笔记本电脑都采用了 LED 屏幕，例如富士通 S6510、索尼 SZ77、华硕 U2E、HP 2710P、联想 ThinkPad X300 等机型，特别是最近市场上比较热门的 11 英寸以下超便携笔记本电脑，基本上都采用了 LED 屏幕，与普通 LCD 屏幕相比，LED 背光可以轻松实现超过 100%的 NTSC 色彩区域，在色彩表现力和色阶过渡方面有显著的优势，而且没有采用对环境有害的汞元素，非常环保健康，同时 LED 背光只需 40V 电压，比采用 CCFL 背光光源要省电 48%，这意味着可以延长笔记本电脑电池的续航时间，这对于需要经常移动使用的商务用户非常具有价值。

扫一扫

获取显示器
最新相关资讯

3.6 多功能一体机

多功能一体机就是一种具备打印、传真、复印、扫描等几种功能的机器设备，并且它的多项功能可以同时工作，各司其职，互不影响，如图 3.35 所示。从专业角度讲，多功能一体机并不是实现多种功能的设备的简单合成，而是内在技术的合成，即通过把多种功能的硬件、软件和固件集成、固化于一体机内，提供统一的设备接口，从而使不同功能之间实现无障碍的数据传输和转换，在提高设备整体运行速度的同时，设备的可靠性也有了更高的保障。

图 3.35 多功能一体机

3.6.1 多功能一体机概述

随着信息化和数字化的快速发展，办公自动化设备的种类也越来越多。在个人办公领域，传真机、打印机、扫描仪等各种独立的办公自动化设备不仅占用了大量个人桌面办公空间，而且总体拥有成本高，还可能因连接等问题引起诸多不便。人们渴望有一种完全不同于过去的全新的办公设备，多功能一体机正是在这样的大背景下应运而生。

1．多功能一体机的诞生

1986 年佳能推出世界首创兼备传真机功能的多媒体电话“MMP-10”，应该说这是一体机最早的雏形，但是“一体机”这个概念在当时来说完全没有，而且技术上也仅限于传真和电话的一体化，远没有达到多功能一体化的程度。到了 90 年代初期，惠普曾经在全球范围内做了一个调研，调研人员根据所收集到的信息，建议惠普的工程师设计一种能把打印、传真、扫描和复印等功能集中起来的机器，既能节省办公空间又能节约办公费用。于是，1994 年世界上第一台真正意义上的多功能一体机在惠普公司诞生了，用英语表达是“Multifunction”，从此开始了多功能一体机的历史。

经过多年的发展，多功能一体机在打印机市场已经得到了充分的认可。三星、惠普等主流打印机厂商都推出了针对不同目标市场的多功能一体机，并得到用户的认可。目前，多功能一体机已经在办公领域得到了大量的应用，无论性能还是服务方面都在稳步提升，早已不再是多个设备的简单叠加，而是将各种独立的功能更加完善地集成在一起，同时使功能之间的协调性更加自然，操作更加方便快捷。

2．多功能一体机的特点

（1）综合成本降低。采用集成一体化设计，传真、打印和复印共用相同的打印输出和扫描部件，控制电路简化，这对于厂商而言可避免重复性生产；而对于用户而言，则避免了重复性投资。

（2）功能丰富。不言而喻，多功能一体机胜在功能丰富上，除了打印功能，它还扩展出了复印、扫描、传真及其他功能。

（3）安装方便，占用空间小。从设备连接讲，作为一台集成的设备，无论它具有多少功能，只需要安装一次就可以了。

（4）结构灵活。多功能一体机往往是一种组合设备，即打印机、传真机、复印机和扫描仪及电脑等设备形成一个有机组合体系，各设备既彼此独立，可单独使用，又可部分组合应用，或组合后形成新的办公应用设备。

3．多功能一体机的种类

目前较为常见的多功能一体机产品在类型上一般有两种，一种包括 3 种功能，即打印、扫描、复印；另一种包括 4 种功能，即打印、复印、扫描、传真。如果从打印技术来划分一体机的分类，那么一体机可以划分为激光一体机和喷墨一体机。

除了可以根据打印技术来进行分类之外，多功能一体机还可以根据产品的功能性来进行分类。要知道，虽然都是集打印、复印、扫描、传真为一体的产品（有的产品可能没有传真功能），有的用户觉得只要功能一样，产品也就没有什么差别，但是事实却不是这样。绝大多数产品在各个功能上是有强弱之分的，是以某一个功能为主导的，因此它的这个功能便特别出色，一般情况下可以分为打印主导型、复印主导型、传真主导型，而扫描主导型的产品还不多见。当然也有些全能型的产品，它的各个功能都非常强，不过价格上也相对贵一些。

4．多功能一体机的发展趋势

多功能一体机凭借其体积小、功能全、操作简便、节省开支等良好性能，给波澜不惊的办公市场增添了几许新的活力。业内人士预言，在不久的将来，多功能一体机必将成为办公自动化设备的消费热点。其发展趋势主要有如下 4 个方面。

（1）网络打印

目前，多功能一体机市场每年都以接近 50%的速度增长，在这一增长趋势下，市场结构势必产生变化。办公用户逐步由使用简单的桌面打印发展到使用带有网络功能的单功能打印机及多功能桌面一体机，多功能一体机向网络方向发展已经成为不可阻挡的趋势。

（2）文印管理优势突出

文印管理关系到企业得运营流程，小到一个普通员工的日常使用，中到企业流程运营的顺利，大到企业成本管理和发展，都与文印有密切的关联。

一台具备网络连接的多功能一体机能够大幅度提高企业的文印效率，而如何控制来自各个员工的文印作业，有效节约成本、减少不必要的费用支出也成为企业和厂商共同关注的问题。不少厂商都推出了针对企业的文档管理软件解决方案，帮助企业实现科学的文档管理，例如富士施乐推出的 DocuWorks7.0 文档管理软件解决方案，在提高工作效率的同时最大限度地发挥信息的价值，同时也大大提高了多功能一体机产品的性能。

（3）做好差异化服务

企业用户需要的，是既高效又经济的产品和解决方案，用户需求的差异化成为未来多功能一体机发展的重要趋势。为了应对这一趋势，很多多功能一体机厂商通过研发增值功能为客户带来更多的附加价值，丰富的文件管理流程服务、信息安全服务、移动办公服务、文件管理服务以及个性化服务在为用户带来便利的同时，也带来了一定的应用难度。由于多功能一体机具有易消耗和易损耗的特点，很多企业被维护、保养、更换零配件等后期工作搞得焦头烂额，办公效率受到影响，也导致了后期成本居高不下。这严重影响了多功能一体机的推广，不过近几年已经有厂商提出了诸如“全包服务”的口号，在外包服务方面加大了技术支持的力度，以期为用户打造一站式的简便实用流程，在未来突破这一影响多功能一体机市场发展的瓶颈。

（4）倡导绿色节能办公

多功能一体机市场发展的另一个重要趋势就是环保，这主要体现在节能、减排以及环保材料的应用等几个方面。

随着“节能减排绿色发展”的理念被越来越多中国企业所认同，绿色节能等技术也越来越多的出现在多功能一体机厂商的产品宣传中。大量以节能环保为主要卖点的一体机产品进入中国市场，选择适当的设备实施绿色文印，不仅能够改善环境，更能对企业自身产生积极的影响。

办公输出设备大约 90%的时间都处于休眠状态，因此休眠状态的能耗指标非常重要。爱普生在多功能一体机产品中使用了环保健康的 DURABriteUltra 颜料墨水，跟激光打印机相比，这种墨水不会产生粉尘和臭氧排放，为用户营造一个健康的打印环境。此外，爱普生正努力构筑废旧商品的回收、再生利用系统，将回收来的废旧商品进行最大限度的资源再生利用，目前已经在中国开展了商品的回收、再生利用活动。

3.6.2 多功能一体机的技术指标

由于多功能一体机是集众多功能于一身，因此有许多技术参数都有点近似，比如分辨率就有打印分辨率、扫描分辨率、传真分辨率、复印分辨率等。这些技术参数绝对不是可以等同的。要了解一体机的性能，认清这些技术参数是非常有必要的。

1．分辨率

分辨率是许多产品都具有的一个技术指标，如打印机、复印机、多功能一体机等。分辨率的单位是 dpi（dot per inch），即指在每一个平方英寸可以表现出多少个点，它直接关系到产品输出图像和文字质量的好坏。分辨率一般用垂直分辨率和水平分辨率相乘表示。如产品的分辨率为 600dpi×600dpi，就是表示此产品在一平方英寸区域的表现力为水平 600 个点，垂直 600 个点，总共 36000 个点。分辨率越高，数值越大，就意味着产品输出的质量越高。由于多功能一体机是集众多功能于一身，有打印分辨率、扫描分辨率、传真分辨率、复印分辨率等，在购买时要根据自己平时工作中最需要的功能去侧重购买，通常大家比较关心的是打印分辨率和扫描分辨率，目前打印分辨率最高已达 5760 dpi×1440dpi，扫描分辨率最高已达 2400 dpi×1800dpi。

2．传送速度

（1）打印速度（页/分）

即 Papers Per Minute，每分钟打印的页数，这是衡量打印机打印速度的重要参数，是指连续打印时的平均速度。

（2）复印速度（页/分）

单位时间内连续复印张数，是复印机最主要的性能参数，单位为秒/页，速度越快表明复印机性能越好。

（3）传送速度（秒/页）

传送速度是指传真机发送 1 页国际标准样张所需要的时间。发送时间一般在 3～13s。发送时间的长短，取决于多功能一体机所采用的调制解调器速度、电路形式及软件编程。截至 2016 年 12 月，市面上的多功能一体机调制解调器的最高速度为 33.6Kbit/s，发送时间最快可达 3s。发送时间越短，传送效率就越高，而且如果每次发送的文件越多，所花费的电信费用也越低。

（4）调制解调器速度（bit/s）

Modem 的实际传输速度又称 DCE（Data Circuit- Terminal Equipment）速率，单位是 bit/s。常见速率有 14.4 Kbit/s、33.6Kbit/s-2.4Kbit/s 自适应、33.6Kbit/s。

3．复印尺寸

复印尺寸指的是多功能一体机能够复印输出的最大尺寸。一般来说，产品的最大复印尺寸大于或等于最大原稿尺寸。由于多功能一体机的复印输出是通过打印部件来实现的，因此多功能一体机的复印尺寸不可能超出产品的打印尺寸，一般多是和产品的打印尺寸一样。

4．适用平台

适用平台指的是产品可以在哪些操作系统的下运行工作。任何与计算机相关的产品，在没有操作系统的支持下都是没有办法工作的，多功能一体机也是如此。能够适用的操作系统越多，多功能一体机的适用性也就越强，能够应用的范围也就越广泛。

众所周知，Windows 操作系统是目前计算机最主流的操作系统，因此能够在 Windows 系统下运行是最起码的要求。同时，多功能一体机是为与图形图像打印息息相关的。而在图形图像处理的领域中，许多用户使用的是 Apple 产品，因此多功能一体机还应该支持 Apple 产品使用的 Mac OS 操作系统，目前较为常见的 Mac OS 操作系统的版本有 Mac OS 9.1、9.2x、Mac OS X v10.2x。

3.6.3　多功能一体机的选购

实际选择中，可以通过以下几个步骤完成对多功能一体机的选择。

1．分辨率

前面已经分析过，分辨率是多功能一体机比较重要的一个参数，根据功能不同，分为打印分辨率、复印分辨率等。分辨率越高，数值越大，就意味着产品输出的质量越高。在预算允许的情况下，应尽可能选择分辨率高的产品。

2．速度方面

根据前面的描述，多功能一体机的速度分为打印速度、复印速度、传送速度和调制解调器的速度，一般在选择的时候，肯定会选择速度快的。但是，如果这几种速度不能兼得如何选择呢？

根据前面的描述，对于大多数多功能一体机来说，并不是每一个功能都很优秀，而是以某一个功能为主导的，而且它的这个功能会特别出色，据此可以将一体机分为打印主导型、复印主导型、传真主导型和扫描主导型。鉴于此，如果在选购时碰到各种速度不能兼得的情况，可根据自己的常用功能来选择其主导类型。例如购买后以打印业务为主，则选择打印主导型。

3．色彩方面

输出彩色文档为主的用户应考察喷墨一体机和彩色激光一体机，如果预算较小，就从喷墨一体机中选择，主要包括惠普、佳能、爱普生三大品牌。如果输出黑白文档为主，则考虑激光一体机。另外，在选择喷墨还是激光产品时，还需要考虑一个因素，那就是月打印量，如果月打印量在 3000 以上，建议选择激光产品，打印量较小的可以选择喷墨设备。

4．功能方面

如今的多功能一体机已经不仅仅局限于打印、复印、扫描、传真四大基本功能上了，双面打印、光盘打印、插卡打印、网络打印、U 盘打印等越来越丰富的应用功能体现在一体机上，所以消费者选择时一定要选择恰好能满足需求的功能，对提升办公效率有帮助的功能，毕竟增加一项功能，在采购成本上会有体现的。

5．实用性

选择一体机还需要考察其实用性和易用性，例如后期耗材是否容易买到、兼容耗材与原装耗材的使用效果和使用成本、一体机是否支持中文显示、传真功能有无电话手柄等。

6．多任务

购买多功能一体机自然希望它的多项功能可以同时运行，比如在打印的同时可以进行扫描、接收传真。要达到这个要求，就需要该一体机配置了比较强大的处理器和足够的内存，并可以根据今后业务的扩充进行方便的内存升级。

7．维修和服务

用户在选择多功能产品时最担心的问题就是维修是否方便。多功能一体机集成功能多，单靠个人维修很难解决所有问题，所以在选购时最好选择保修期长的产品。目前市场上各种主流多功能产品的保修期也在一年以上。另外，在服务方面，用户在购买产品的同时是否购买了周到全面的服务，特别是厂商是否具备快速反应能力很重要。主流厂商因其产品在市场上有广泛的普及，因此对于用户的难题一般会具有迅速及时的响应和解决问题的能力。

3.7　本章实训

1. 熟悉常用光驱及刻录机的使用方法。
2. 掌握移动硬盘的使用方法。
3. 练习常见 LCD 显示器的屏幕调整。
4. 掌握音箱的连接及使用方法。
5. 了解不同类型的多功能一体机。

3.8 本章习题

1. 简述键盘的分类。
2. 简述外部设备的分类。
3. 简述键盘、鼠标的选购注意事项。
4. 笔记本电脑键盘有哪几种?
5. 光驱的基本工作原理是什么?
6. 简述刻录机的基本工作原理。
7. 简述光驱选购的注意事项。
8. 笔记本电脑光驱有哪几种?
9. 简述刻录机的相关技术。
10. 简述刻录机选购的注意事项。
11. 简述音箱的性能指标。
12. 简述耳机的主要性能指标。
13. 音频外放的选购注意事项是什么?
14. 液晶显示器有哪几种?
15. LCD 显示器的性能指标是什么?
16. LCD 显示器的工作原理是什么?
17. 显示器选购注意事项是什么?
18. 多功能一体机的特点有哪些?
19. 多功能一体机的技术指标有哪些?

扫一扫

获取本章习题指导

本章小结

本章主要介绍了计算机的外设部件，分别以键盘与鼠标、外部存储设备、音频外设、显示器、多功能一体机为主题展开，详细介绍了各件部件的相关知识、结构和工作原理及选购知识。

Chapter 4 第 4 章 计算机硬件组装

内容概要与学习要求：

本章主要介绍台式计算机的装机准备工作、装机流程，还介绍了笔记本电脑的拆装步骤，本章内容是对硬件基础部分的综合应用，对于加深对计算机硬件的认识、提高动手能力起着至关重要的作用。要求读者熟练掌握装机的流程以及注意事项。

扫一扫

获取本章学习指导

4.1 准备工作

通过前文对计算机硬件结构的了解和学习，读者已经初步掌握了计算机部件的基础知识，接下来就可以开始动手组装计算机了。

4.1.1 安装前的准备

在开始组装计算机之前，还要进行如下几项准备工作。

1．准备工作台

安装前要找一个摆放计算机配件和工具的宽阔的平台，最好是电脑桌，如果没有电脑桌，其他桌子或者茶几之类的也可以作为替代品。

2．准备工具

组装计算机的过程中用到的工具主要有十字螺丝刀和尖嘴钳。为了安装方便，最好能再准备一些常用的工具，如镊子、电工刀（或刀片）、电笔和一个能盛小东西用的器皿等。如果有条件，可以再准备一块万用表，以备不时之需。

计算机中的大部分配件都是用十字螺丝来固定的，所以，十字螺丝刀是必不可少的工具。而且最好是带磁性的螺丝刀，这样可以吸住螺丝使安装方便，螺丝落入狭小的空间后也容易取出来。

尖嘴钳可以用来折断一些材质较硬的机箱后挡板，也可以用来夹取一些细小的螺丝、螺丝帽、跳线帽等小零件。此外，组装计算机时遇到不易插拔的设备时将会用到尖嘴钳，组装计算机时经常会遇到跳线问题，也用到尖嘴钳，当然也可以使用镊子来代替。

防静电手镯，也叫防静电腕带，用于释放人体携带的静电，保护安装过程中的设备。

导热硅胶：在安装高频率 CPU 时导热硅胶（硅脂）必不可少，在安装前务必准备一支，以备不时之需。

电源排型插座：由于计算机硬件系统不只一个设备需要供电，所以一定要准备一个多孔型插座，以方便测试机器时使用。

3．准备计算机配件

在取出计算机配件之前，先要找一些硬纸板、报纸或者纯棉布等铺在工作台上，不要用化纤布或者塑料布，以防止产生静电损坏配件。然后将计算机配件、产品说明书及随机光盘分别取出，去掉配件上的残留胶带、泡沫后，整齐地摆放在工作台的一端，如图 4.1 所示，检查硬件产品中随机赠送的零配件是否齐全，看有些硬件安装过程中需要的辅助材料是否配齐（如CPU安装过程中用到的导热硅胶，这是安装过程中的必需品，注意不要丢失）。

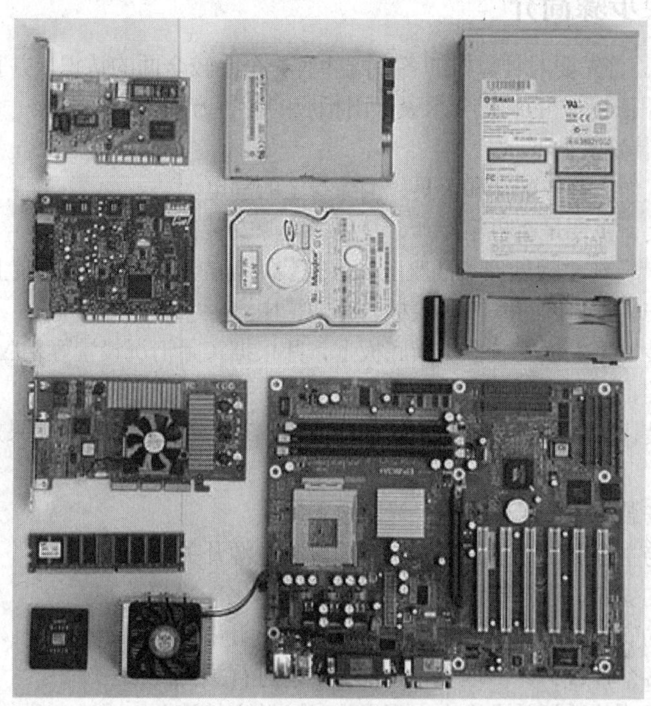

图 4.1　摆放整齐的计算机配件

4．准备启动盘

现在 Windows 系统的安装已非常便捷，光盘安装已被弃用，大多采用 U 盘安装的方式，多数安装盘都能直接引导系统，如果准备的安装盘不能直接引导，那就要自行创建一张启动 U 盘。

5．注意事项

（1）安装要正确到位

一般情况下，计算机的线缆连接和板卡连接都有防误插设施，如缺口或倒角等，只要留意它们，就会避免出错。如果有些线缆插头或板卡插不进去，应该考虑是不是插错了，千万不要硬来，防止损坏计算机配件。

在连接正常的情况下，一般线缆和板卡都与相应的插座和插槽连接的比较吻合、牢固，如果出现不牢固的现象，就要考虑是不是安装不到位，应该详细地阅读说明书，重新进行安装，以免安装完成后出现许多不必要的麻烦。

（2）不要带电插拔

带电插拔是指在计算机处于加电状态下进行插拔元器件及插头等操作，这种操作对元器件损害很大。因为元器件带电时，突然断电会在器件内部产生瞬间的大电流，容易击穿元器件，所以在安装过程中应注意先关掉电源，把设备的电源插头拔下后再进行插拔操作。

（3）细心操作，用力适度

在安装过程中，要认真仔细，不要把线头、螺钉等遗留在计算机主机箱内。如果不慎落入，应及时用镊子或尖嘴钳取出，防止因此引起短路烧坏主板。

在拧紧螺栓或螺母时，要适度用力，并且在遇到阻力时应及时停止，检查原因。过度拧紧螺栓或螺母可能会损坏主板或其他塑料组件。

4.1.2 组装步骤简介

要组装计算机，首先要对计算机的各个配件有一个比较全面的认识，并且要了解组装的基本过程，然后才能根据不同的装机要求设计出相应的配置方案，最后按照一定的步骤完成计算机的组装。具体组装步骤如下。

① 做好准备工作，备齐配件和工具，消除身上的静电。

② 电源的安装，主要是将机箱打开，并且将电源安装在里面。

③ CPU 的安装，在主板处理器插座上插入安装所需的 CPU，并且安装上散热风扇。

④ 内存条的安装，将内存条插入主板内存插槽中。

⑤ 主板的安装，将主板安装在机箱底板上，并根据实际情况设置好相应的跳线。

⑥ 显卡的安装，根据显卡总线选择合适的插槽。

⑦ 声卡的安装，现在市场主流声卡多为 PCI 和 PCI-E 插槽的声卡，如果是集成声卡可跳过该步骤。

⑧ 驱动器的安装，主要针对硬盘、光驱进行安装。

⑨ 插接机箱与主板间的连线，即各种指示灯、电源开关线。

⑩ 输入设备的安装，连接键盘、鼠标与主机一体化。

⑪ 输出设备的安装，即显示器的安装。

⑫ 重新检查各个接线，并清理机箱内部，准备进行测试。

⑬ 检查完毕后，确认机箱内没有金属异物时，盖上机箱盖。

⑭ 给计算机加电，若显示器能够正常显示，表明初装已经正确，进入 BIOS 进行系统初始设置。

⑮ 保存新的配置，重新启动系统。

实质上，组装计算机并没有什么具体的步骤要求，只要遵循安全和便于安装的原则，根据不同的主板、机箱结构来决定组装的步骤。

4.2 组装计算机

4.2.1 安装 CPU

当前市场中，Intel 处理器的接口大多采用 LGA1150 和 LGA1151，如图 4.2 所示。

Intel 平台的针脚都在主板上而不是 CPU 上，因此对应也有 3 种 CPU 护盖用来保护主板的 CPU 插槽。目前 8 系列以及大部分 7 系列主板都采用了外扣的护盖，这种护盖可以兼容所有 Core i 系列主板（LGA1156/LGA1155/LGA1150）。

图 4.2　LGA1150、LGA1151 CPU 外观

CPU 安装步骤如图 4.3 所示。

a. 打开 CPU 底座的金属卡子，将拉杆向下推，轻压拉杆并向外侧拉开。

b. 用拇指和食指捏住 CPU，确保插槽的定位点与 CPU 的缺口对齐（图中小圆圈处有标记同 CPU 上的三角形标记是对应的），将 CPU 垂直放入插槽，切勿倾斜或滑动；轻轻地放开处理器，确保其在插槽中正确就位。

c. 去掉主板的保护盖。

d. 左手轻压 CPU，右手拉下拉杆。

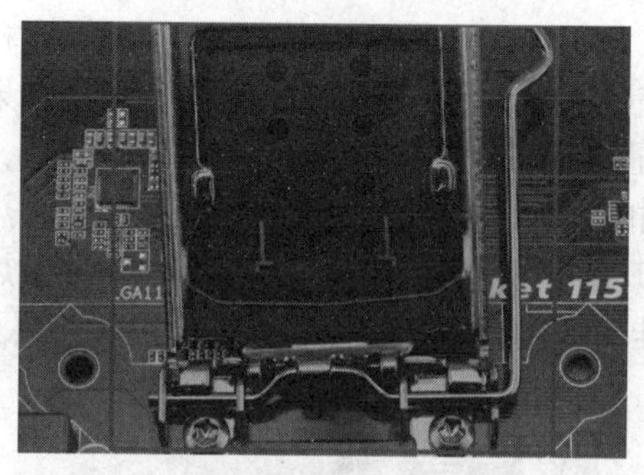

a

b

c

d

图 4.3　CPU 的安装步骤

注意

Intel 主板都有护盖来保护 CPU 插槽，如图 4.4 所示，因此装 CPU 第一步就是拆除护盖。对于外扣 CPU 护盖，首先要掀起扣具，然后用拇指顶一下即可把护盖拆下。如果是内嵌 CPU 护盖，掀起扣具后，食指按住护盖上部，用拇指从 REMOVE 突出部分把护盖掀起后两指捏住轻轻一拨就可以拆下。

图 4.4　CPU 的两种护盖

在安装 CPU 时，需要特别注意，CPU 处理器的一个角上有一个三角形的标识（见图 4.3（b）），主板上的 CPU 插座同样有一个三角形的标识，安装时，CPU 上印有三角标识的那个角要与主板上印有三角标识的那个角对齐，然后慢慢地将处理器轻压到位即可。这不仅适用于 Intel 的处理器，而且适用于目前所有品牌的 CPU 安装，特别是对于采用针脚设计的 CPU 而言，如果方向不对则无法安装到位，安装时要特别注意。

4.2.2　安装散热器

CPU 发热量是相当惊人的，目前，功率为 65W 和 91W 的产品已经成为主流，但即使这样，其在运行时的发热量仍然相当惊人。因此，选择一款散热性能出色的散热器特别关键。而且如果散热器安装不当，散热的效果也会大打折扣。图 4.5 所示是 Intel LGA115X 接口处理器的散热器，较之前的 478 针接口散热器做了很大的改进：由以前的扣具设计改成了如今的四角固定设计，散热效果也得到了很大的提高。安装散热器前，要先在 CPU 表面均匀地涂上一层导热硅脂（很多散热器在购买时已经在底部与 CPU 接触的部分涂上了导热硅脂，这时就没有必要再在 CPU 上涂一层了）。

图 4.5　CPU 散热器外观

安装时，将散热器的四角对准主板上的 4 个 CPU 风扇固定孔，然后用力压下四角扣具即可，如图 4.6 所示。有些散热器采用了螺丝设计，因此散热器会提供相应的垫角，只需要保证使 4 颗螺丝受力均衡即可。

固定好散热器后，还要将散热风扇接到主板的供电接口上，如图 4.7 所示。找到主板上安装风扇的接口（主板上的标识字符为 CPU_FANz 或 CFNA），将风扇插头插放即可（注意：目前有 4 针与 3 针等几种不同的风扇接口）。由于主板的风扇电源插头都采用了防误插的设计，反方向无法插入，因此安装起来相当方便。

图 4.6　固定散热器

图 4.7　连接风扇供电接口

4.2.3　安装内存条

在内存成为影响系统整体性能的最大瓶颈时，双通道的内存设计大大解决了这一问题。提供 Intel 64 位处理器支持的主板目前均提供双通道功能，因此建议在选购内存时尽量选择两根同规格的内存来搭建双通道。

主板上的内存插槽一般都采用两种不同的颜色来区分双通道与单通道。将两条规格相同的内存条插入相同颜色的插槽中，即打开了双通道功能。支持 DDR4 内存的主板通常有 4 通道或 8 通道插槽设计，如图 4.8 所示。

图 4.8　4 通道 DDR4 内存条插槽

安装内存时，先用手将内存插槽两端的扣具打开，然后将内存平行放入内存插槽（内存插槽也使用了防误插设计，反方向无法插入。大家在安装时可以对应一下内存与插槽上的缺口），用两拇指按住内存两端轻轻向下压，听到“啪”的一声响后，即说明内存安装到位，如图 4.9 所示。一些主板的内存插口只有一边扣具是可以抬起的，另一边则是固定死的，安装时要仔细观察，避免用力过大伤及内存或主板。

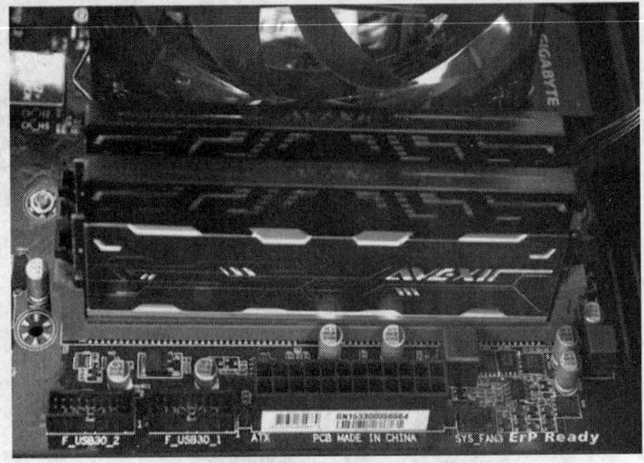

图 4.9　安装内存条

4.2.4　将主板安装固定到机箱中

目前，大部分主板为 ATX 或 MATX 结构，因此机箱的设计一般都符合这种标准。在安装主板之前，先将机箱提供的主板垫脚螺母安放到机箱主板托架的对应位置（有些机箱购买时就已经安装），如图 4.10 所示。

双手平行托住主板，将主板放入机箱中并安放到位，如图 4.11 所示，可以通过机箱背部的主板挡板来确定（注意：不同主板的背部 I/O 接口是不同的，主板的包装中均提供一块背挡板，因此在安装主板之前先要将挡板安装到机箱上）。

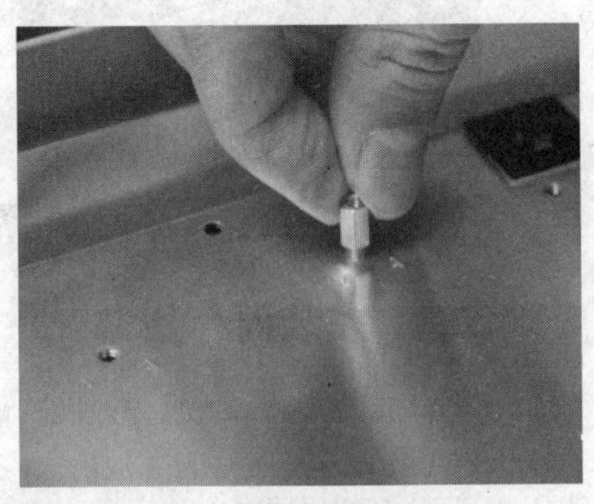

图 4.10　安装主板垫脚螺母

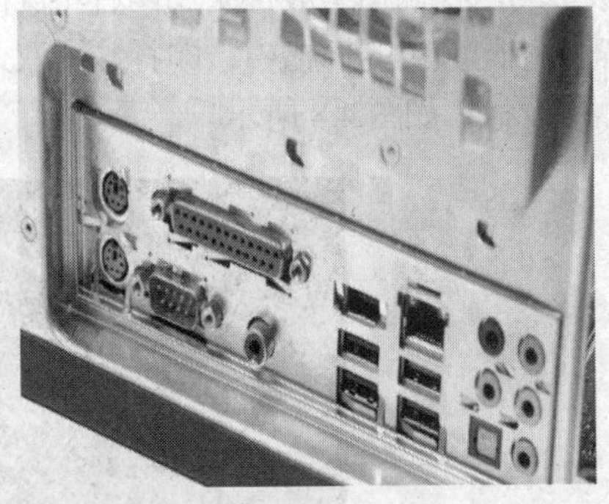

图 4.11　将主板平放到主机箱中

安装到位后，接下来就是要固定主板，如图 4.12 所示，拧紧螺丝，固定好主板，安装好的主板在机箱中的位置如图 4.13 所示（在装螺丝时，注意每颗螺丝不要一次性拧紧，等全部螺丝安装到位后，再将每粒螺丝依次拧紧，这样做的好处是随时可以对主板的位置进行调整）。

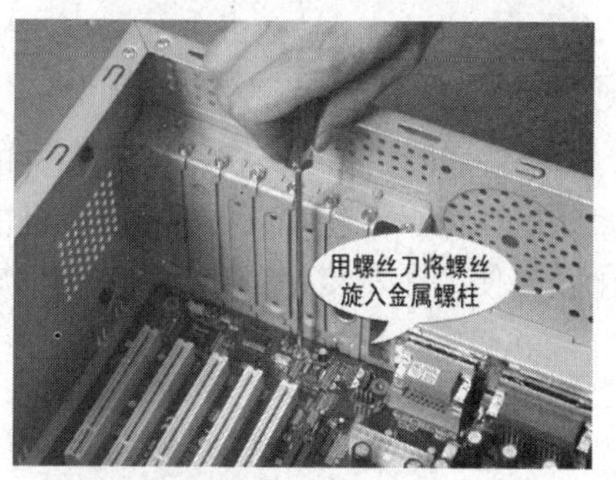

图 4.12 固定主板

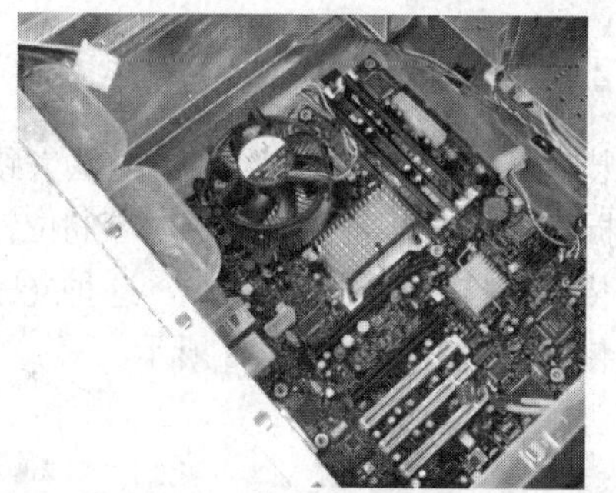

图 4.13 安装好的主板

4.2.5 安装硬盘

在安装好 CPU、内存之后，再将硬盘固定在机箱的 3.5 英寸硬盘托架上。对于普通的机箱，只需要将硬盘放入机箱的硬盘托架上，拧紧螺丝使其固定即可。如果使用了可拆卸的 3.5 英寸机箱托架，安装硬盘就更加简单。

如图 4.14 所示，右手所持为固定 3.5 寸托架的扳手，拉动此扳手即可固定或取下 3.5 英寸硬盘托架。托架取出后，就可以安装并固定硬盘了。将硬盘放到托架中，如图 4.15 所示，再从托架两边安装固定螺丝并拧紧即可。

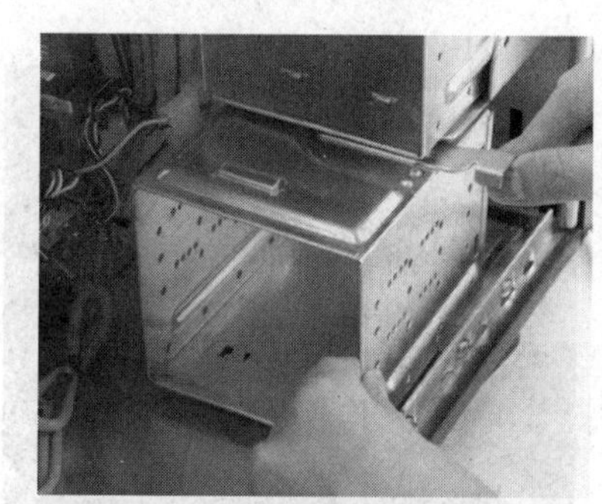

图 4.14 可拆卸 3.5 英寸硬盘托架

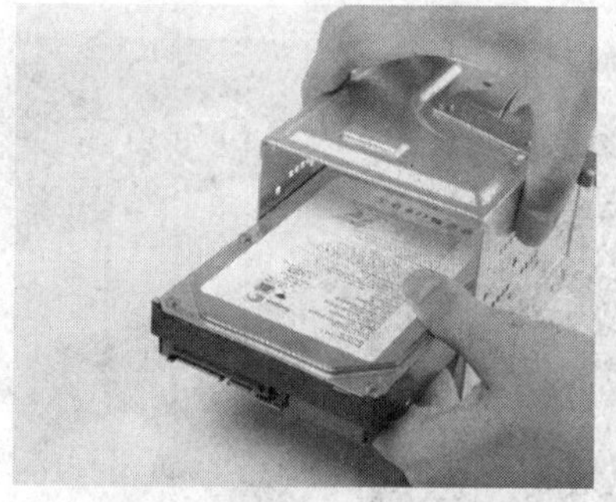

图 4.15 将硬盘装入硬盘托架

硬盘固定好后，将托架重新装入机箱，并将固定扳手拉回原位固定好硬盘托架，并检查硬盘托架是否安装牢固。安装好的硬盘及硬盘托架如图 4.16 所示。SATA 硬盘上有两个电缆插口（见图 4.17），分别是 7 针的数据线插口和 SATA 专用的 15 针电源线插口，它们都是扁平形状的，需要将数据线与电源线分别插入各自相应的位置。接下来将连接 SATA 硬盘数据线的另一端连接到主板上标有“SATA1”的接口上，并将电源线连接到电源上，完成硬盘的安装。

图 4.16 安装好的硬盘及硬盘托架

图 4.17 SATA 硬盘的电缆插口

4.2.6　安装光驱、电源

安装光驱的方法与安装硬盘的方法大致相同，对于普通的机箱，将机箱 4.25 英寸的托架前的面板拆除，只需要将光驱放入对应的位置后拧紧螺丝即可。但还有一种抽拉式设计的光驱托架，安装方式与安装硬盘不一样。这种光驱设计比较方便，在安装前先要将类似于抽屉设计的托架安装到光驱上，如图 4.18 所示。

图 4.18　装好托架的光驱

装好托架后，这种光驱的安装就变得非常简单，就像推拉抽屉一样，可以将光驱轻松地推入机箱的托架中，如图 4.19 所示。

图 4.19　安装托架式光驱

当需要取下光驱时，只要用两手按住光驱两边的弹簧片，即可拉出。

SATA 光驱接口如图 4.20 所示，可参考 SATA 硬盘的连接使用。

机箱电源的安装方法比较简单，只要按图 4.21 所示的电源所在位置放入到位后，拧紧螺丝即可。

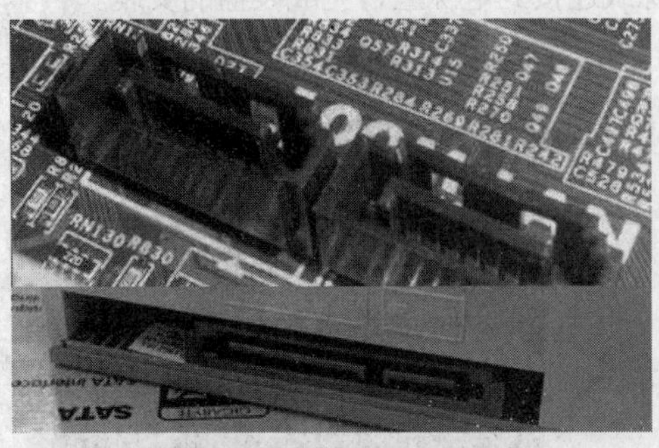

图 4.20　SATA 光驱接口

图 4.21　安装电源

4.2.7 安装显卡

目前，PCI-E 显卡已是市场主力军，AGP 基本上已见不到了，因此在选择显卡时，PCI-E 绝对是必选产品，如图 4.22 所示。

显卡的安装十分简单，用手轻握显卡两端，垂直对准主板上的显卡插槽，向下轻压到位后，再用螺丝固定即可，如图 4.23 所示。

图 4.22 主板上的 PCI-E 显卡插槽

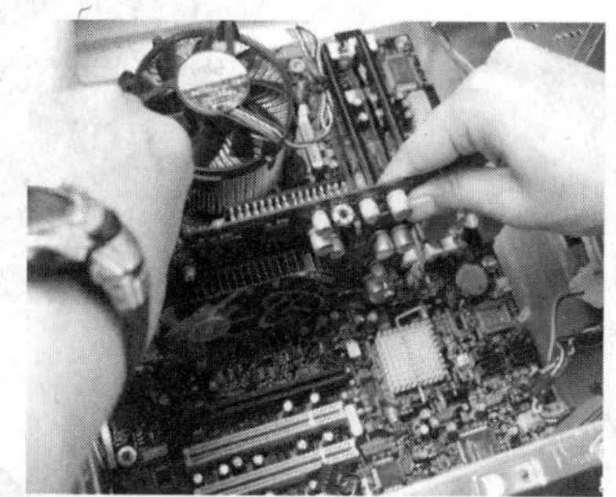

图 4.23 安装显卡

4.2.8 连接各种线缆

安装完上述主要部件之后，剩下的工作就是安装所有线缆接口了，下面进行简单介绍。

1．安装硬盘电源与数据线

如图 4.24 所示，这是一块 SATA 硬盘，图 4.24（a）中红色的线为数据线，黑黄红交叉的线是电源线，安装时将其按入即可。接口全部采用防误插设计，反方向无法插入，操作十分简单方便。然后将数据线的另外一端接到主板的 SATA 接口上即可，如图 4.24（b）所示。

（a）

（b）

图 4.24 连接硬盘数据线和电源线

扫一扫

查看图 4.24（a）彩色效果

扫一扫

查看图 4.24（b）彩色效果

2．光驱数据线安装

光驱数据线均采用防误插设计，安装数据线时可以看到 IDE 数据线的一侧有一条蓝色或红色的线，这条线要位于电源接口一侧，数据线的另一端接到主板的 IDE 接口上，如图 4.25 所示。

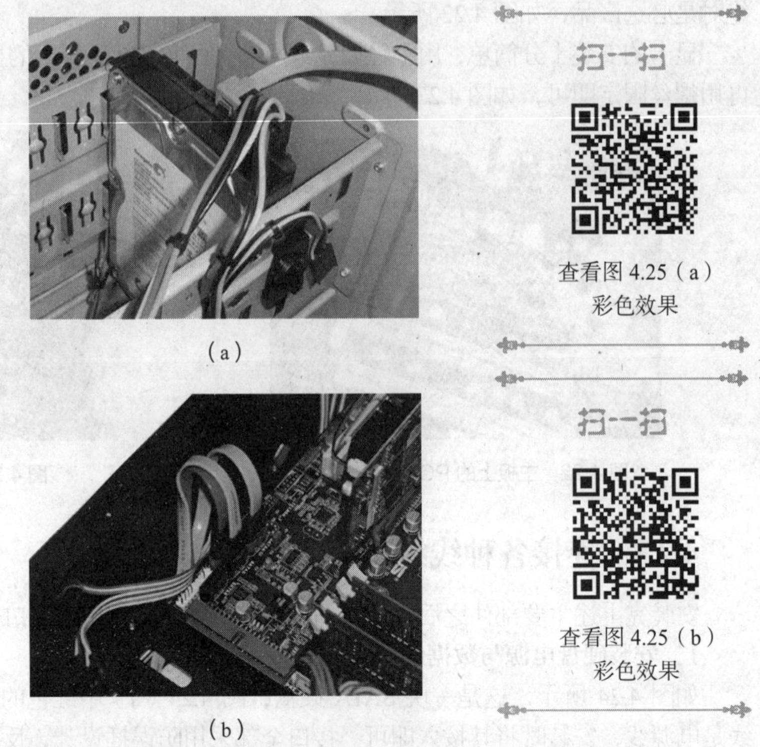

（a）

（b）

图 4.25　连接光驱数据线

3．主板供电电源连接

通过仔细观察会发现，主板供电的接口上的一面有一个凸起的槽，而在电源的供电接口上的一面也采用了卡扣式的设计，这样设计的好处一是防止用户反插，另一方面也可以使两个接口更加牢固地安装在一起，如图 4.26 所示。另外需要说明一下，目前大部分主板采用了 24pin 的供电电源设计，但仍有些主板为 20pin，在购买主板时要重点看一下，以便购买适合的电源。

4．CPU 供电接口连接

现在部分主板采用 4pin 的加强供电接口设计，高端的使用了 8pin 设计，如图 4.27 所示，用以向 CPU 提供稳定的电压供应。

图 4.26　主板供电电源连接

图 4.27　CPU 供电接口连接

5．USB 及机箱开关、重启、前置报警喇叭等接口连接

目前，USB 成为日常使用最多的接口，大部分主板提供了多达 8 个 USB 接口，但一般在背部的面板中仅提供 4 个，剩余的 4 个需要安装到机箱前置的 USB 接口上，以方便使用。现在流行的主板上均提供前置的 USB 接口，不过一般情况下机箱仅接两个前置的 USB 接口，因此只要接好一组即可，如图 4.28 所示。

如图 4.28 中的 9 个 USB 插针即为主板上提供的前置 USB 接口，安装的时候首先根据主板说明书上的连接示意图将 USB 数据线分好，通常每 4 根信号线连接一个 USB 接口，如图 4.29 所示。

图 4.28　主板上的前置 USB 接口

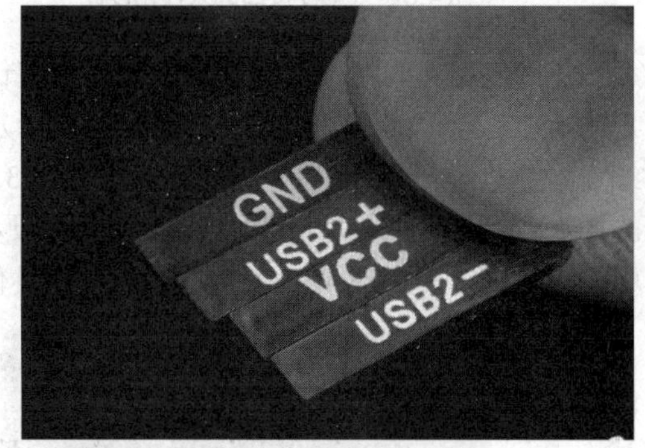

图 4.29　USB 数据线

其中 VCC 用来供电，USB2-与 USB2+分别是 USB 的负、正极接头，GND 为接地线。主板与 USB 接口的详细连接方法如图 4.30 所示。

另外，有的机箱内有两组前置 USB 接口，每一组可以外接两个 USB 接口，分别是 USB4、5 与 USB6、7 接口，可以在机箱的前面板上扩展 4 个 USB 接口（这需要机箱的支持），如图 4.31 所示。

图 4.30　USB 连接示意图

图 4.31　两组 USB 前置接口

具体的连接方法跟一组的相似，可以根据说明书的详细说明来安装，而且现在为了方便用户安装，很多主板的 USB 接口设置相当人性化，如图 4.32 所示，USB 接口有些类似于 PATA 接口的设计，采用了防误插的设计方式，只有按正确的方向操作才能够插入 USB 接口，方向不正确是无法接入的，这大大地提高了工作效率，同时也避免出现因接法不正确而烧毁主板的现象。

注意

在接线时应严格按照说明书的要求仔细安装，如果安装错误，有可能烧毁主板或者 USB 设备。

图 4.32　USB 接口的人性化设计

图 4.33　电源键、重启键等的插槽

连接机箱上的电源键、重启键等是组装计算机的最后一步，也是比较麻烦的一步，一般在说明书中都有详细的说明。主板不同，连接方式也不一样。下面根据现在流行的主板形式，详细介绍电源键、重启键等的安装方法。图 4.33 所示的一组插槽便是机箱电源、重新启动等按键的插槽；图 4.34 所示是机箱中电源、重启、硬盘指示灯和机箱前置报警喇叭的接口。要将图 4.34 中的 4 个接口插到图 4.33 中合适的位置，具体连接方法如图 4.35 所示。

图 4.34　电源、重启、硬盘指示灯和机箱前置报警喇叭的接口

其中，PWR SW 是电源接口，对应主板上的 PWR SW 接口；RESET 为重启键的接口，对应主板上的 RESET 插孔；上面的 SPEAKER 为机箱的前置报警喇叭接口，可以看到是 4pin 的结构，其中红色的那条线为+5V 供电线，与主板上的+5V 接口相对应，其他 3pin 也就很容易插入了。IDE_LED 为机箱面板上硬盘工作指示灯，对应主板上的 IDE_LED；剩下的 PLED 为计算机工作的指示灯，对应插入主板即可。需要注意的是，硬盘工作指示灯与电源指示灯区分正负极，一般情况下红色代表正极。

最后对机箱内的各种线缆进行简单整理，以提供良好的散热空间。至此，计算机的硬件组装宣告完成，如图 4.36 所示，可以进行测试和软件安装工作了。

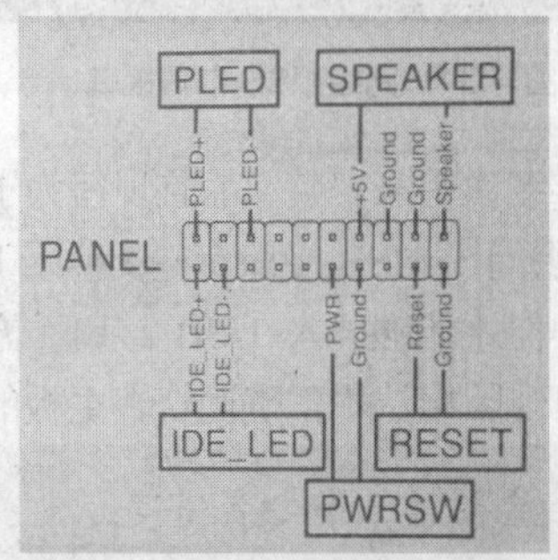

图 4.35　接口与插槽连接示意图

图 4.36　安装完成的机箱内部结构

4.3　笔记本电脑的拆装

说起笔记本电脑的安装与拆机，人们往往认为是很困难、很复杂的程序。其实，目前大部分笔记本电脑的内存、硬盘和 CPU 等大多数硬件都采用了“模块化”设计，因此笔记本电脑的硬盘、内存等也都非常好拆装，甚至就连大部分笔记本电脑的 CPU 也可以很方便地拆下来，只需要利用简单的工具就可以进行。其过程相比台式计算机来讲更为简单和容易，不过需要拆解者掌握一定的技巧和一些简单的常识，并且在操作时要更细心一点。下面详细介绍笔记本电脑主要部件的安装与拆解过程。

4.3.1　笔记本电脑的组装

许多人对台式计算机准系统都已经比较熟悉了，但是知道笔记本电脑准系统 Barebone 的人还不是太多，可以把它想像成为一个“裸体”笔记本电脑，一款只提供了笔记本电脑框架部分的产品，像基座、液晶显示屏、主板等，诸如 CPU、硬盘、光驱等其他部分需要用户自己来选购并且安装。甚至对于显示屏和主板如果用户也不满意，厂家也会提供相应的侯选产品供用户选择。目前，华硕、微星、精英等厂商都已经发布了多款这样的产品。

这里使用一款微星笔记本电脑准系统作为 DIY 的对象，这是一款基于 AMD 平台的笔记本电脑，主板使用了 ATI 芯片组 chipset，配备了 ATI Mobility Radeon X700 显卡、双层 DVD 刻录机和 15.4 英寸 WXGA 宽屏 LCD。接下来所要做的就是为其选择并安装合适的 CPU、硬盘、Mini PCI WLAN 无线网卡和内存等，如图 4.37 所示。

图 4.37　笔记本电脑全部组件

1．安装笔记本电脑 CPU 及其散热系统

笔记本电脑 CPU、热管散热器和 CPU 风扇如图 4.38 所示。接下来将笔记本电脑反置，使笔记本电脑的 D 面朝上，找一把合适的螺丝刀，将 CPU 部分的挡板卸下来，这步非常简单，可以轻松完成。卸下挡板就可以看到里面的庐山真面目了，如图 4.39 所示。中间是 CPU 插槽，CPU 上侧和左侧凹下去的部分是安装热管散热器和风扇的位置。而 CPU 的右侧和下侧则分别是 Mini PCI 无线网卡和内存的空间。

接下来开始安装 CPU，首先要将 CPU 插座右侧的杠杆拉起上推到垂直的位置，取出 CPU，把 CPU 上的针脚与插座上的缺口对准按下，就可以将 CPU 安装好了，如图 4.40 所示；最后再将右侧的杠杆放回原位，CPU 就安全地安装在 CPU 插座上了。

CPU 安装好后再安装热管散热器和风扇。因为热管散热器同时为 CPU 和显卡提供散热，所以在安装过程中先将热管散热器对准 CPU，再把热管散热片与显示核心散热的部分对好，如图 4.41 所示，然后再进行螺丝固定工作。先将 CPU 散热部分的 4 颗螺丝固定好，接着再将显示核心散热部分的螺丝固定好，如图 4.42 所示。

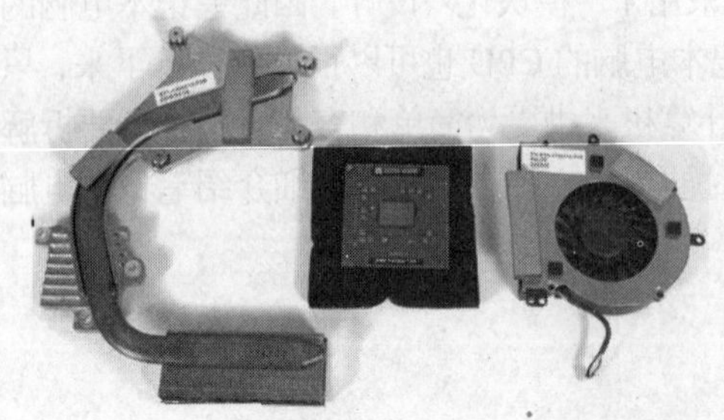

图 4.38　热管散热器、处理器和 CPU 风扇

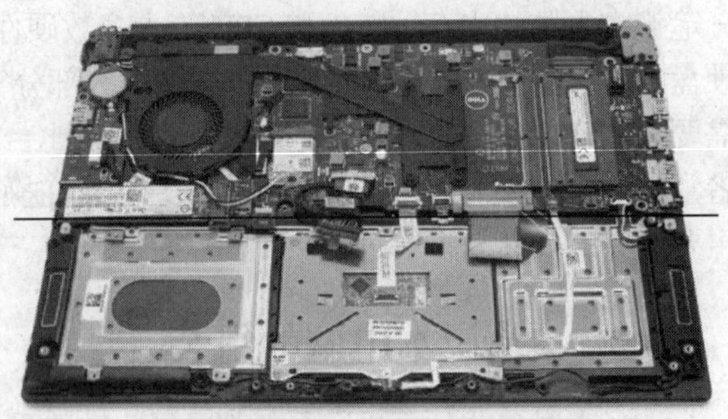

图 4.39　卸下挡板的笔记本电脑 D 面

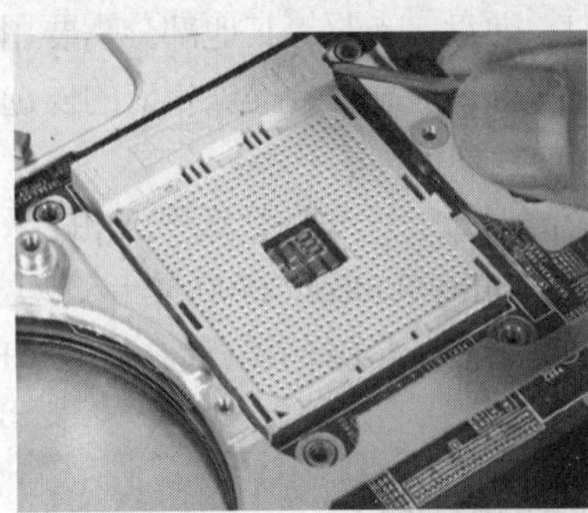

图 4.40　安装笔记本电脑 CPU

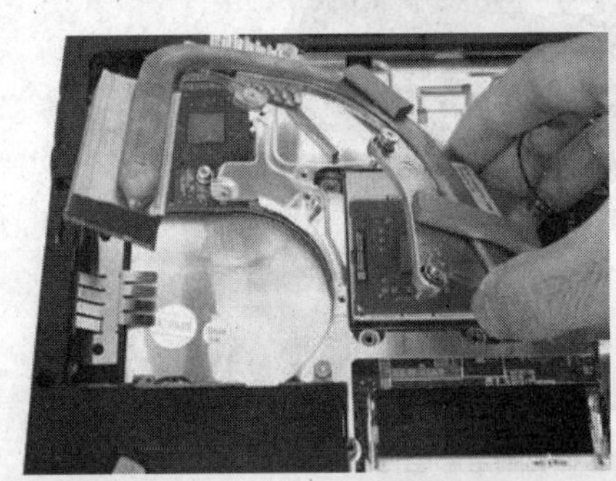

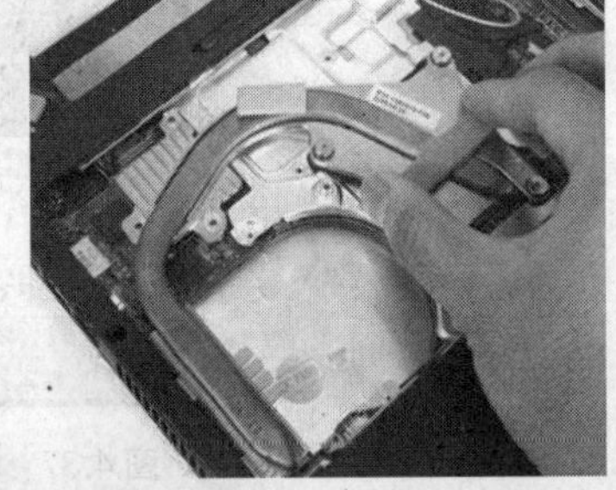

图 4.41　安装热管散热器

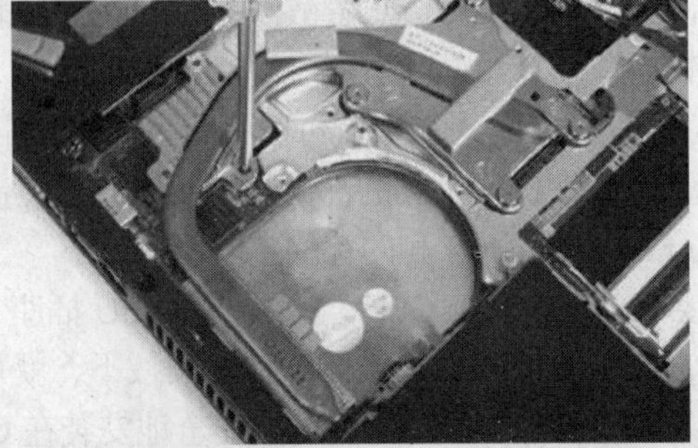

图 4.42　固定热管散热器

接下来就是安装风扇，先把风扇电源与主板上的电源接口连接好，将风扇放进凹槽，然后旋紧三颗固定螺丝，这样风扇也就可以固定好了，如图 4.43 所示。

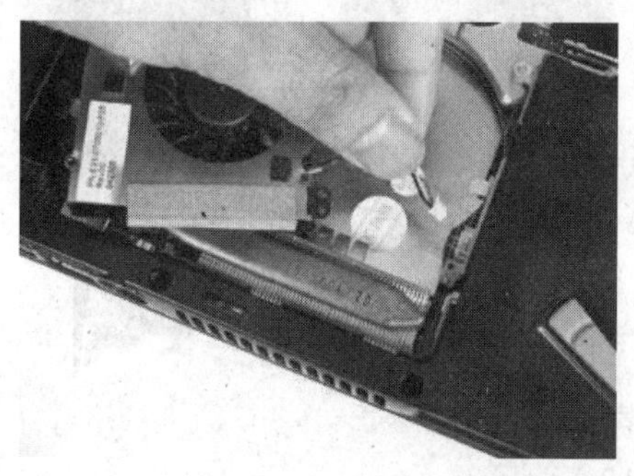

图 4.43　安装 CPU 风扇

2．安装笔记本电脑内存

笔记本电脑提供了两个内存插槽，在这里也为笔记本电脑准备两个内存条，如图 4.44 所示。首先将内存以大约 40°的角度斜插入内存插槽，然后小心往里推，同时向下轻轻一按，内存就进入合适的位置了；接着使用相同的方法将第二块内存也安装好，如图 4.45 所示。

图 4.44　笔记本电脑内存

图 4.45　安装笔记本电脑内存

3．安装 Mini PCI 无线网卡

Mini PCI 接口的无线网卡安装方法与安装内存的方法基本相同，先斜着把网卡与插槽对好，然后再轻轻往里向下按进去就可以了，接着再将 Mini PCI 无线网卡上的天线装好，无线网卡的安装即告完成，如图 4.46 所示。

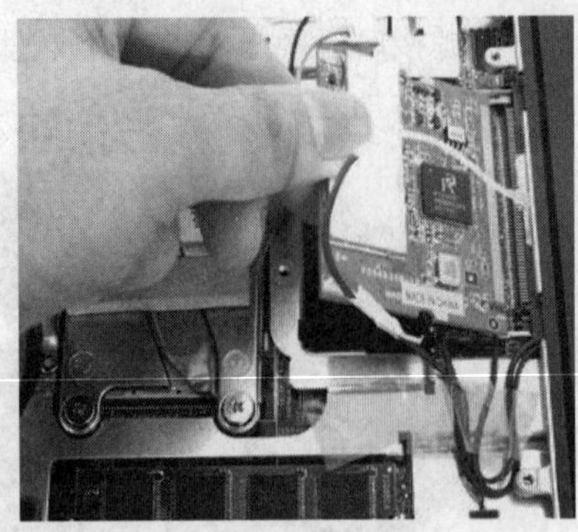
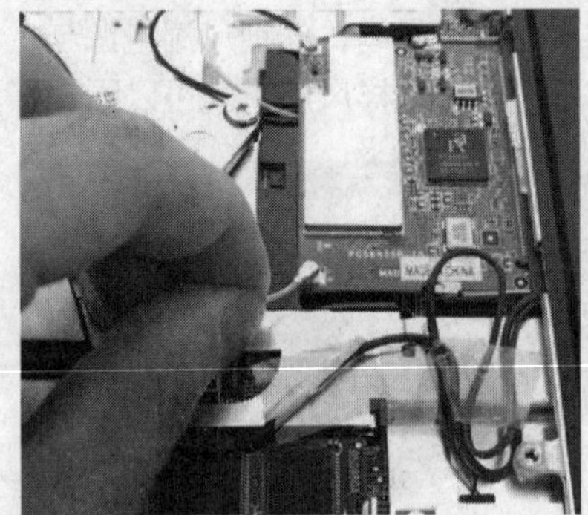

图 4.46　安装无线网卡

至此，笔记本电脑的组装工作就全部完成了。

4.3.2　拆机前的准备工作

1．准备必需的拆机工具

该部分请参照 4.1.1 小节的介绍准备工具。

2．看懂标识符

在拆机前，还要了解笔记本电脑底部的各种标识符，这样想拆下哪些部件就能一目了然。

（1）电池标识

如图 4.47 所示，只要拨动电池标识边上的卡扣，就可以拆卸电池了。

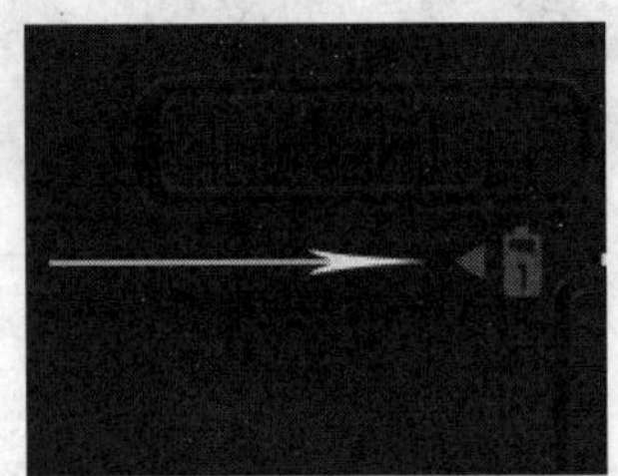

图 4.47　电池标识

（2）光驱标识

如图 4.48 所示，光驱标识旁有固定光驱的螺丝，拧下后才可以拆卸光驱，某些光驱是卡扣固定，只要扳动卡扣就可以拆卸光驱。此类光驱多支持热插拔，商用笔记本电脑多支持此技术。

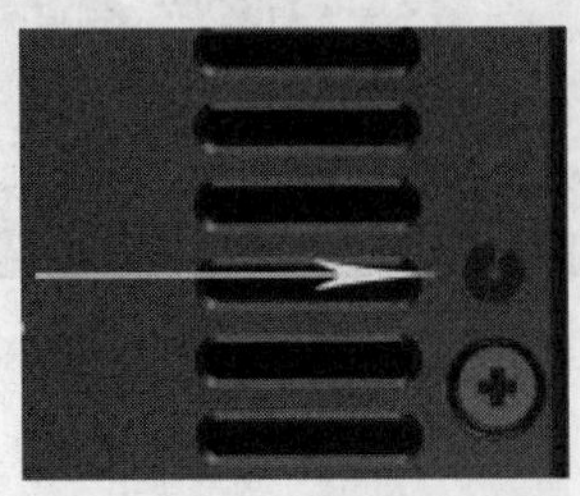

图 4.48　光驱标识

（3）内存标识

如图 4.49 所示，通常内存插槽标识有两颗螺丝固定。

（4）无线网卡标识

如图 4.50 所示，需要注意的是，不带内置无线网卡的笔记本电脑是不会有这个标识的。

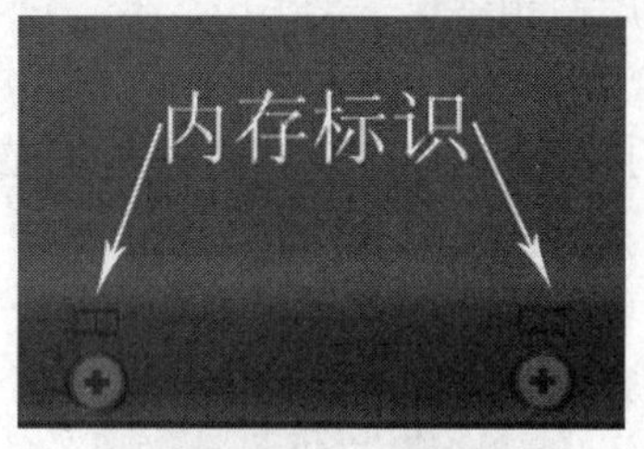

图 4.49　内存标识

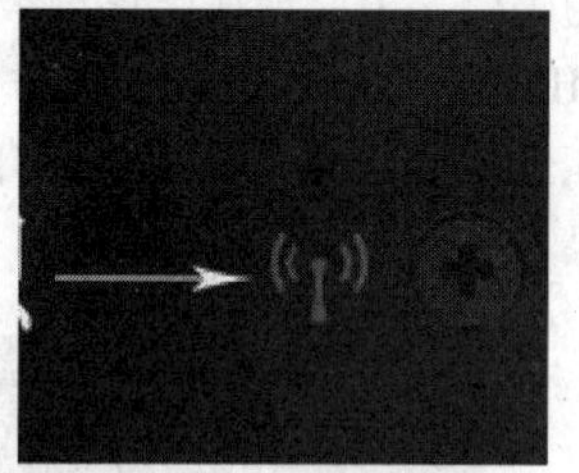

图 4.50　无线网卡标识

（5）硬盘标识

如图 4.51 所示，将标识符旁边的两颗固定螺丝拆掉就可以看到硬盘了。

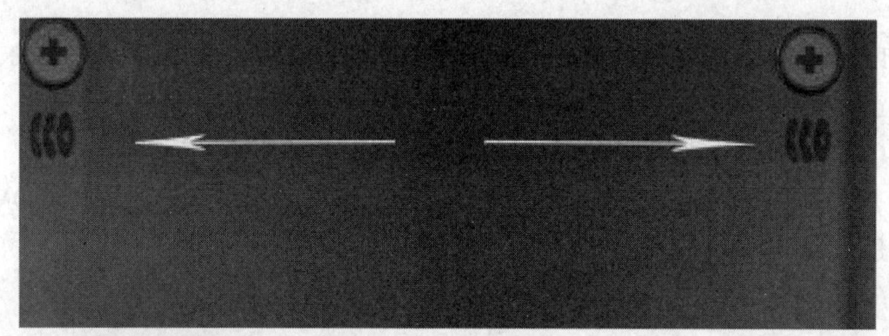

图 4.51　硬盘标识符

3．与台式计算机机接口和标识符的对比

事实上，不只笔记本电脑上有这些简单易懂的标识符，在台式计算机上也有许多类似的标识，以便提供更方便和更人性化的维修服务。

（1）鼠标/键盘标识

计算机主机箱后面有两个 PS/2 接口，用于连接鼠标和键盘，接口旁的标识符就是鼠标、键盘标识，通常在鼠标和键盘的接头上也有相同的标识，如图 4.52 所示，这两个 PS/2 接口不能插反，否则将找不到相应硬件；PS/2 接口不支持热拔插，否则会损坏相关芯片或电路。现在推出的计算机很多已经不再配备 PS/2 接口了，都被 USB 接口替代了。

（2）USB 设备标识

计算机 USB 接口旁都会有如图 4.53 所示的标识。USB 接口外形呈扁平状，是家用计算机外部接口中唯一支持热拔插的接口，可连接所有采用 USB 接口的外设，具有防误插设计，反向将不能插入。

图 4.52　鼠标键盘标识

图 4.53　USB 设备标识

（3）COM 接口标识

如图 4.54 所示，上半部分为 COM 接口标识符，下半部分为 COM 接口，该接口有 9 个针脚，也称为串口，串口现在已逐渐被取代，也有一些厂商预留了一个串口。

（4）MIC 接口标识

如图 4.55 所示，左边为 MIC 接口，右边为 MIC 接口标识。MIC 接口与麦克风连接，用于聊天或者录音。

图 4.54　COM 接口标识

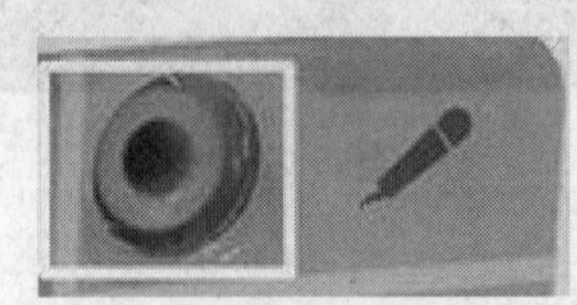

图 4.55　MIC 标识

（5）Line In 接口标识：位于 Line Out 和 Mic 中间的那个接口是音频输入接口，需和其他音频专业设备相连，家庭用户一般闲置无用。其标识如图 4.56 所示。

（6）Line Out 接口标识

如图 4.57 所示即为 Line Out 接口和 Line Out 接口标识，通常该接口靠近 COM 接口，可以通过音频线连接音箱的 Line 接口，输出经过电脑处理的各种音频信号。

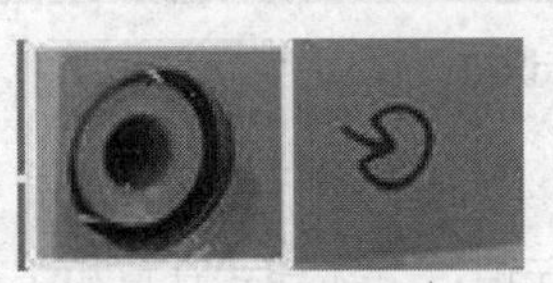

图 4.56　Line In 接口标识

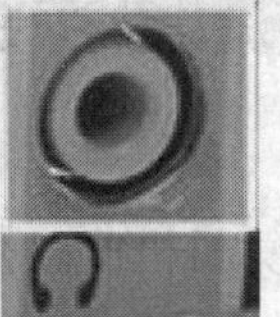

图 4.57　Line Out 接口标识

（7）显卡接口标识

蓝色的 15 针 D-Sub 接口是一种模拟信号输出接口，如图 4.58 所示，用来双向传输视频信号到显示器。该接口用来连接显示器上的 15 针视频线。

（8）网卡接口标识

网卡接口一般位于网卡的挡板上，也有很多主板集成了网卡，但接口和标识符是一样的，如图 4.59 所示。将网线的水晶头插入，正常情况下网卡上红色的链路灯会亮起，传输数据时会亮起绿色的数据灯。

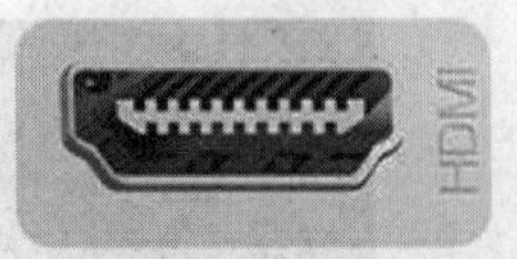

图 4.58　显卡接口及标识

图 4.59　网卡接口及标识

（9）台式计算机端口全貌

以最新酷睿 i7 电脑主机端口为例，如图 4.60 所示。

1-电源按钮；　2-光驱；
3-指示灯；　4-SD 读卡器；
5-音频接口；　6-USB 2.0 接口；
7-USB 3.0 接口；　8-线缆盖安装孔；
9-侧面盖卡扣；　10-系统排风扇；
11-扩展卡挡板；　12-电源接口；
13-HDMI 接口；　14-DP 高清接口；
15-串行端口；　16-PS/2 接口；
17-USB 3.0 接口；18-USB 2.0 接口；
19-RJ-45 接口

图 4.60　电脑主机端口

4．拆机前的注意事项

笔记本电脑是精密的高科技设备，即使专业人员也要非常仔细地拆装，拆装前和拆装后应注意的事项有如下几项。

- 不能带电工作。先将笔记本电脑关机、断电，拆去外围设备，如 AC 适配器、电源线、pc 卡及其他电缆。
- 拆去电源和电池后，最好打开电源开关一秒后关闭，以释放内部直流电路的电量。
- 消除身上的静电。可以接触金属物体或用水洗手，并在工作台上铺一块防静电软垫，确保工作台表面的平整和整洁的同时防止刮伤笔记本电脑的外壳。另外在拆解过程中最好能戴上静电释放腕带。
- 拆装要绝对细心，拆装部件时要仔细观察明确拆装顺序和安装部位，必要时用笔记下或用数码相机拍下。
- 准备几个小盒子并分别编号，用于盛放拆下来的固定螺丝。
- 键盘、触摸屏、风扇电线等不要直接拉拽，明确端口如何吻合再动手，用力不要太大。
- 不能压按硬盘、光驱等设备。

4.3.3　笔记本电脑的拆机

在准备好拆机工具和了解了拆机前的准备工作后，就可以正式拆机了。

1．拆卸电池

在拆卸笔记本电脑之前，一定要做好的一件事是断电。因为拆卸过程不能带电操作，笔记本电脑光关机是不行的，还要切断外接电源并卸下电池，如图 4.61 所示。

2．拆解键盘和掌托

在进行键盘和掌托拆解之前先要确定笔记本电脑键盘的封装类型，现在常见的主要有 3 种，一种是内嵌式固定型，一种是卡扣固定型，还有一种是螺丝固定型。

（1）内嵌式固定型键盘拆解方法。

这种键盘的固定方式多见于 DELL 商务机型和日系的笔记本电脑中，从机身后面看不见固定螺丝，拆解时要先把键盘上方的压条拆除。这种压条在笔记本电脑背后通常有固定螺丝。根据 D 面上的图标指示取下螺丝后，就可以拿掉挡板了，如图 4.62 所示。

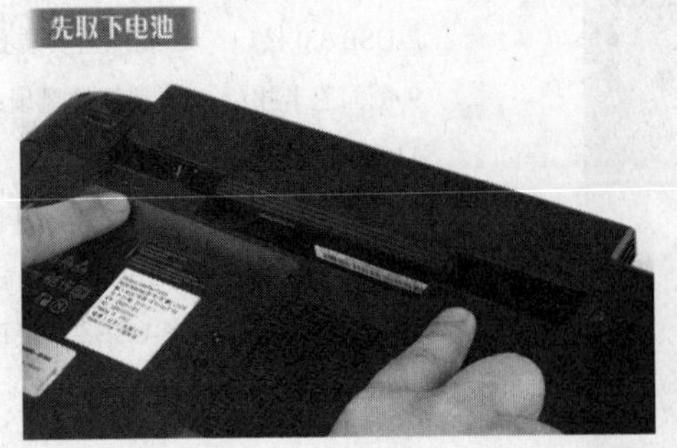

图 4.61　取下电池

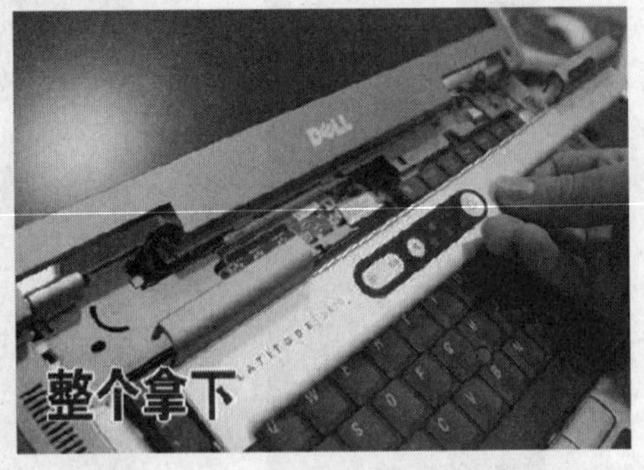

图 4.62　取下压条

注 意

有些采用内嵌式键盘的笔记本电脑挡板并没有采用螺丝固定，而是将挡板直接卡在键盘上方，此时只需将挡板从一端撬起即可拿下挡板。

之后就能看见固定键盘的螺丝了，一般在键盘上沿中间部位卸掉螺丝后，就可以轻松拿起键盘了，不过此时要千万注意慢慢从一边掀起键盘，因为键盘底下有数据线，稍不留神，就可能会损坏，如图 4.63 所示。

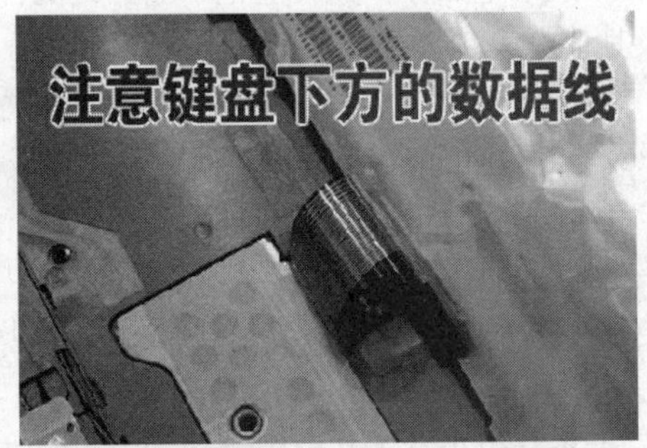

图 4.63　键盘的固定螺丝和数据线

（2）卡扣式键盘的拆法

下面就来看看卡扣式键盘的拆法，这类键盘多见于台系笔记本电脑。

如图 4.64 所示，因为笔记本电脑的厂商众多，卡扣的设计也各不相同，图 4.64 中所示为两种不同的卡扣。

图 4.64　卡扣式键盘

卡扣式键盘的拆卸比较简单，首先从笔记本电脑背面将固定螺丝卸掉，一般只有一个；接下来用螺丝刀或其他硬物将卡扣撬开，再慢慢掀起键盘即可，如图 4.65 所示。

（3）螺丝固定型键盘拆解

螺丝固定型键盘的笔记本电脑主要出现于欧美机型当中，如 ThinkPad 和 HP 等，如图 4.66 所示。

图 4.65　取下键盘

图 4.66　螺丝固定型键盘

首先，从最困难的地方做起，先把笔记本电脑翻过来，卸下背后印有键盘标记的 4 颗螺丝。拧下螺丝之后，将键盘下方的部位向上撬起，注意不要用力过猛。待整个键盘的下部脱离机体之后，再向下抽出键盘，但要注意下面连着的数据线，如图 4.67 所示。

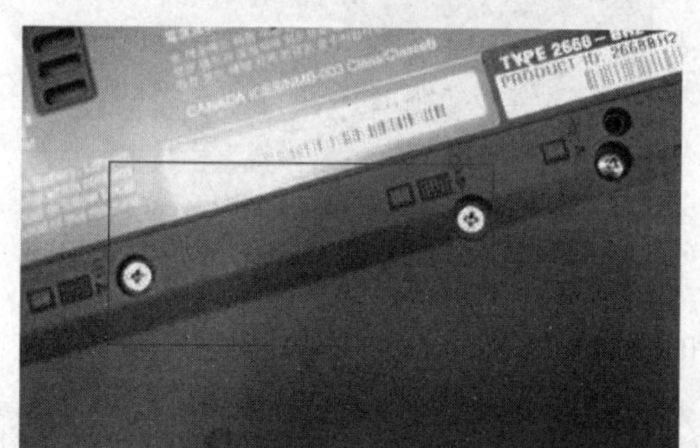

图 4.67　拆下螺丝固定型键盘

一般情况下，拆下键盘后，掌托的拆解就容易了，只要打开两边的卡槽（有些没有），然后轻轻掀起即可，如图 4.68 所示。

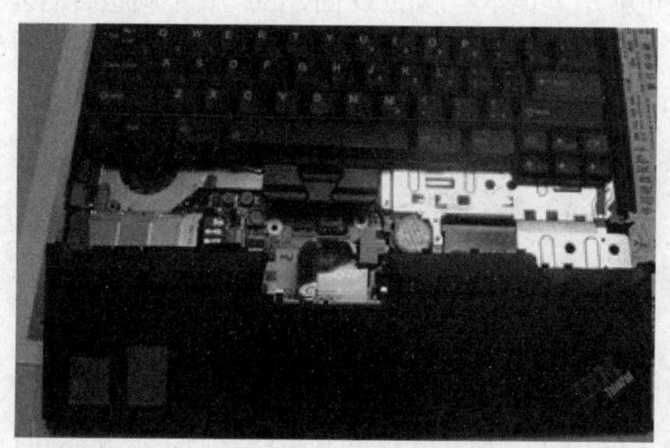

图 4.68　拆下掌托

3．拆卸显示屏

拆下笔记本电脑键盘后，就可以看到笔记本电脑键盘下的全部构造了，当然，有些笔记本电脑在键盘下还安装了金属保护壳，此时需首先卸掉保护壳，才可看到键盘下的全貌。这个工作并不烦琐，只需要将保护壳上的几颗固定螺丝卸掉即可，如图 4.69 所示。

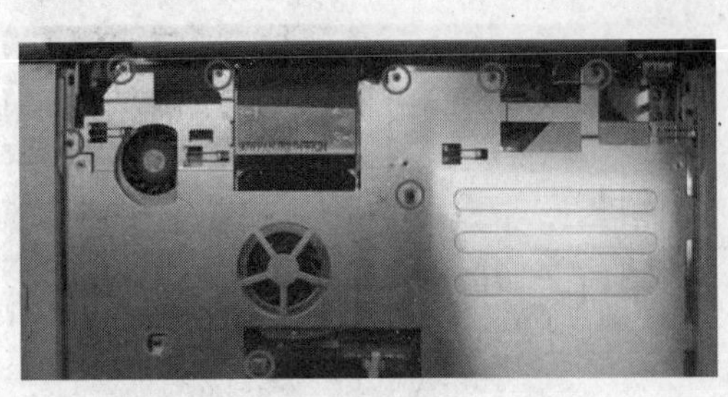

图 4.69　拆下金属保护壳

卸掉保护壳后，再拆卸液晶显示屏。先卸下两颗螺丝，再拆掉压屏线的小铁片，就可以把屏线拔出来，此时要小心，用力要均匀。接下来再拆机器后面固定屏轴的 4 颗螺钉，如图 4.70 所示，这样笔记本电脑显示屏就可以端下来了。

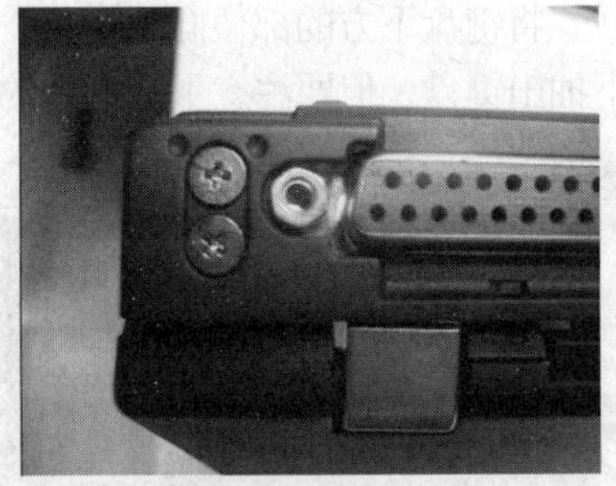

图 4.70　屏幕和屏线的固定螺丝

注 意

此处用于固定屏线和屏轴的螺丝因笔记本电脑型号不同数量也会有所不同。

4．打开后盖

笔记本电脑的后盖也就是笔记本电脑的 D 面，因厂商不同也各有差异，如图 4.71 所示是两款笔记本电脑的 D 面，后盖上有许多固定螺丝，卸掉固定螺丝，就能看到笔记本电脑 D 面内部的构造了，如图 4.72 所示。

注 意

在笔记本电脑的某些部件会贴上质保贴，如果是自行拆卸笔记本电脑，注意不要破坏质保贴。如图 4.73 所示，在硬盘位置外壳上，厂商就使用了质保贴，可以用刀片小心地取下，以不影响质保。

5．拆卸硬盘

在图 4.72 中显示的右上角即为硬盘，硬盘的更换也十分方便，各大品牌基本雷同，只有一个螺丝进行固定，如图 4.74 所示，拧开硬盘的固定螺丝后，使硬盘向右平移大约 1cm，然后向上抬起即可取出。

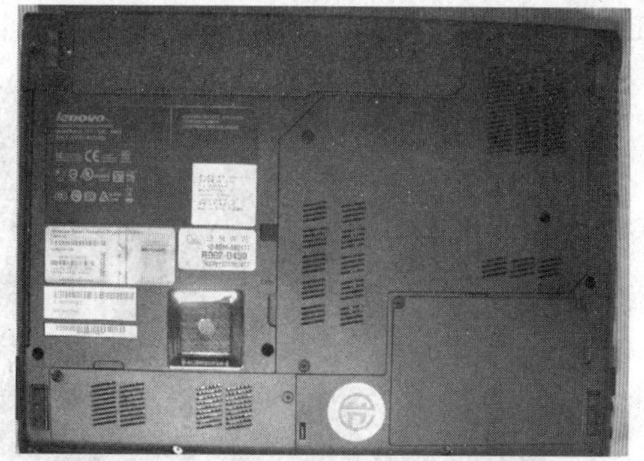

图 4.71　笔记本电脑的 D 面

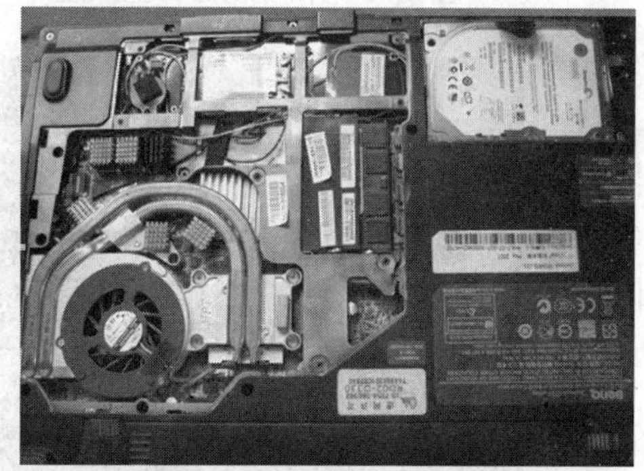

图 4.72　笔记本电脑 D 面的内部结构

图 4.73　取下质保贴

图 4.74　拆下硬盘

6．拆卸光驱

光驱只用一个螺丝固定，卸掉后用螺丝刀将光驱推出即可，如图 4.75 所示。

在这一步中要注意，大部分笔记本电脑会在背部有光驱固定螺丝，但有一部分产品，会把螺丝固定到机器内部，而且有的还不只一个，但是只要找到，就可以轻易地取出光驱。另外有的笔记本电脑本身支持减重模块，设计了一个专门的按钮，拨动一下就可抠出光驱。

商务笔记本电脑多采用可替换式光驱，如图 4.76 所示，用户可以根据需要替换成第二硬盘、电池等，因而要求其光驱可以很方便地插拔。目前常见的形式多为两种，一种在机身底部设计有光驱推出按钮；一种则在光驱下方设计有按动弹出式的光驱拉杆。除此之外，有个别的厂商会采用一些特殊的设计，例如惠普 Compaq 6910P 采用的方式为整个光驱是按动弹出式的，将光驱推入光驱插槽，途中黑色区域部分会弹出一个卡扣，将光驱固定住，如果想取出光驱，只需再次推动光驱，卡扣自动缩回去，光驱就可以轻松地拔出来了。

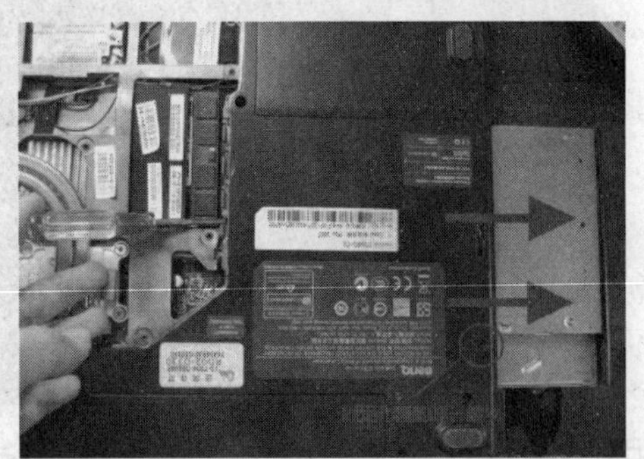

图 4.75　拆卸光驱

图 4.76　拆下的笔记本电脑光驱

7．拆卸内存

大部分笔记本电脑背部留有专门用来更换内存的小盖板，另有少部分机型加装内存的位置并不在底部，而是在键盘下方，只要把键盘拆出就可以看到内存的金属盖板，打开后就可以拆下内存。内存的拆卸是最简单的，不需要使用工具，只要按照图 4.77 中所示的箭头所指操作即可。

图 4.77　拆除内存

8．拆卸 CPU 及散热系统

随着笔记本电脑性能的提高，其所采用的部件运行频率越来越高，相应所产生的热量也越来越大，使得系统稳定性大受影响。现在竞争的战火已经燃烧到了笔记本电脑相关的各个领域，厂商们为了在竞争中胜出，都提高了笔记本电脑的技术含量，尤其是在散热方面，技术竞争格外激烈。下面，就来看看各种笔记本电脑的散热技术。

（1）散热板

散热板散热是一种基本的散热方法。一般来说，散热板面积越大，传导效率越高，就越能有效散发热量。比较常见的情况是在主机板的底部和上部各配一块金属散热板；在 CPU 的位置，有协助散热的系统，以释放 CPU 产生的热量。另外，和散热板结合使用的一种十分普遍的技术是在键盘的下方放一块尺寸与键盘基本相同的薄散热铝板，在铝板上附有一根高导热率的铜导管，它可以将笔记本电脑内部主要发热区域的热量均匀散布到整个铝板上，并通过散热孔将热量散布到电脑外，如图 4.78 所示。

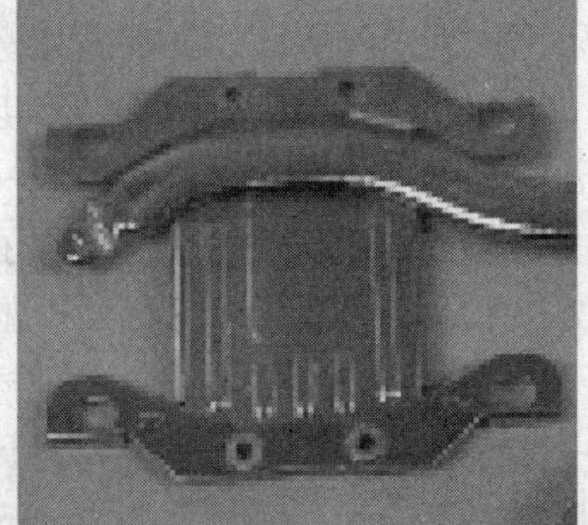

图 4.78　散热板

（2）散热风扇

散热风扇也是笔记本电脑采用的基本散热方式，且其成本低，故大多数厂商都采用这种散热方式。一般使用散热风扇的笔记本电脑都会备有低风量和高风量两个挡，风扇的速度视CPU的温度而定。目前，笔记本电脑风扇基本上可以分为轴向型风扇Axial（fan）和辐射型风扇（离心鼓风机）（Centrifugal - blower），如图4.79所示。轴向型风扇技术成熟，成本较低，可以通过调节 RPM 来调节风量，气流有涡流，机壳有阴影效应，占用体积大，存在气流的耗尽层。辐射型风扇具有很薄的叶片，没有涡流，气流方向性好，气流密度较高，占用体积小，技术较新，但成本相对高，声学噪声受叶片的几何形状影响较严重，在笔记本电脑中，由于空间狭窄，加上噪声的影响，所以普遍采用辐射型风扇。

图4.79　轴向型风扇和辐射型风扇

（3）散热孔

散热孔是笔记本电脑散热的重要手段。一般通行的做法是在机器的四周和底部的支脚处开设大量散热孔，如图4.80所示，机器内的热量可通过这些散热孔散布到周围空气中。与散热孔散热的方式相配合，有的笔记本电脑内部还采用一些特殊的风道导流设计，利用散热孔位置与内部结构布局形成更好的空气流通环境，以加强散热。

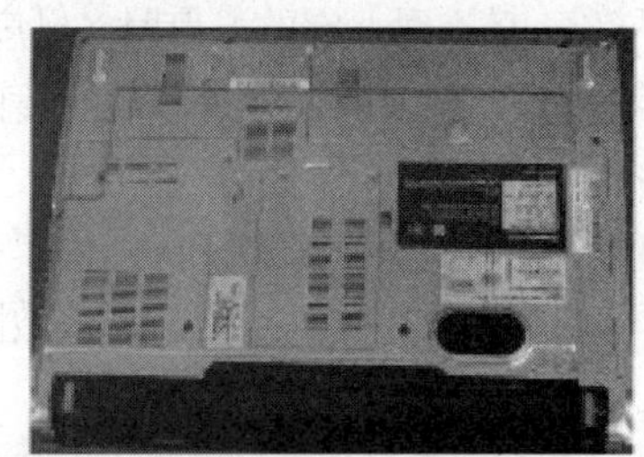
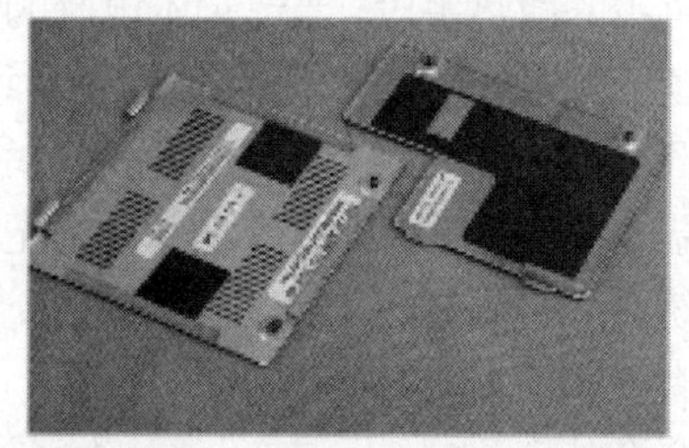

图4.80　散热孔

（4）键盘对流散热

键盘对流散热不失为一个很有创意的方法。笔记本电脑很薄，当把键盘装到主机板上方时，正好可以利用键盘底部将CPU产生的热量传导出去，键盘对流散热，不仅充分利用了现有资源和环境，而且颇为有效，如图4.81所示。

（5）散热管技术

散热管技术是IBM提出的一种很有效的散热技术。这种技术在一些“发烧友”级用户超频CPU时时常会应用到。散热管是新型的散热装置，内有纤维和水，管内抽光空气后，一端贴近CPU，另一端则远离CPU，如图4.82所示。

它的工作原理是：真空状态下，水的沸点很低。如果在管子的一端加热，水就会蒸发，将热带到另一端，水冷却后再流回去，如此反复，热量就不断移动，和冷气机的工作原理类似。散热管的优点是没有移动式的零件，全部零件都完全密封在内，不必消耗电量，同时可以长时间有效。

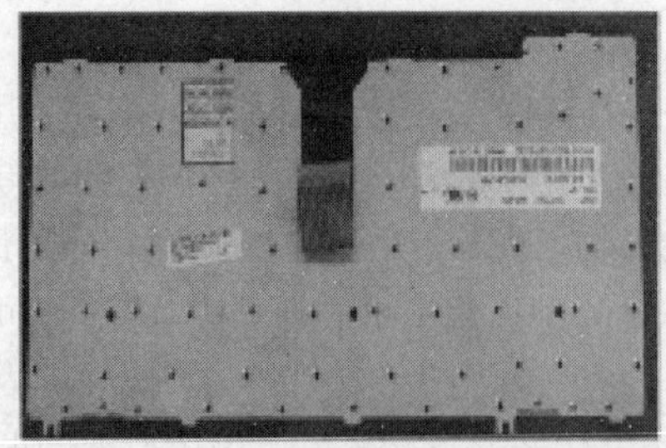

图 4.81　笔记本电脑键盘正、反面

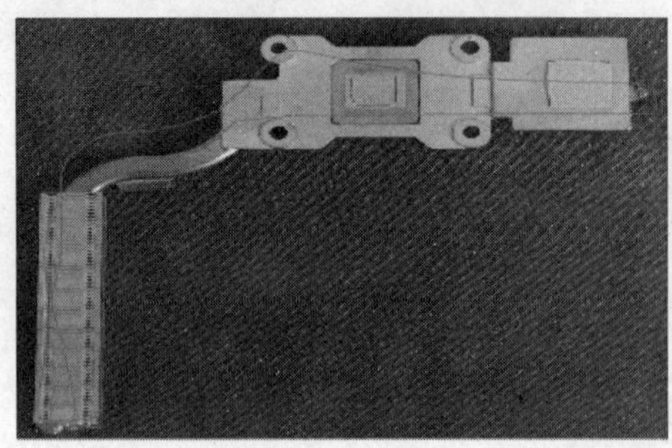
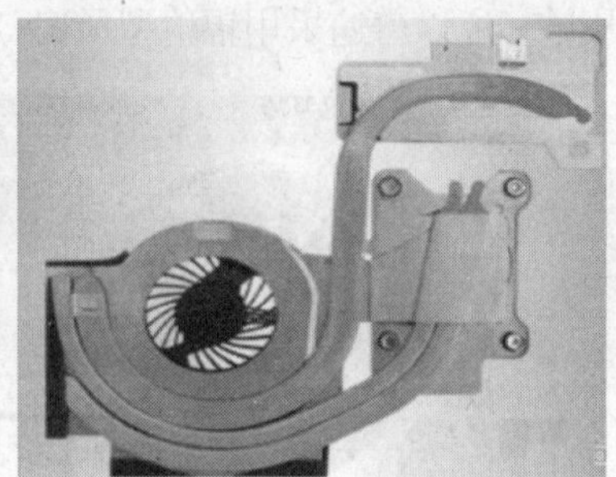

图 4.82　散热管

（6）冷、热板散热技术

除了 IBM 的散热管技术外，比较有特色的还有 TOSHIBA 笔记本电脑的冷、热板散热技术。TOSHIBA 在主板散热方面一直处于领先地位，后来又发明了新的方法——冷板方法，散热效率大大提高，使笔记本电脑散热问题得到化解。

（7）智能温控系统

这是必不可少的散热手段。当笔记本电脑的系统温度达到一定的温度时，风扇会自动打开；当系统温度继续升高时，CPU 的工作频率将降到额定频率的 1/*N*；如果系统温度降回到一定温度时，CPU 的工作频率恢复为额定工作频率；系统温度若继续下降到安全范围，风扇则自动关闭。这种智能温控系统不仅能够有效地帮助笔记本电脑散热，而且为 CPU 提供了自我保护的能力，使整个系统会变得更加可靠，寿命也更长，同时还可以节省机器用电，有效降低噪声。采用这种技术的有联想、Acer 等一大批厂商。

（8）镁铝合金外壳

使用导热性好的镁铝合金外壳也不失为解决笔记本电脑散热问题的有效补充。镁铝合金外壳的热传导率远优于铝金属和工程塑料，可以在很大程度上减少散热扇和散热窗的数量，减少体积和重量，降低功耗和成本。现在大部分厂商的中高端产品都采用这种技术，如图 4.83 所示。

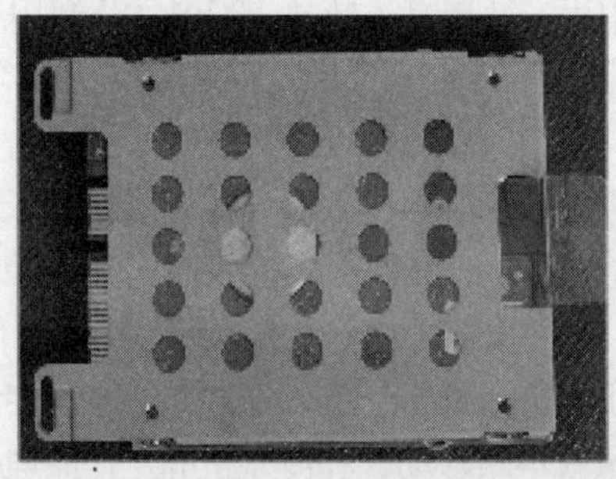
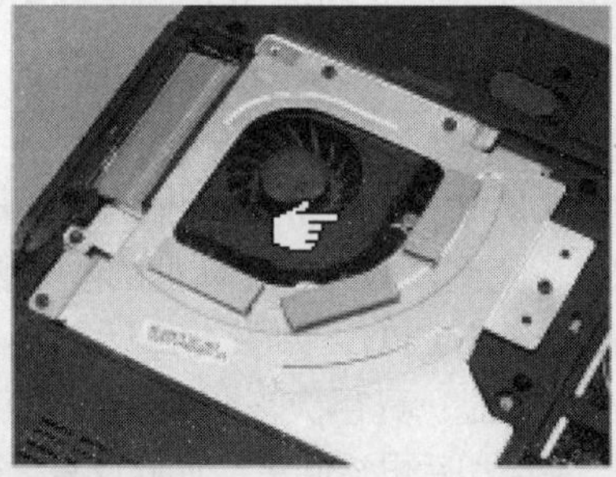

图 4.83　镁铝合金外壳

（9）金属框架

事实上，用金属做外壳对笔记本电脑散热有一定的作用，不过真正的散热主力来自主机内部的金属框架。以浪潮飞扬笔记本电脑为例，其内部采用了新型的“机体内镁铝合金框架”，这种超轻量、高刚性合金框架的热传导率很高，它能在系统一般运转及待命状态下自然散热，省去风扇运转造成的电力损耗及噪音，同时也更进一步地提高了系统的稳定性。由于笔记本电脑的内部构架更接近主机的发热源，因此采用新型的高导热率金属材料做笔记本电脑的构架算是真正“由内而外”的散热。

在了解了笔记本电脑的散热技术之后，来进行 CPU 及散热系统的实战拆解，这一步是拆卸过程中最重要的部分，如操作不当，很有可能会伤及 CPU，所以要特别小心。

目前，常见的 CPU 散热系统分为两部分，一部分是风扇，另一部分是散热管，二者是连在一起的，都有固定螺丝，分别固定了散热系统下的 CPU 和显示芯片，如图 4.84 所示。卸掉散热器上的所有螺丝后，缓慢提起散热器，拔掉风扇与主板的连接线，即可拆掉 CPU 的散热系统。在拆卸的过程中千万注意不要太用力，以防弄断风扇的接线。另外，由于某些 CPU 上的散热硅脂具有一定的吸附作用，用力过猛容易对 CPU 造成损伤，所以，在拆卸过程中要缓慢左右调节，直至芯片与散热铜体脱离，方可拿下散热器，以免对 CPU 造成不可修复的损伤。

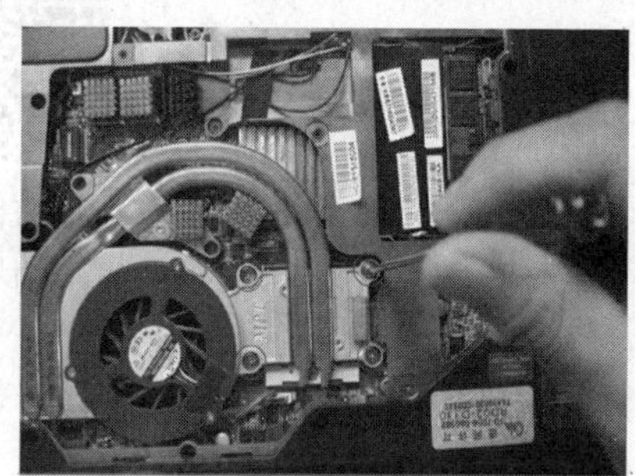

图 4.84　拆卸 CPU 散热系统

拆卸完 CPU 的散热系统后，CPU 和显示芯片就裸露出来了，此时拆卸 CPU 就十分简单了，只需要将 CPU 的压杆轻轻抬起，就可以取下 CPU 了。

9．无线模块的拆卸

无线模块上有两颗固定螺丝和两根天线，如图 4.85 所示，当卸掉螺丝后，模块会自动向上弹起，很轻易就可以取出。

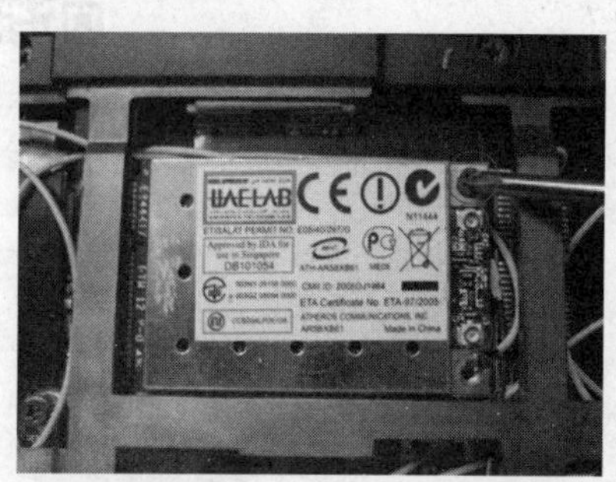

图 4.85　拆卸无线模块

经过上述 9 步的拆解工作，笔记本电脑现在只剩主板尚未拆卸了，只要回到 C 面，将键盘下固定主板的螺丝卸掉，就可以轻松拆下主板，如图 4.86 所示。

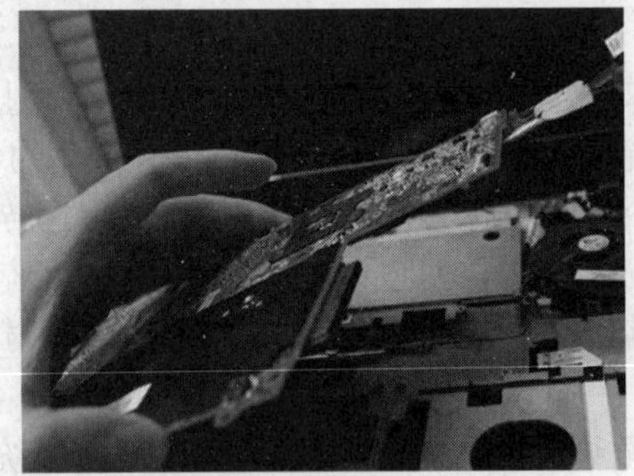

图 4.86　取下主板

至此，笔记本电脑的拆解工作全部完成。

4.4　本章实训

1. 熟悉组装计算机前的准备工作。
2. 按照步骤组装计算机主机。
3. 熟悉组装笔记本电脑的准备工作。
4. 按照步骤拆卸笔记本电脑。
5. 按照步骤组装笔记本电脑。
6. 安装完成后对计算机进行测试。

扫一扫

获取本章实训指导

4.5　本章习题

1. 简述组装计算机前应作好哪些准备。
2. 简述计算机组装流程。
3. 安装目前主流 CPU 应该注意哪些问题?
4. 安装目前主流主板应该注意哪些问题?
5. 简述如何连接各种线缆。
6. 组装笔记本电脑应注意哪些问题?
7. 安装笔记本电脑散热器应该注意什么问题?
8. 笔记本电脑拆机前的准备工作有哪些?
9. 安装笔记本电脑硬盘注意事项有哪些?
10. 安装笔记本电脑显卡注意事项有哪些?
11. 笔记本电脑散热技术有哪些?

扫一扫

获取本章习题指导

本章小结

本章主要介绍了计算机的硬件组装，结合实际步骤详细地介绍了从组装前的准备工作到完成组装计算机硬件的全过程，还特别介绍了典型笔记本电脑的拆装方法。

Chapter 5 第5章 计算机调试

内容概要与学习要求：

本章学习计算机调试的相关内容，涉及装机测试、BIOS 的设置升级、硬盘分区及格式化、软件系统的安装与设置、对计算机硬件进行测试的各种方法。本章内容是从组装好硬件到能够正常使用之间的必备环节，要求掌握各方面调试的基本方法，重点掌握对部件测试的操作，为学习后续章节优化和维护维修的内容做好铺垫。

扫一扫

获取本章学习指导

5.1 计算机装机测试

所有硬件设备都已经安装完成后，接下来便是对机器的初步测试。机器组装结束后，即使不装操作系统也可以进行一些测试。

一般的加电测试方案如下。

- 电源按钮。
- 电源指示灯显示。
- 硬盘指示灯显示。
- 显示器按钮。
- 显示器显示。
- 系统提示（包括图像和声音）。
- 复位按钮。

具体来说，如果电源按钮正常，按下后，伴随着电源指示灯闪烁，计算机开始加电启动，可以听到 CPU 风扇和主机电源风扇转动的声音，还有硬盘启动时发出的提示音，硬盘指示灯不断闪烁。接着开启的显示器显示开机画面，并进行自检（由于开机画面一闪而过，要想看清楚，要及时按住 Pause 键）。

操作系统安装完成后就可以开机测试了，依次给显示器和主机加电，启动硬盘，随后就可以进入开机画面。Windows 7 版本之前的操作系统在开机后会显示硬件的自检信息，分别是显卡、CPU、硬盘、内存、光驱和主板的信息。而 Windows 7 及之后的高版本系统已不再显示自检画面，而是直接进入桌面。在开机自检的画面中就有硬件配置的自检信息，简单介绍如下。

1．显卡信息

开机自检时首先检查的硬件就是显卡，因此启动机器以后，屏幕左上角出现的几行文字就是有显卡的信息介绍。通常包括显卡的显示核心、显卡的 BIOS 版本以及厂商的版权信息。

2．CPU 及硬盘、内存、光驱信息

显示完显卡的基本信息之后，紧接着出现的第二个自检画面则显示了更多的硬件信息，像CPU 型号、频率、内存容量、硬盘及光驱信息等都会出现，主要包括主板 BIOS 版本及 BIOS 制造商的信息、CPU 的频率及内存容量、速度和硬盘型号及光驱型号。

3．主板信息

在第二个自检画面的最下方还会出现一行关于主板的信息，通常是当前主板的 BIOS 更新日期和该主板所采用的代码，根据代码可以了解主板的芯片组型号和生产厂商。机器加电启动之后按 Delete 键进入 BIOS 设置页面，在基本信息中同样也可以看到机器的硬件信息，与开机画面显示的没有区别。

如果计算机加电自检没有问题，会出现硬件设备清单。

4．无信息

如果在启动中显示器上没有显示，可以按照以下步骤查找原因。

① 确认显示器与显卡连接正确，并且确认显示器通电。

② 确认主机电源供电正常。

③ 确认主板已经供电。

④ 确认 CPU 安装正确，CPU 风扇是否通电。

⑤ 确认内存安装正确，并且确认内存是好的。

⑥ 确认显卡安装正确。

⑦ 确认主板内的信号线正确，特别是确认 POWER LED 安装无误。

如果上述安装都是正确的，那么就要考虑硬件本身的问题。在机器组装和检测过程中，可以使用各种测试卡（例如 4 位硬件诊断卡、主板检测卡、计算机硬件检测卡）和裸机板、裸机机箱、硬件测试板等诊断工具，其中很多工具数字直观显示诊断计算机各配件是否正常工作，操作简单方便，价格大多仅为几十元，是计算机组装维修的得力工具。

5.2 BIOS 配置

BIOS 全称是 ROM-BIOS，即只读存储器基本输入/输出系统，它通常存储在主板上的一块ROM 芯片中，实际是一组为计算机提供最低级、最直接的硬件控制的程序，它是连通软件程序和硬件设备的枢纽。通俗地说，BIOS 是硬件与软件程序之间的一个“转换器”（虽然它本身也只是一个程序），负责解决硬件的即时要求，并按软件对硬件的操作要求具体执行。一块主板性能优越与否，很大程度上就取决于 BIOS 程序的管理功能是否合理、先进。

5.2.1 BIOS 概述

1．主要作用

BIOS 主要保存最重要的基本输入输出程序、系统信息设置、开机加电自检程序和系统启动自举程序，在计算机系统中起着非常重要的作用，主要作用有以下 3 个方面。

（1）自检及初始化程序

计算机电源接通后，系统将有一个对内部各设备进行检查的过程，这是由一个通常称为POST（Power On Self Test，上电自检）的程序来完成的，这也是 BIOS 程序的一个功能。完整的自检包括对 CPU、640KB 基本内存、1MB 以上的扩展内存、ROM、主板、CMOS 存储器、串并口、显示卡、软硬盘子系统及键盘的测试。完成自检后，BIOS 将按照系统 CMOS 设置的启动顺序搜寻软、硬盘驱动器及 CD-ROM、网络服务器等有效的启动驱动器，读入操作系统引导记录，然后将系统控制权交给引导记录，由引导记录完成系统的启动。

（2）硬件中断处理

计算机开机的时候，BIOS 会告诉 CPU 等硬件设备的中断号，当操作时输入了使用某个硬件的命令后，它就会根据中断号使用相应的硬件来执行命令，最后再根据其中断号跳回原来的状态。

（3）程序服务请求

从 BIOS 的定义可以知道它总是和计算机的输入输出设备打交道，它通过特定的数据端口发出指令，发送或接收各类外部设备的数据，从而实现软件应用程序对硬件的操作。

由于 BIOS 直接面向系统硬件资源，而各种硬件系统又各有不同，所以存在各种不同种类的 BIOS。随着硬件技术的发展，同一种 BIOS 也先后出现了不同的版本，新版本的 BIOS 比起老版本功能更强，界面更加友好。

2．主流 BIOS 的类型

目前市面上较流行的主板 BIOS 主要有 Award BIOS、AMI BIOS 和 Phoenix BIOS、Insyde BIOS 4 种类型。

（1）Award BIOS

Award BIOS 是 Award Software 公司开发的 BIOS 产品，目前十分流行，其特点是功能比较齐全，对各种操作系统提供良好支持。虽然 Award Software 公司已于 1998 年 9 月被 Phoenix 公司收购，并成为 Phoenix 旗下的一个部门，不过最新生产的 BIOS 仍然以 Award 为名，因此现在市场上见到的台式计算机有的标有 Award-Phoenix，其实就是以前的 Award BIOS。

（2）AMI BIOS

AMI BIOS 是 AMI 公司出品的 BIOS 系统软件，最早开发于 20 世纪 80 年代中期，为多数 286 和 386 计算机系统所采用，有对各种软、硬件的适应性好、硬件工作可靠、系统性能较佳、操作直观方便等优点。

（3）Phoenix BIOS

Phoenix BIOS 是 Phoenix 公司产品，Phoenix BIOS 多用于高档的原装品牌机和笔记本电脑上，其画面简洁，便于操作。

（4）Insyde BIOS

Insyde BIOS 可提供“Hardware-2-OS（硬件到操作系统）”的桥接，在未来 20 年内，该产品都不会被淘汰。InsydeH2O BRD 运行于 32 位保护模式下，InsydeH2O EFI 更直接运行于 64 位长模式下。InsydeH2O 经 WHQL（Windows 硬件设备质量实验室）认证，可为采用最新 BIOS 替换软件技术的嵌入式设计提供最先进的特性和最出色的系统兼容性。

Insyde 公司看准时机，最早切入 EFI 开发，在 EFI 时代，Insyde 一举取代了不看重 EFI 的 Phoenix，成为了业界的领袖。

3．BIOS 与 CMOS 的区别

在日常操作和维护计算机的过程中，常常可以听到有关 BIOS 设置和 CMOS 设置的一些说法，许多人对 BIOS 和 CMOS 经常混为一谈，实际上二者是有区别的。

BIOS 是一组为计算机提供最低级、最直接的硬件控制的程序，通常存储在主板上的一块 ROM 芯片上。

CMOS 是 Complementary Metal Oxide Semiconductor 的缩写，翻译出来的本意是互补金属氧

化物半导体存储器，是一种大规模应用于集成电路芯片制造的原料。但通常 CMOS 含义是指目前绝大多数计算机中都使用的一种用电池供电的可读写的 RAM 芯片，里面装的是关于系统配置的具体参数，其内容可通过设置程序进行读写。

可以说，BIOS 中的系统设置程序是完成 CMOS 参数设置的手段，CMOS RAM 是 BIOS 系统设置参数的存放场所。

注 意

BIOS 是写在 ROM 芯片里的，其内容断电后不会丢失，而 CMOS 是 RAM 芯片，其中的内容只有靠主板上的电池供电才不会丢失。

5.2.2 BIOS 的设置与升级

下面以现在常见多用的界面为例，介绍 BIOS 的设置与升级。

1．进入 BIOS

在计算机将启动时，BIOS 会检验系统中的硬件配备，计算可用的内存空间，检查硬盘或其他储存装置。这时按下一个特定键即可唤起 BIOS 设定程序，这个按键大部分是删除键（Delete 键），有些系统用的是 F12 键，有的系统用 F11 键、Esc 键、F8 键等。一般在启动过程中，屏幕的下方都会有所提示，如果都不管用，需查看主板的使用手册。进入 BIOS 后，可以看到如图 5.1 所示的主菜单界面。

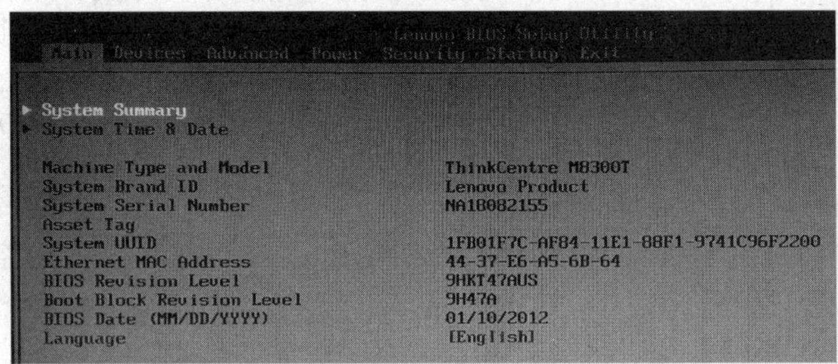

图 5.1 BIOS 的主菜单

主板的 BIOS 项目大同小异，但也有一些品牌厂家使用自家产品，操作上会有差异。例如 HP EliteDesk 系列在开机后要按住 Esc 键，直到显示如图 5.2 所示的界面，移动光标到 Computer Setup（F10）菜单上，按回车键，可以进入选择界面。

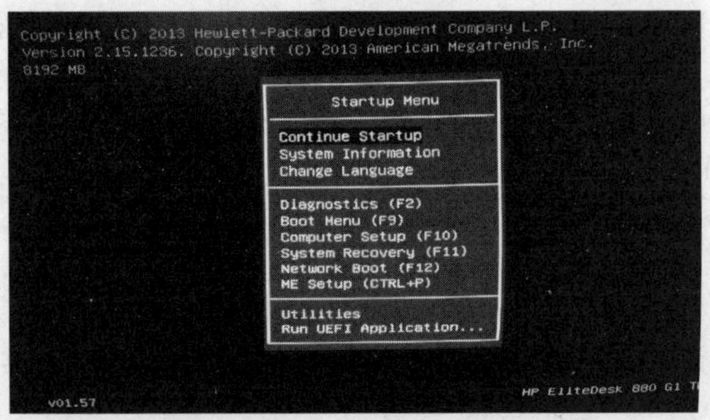

图 5.2 HP BIOS 启动菜单

对于安装了 Windows 10 系统的计算机，感觉 BIOS 就此消失在 Windows 10 系统中一样，甚至无法通过 U 盘快速启动。微软对于 Windows 10 采用了全新的快速启动模式，追求开机速度的提升，所以直接跳过 BIOS 部分进入系统，要想进入 BIOS，可以单击“重启”，让系统临时关闭快速启动技术。

2. Information 菜单

Information 菜单界面是 BIOS 的第一个界面，如图 5.3 所示，里面的内容主要是硬件信息。

```
InsydeH20 Setup Utility
Information  Configuration  Security  Boot  Exit

Product Name               Lenovo N50-80
BIOS Version               A8CN38WW(V2.03)
EC Version                 A8EC38WW(V2.03)
MTM                        80JD0002CD
Lenovo SN                  MP095J4M
UUID Number                A65C6924-3754-11E5-8B16-F0761CE99C8A

CPU                        Intel(R) Core(TM) i5-5200U CPU @ 2.20GHz
System Memory              4096 MB

Hard Disk                  ST500LT012-1DG142
ODD                        PLDS    DVD-RW DA8A6SH

Preinstalled OS license    31900060 WIN
OA3 Key ID                 2621036701659
OA2                        N
```

图 5.3　Information 菜单界面

（1）Product Name：产品名称。

（2）BIOS Version：BIOS 的版本。

（3）EC Version：嵌入式控制器的版本。

（4）UUID Number：产品编码。

（5）Preinstalled OS License：Windows 许可信息。

其他几项是关于系统的硬件配置信息，包括 CPU 和硬盘的一些数据，比如产品编号和类型。

3. Configuration 菜单

顾名思义，Configuration 菜单里存放的是系统的配置信息，如图 5.4 所示。

```
InsydeH20 Setup Utility
Information  Configuration  Security  Boot  Exit

System Time                [11:25:43]
System Date                [12/28/2016]
USB Legacy                 [Enabled]
Wireless LAN               [Enabled]
Graphic Device             [Switchable Graphics]
Power Beep                 [Enabled]
Intel Virtual Technology   [Enabled]
BIOS Back Flash            [Disabled]
HotKey Mode                [Enabled]
```

图 5.4　Configuration 菜单界面

（1）System Time：系统时间。

（2）System Date：系统日期。

（3）USB Legacy：开机自检时加载 USB 设备。

（4）Wireless LAN：开启或关闭无线网卡。

（5）Graphic Device：显卡工作模式（Switchable Graphics 为开启双显卡切换；UMA Graphic 表示仅使用集成显卡）。

（6）Power Beep：开启或关闭拔插电源适配器时的提示音。

（7）Intel Virtual Technology：开启或关闭 Intel 虚拟化技术（部分型号 CPU 不支持虚拟化，无此选项；若计算机是 AMD 芯片组，该虚拟化选项为 SVM Support）。

（8）Bios Back Flash：是否允许 BIOS 回滚刷新。

（9）Hotkey Mode：F1～F12 热键模式切换。

4．Security 菜单

（1）Administrator Password：超级管理员密码状态，如图 5.5 所示（Not Set：未设置密码。Setted：已设置密码。Clear：已清除密码）。

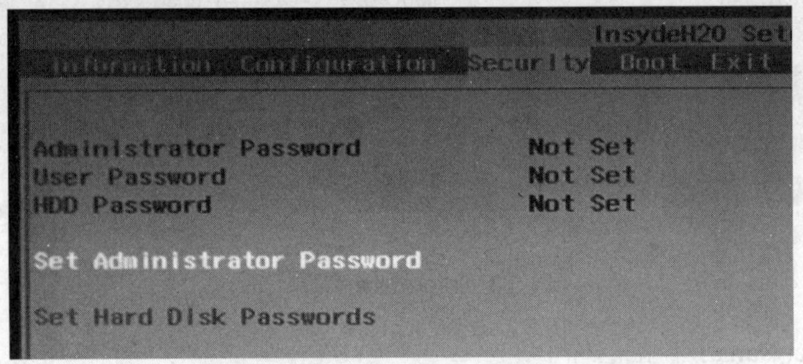

图 5.5　Security 菜单界面

（2）User Password：用户密码状态（Not Set：未设置密码。Setted：已设置密码。Clear：已清除密码）。

（3）HDD Password：硬盘密码状态（Not Set：未设置密码。Setted：已设置密码。Clear：已清除密码）。

（4）Set Administrator Password：设置超级管理员密码（若要设置密码，请务必牢记，非特殊情况下不推荐设置）。

（5）Set Hard Disk Passwords：设置硬盘密码。

5．BOOT 启动设置菜单

BOOT 菜单算得上是平时使用最多的一个菜单，界面如图 5.6 所示，这里主要是对各种引导项进行配置。BOOT 菜单项的重要功能如下所述。

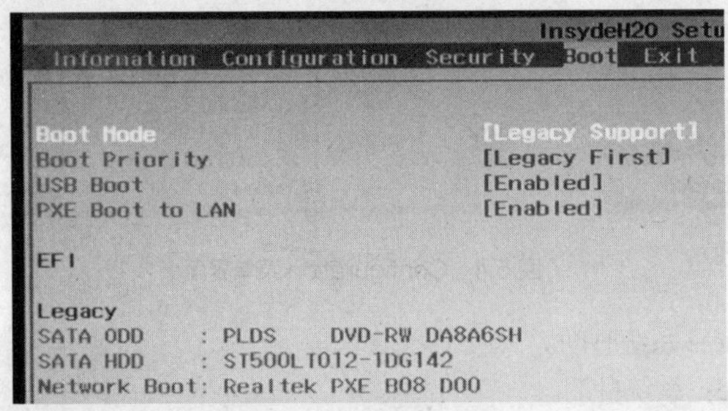

图 5.6　Boot 菜单界面

（1）Boot Mode：启动模式（UEFI：仅支持 GPT 磁盘引导。Legacy Support：传统模式，支持 MBR 磁盘引导）。

（2）Boot Priority：启动优先级。

（3）USB Boot：开启或关闭 USB 设备引导。

（4）PXE Boot to LAN：开启或关闭 PXE 网络引导（推荐使用 Disable 关闭该功能）。

（5）SATA ODD：光驱引导。

（6）SATA HDD：硬盘引导。

（7）Network Boot：网络引导。

6．Exit 菜单

（1）Exit Saving Changes：保存当前设置并退出 BIOS，如图 5.7 所示。

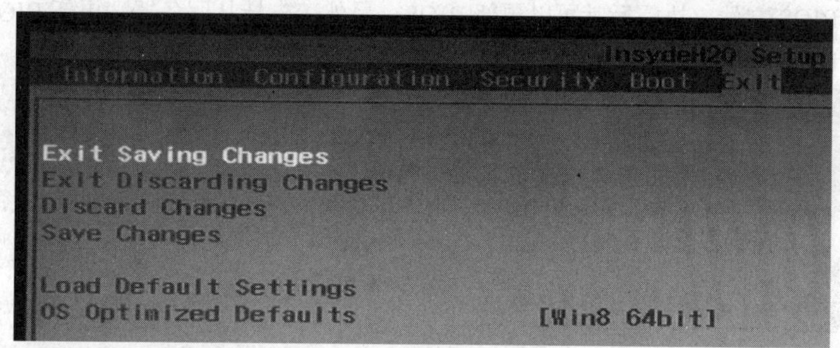

图 5.7　Exit 菜单界面

（2）Exit Discarding Changes：不保存当前设置直接退出 BIOS。

（3）Discard Changes：取消当前修改的所有设置。

（4）Save Changes：保存当前修改的所有设置。

（5）Load Default Settings：恢复 BIOS 出厂默认设置。

（6）OS Optimized Defaults：操作系统优化设置项（Win8 64bit：针对 Windows 8 系统优化设定；Other OS：针对 Windows 7 及早期系统优化）。

7．BIOS 的升级

随着计算机技术的高速发展，BIOS 也经常需要升级，现在的计算机主板都采用 Flash BIOS，因此可以通过使用相应的升级软件来升级 BIOS，而大多数笔记本电脑后期也会通过发布新版 BIOS 和 EC 来修复机器硬件一些不正常工作的问题或改善机器性能。较之于硬件升级的投资，升级 BIOS 可以用极小的代价换取计算机性能的明显提高，但升级主板 BIOS 并不是一件非常容易的事儿，因为它不仅要求使用者具备一定的计算机知识，而且还存在一定的危险性。下面来详细介绍一下升级过程中的各种问题和解决方法。

（1）准备工作

Flash BIOS 升级需要两个软件，一个是新版本 BIOS 的数据文件（需要到对应主板 BIOS 芯片厂商官网去下载）；另一个是 BIOS 升级软件（一般在其主板的配套光盘上可以找到，也可到对应主板 BIOS 芯片厂商官网去下载）。

（2）升级主板 BIOS 的过程

BIOS 的升级，实质是借助 BIOS 擦写器将 BIOS 芯片中旧版本的内容以更新版本的内容来代替。BIOS 升级的方式主要包括 DOS、BIOS 程式、Windows/Linux 等操作系统环境三类，无论是哪一种方式，BIOS 的升级过程是相同的，都是先校验 BIOS 文件，然后擦除旧的 BIOS 文件，再写入新的

BIOS 文件，最后校验写入的 BIOS 文件是否正确，至此整个 BIOS 更新过程才算完毕。

下面以华硕主板的常规 BIOS 更新为例，介绍 BIOS 的升级操作。

① 从华硕官网下载 AI Suite3 工具套装，里面包含的 EZ Update 就是用来更新 BIOS 的。

② 安装完成 AI Suite3 后运行，进入 EZ Update 页面，里面有 2 个选项，第一个是在线检查驱动程序 BIOS，第二个是本地选择文件更新 BIOS，右上角为主板当前 BIOS 版本信息。

③ 从华硕官网下载最新或者合适的 BIOS，下载完成后，手动选择下载的 BIOS 文件，当屏幕上出现“为使 BIOS 生效。系统将重新启动。点击确定后，将立即重新启动。”提示时，单击“确定”按钮重新启动，完成 BIOS 的更新。

另一著名厂商技嘉的 BIOS 的更新也比较简单：首先要安装好技嘉 APPCENTER，然后从官网下载 BIOS 应用程序和 BIOS 文件，运行 BIOS 应用程序，选择从本地更新 BIOS，再加载之前下载的 BIOS 文件，执行后就可以更新 BIOS；另外还支持从服务器端更新 BIOS 文件，并支持将主板 BIOS 读取备份到本地。

提 示

扫描封底“本书资源下载”二维码可以获取 BIOS 备份工具练习备份。

5.3 硬盘分区和格式化

5.3.1 分区概述

分区从实质上说就是对硬盘的一种格式化。当创建分区时，实际上就已经设置好了硬盘的各项物理参数，指定了硬盘主引导记录（Master Boot Record，MBR）和引导记录备份的存放位置。

每款新硬盘在出厂后均默认处于未分区状态，用户装系统、存储数据前必须要分区。然后才能使用硬盘保存各种信息。分区不一定要把硬盘划分成好几个部分，根据需要可以只创建一个分区使用全部或部分的硬盘空间。

5.3.2 硬盘的分区

硬盘的分区可提高数据的安全性，防止数据丢失，便于文件管理，减少磁盘空间浪费。现在主流计算机都使用了 SATA 硬盘和固态硬盘，这里就以 SATA 硬盘和固态硬盘为例，介绍硬盘的分区操作。

1．SATA 硬盘的分区

SATA 硬盘的分区主要有两种方式，一是 Windows 7 系统提供的分区方式；二是硬盘分区工具（如 DiskGenius，Partion Assistant）。硬盘分区工具的操作非常简单，所以就具体介绍一下 Windows 7 系统提供的分区方法。

（1）右击“计算机”图标，选择“管理”命令，在“计算机管理”窗口中找到“存储”节点下的“磁盘管理”项，如图 5.8 所示。

（2）单击“磁盘管理”项，就能在右侧的窗格中看到所有磁盘分区情况，在其中一个想要更改的分区上右击选择“压缩卷”命令，如图 5.9 所示。

（3）在系统自动查询完毕，会出现图 5.10 所示的对话框，输入想要分区的大小，单击“压缩”按钮，即可看到原来的分区已经变成了两个。

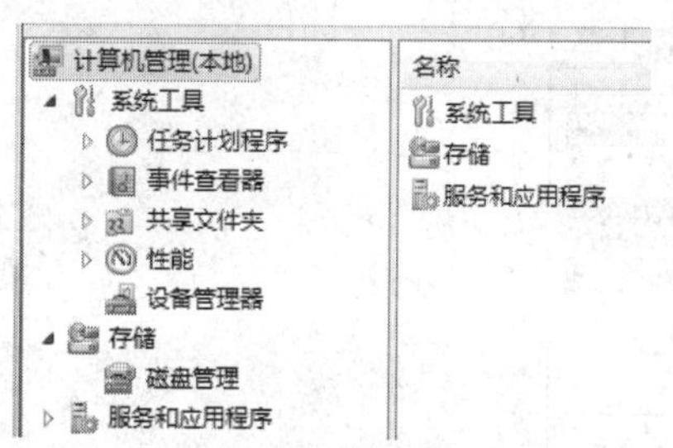

图 5.8　磁盘管理

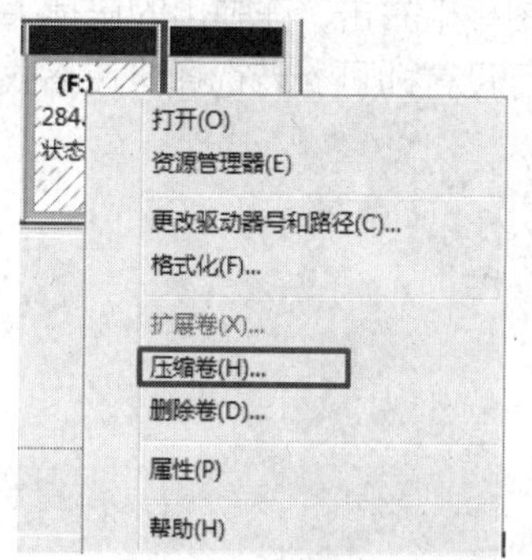

图 5.9　压缩卷

（4）右击新分出来磁盘图标，选择“新建简单卷”命令，如图 5.11 所示，然后按照提示进入下一步，就可以在计算机中看到多出的分区了。

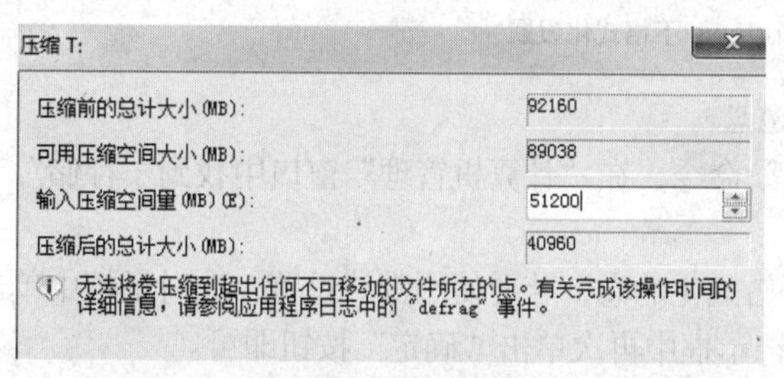

图 5.10　磁盘管理

图 5.11　压缩卷

2．固态硬盘的分区

大部分新 SSD 硬盘第一次使用时，都要经过一个初始化过程。对于没有初始化的 SSD，可以先挂到任何一台计算机上进行初始化，系统会自动选择 MBR 模式，只要单击“确定”按钮即可进行初始化。SSD 初始化后，就可以进行分区操作了，把 SSD 装在任意一台安装了 Windows 7、Windows 8 或 Windows 10 系统的计算机上，通过系统中的控制面板进入磁盘管理系统，在磁盘管理中直接对 SSD 进行分区和格式化即可；也可以使用 Windows 7、Windows 8 或 Windows 10 系统安装盘启动，在安装系统过程中进行分区与格式化；还可以用磁盘工具（比如 DiskGenius）进行分区与格式化。

5.3.3　硬盘的格式化

为硬盘分区后，还必须将各分区格式化才能正常使用。硬盘的格式化方法分为两种，一种是高级格式化；另一种是低级格式化。

高级格式化主要是清除硬盘上的数据、生成引导区信息、标注逻辑坏道等，对硬盘没有损伤，日常用的格式化就是高级格式化。

低级格式化则是将空白的磁盘划分出柱面和磁道，再将磁道划分为若干个扇区，每个扇区又划分出标识部分 ID、间隔区 GAP 和数据区 DATA 等。通常所说的对硬盘格式化都是指高级格式化。

硬盘格式化有很多种办法，常用的主要是使用 Windows 自带的工具和使用 DiskGenius 软件。

1．对系统盘以外的分区格式化

一般进行全新安装操作系统时会使用 DiskGenius 来完成系统盘的格式化，而单独对除系统盘以外的其他分区进行格式化时，在 Windows 下来完成会更加简单。只需要在对需要格式化的硬盘图标上右击，在弹出的快捷菜单中选择“格式化”命令，在弹出的如图 5.12 所示的对话框中进行设置即可。若选择快速格式化，所需耗费的时间会更短。

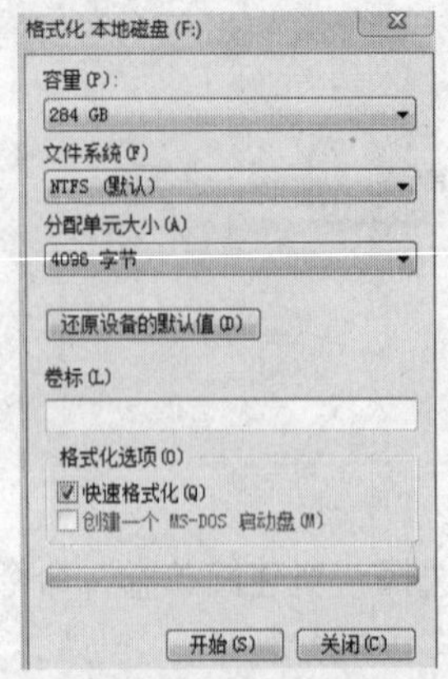

图 5.12　Windows 下格式化设置

2．使用 Windows 自带的工具格式化磁盘

（1）右击“计算机”图标，选择“管理”命令，在“计算机管理”窗口中找到“存储”节点下的“磁盘管理”选项，如图 5.13 所示。

（2）单击“磁盘管理”选项，选择想要格式化的卷，若要使用默认设置，在对话框中单击“确定”按钮，然后在弹出的图 5.14 所示的警示框中再次单击“确定”按钮即可。

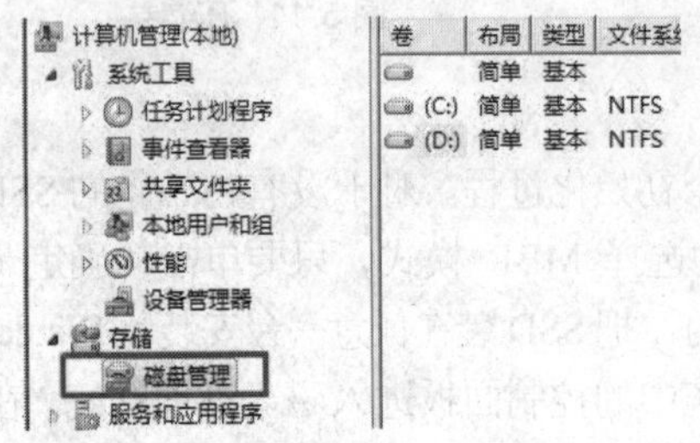

图 5.13　计算机管理

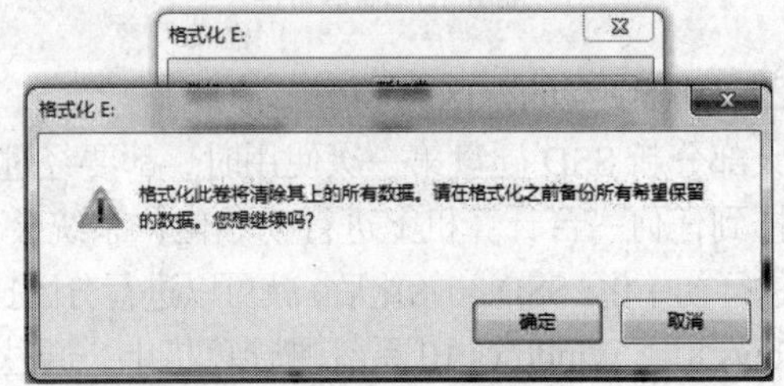

图 5.14　格式化警告对话框

3．使用 DiskGenius 格式化硬盘

DiskGenius 的操作简便易学，启动 DiskGenius 后，在打开的 DiskGenius 分区工具窗口中选中需要进行格式化的分区，单击“格式化”按钮，然后按照提示操作即可。

> **提 示**
>
> 扫描封底“本书资源下载”二维码可以获取试用软件 DiskGenius 进行学习。

格式化操作中，可在对话框中设置文件系统类型、簇大小，如图 5.15 所示。设置卷标后即可单击“格式化”按钮进行格式化操作。还可以选择在格式化时扫描坏扇区，要注意的是，扫描坏扇区是一项很耗时的工作。多数硬盘尤其是新硬盘不必扫描。如果在扫描过程中发现坏扇区，格式化程序会对坏扇区做标记，建立文件时将不会使用这些扇区。对于 NTFS 文件系统，可以勾选“启用压缩”复选框，以启用 NTFS 的磁盘压缩特性。如果是主分区，并且选择了 FAT32/FAT16/FAT12 文件系统，“建立 DOS 系统”复选框会成为可用状态，如果勾选它，格式化完成后程序会在这个分区中建立 DOS 系统，可用于启动计算机。

格式化会导致全部信息丢失，所以在进行格式化操作时一定要谨慎。

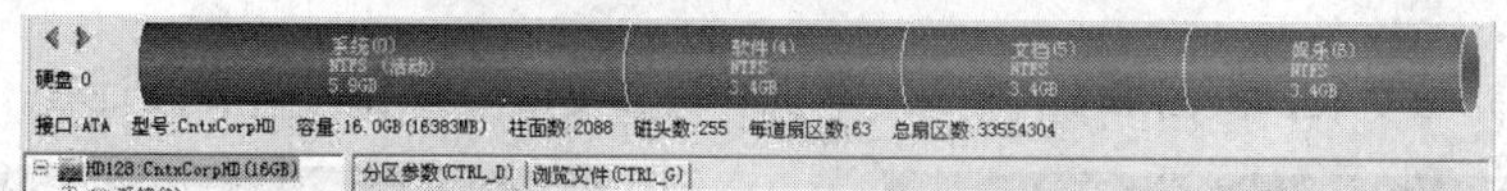

图 5.15　格式化前后的硬盘分区对比

5.3.4　硬盘的管理

磁盘管理是操作系统提供的一种用于管理硬盘及其所包含的卷或分区的系统实用工具。使用磁盘管理可以初始化磁盘、创建卷以及使用 FAT、FAT32 或 NTFS 文件系统格式化卷。磁盘管理可以无须重新启动系统或中断用户，就能执行与磁盘相关的大部分任务。

在 Windows 7 系统的“计算机管理”窗口中单击“存储”节点下面的“磁盘管理”选项，右侧窗格即会显示出当前 Windows 7 系统的磁盘分区现状，包含不同分区的卷标、布局、类型、文件系统、状态等，如图 5.16 所示，用户可执行与磁盘相关的任务，如创建及格式化分区和卷以及分配驱动器号。

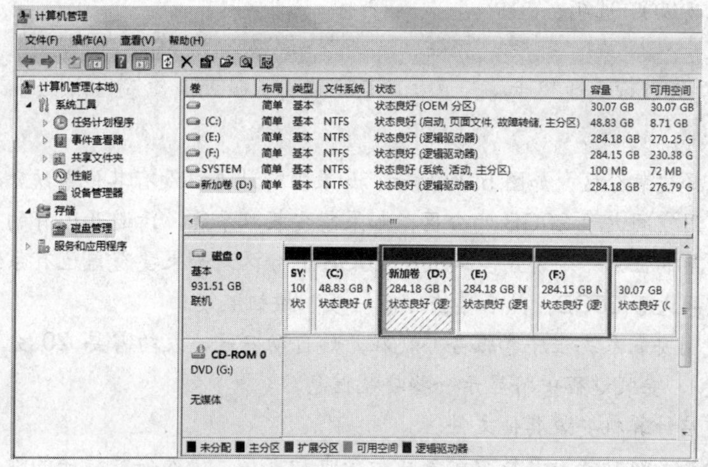

图 5.16　Windows 磁盘管理工具

5.4 软件系统的安装与设置

5.4.1 安装操作系统

操作系统（Operating System，OS）是管理和控制计算机硬件与软件资源的计算机程序，是直接运行在“裸机”上的最基本的系统软件，任何其他软件都必须在操作系统的支持下才能运行。

根据市场调查机构 NetApplications 2017 年 4 月的调查结果显示，Windows 10 全球桌面系统占有率已经达到 21.13%，而 Windows 7 的占有率已经达到了 47.01%，Windows XP 系统以 10.34% 的占有率依然为全球第三大桌面操作系统。下面具体介绍 Windows 7 的安装。

Windows 7 的安装有光盘、U 盘、硬盘安装三种方式，只是在启动顺序处存在差异，而在安装过程中没有区别。这里以光盘安装为例。

步骤 1 加载安装程序。将计算机设置为从光盘启动，将安装光盘放入光驱，启动计算机，屏幕将显示安装程序正在加载安装所需的文件。

步骤 2 选择安装语言。默认情况下安装语言是简体中文，如图 5.17 所示，单击“下一步”按钮继续安装。

步骤 3 开始安装。如图 5.18 所示，单击“现在安装”按钮开始安装过程。

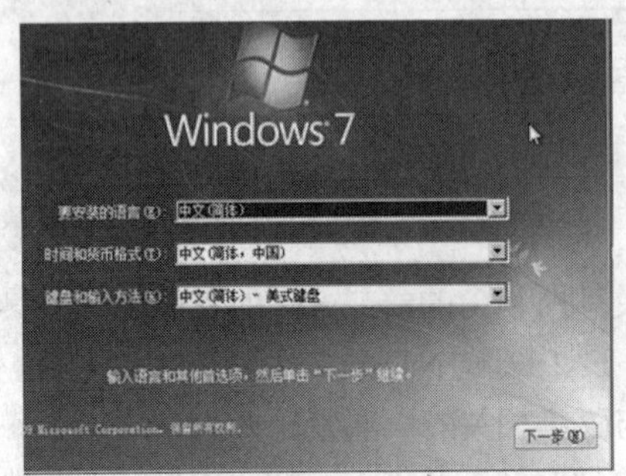

图 5.17 Windows 7 选择安装语言

图 5.18 现在安装

步骤 4 接受许可协议。勾选“我接受许可条款”复选框，并单击“下一步”按钮继续。

步骤 5 选择安装方式。如图 5.19 所示，有“升级”和“自定义”两种方式供选择，这里选择“自定义（高级）”选项。

注 意

升级方式适用于将计算机此前安装的低版本操作系统升级到高版本时。

步骤 6 选择安装分区。如图 5.20 所示，如果当前计算机没有其他系统，选择序号尽量靠前的任意一个可用空间大于 20GB 的分区；如果想安装双系统，请避开已有的系统分区，然后选择序号尽量靠前的任意一个可用空间大于 20GB 的分区；如果要覆盖已有系统，请确保已有系统分区剩余空间大于 20GB；然后单击“下一步”按钮继续。

步骤 7 复制安装系统程序和服务。现在开始自动安装，大约需要 20 分钟的时间（根据计算机配置而定），安装过程中将显示一些安装信息。

步骤 8 重启计算机安装其他文件。

步骤 9 检查系统功能。系统安装完成后会自动重启，进入安装程序的检查界面，这些过程是自动进行的，不需要用户操作。

步骤 10 设置用户名和计算机名。

步骤 11 设置账户密码。

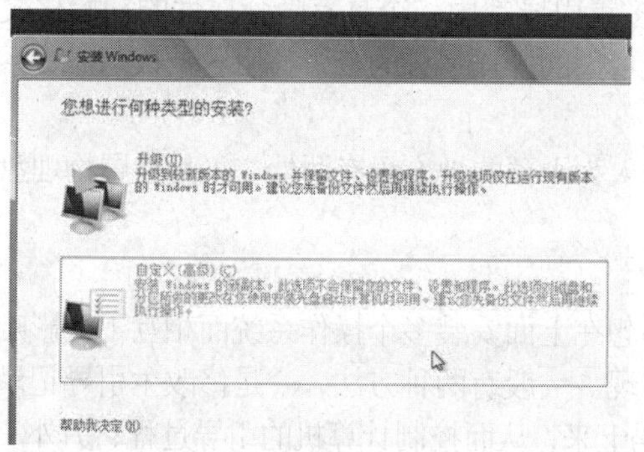

图 5.19 选择安装方式

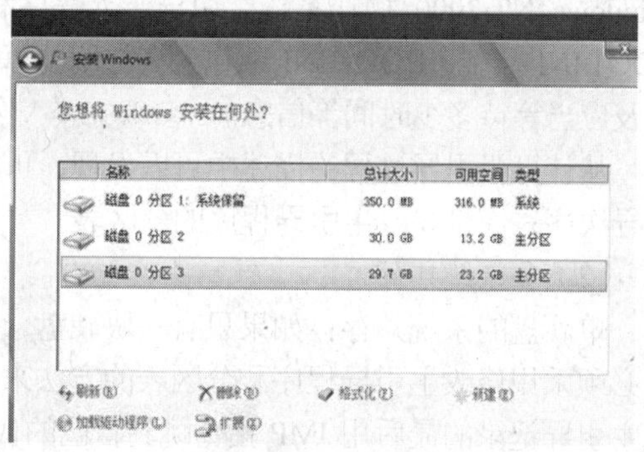

图 5.20 选择安装分区

步骤 12 输入产品密钥。产品密钥是软件的序列号同，由 25 位数字和字母组成。

步骤 13 配置系统更新。在打开的对话框中选择“使用推荐设置”，以便及时使系统更新的，确保系统安全。

步骤 14 设置系统时间和日期。

步骤 15 选择当前网络。如果计算机能上网，请选择网络类型。个人或家用计算机，请选择第一项“家庭网络”；工作计算机请选择第二项；如果上述情况都不是，请选择第三项。

步骤 16 完成安装。

一键安装也是现在比较流行的安装方式，快捷方便，对于非专业人员来说也可以轻松地完成，比较流行的有 Ghost 一键安装、360 一键重装、小白一键重装等。

5.4.2 多操作系统的安装

操作系统的更新是相当快速的，从 DOS 到 Windows 32、95、98、Me、XP 以及现在的 Windows 7\8\10。虽然说系统一直在不断地进步发展着，但其实每个操作系统都有各自的发展空间，也有其各自的优势和劣势。比如 Windows 98 和 Windows Me，它们的普遍特点是多媒体性能佳，支持软硬件多，但缺点是系统不够稳定；而诸如 Windows NT、Windows 2000 等系统，则有比较好的稳定性和操作性，但对系统要求比较高，不适合一般的初级用户使用。那么，能否实现将各种操作系统都安装在一台计算机上，并根据自己的需要任意选择呢？当然可以，这就是所说的多系统共存。

1．多系统引导原理

要让多系统共存，最重要的是要了解它的基本原理，先来看看操作系统是如何引导的。

（1）操作系统引导过程

当系统加电自检通过以后，硬盘被复位，BIOS 将根据用户指定的启动顺序从软盘、硬盘或光驱进行启动。以硬盘引导为例，系统 BIOS 将主引导记录读入内存；然后将控制权交给主引导程序，接着检查分区表的状态，寻找活动的分区；最后由主引导程序将控制权交给活动分区的引导记录，由引导记录加载操作系统。

对于 DOS 和 Windows 9X 等操作系统而言，分区引导记录将负责读取并执行 IO.sys。首先要初始化一些重要的系统数据，然后就会出现非常熟悉的蓝天白云桌面背景图。这时候，Windows 将继续进行 DOS 部分和 GUI（图形用户界面）部分的引导和初始化工作。如果系统中装有引导多种操作系统的工具软件，通常主引导记录将被替换成该软件的引导代码。这些代码将允许用户选择一种操作系统，然后读取并执行所选操作系统的基本代码。

对于 Windows NT/2000 来说，是由 NTLDR 程序负责将其装入内存，或者让用户选择 Windows NT/2000 操作系统。引导装入程序和多重引导都由一个具有隐含属性的初始化文件 BOOT.INI 控制，BOOT.INI 中包含有控制计算机可用的操作系统的设置、引导默认的操作系统以及应当等待多少时间等信息。

从计算机引导过程的描述中可以发现，可以人为干预的地方只有两处，一是设置物理盘的引导次序；二是修改主引导程序的分区表。

（2）多系统共存

单硬盘的系统共存：如果只有一块硬盘，并想在上面安装多个操作系统而相互不受影响，则必须采用修改主引导程序和分区表的方法来实现。一般有两种方法，一是修改主引导记录，在主引导记录的最后用 JMP 指令跳到自己的代码上来，从而控制计算机的引导过程；另外一种方法是修改主分区第一个扇区的引导代码，以实现多系统的共存。

多硬盘的多系统共存：如果采用的是多硬盘的计算机，而且每块硬盘都安装有不同操作系统时，建议通过在 CMOS 中指定硬盘的启动次序，实现多操作系统的共存。由于操作系统之间互不影响，所以这种方法完全不受兼容性等其他因素的影响。

2．多系统共存的原则

（1）在计算机上安装另外一个操作系统之前，最好能先制作一张启动盘以备意外之需。

（2）每个操作系统必须安装在一个独立的磁盘驱动器或者分区上。

（3）对于在 Windows 2000 和 Linux 之间的双重启动配置，应当先安装 Windows 2000，并为 Linux 保留所需要的磁盘分区。

（4）要进行双重启动配置，应该使用 FAT 文件系统。尽管支持在双重启动中使用 NTFS，但这样会提高文件系统的复杂程度。

（5）在设置了双重启动的计算机上，如果希望应用程序在两种操作系统上都可以运行，必须在两种操作系统中都进行安装，这是因为在操作系统之间无法共享应用程序。

3．多系统共存的硬盘分区

Windows 98 和 Windows 2000 虽然都同出一族，但是它们之间存在一些根本的差异，所以在安装的时候也要非常小心。Windows 2000 采用的是 NT 系统的内核，所以它支持 NTFS 的分区格式，但是考虑到要在同一个硬盘中安装 Windows 98，这样会导致在运行 Windows 98 的时候无法访问装有 Windows 2000 的硬盘分区，所以建议经验不足的用户还是采用原有的 FAT32 格式。

4．多系统安装顺序

首先要确定分区的顺序。比如在安装 Windows NT/2000 和 Windows 9X 的时候，必须要把 Windows NT/2000 的主分区放置在 Windows 9X 的前面；还有安装其他操作系统的时候，最好将 Windows NT/2000 的主分区放置在其他操作系统主分区的最前面。比如需要安装 Windows 9X、Linux 和 Windows NT/2000，那么正确的分区顺序第一位应该是 Windows NT/2000，否则就会导致 Windows NT/2000 不能正常安装。

对于 Windows 9X、Windows NT/2000、Linux 这几种操作系统来说，一般要按照先安装 Windows 9X，再装 Windows NT，最后安装 Linux 的顺序来进行。这是因为，如果先安装了 Windows NT 之后再安装 Windows 9X，原来的 Windows NT 引导区将被覆盖，这就使得 Windows NT 的多重引导功能失效。而且如果先安装 Linux，那么 Linux 的 LILO 也会被覆盖，从而导致多重系统引导失效。在安装的时候，按照常规的安装步骤进行即可，但是在安装完毕之后还要对其进行一番配置才能实现多重系统引导功能。

当有条件使用两块硬盘安装多个操作系统的时候，就会方便许多，此时建议把 Windows 9X、Windows NT/2000 安装在第一块硬盘上，而将 Linux 安装在第二块硬盘中。这样可以利用 Windows NT/2000 附带的多重引导程序来管理第一块硬盘上的操作系统，在需要使用 Linux 的时候，只要在 BIOS 中将启动引导顺序更改为从第二块硬盘引导即可。

5．多系统安装注意事项

（1）原则上，把安装程序复制到硬盘的目录里安装比使用光盘安装好，这样可以避免光驱在安装过程中读盘错误的影响，速度也会快几倍。

（2）格式化 C 盘会使得多重引导菜单被破坏，所以在格式化之前，要确定真的不需要使用多个操作系统了。

（3）Windows NT 4.0 只支持不超过 8.4GB 的硬盘，而且只认 FAT16 和 NTFS 分区格式，必须打补丁才能使用大硬盘。

（4）如果用上述介绍的方法处理后仍不能正常安装多个操作系统，可能是硬件和操作系统之间有不兼容，可考虑用替换法更换硬件试试。

5.4.3 应用软件的安装设置

（1）绿色软件的安装。绿色软件是指功能专一的免费小软件，一般只有一个可执行文件（通常扩展名为.exe），不会向系统添加文件，不修改注册表。使用时用鼠标双击即可运行，卸载也比较简单，只需删除该文件即可。

（2）常用共享、免费软件的安装和卸载，步骤如下。

步骤 1 下载并解压。放在网上的免费软件大多都是压缩文件，下载到硬盘上之后要进行解压。

步骤 2 执行软件的安装程序。打开 Step 1 中解压生成的文件，并双击安装文件（一般名为 setup.exe）执行安装程序，按照提示单击“NEXT”或“下一步”按钮。

步骤 3 同意授权协议。出现的软件授权说明等信息，必须选择“Agree”或“同意”。

步骤 4 确定软件的安装路径。出现窗口确定软件的安装路径，可以单击“Browse”或“浏览”按钮自定义安装路径，也可单击“下一步”单击选择默认路径。

步骤 5 复制程序。文件复制完成后一般会出现“安装成功”的提示，单击“Finish”或“完成”按钮就可以安装成功了。

（3）商业软件的安装

步骤 1 将软件光盘放入光驱一般都会自动运行安装程序，也可以通过双击光盘根目录下的 setup.exe 文件来启动安装程序。随后将会出现授权协议，一定要同意授权协议才会进行下一步。

步骤 2 现在看到的是用户信息界面，需要填写用户名、缩写和单位，输入产品密钥（一般以标签的形式贴在软件包装上），并单击“NEXT”按钮。

步骤 3 选择参数，单击“NEXT”按钮。

步骤 4 选择“Complete”选项安全安装并单击“Install”。

步骤 5 单击“Finish”按钮完成安装。

除了绿色软件，其他软件的卸载一般通过控制面板中的“添加/删除程序”完成。

5.5 系统检测

当计算机的软硬件安装就绪后，可以使用系统测试软件来了解计算机各方面的性能，特别是硬件，通过测试可以发现其存在的“瓶颈”，以便合理配置计算机，并方便以后的优化和升级。

下面介绍几款专业的计算机硬件测试维护工具。

5.5.1 CPU 测试工具

1．CPU-Z

这是一款使用度最高的 CPU 检测软件，它支持的 CPU 种类相当全面，软件的启动速度及检测速度都很快。此外，它还能检测主板和内存的相关信息。如图 5.21 所示，可以看到 CPU 的型号、代号、工艺、规格、时钟、缓存等信息。当然，对于 CPU 的鉴别还是最好使用原厂软件。

提 示

扫描封底“本书资源下载”二维码可以获取试用软件进行学习。

2．Prime 95

Prime 95 是一款专用测试系统稳定性的绿色软件。原本是一款寻找梅森最大素数的分布式计算软件，在所有拷机软件中是公认的最残酷的一款，它把超高负荷的工作量加载在 CPU 身上，以此来考验 CPU 的承受能力。因其可以发现其他测试程序无法发现的稳定性问题而备受关注，更加被许多专业的计算机 OEM 制造商用于确定计算机的稳定性。

首次使用时，软件会弹出选择对话框，如果选择“Just Stress Testing”，就会出现测试选项，如图 5.22 所示。

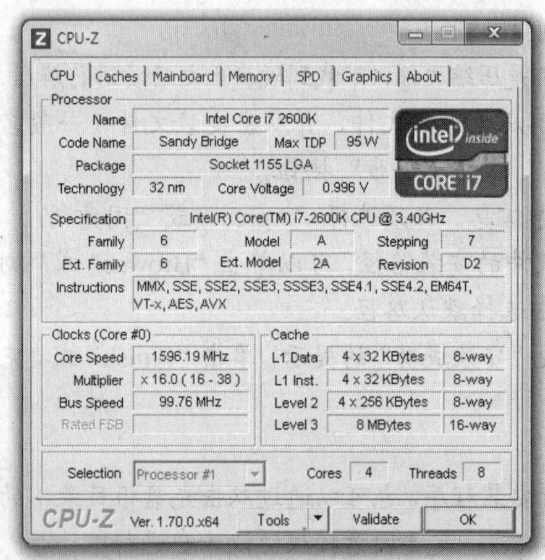

图 5.21 CPU-Z 的检测界面

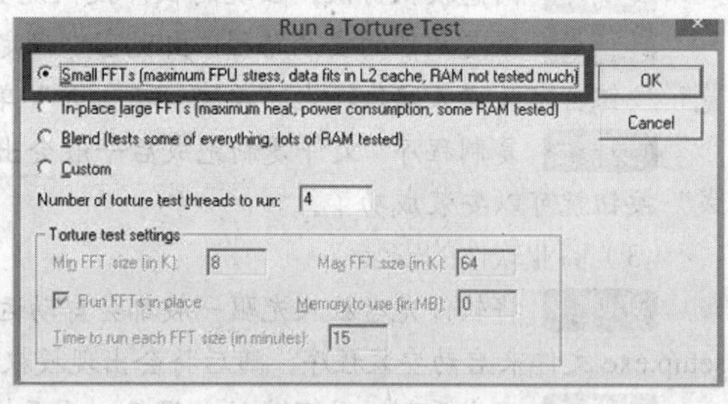

图 5.22 Torture 测试

第一项 Small FFTs 主要用于对 CPU 的浮点运算测试，另外还会对 CPU 的缓存进行填充测试；第二项“In-place large FFTs”用于最大功耗测试，适量内存测试；第三项“Blend”是系统默认测试；第四项是自定义测试，可选择 FFT size 的大小、内存使用量、是否运行 in-place 和运行 FFT 的周期。

做好选择之后，软件就会自动对当前计算机 CPU 进行压力测试。测试时，系统托盘里的图标会由黄变红，表示测试进行中。如果测试中途出错，图标就会变回黄色，同时会显示相应的信息。如果 CPU 当真有硬件性能问题，可能在几分钟内就会出现异常情况，比如死机，重启、自动断电等。

注 意

当对 CPU 进行压力测试的时候，由于 CPU 一直处于高负荷状态，会导致 CPU 的温度升高。

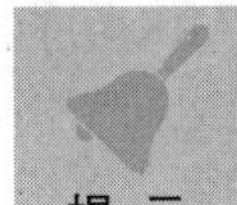

扫描封底“本书资源下载”二维码可以获取试用软件 prime 95 进行学习。

提 示

3．Super π

Super π 是由日本东京大学金田研究室开发的一款用来计算圆周率的软件，可以用来测试计算机超频后的性能，许多硬件实验室也使用这款软件测试 CPU 的稳定性。

运行程序，单击“运行计算”按钮，就会弹出一个对话框供用户选择要运行的圆周率位数，一般采用 104 万位即可，确认后就开始测试，很快便可得到图 5.23 所示的结果，时间当然是越短越好。如果对 CPU 的要求比较高，可以让 Super π 运行 209 万位甚至更高位的运算，这样可以让 CPU 在更恶劣的条件下满负荷运行，假如能通过 3355 万位的测试，那么这个系统将可以在任何苛刻环境下稳定运行。

扫描封底“本书资源下载”二维码可以获取试用软件进行学习。

提 示

4．IntelBurnTest

IntelBurnTest 是对稳定性要求非常高的测试软件，特别是 Xtreme Stress Mode，主界面如图 5.24 所示。

图 5.23 Super π 测试

图 5.24 IBT 主界面

（1）Stress Level 栏有 5 个选项供选择，分别对应不同的内存容量。

Maximum：当前可用内存。Very High：4096MB 内存。

High：2048MB 内存。Standard：1024MB 内存。

Custom：自定义内存容量。

（2）Threads 选项栏里可以选择执行压力测试的线程数，根据自己 CPU 的实际情况选择即可。

（3）Times to run 是运行次数，次数越多，对稳定性的要求就越高。

扫描封底“本书资源下载”二维码可以获取试用软件进行学习。

提 示

5.5.2 显卡测试工具

1．3DMARK

3DMARK 是 Futuremark 公司的一款测量显卡性能的软件，如图 5.25 所示，自 1998 年发布第一款软件以来，已成为最为普及的一款 3D 图形卡性能基准测试软件，现在的 3DMARK 功能已不在囿于衡量显卡性能，已渐渐转变成了一款衡量整机性能的软件。3DMARK 支持桌面与移动平台的跨平台测试，支持 Windows 桌面、Windows 8/RT Metro、Android 和 iOS 平台。系统平台的测试，除了测试分数，还会展现每个场景测试期间的实时曲线，全程记录频率、CPU 温度、GPU 温度、CPU 功耗。

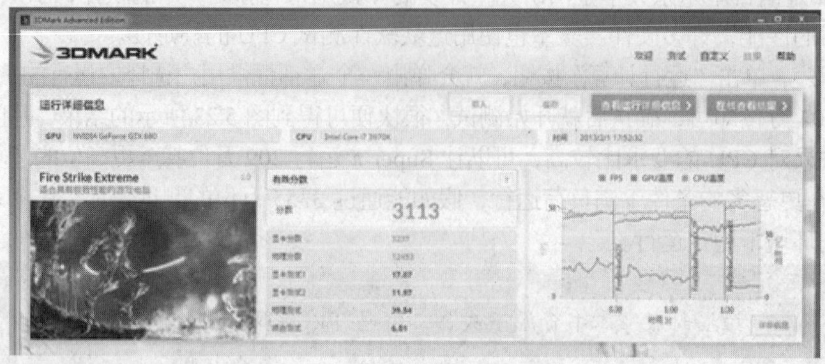

图 5.25　3DMARK 测试结果

扫描封底“本书资源下载”二维码可以获取试用软件进行学习。

提 示

新版 3DMARK 由 Ice Storm、Cloud Gate 和 Fire Strike 三个部分组成，分别适用于“移动设备和入门级电脑”“笔记本电脑和家用电脑”以及“高性能游戏电脑”。

Ice Storm：针对移动设备和低端硬件，使用 Ice Storm 测试平板电脑和便携式笔记本电脑的性能。Ice Storm 使用限制为 Direct3D 9 级的 DirectX 11 引擎，适用于测试兼容 Directx 9 的硬件。

Cloud Gate：针对 Windows 笔记本电脑和典型家庭个人计算机，使用 Cloud Gate 测试笔记本电脑和普通家用电脑的性能。Cloud Gate 使用限制为 Direct3D 10 级的 DirectX 11 引擎，适用于测试兼容 Directx 10 的硬件。

Fire Strike：针对高性能游戏计算机，使用 Fire Strike 测试专用游戏电脑和高端计算机组件的性能。Fire Strike 使用多线程 DirectX 11 引擎测试兼容 DirectX 11 的硬件。3DMARK Advanced Edition 包含一个专为具有多 GPU 的高端系统打造的 Extreme 版本。

2. FurMark

FurMark 是 oZone3D 开发的一款 OpenGL 基准测试工具，如图 5.26 所示，通过皮毛渲染算法来衡量显卡的性能，同时还能借此考验显卡的稳定性；该软件提供了多种测试选项，包括全屏/窗口显示模式、九种预定分辨率（可自定义）、基于时间或帧的测试形式、多种多重采样反锯齿（MSAA）、竞赛模式等，并且支持包括简体中文在内的 5 种语言。

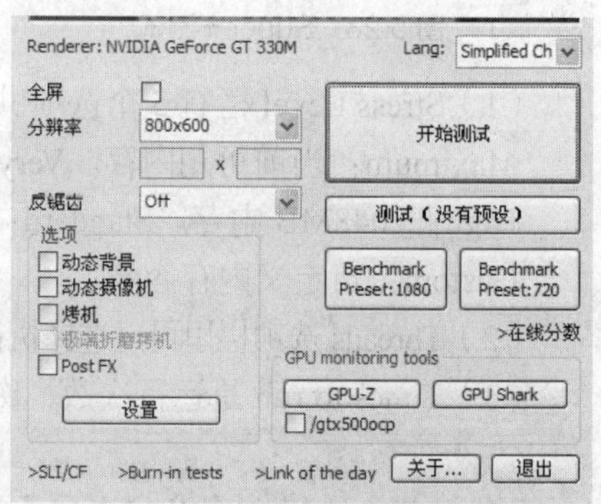

图 5.26　FurMark 测试界面

扫描封底“本书资源下载”二维码可以获取试用软件进行学习。

提 示

5.5.3 硬盘测试工具

1．HD Tune

HD Tune是一个小巧易用的硬盘工具软件，其主要功能有硬盘传输速率检测、健康状态检测、温度检测及磁盘表面扫描存取时间检测、CPU占用率检测，为硬盘提供全面的诊断功能。另外，还能检测出硬盘的固件版本、序列号、容量、缓存大小以及当前的Ultra DMA模式等，如图5.27所示。

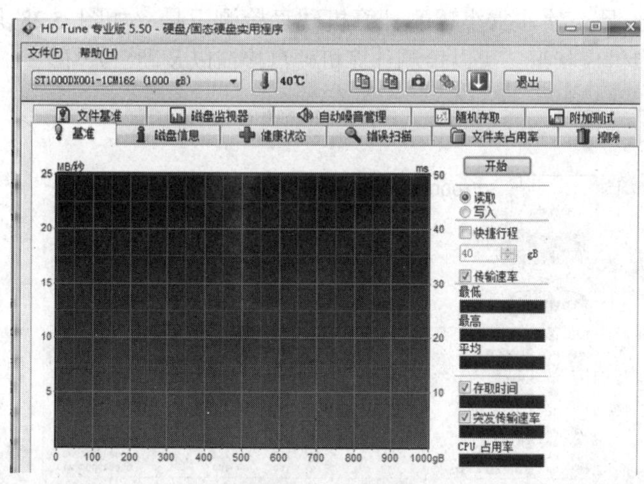

图5.27 HD Tune测试界面

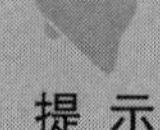

扫描封底“本书资源下载”二维码可以获取试用软件进行学习。

提 示

它的主要功能如下所述。

（1）基准磁盘性能测试。启动软件后，将首先显示硬盘的型号及当前的温度，默认显示为磁盘基本测试界面。单击“开始”按钮，可启动硬盘读写性能检测，主要包括读取及写入数据时的传输速率、存储时间及对CPU的占用率等。（注意：写入测试存在危险，希望用户慎重使用）

（2）磁盘详细信息。HD Tune不仅会列出当前硬盘各个分区的详细信息，还提供此硬盘所支持的特性。此外还提供了硬盘的固件版本、序列号、容量、缓存大小以及当前的Ultra DMA模式等。

（3）磁盘健康诊断。通过健康诊断可以对磁盘进行全方面的体检，涉及磁盘的各方面性能参数，并且都有详细的数值显示，如读取错误率、寻道错误率、写入错误率、温度、通电时间等。

（4）错误扫描测试。在错误扫描测试中可以检测磁盘是否存在损坏的扇区。

（5）文件夹占用率。单击“扫描”按钮，可以很快检查出当前磁盘上所有存在的文件及目录状况，如当前硬盘上已有的文件及目录总数、每个文件夹的大小及当前已经使用的硬盘的总容量等信息。

（6）文件基准测试。主要是测试硬盘的缓冲性能及突发传输能力。

（7）磁盘监控器。在磁盘监控器画面，单击“开始”按钮就可以对磁盘的读取和写入状况进行实时监测。

（8）AAM 设置。AAM 的英文全称为 Automatic Acoustic Management，即自动声音管理。硬盘的噪音大多由于本身的震动和磁头的不断操作产生，换言之，在相同的环境下，硬盘的转速越高，噪音越大。而此项功能实际上就是调整硬盘运行时的噪音。

（9）随机存取测试。主要是测试硬盘在读取及写入数据时的真实寻道以及寻道后读写操作全过程的总时间，能体现出一款硬盘的真实寻道性能，每秒的操作数越高，平均存取时间越小越好。

2．CrystalDiskInfo 硬盘检测工具

CrystalDiskInfo 是一款非常小巧的计算机硬盘检测工具，如图 5.28 所示，它通过读取 S.M.A.R.T 了解硬盘健康状况，可以检测计算机硬盘接口以及硬盘好坏。

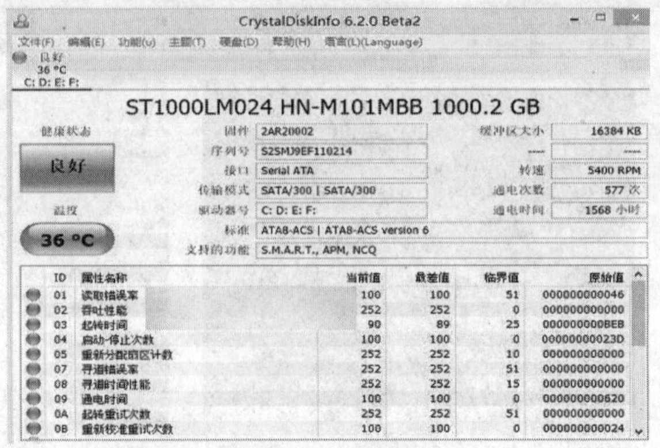

图 5.28　CrystalDiskInfo 测试界面

扫描封底“本书资源下载”二维码可以获取试用软件进行学习。

提 示

3．AS SSD Benchmar

AS SSD 是一款 SSD 固态硬盘传输速率测速工具，如图 5.29 所示，可以检测固态硬盘持续读写等性能。

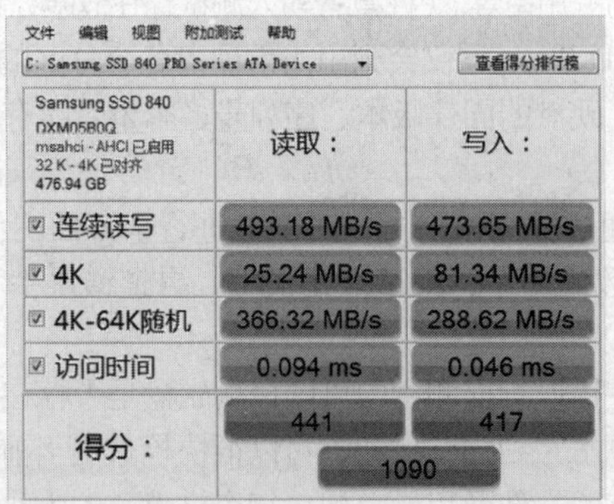

图 5.29　AS SSD Benchmar 测试界面

扫描封底“本书资源下载”二维码可以获取试用软件进行学习。

提 示

启动软件后，用户可以根据自己的需要选择测试项目（Seq、4K、4K-64Thrd、Acc.time）：

（1）Seq（连续读写）：即持续测试，AS SSD 会先以 16MB 的尺寸为单位，持续向受测分区写入，生成 1 个达到 1GB 大小的文件，然后再以同样的单位尺寸读取这个文件，最后计算出平均成绩，给出结果。

（2）4K（4K 单队列深度）：即随机单队列深度测试，测试软件以 512KB 的单位尺寸生成 1GB 大小的测试文件，然后在其地址范围（LBA）内进行随机 4KB 单位尺寸进行写入和读取测试，直到跑遍这个范围为止，最后计算平均成绩给出结果。

（3）4K-64Thrd（4K-64 队列深度）：即随机 64 队列深度测试，软件会生成 64 个 16MB 大小的测试文件（共计 1GB），然后以 4KB 的单位尺寸同时在这 64 个文件中进行写入和读取，最后以平均成绩为结果，产生 2GB 的数据写入量。

（4）Acc.time（访问时间）：即数据存取时间测试，以 4KB 为单位尺寸随机读取全盘地址范围（LBA），以 512B 为写入单位尺寸随机写入保留的 1GB 地址范围内，最后以平均成绩给出测试结果。

5.5.4 内存测试工具

1．Memtest

Memtest 是一款功能强大、便捷实用的内存测试工具，不但可以彻底地测试内存的稳定度，还可同时测试记忆的存储与检索资料的能力，最大化地改善计算机内存占用率。如果拥有多个核心/CPU，可以运行多个副本 MemTest 分别测试它们之间的内存大小。Memtest 测试界面如图 5.30 所示。

2．RAMExpert

RAMExpert 可以提供清晰直观的内存型号规格信息，还能查看制造商及相关支持文档，支持内存条正版验证，界面如图 5.31 所示。

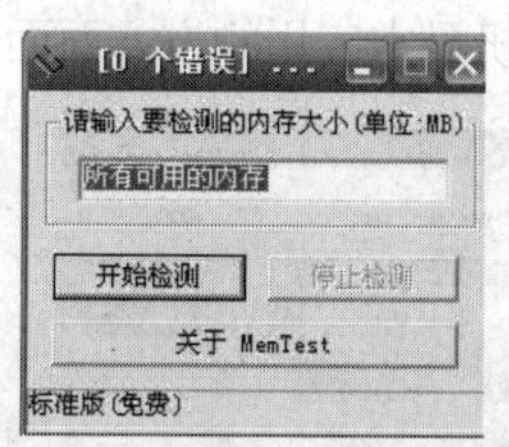

图 5.30　Memtest 测试界面

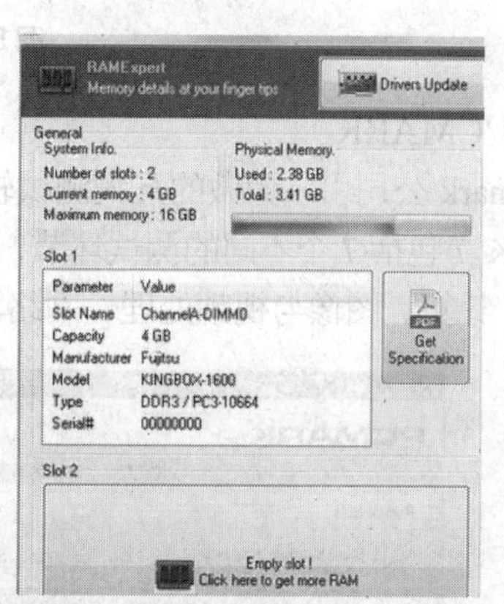

图 5.31　RAMExpert 测试界面

5.5.5 综合测试工具

1．鲁大师

鲁大师是 Windows 优化大师的原主创人员鲁锦开发的新一代系统工具，提供了硬件真伪辨别、计算机稳定保障、系统性能提升等服务，适合于各种品牌台式计算机、笔记本电脑、DIY 兼容机，提供实时的关键性部件监控预警，全面的计算机硬件信息，帮助用户有效预防硬件故障，并且完全免费。鲁大师能为用户提供更加简洁的报告，而不是一大堆很多专业级别的用户也可能看不懂的参数。

用户可以到鲁大师官网下载安装最新版本，常用功能包括硬件体检、硬件检测、温度管理、性能测试、驱动检测、清理优化、装机必备和游戏库。鲁大师不但能够进行硬件和驱动检测，还提供了很多装机软件以及可以让人放松的游戏库；能定时扫描计算机的安全情况，提供安全报告，有相关资料的悬浮窗可以显示“CPU 温度”“风扇转速”“硬盘温度”“主板温度”“显卡温度”等信息。而且，鲁大师还会到微软官方网站下载安装最适合机器的漏洞补丁。

如图 5.32 所示，单击“硬件检测”图标，就会显示相应信息，包括处理器、主板、内存、硬盘、显示、显示器等的相关信息。

图 5.32　鲁大师操作界面

2. PCMARK

Furmark 公司引以为傲的几大测试软件之中，3DMARK 系列和 PCMARK 系列最为著名。PCMARK 7 包括 7 个不同的测试环节，如图 5.33 所示，由总共 25 个独立工作负载组成，涵盖了存储、计算、图像与视频处理、网络浏览及游戏等个人计算机日常应用的方方面面。

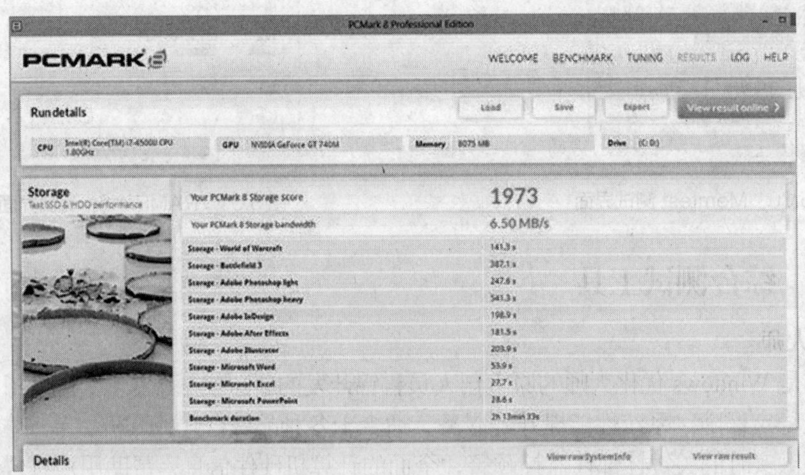

图 5.33　PCMARK 操作界面

PCMARK 8 内置了多个测试项目，更加细致的分项测试变得更有针对性。其中，Home 测试项目主要模拟了用户日常使用电脑的情况，如文本、网页等；Creative 测试项目则加入了更多的娱乐模拟，诸如游戏、视频等，对平台性能的“压榨”相较 Home 测试项目要高一些；此外，Storage 测试项目则专门针对平台的硬盘性能做出评定。

5.5.6 网络环境的调试

1．设置网络宽带连接

在互联网时代，网络是必不可少的，现在就介绍一下如何设置计算机网络宽带连接。首先要在服务商那里申请账号和密码，然后用网线连接路由器和要上网的计算机，硬件连接好之后就可以进行设置了。

步骤 1 打开网络共享中心。网络共享中心在控制面板中，如图 5.34 所示，也可以直接在桌面打开，单击桌面右下角的网络图标，选择“打开网络共享中心命令”即可。

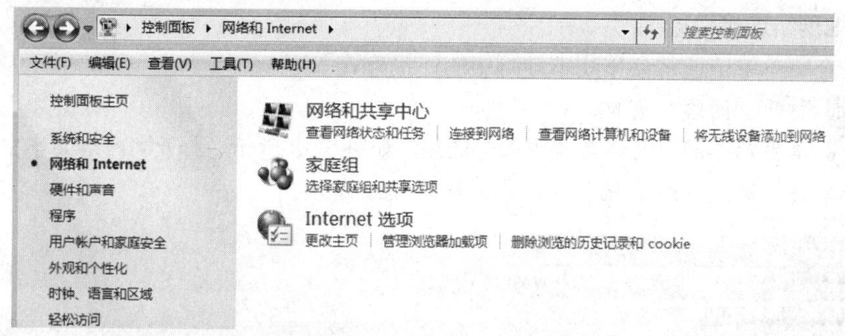

图 5.34 打开网络和 Internet

步骤 2 查看基本网络信息并设置网络。第一个选项就是新建网络连接，在这里可以看到有关于宽带的选项，单击进入后进行配置即可。如图 5.35 所示，首先单击“连接到网络”超链接。

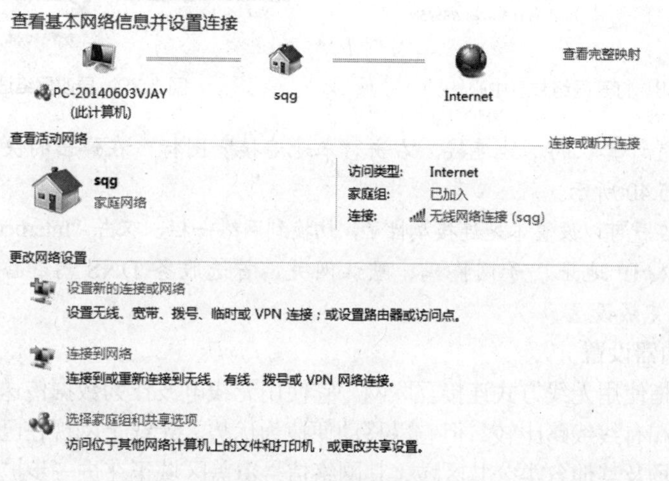

图 5.35 连接到网络

步骤 3 在弹出的对话框中单击“宽带（PPPoE）(R) 这个默认选项，如图 5.36 所示。

步骤 4 弹出新界面，如图 5.37 所示，输入办理宽带时服务商提供的“用户名”和“密码”，连接名称默认为“宽带连接”，单击“连接”按钮。

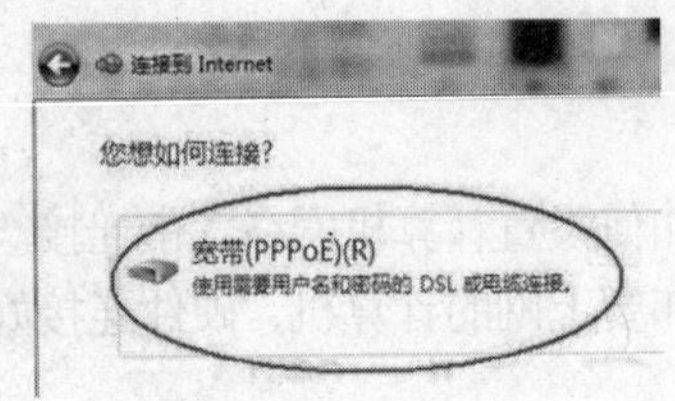

图 5.36　连接到网络

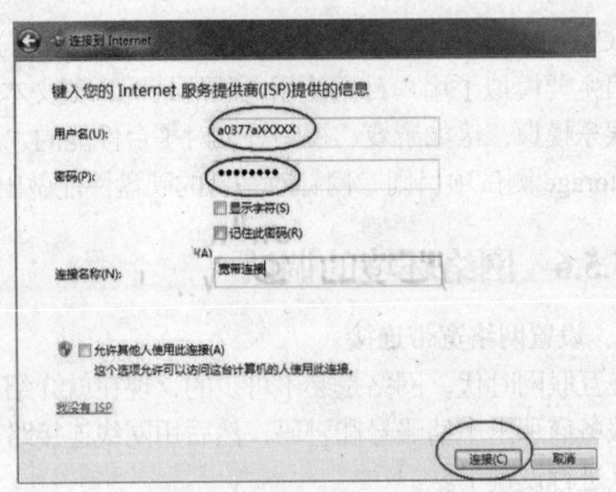

图 5.37　键入 ISP 提供的信息

完成之后就可以畅游网络了。

2．本地网络连接设置

学校、企事业单位通常会采用本地网络的连接方式。

步骤 1　打开“网络”窗口。

步骤 2　单击顶部的“网络共享中心”链接，如图 5.38 所示，打开“网络共享中心”窗口，在左侧窗格单击“更改网络适配器”链接，如图 5.39 所示。

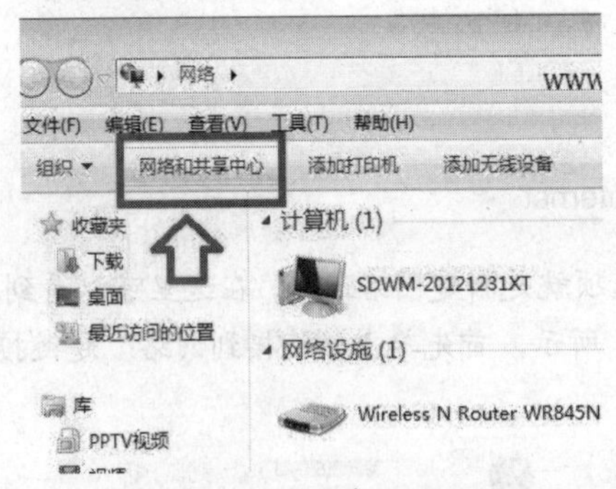

图 5.38　打开网络共享中心

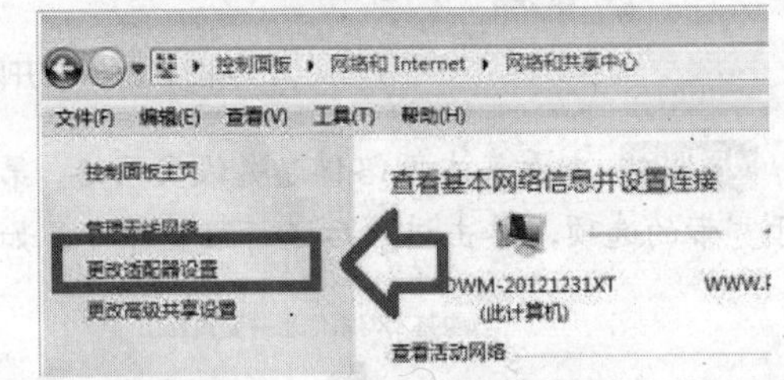

图 5.39　更改网络适配器

步骤 3　设置计算机的本地连接。右击“本地连接”图标，在弹出的快捷菜单中选择“属性”命令，如图 5.40 所示。

步骤 4　现在就可以设置本地连接属性了，切换到网络一栏，双击“Internet 协议版本 4”选项。

步骤 5　输入 IP 地址、子网掩码、默认网关、首选服务 DNS 器和备用 DNS 服务器，如图 5.41 所示，完成设置。

3．无线路由器设置

无线上网是指使用无线方式连接互联网。它使用无线电波作为数据传送的媒介，速度和传送距离虽然无法和有线线路比较，但它以移动便捷为优势。无线上网现在已经广泛地应用在商务区、大学、机场及其他各类公共区域，其网络信号覆盖区域正在进一步扩大。

这里设置无线路由器以 TP-LINK 为例，连接好无线路由器和网线、调制解调器，并确保网络畅通、所有指示灯都正常，然后进行如下操作。

步骤 1　打开浏览器，输入无线路由器的地址“192.168.1.1”（一般在路由器的背面，不同厂商的产品会有不同），然后在提示框中输入用户名和密码，如图 5.42 所示。

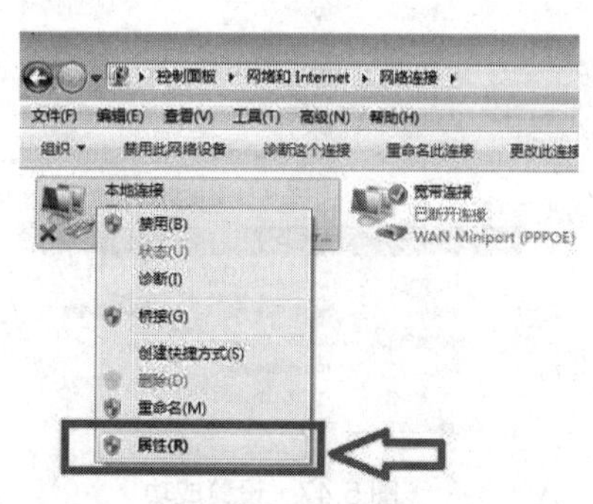

图 5.40 打开本地连接属性

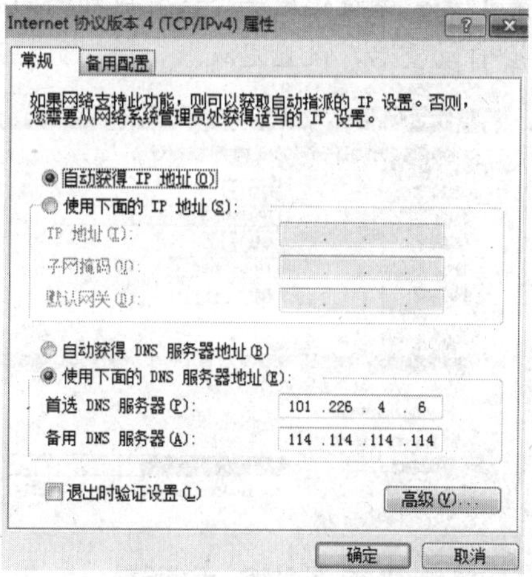

Internet 协议版本 4 (TCP/IPv4) 属性

常规 备用配置

如果网络支持此功能，则可以获取自动指派的 IP 设置。否则，您需要从网络系统管理员处获得适当的 IP 设置。

◉ 自动获得 IP 地址(O)
○ 使用下面的 IP 地址(S):
IP 地址(I):
子网掩码(U):
默认网关(D):

○ 自动获得 DNS 服务器地址(B)
◉ 使用下面的 DNS 服务器地址(E):
首选 DNS 服务器(P): 101 .226 . 4 . 6
备用 DNS 服务器(A): 114 .114 .114 .114

☐ 退出时验证设置(L) 高级(V)...

确定 取消

图 5.41 设置本地连接属性

步骤 2 在打开的“配置中心”窗口中单击“设置向导”选项，如图 5.43 所示，然后单击“下一步”按钮。

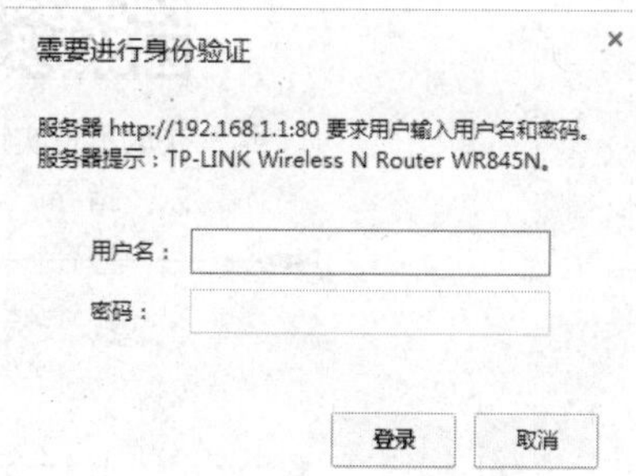

需要进行身份验证

服务器 http://192.168.1.1:80 要求用户输入用户名和密码。
服务器提示：TP-LINK Wireless N Router WR845N。

用户名：
密码：

登录 取消

图 5.42 输入用户名和密码

图 5.43 设置向导

步骤 3 现在进入了上网方式设置页面，如图 5.44 所示，可以看到有 3 种上网方式的选项，如果使用的是电话线拨号上网，就选择 PPPoE（ADSL 虚拟拨号）；动态 IP 上层有 DHCP 服务器，一般计算机直接插上网络就可以用的；静态 IP 可能是专线、小区带宽或想要固定 IP 的，上层没有 DHCP 服务器。这里以常见的拨号上网方式为例，单击“下一步”按钮。

步骤 4 选择 PPPOE 拨号上网后就要填上网账号和密码，如图 5.45 所示，输入供应商提供的账号密码后单击“下一步”按钮。

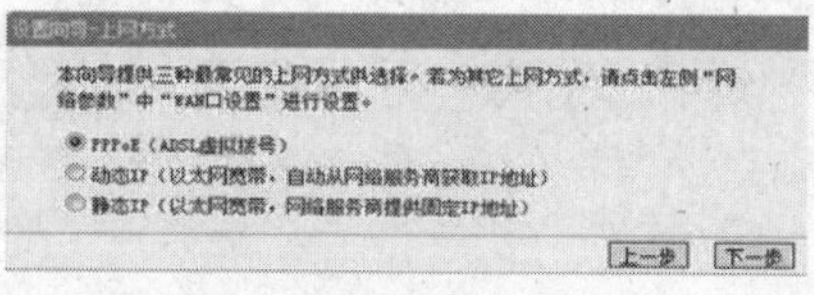

设置向导-上网方式

本向导提供三种最常见的上网方式供选择。若为其它上网方式，请点击左侧“网络参数”中“WAN口设置”进行设置。

◉ PPPoE（ADSL虚拟拨号）
○ 动态IP（以太网宽带，自动从网络服务商获取IP地址）
○ 静态IP（以太网宽带，网络服务商提供固定IP地址）

上一步 下一步

图 5.44 选择上网方式

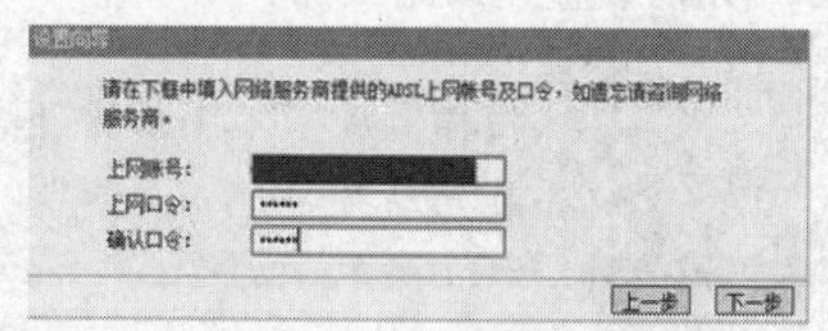

图 5.45 输入上网帐号和密码

步骤 5 现在进入无线设置，如图 5.46 所示，可以看到有无线状态、信道、模式、安全选项、SSID 等设置项，模式大多用 11bgn。无线安全选项要选中 WPA-PSK/WPA2-PSK 单选按钮，可以防止被破解，单击“下一步”按钮。

步骤 6 系统弹出一个设置成功的向导提示页面，如图 5.47 所示。单击“完成”按钮，路由器会自动重启，设置完成。

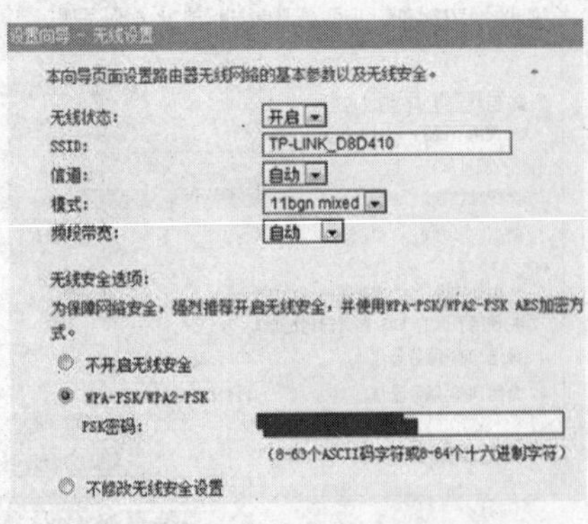

图 5.46　无线设置

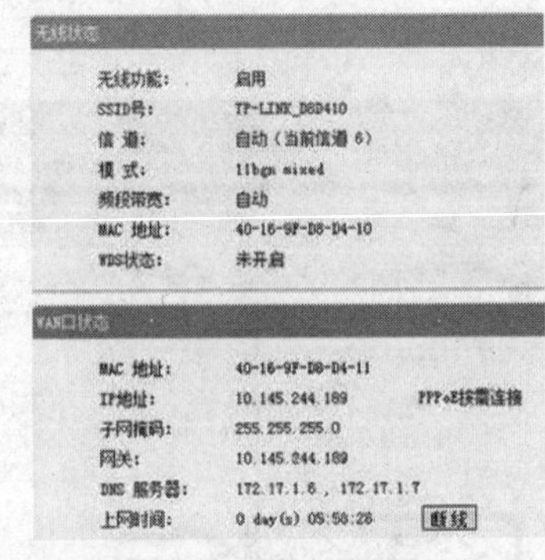

图 5.47　设置成功

5.6　本章实训

扫一扫

获取本章实训指导

1. 进入 BIOS，设置启动顺序为光盘→硬盘→软盘。
2. 使用 DiskGenius 格式化硬盘分区。
3. 软件的安装。
4. 硬件测试工具的使用。
5. 网络环境的调试。

5.7　本章习题

扫一扫

获取本章习题指导

1. 什么是 BIOS?
2. BIOS 的作用有哪些?
3. 阐述 BIOS 与 CMOS 的区别。
4. BIOS 中 Exit 菜单下的选项有哪些?
5. 阐述固态硬盘的分区。
6. 格式化硬盘的方法有几种?
7. 多操作系统的安装有哪些注意事项?
8. 应用软件如何安装?
9. 如何设置无线路由器?

提示　扫描封底“本书资源下载”二维码可以获取 Windows 7 安装演示和操作系统安装互动练习。

本章小结

本章主要介绍了计算机的调试工作，首先介绍了计算机安装好后的系统检测方案，然后介绍硬盘分区和格式化、软件系统的安装与设置，最后介绍计算机硬件的测试方法。

Chapter 6

第6章 计算机的维护与优化

内容概要与学习要求：

本章主要介绍计算机的维护与优化，要求掌握计算机使用过程中的注意事项和正确的使用方法，了解计算机优化的常用方法。希望通过对计算机维护内容的学习，读者可以养成良好的使用习惯，延长计算机的使用寿命；通过对计算机优化的了解，读者可以更好地使用计算机。

扫一扫

获取本章学习指导

6.1 计算机维护与优化概述

同时采购的相同配置的计算机，为什么用一段时间后有的运行快，有的运行慢；有的使用寿命长，有的使用寿命短？这主要在于日常的维护和优化不一样。因为计算机本身是一个整体，在使用过程中，系统和软件会产生各种问题，硬件同时也会有很多故障产生，所以并非只要计算机配置足够好，系统和软件都是最新的，就能保证系统的运行速度和使用寿命。

1．计算机系统维护

为了让计算机稳定工作、减少故障和延长使用寿命就需要有一个好的使用习惯，并且要经常对计算机进行维护。

计算机系统维护主要包括基础维护、硬件维护和软件维护三大部分。

基础维护一方面要求保持计算机工作在适合的工作环境中，另一方面要求用户掌握正确的计算机使用方法。

硬件维护主要是指对计算机的 CPU、主板、显卡、光驱、硬盘、显示器等硬件设备的维护。例如鼠标、键盘在使用的时候要注意保护硬件内部不被外力所损坏，若有条件，应该经常对键盘和机械鼠标内部进行清理、擦拭。

软件维护主要包括对计算机中的系统软件和应用软件进行维护，例如软件的安装、使用、升级和备份的技巧。

2．计算机系统优化

维护是保障计算机能用，如果要计算机系统保持新机器般的性能，就需要对计算机系统进行优化。

计算机的使用并不是一劳永逸的，养成良好的定期系统优化习惯非常重要，本书从以下 3 个方面展开介绍。

（1）计算机操作系统的优化

操作系统是软硬件的平台，直接与使用者交互，可以优化的方面很多，计算机操作系

统的优化是计算机能运行良好的关键。例如，在平时的使用过程中，对于文件或者程序的管理要有原则，可以把文件归类，这样既可以方便查找和使用文件，对于系统的管理也是有好处的，不会造成软件或者程序文件的混乱。

（2）系统优化工具

用户可以使用第三方工具软件对系统进行优化，目前这类软件非常多，也十分容易免费获得。

（3）计算机硬件优化

通过系统设置和软件工具对硬件性能进行优化，可以使其发挥最优的性能。

总之，本书所讲的维护重在使用方面，围绕使用环境、使用方式、使用方法和技巧进行介绍；优化则重在软件配置和参数设置方面。

对于计算机系统的维护与优化并没有一定的准则，要根据个人习惯，把计算机系统设置为最适合自己的系统，可以让自己的计算机形成一套自己喜欢的模式，打造出更好的个人计算机使用环境。

提 示

扫描封底“本书资源下载”二维码可以获取计算机维护常识的学习指导和教学互动。

6.2 计算机基础维护

1．计算机的良好工作环境

（1）保证适当的温度

现在计算机硬件的发展非常迅速，更新换代相当快，计算机的散热已成为一个不可忽视的问题；温度过低则会使计算机的各配件之间产生接触不良的问题，从而导致计算机不能正常工作。一般计算机应工作在 20℃～25℃环境下，现在的计算机虽然本身散热性能很好，但过高的温度仍然会使计算机工作时产生的热量散不出去，轻则缩短机器的使用寿命，重则烧毁计算机的芯片或其他配件。如果有条件，最好在安放计算机的房间配上空调，以保证计算机正常运行时所需要的环境温度。

（2）保证一定的湿度

计算机工作的环境相对湿度应保持在 40%～70%。过分潮湿的环境会使机器表面结露，引起计算机电路板上的元器件、触点及引线锈蚀发霉，造成断路或短路；而过分干燥则容易产生静电，诱发错误信息，甚至造成元器件的损坏，因此在干燥的秋冬季节最好能设法保证房间中的湿度达到计算机需求。在较为潮湿的环境中，如南方梅雨季节时，计算机每周至少要开机 2 小时，以保持机器的干燥，这和其他电器的保养是一样的。

（3）正确使用电源

计算机的工作离不开电源，同时电源也是计算机产生故障的主要因素。

首先，必须确保使用的是适当功率的电源，要注意是否能提供稳定的 220V 电压，电源的电压一般为 220V/50Hz，如果电源电压总是偏高或偏低，则应购买一台稳压电源。

其次，计算机所使用的电源应与照明电源分开，计算机最好使用单独的插座。尤其要注意避免与强电器、加热装置或大功率的电器使用同一条供电线路或共用一个插座，因为这些电器设备使用时可能会改变电流和电压的大小，这会对计算机的电路板造成损害。在拔插计算机各部分的配件时，都应先断电，以免烧坏接口。

（4）正确安置计算机系统

如果计算机系统安置得不正确，就可能给计算机的使用埋下隐患，在计算机系统的安置时应注意以下几点。

① 计算机不要放在不稳定的地方，不要放在摇晃、易坠落处等。

② 计算机应尽可能地避开热源，如冰箱、直射的阳光等。

③ 计算机应尽可能放置在远离强磁强电、高温高湿的地方。

④ 计算机应放在通风的地方，离墙壁应有 20cm 的距离。

（5）做好防静电工作

静电有可能造成计算机芯片的损坏，为防止静电对计算机造成损害，在打开计算机机箱前应当用手先接触暖气管等可以放电的物体，将身体的静电放掉后再接触计算机的配件；另外，在安放计算机时将机壳用导线接地，可以起到很好的防静电效果。

（6）防止震动和噪音

震动和噪音会造成计算机中部件的损坏，如硬盘的损坏或数据的丢失等，因此计算机不能在震动和噪音很大的环境中工作。如确实需要将计算机放置在震动和噪音大的环境中，应考虑安装防震和隔音设备。

2．正确使用计算机

计算机故障有相当一部分是因为使用不当引起的，因此，正确的使用方法和良好的使用习惯是减少故障的有效办法。在日常的使用中应注意如下几个方面。

① 正确的开关机顺序

使用计算机第一个要注意的就是正确的开机顺序，应该先打开外设（如显示器、音箱、打印机、扫描仪等设备）的电源，然后再接通主机电源。而关机顺序则刚好相反，因为在主机通电的情况下，关闭外设电源的瞬间，会对电源产生很大的电流冲击，所以应该先使用正确的方法关闭主机电源，然后再关闭外设电源，这样可以减少对硬件的伤害。

计算机在进行读写操作时，不能切断电源，以免对硬盘造成损伤。另外，关机后也不能马上开机，距离下一次开机的时间至少要有 10 秒钟。如果在关机后一段时间内频繁地做开关机动作，会对计算机硬件造成很大的电流冲击，尤其是硬盘。

② 使用过程中，不要移动主机和显示器。移动计算机时，要先把计算机关上，同时把电源插头拔下。

③ 不要带电插拔硬件，要想插拔某些硬件，应先断开电源。

④ 手机不要放在显示器或者音箱旁边，因为有短信或来电时，会干扰音箱和显示器的工作，发出杂音和显示出波纹。

⑤ 不宜长时间不用。计算机如果长时间不通电使用，会由于吸附灰尘多的原因而发生短路现象，而使硬件不能正常工作或损坏。在较为潮湿的天气，更有可能发生这种情况，因此最好每天都能使用计算机或者让计算机通电一段时间。

⑥ 防止静电破坏硬件。在与计算机硬件接触前，应该先释放自身的静电。计算机在工作时，机箱、显示器等设备都会释放出大量的静电，而人体也带有大量的静电，如果与硬件接触，就可能造成硬件芯片内部被击穿而损坏。如果手比较湿润且带有水分，千万不可接触硬件，这样损坏硬件的可能性会更大。

⑦ 发现主机或显示器有火星、异味、冒烟时，应立即切断电源，在没排除故障前，千万不要再启动计算机。

⑧ 当发现计算机有异常响声、过热及报警等现象时，要设法找到原因，并排除故障。

⑨ 系统非正常退出或意外断电，应尽快进行硬盘扫描，及时修复错误。因为在这种情况下，硬盘的某些簇链接会丢失，给系统造成潜在的危险，如不及时修复，可能会导致某些程序紊乱，甚至危及系统的稳定运行。

⑩ 电脑使用久了，最少应该一季度清洁维护一次主机内部。

6.3 硬件系统维护

计算机的硬件维护在计算机日常维护中极其重要，维护工作做得好，就能延长硬件的使用寿命，提高计算机的运行速度，减少故障的发生；反之，则容易产生故障，例如重要的数据有可能会无缘无故地丢失，操作系统可能会三天两头地出错，预定的工作无法完成等，更为严重的是会缩短硬件的使用寿命。所以，做好计算机硬件的日常维护是十分必要的。

6.3.1 维护工具和方法

计算机在使用过程中发生一些故障是不可避免的，对我们来讲，重要的是当发生故障时应采用有效的措施防止故障扩大。下面介绍诊断设备问题的一些方法。

1．利用“设备管理器”来检查设备

如果某一设备不能正常工作，首先就要到“设备管理器”窗口中来检查该设备，它应该属于下列情形之一。

① 设备显示状态、结论、解决方案。

② 所属类别正确，且设备前面没有任何特殊标记，说明安装正确，能正常运行。

③ 所属类别不正确，设备前面有一个红色的“X”标记，说明在 Windows 中被停用或在 BIOS 中没被激活，应该启用它或检查 BIOS 设置以激活该设备。

④ 所属类别正确，设备前面有一个带有黄色圆圈的惊叹号，表明设备资源冲突。

⑤ 所属类别为“其他设备”，说明驱动程序没有被正确安装。

⑥ 没有在“设备管理器”窗口中列出，即没有正确安装设备或驱动程序。

2．启动“疑难解答”

Windows 提供了“疑难解答”功能，以帮助用户解决有关硬件设备的问题。若在使用计算机时碰到什么难解决的硬件问题，不妨先启动“疑难解答”来试试看，操作步骤如下。

① 右击“我的电脑”图标，在弹出的快捷菜单中选择“属性”命令，打开“系统属性”对话框。切换到“硬件”选项卡，然后单击“设备管理器”按钮，打开“设备管理器”窗口，在列表中右击要解决问题的设备，在弹出的快捷菜单中选择“属性”命令，打开该设备的属性设置对话框，并切换到“常规”选项卡，如图 6.1 所示。

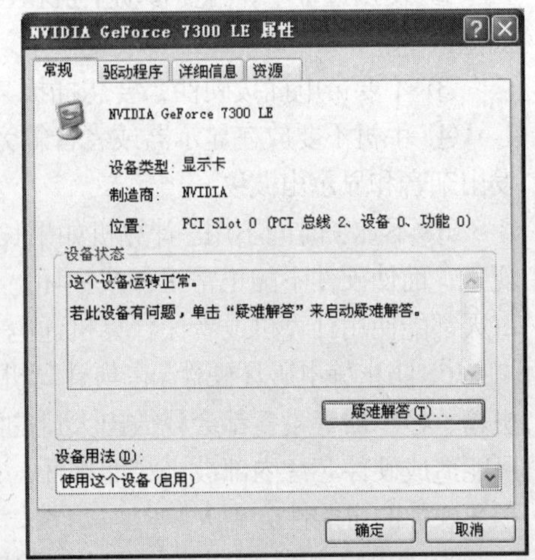

图 6.1 属性设置对话框

② 单击“疑难解答”按钮，在弹出的窗口中选择要解决的问题，如图 6.2 所示。单击“下一步”按钮，根据系统提问一步步找到解决问题的方法。

③ 若某个设备列在“其他设备”类型中，说明系统已经检测到此设备，但不能辨认该设备的类型。用户需要重新安装或更新其驱动程序，具体操行步骤如下。

右击带有“？”标记的设备，从弹出的快捷菜单中选择“卸载”命令，然后单击“扫描硬件改动”按钮，系统将检测硬件设备，并出现提示信息框，再重新安装此设备即可。

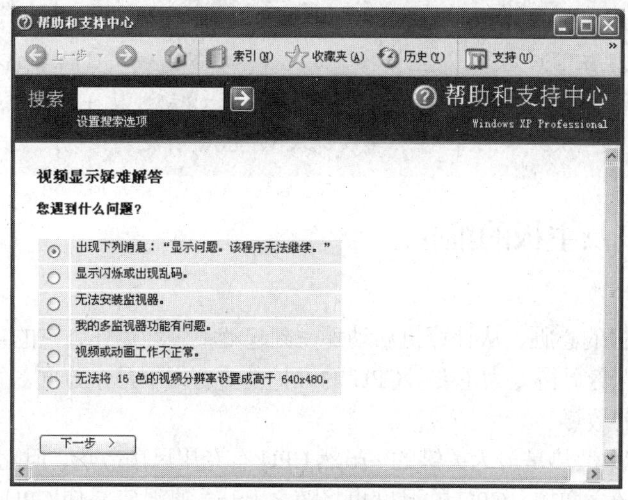

图 6.2 “帮助和支持中心”窗口

3．解决设备资源冲突

如果某个设备前面显示了一个带有黄色圆圈的惊叹号，则表明此设备有资源冲突。用户可以用手工的方式来重新分配该设备的资源，以解决资源冲突。通常每次启动计算机时，Windows 都会自动配制每个设备的资源，即将唯一的一组系统资源分配给它，这组资源可能是如下一个或多个资源。

- 中断请求（IRQ）编号。
- 直接内存访问（DMA）通道。
- 输入/输出（I/O）端口地址。
- 内存地址范围。

分配给设备的每个资源都必须是唯一的，否则设备将无法正常工作。对于即插即用型设备，Windows 可以自动保证该设备的正确配置；而对于某些非即插即用型设备，可能需要某些特定的资源，这些资源有可能与 Windows 自动分配的资源冲突。此时，用户就需要手工配置该设备的系统资源，以保证它正常运行。若要手工配置设备的系统资源，可按照下列操作步骤。

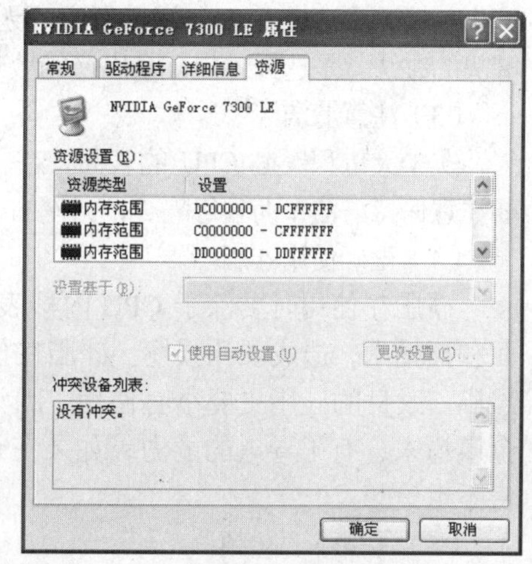

图 6.3 查看属性

① 单击“设备管理器”窗口中需要手工配置系统资源的设备所属硬件类型左边的“+”以展开它。右击带有黄色圆圈惊叹号的设备，从弹出的快捷菜单中选择“属性”命令，在弹出的对话框中切换到“资源”选项卡，如图 6.3 所示，检查“冲突设备列表”列表框。如果列表框中显示有设备冲突，查看是“输入/输出范围”冲突还是“中断请求”冲突还是两者都是。

② 取消勾选“使用自动设置”复选框，在“设置基于”下拉列表中选择另外一个配置。不断寻找配置，直到“冲突设备列表”显示“没有冲突”为止。若所有配置均有冲突，可单击“更改设置”按钮来进一步配置（这种可能性很小）。

③ 单击“确定”按钮，弹出“系统设置改变”对话框，单击“是”按钮，然后重启计算机即可使配置生效。

注意

给设备手工分配资源需要一定的计算机硬件知识，建议初级用户谨慎行事。因为不正确更改资源设置不但会使硬件无法正常工作，而且还有可能使计算机出现故障或无法正常启动。如果因设备资源配置不当而造成严重的系统冲突致使不能进入Windows，此时也不必过于惊慌，重新启动计算机，按F8键，选择“安全模式”或“最后一次正确的配置”，再次进入Windows，把错误的配置改过来即可。

6.3.2 CPU及主板的维护

1．CPU的维护

CPU作为计算机的心脏，从计算机启动那一刻起就不停地运作，它的重要性自然是不言而喻的，因此对它的保养显得尤为重要。CPU的维护主要有如下几个方面。

（1）保证良好的散热

在CPU的维护中散热是最为关键的。虽然CPU有专用风扇散热，但随着耗用电流的增加，其所产生的热量也随之增加，CPU的温度也将随之上升。高温容易使CPU芯片发生电子迁移，导致计算机经常死机，缩短CPU的寿命，因此，要为处理器选择一款好的散热器，不仅要求散热风扇质量要够好，而且要选择散热片材质好的产品。另外，用户可以通过测速测温软件来实时检测CPU的温度与风扇的转速，以保证随时了解散热器的工作状态及CPU的温度。通常情况下，盒装处理器所带的原装散热器，大多数都能够满足此款产品散热的要求。

（2）要做好减压和防震工作

在做好散热的同时，还要做好对CPU处理器的减压与防震工作。CPU因为散热风扇扣具压力过大而产生故障也是比较常见的，因此在安装散热器时，要注意用力均匀，扣具的压力亦要适中，具体可根据实际需要仔细调整扣具。另外，现在风扇的转速可达6000r/min，很有可能产生共振，会造成CPU与散热器之间无法紧密结合，计算机就会出现接触不良、死机等故障。解决的办法就是选择正规厂家出产的散热风扇，转速适当，而且须正确安装扣具。

（3）注意清洁

灰尘大量积聚在CPU的表面，在一定的湿度下可能会导电，甚至烧毁CPU。所以，平时要注意保持清洁，而且每隔3个月左右，要清除一下CPU表面的灰尘，避免不必要的损失。

（4）正确使用硅脂

硅脂在使用时要涂于CPU内核表面上，薄薄一层就可以，过量则有可能渗到CPU表面和插槽内，造成硬件损坏。硅脂在使用一段时间后会干燥，这时可以除净后再重新涂上硅脂。改良的硅脂更要小心使用，因为改良的硅脂通常加入了碳粉（如铅笔笔芯粉末）和金属粉末，有了导电的能力，如果在计算机运行时渗到CPU表面的电容上或插槽内后果将不堪设想。

（5）尽量不要超频

有很多计算机发烧友喜欢对CPU进行超频，其实现在主流的CPU频率达1GHz以上了，超频的意义已经不大。更多应考虑的是延长CPU寿命。如确实有需要超频，可考虑降电压的超频方法。切忌通过提高内核电压来帮助超频。高温高压很容易造成CPU内部的芯片发生电子迁移，甚至击穿烧坏CPU的线路。而厂家对这种人为的损坏是不负任何责任的。所以，除非计算机的频率实在不能满足需求，最好不要超频。

（6）巧用CPU维护工具

巧用各类CPU维护工具，如CPU-Z、CPUID等，都可提高系统效能。

扫描封底“本书资源下载”二维码可以获取试用软件进行学习。

2．主板的维护

计算机的主板在计算机中的重要作用是不容忽视的，主板的性能好坏在一定程度上决定了计算机的性能，有很多计算机硬件故障都是因为计算机的主板与其他部件接触不良或主板损坏所引起的。做好主板的日常维护，不仅可以保证计算机的正常运行，完成日常的工作，更主要的是可以延长计算机的使用寿命。

计算机主板的日常维护主要应该做到的是防尘和防潮。CPU、内存条、显示卡等重要部件都是插在主机板上的，如果灰尘过多，就有可能使主板与各部件之间接触不良，产生各种未知故障，给日常工作带来很大麻烦；如果环境太潮湿，主板很容易变形而产生接触不良等故障，影响正常使用。

另外，在组装计算机时，固定主板的螺丝不要拧得太紧，各个螺丝都应该用同样的力度，如果拧得太紧也容易使主板产生变形。

6.3.3 硬盘的维护

硬盘是计算机系统中最常用、最重要的存储设备之一，也是发生故障几率较高的设备之一。而来自硬盘本身的故障一般都很小，主要是人为因素或使用者未根据硬盘特点采取切实可行的维护措施所致。因此，硬盘在使用中必须细心维护，否则会出现故障或缩短使用寿命，甚至造成数据丢失，给工作和生活带来不可挽回的损失。

1．保持计算机工作环境清洁

硬盘以带有超精过滤纸的呼吸孔与外界相通，它可以在普通无净化装置的室内环境中使用，若在灰尘严重的环境下，灰尘会被吸附到主轴电机的内部堵塞呼吸过滤器，因此必须防尘。还有环境潮湿、电压不稳定也都可能导致硬盘损坏。

2．养成正确关机的习惯

硬盘在工作时突然关闭电源，可能会导致磁头与盘片猛烈磨擦而可能损坏硬盘，还会致使磁头不能正确复位而造成硬盘的划伤。关机时一定要注意面板上的硬盘指示灯是否还在闪烁，只有当硬盘指示灯停止闪烁、硬盘结束读写后方可关机。

3．正确移动硬盘，注意防震

移动硬盘时最好等待关机十几秒硬盘完全停转后再进行。在开机时硬盘高速转动，轻轻的震动都可能使碟片与读写头相互摩擦而产生磁片坏轨或读写头毁损。所以在开机的状态下，千万不要移动硬盘或机箱，最好等待关机十几秒硬盘完全停转后再移动主机或重新启动电源，这样还可避免电源因瞬间突波对硬盘造成伤害。在硬盘的安装、拆卸过程中应多加小心，硬盘移动、运输时严禁磕碰，最好用泡沫或海绵包装保护一下，尽量减少震动。

硬盘厂商所谓的“抗撞能力”或“防震系统”等，指硬盘在未启动状态下的防震、抗撞能力，而非开机状态。

4．注意防高温、防潮、防电磁干扰

硬盘的工作状况和使用寿命与温度有很大的关系，硬盘使用中温度以20℃～25℃为宜，温度过高或过低都会使晶体振荡器的时钟主频发生改变，还会造成硬盘电路元件失灵，磁介质也会因热胀效应而造成记录错误；温度过低还会造成空气中的水分容易被凝结在集成电路元件上，造成短路。

湿度过高时，电子元件表面可能会吸附一层水膜，氧化、腐蚀电子线路，以致接触不良，甚至短路，还会使磁介质的磁力发生变化，造成数据的读写错误。湿度过低，容易积累大量的因机器转动而产生的静电荷，这些静电会烧坏 CMOS 电路，吸附灰尘而损坏磁头、划伤磁盘片。机房内的湿度以 45%～65%为宜。

另外，尽量不要使硬盘靠近强磁场，如音箱、喇叭等，以免硬盘所记录的数据因磁化而损坏。

5．让硬盘智能休息

让硬盘智能地进入“关闭”状态，对硬盘的工作温度和使用寿命会有很大的帮助。首先进入“我的电脑”窗口，双击“控制面板”链接，然后选择“电源管理”命令，将其中的“关闭硬盘”一项的时间设置为 15 分钟，应用后退出即可。

6．尽量避免格式化

硬盘的格式化分为高级格式化和低级格式化。在硬盘的使用过程中，不要轻易进行硬盘的低级格式化操作，避免对盘片性能带来不必要的影响。另外，高级格式化也不要频繁进行，因为这同样会对盘片性能带来影响，在不重新分区的情况下，可采用加参数“Q”的快速格式化命令，以减少对硬盘的损害。

7．出现坏道时要尽快修复

硬盘中若出现坏道，即使是一个簇都可能具有扩散的破坏性，在保修期内应尽快找商家和厂家更换或维修，已过保修期则尽可能减少格式化硬盘，减少坏簇的扩散，并尽快用相关工具软件修复。

8．巧用磁盘工具

巧用各类磁盘维护工具，如 EasyRecovery、CheckDisk 等，定时维护硬盘，可提高系统整体效能，并延长硬盘的使用寿命。

扫描封底“本书资源下载”二维码可以获取试用软件进行学习。

提 示

9．不要擅自将硬盘拆开

如果灰尘进入硬盘内部，磁头组件在高速旋转时就可能带动灰尘将盘片划伤或将磁头自身损坏，这时势必就会导致数据的丢失，甚至影响硬盘的使用寿命，所以硬盘制造和装配时是必须在绝对无尘的环境下进行的。对于普通用户来说是根本就不可能制造出绝对无尘的环境，所以最好不要擅自将硬盘拆开，否则，如果空气中的灰尘进入硬盘内，可能整个硬盘就报废了。

6.3.4 光驱的使用与维护

光驱现在是计算机的标准配置，是使用计算机的过程中损耗较大的部件，而且光驱在计算机硬件中也比较容易出故障，因此在光驱的日常维护中应注意以下几点。

（1）对光驱的任何操作都要轻缓。光驱中的机械构件大多是塑料制成的，任何过大的外力都可能损坏进出盒机构。

（2）当光驱进行读取操作时，不要按弹出按钮强制弹出光盘。因为光驱进行读取时光盘正在高速旋转，若强制弹出，光驱经过短时间延迟后出盒，但光盘还没有完全停止转动，在出盒过程中光盘与托盘可能发生摩擦，很容易使光盘产生划痕。

（3）光盘盘片不宜长时间放置在光驱中。当不使用光盘时，应及时将光盘取出，以减少磨损。因为有时光驱即使已停止读取数据，但光盘还在转动。

（4）光驱对防尘的要求很高，灰尘同样会损坏光驱，因此应保持光盘清洁。尽量不要使用脏的、有灰尘的光盘，而且每次打开光驱后要尽快关上，不要让托盘长时间露在外面，以免灰尘进入光驱内部。

（5）不要使用劣质的光盘或已变形光盘，如磨毛、翘曲、有严重刮痕的光盘，使用这些光盘不仅不能读取数据，还会损坏光驱。

（6）在清洗激光头的过程中，千万不要用酒精，这样会腐蚀激光头。

（7）不要对 IDE 接口的光驱进行热插拔。其实不只是光驱，几乎所有 IDE 设备都是不允许进行热拔插操作的，计算机死机是一方面，如果光驱正在读盘时进行热插拔，是很容易损坏光头物镜的，而且是越高速的光驱越危险！虽然电路部分因此损坏的几率非常小，但也确实可能发生。所以说一定要等主机断电后再对光驱进行插拔操作。

（8）不要用手将光盘托盘推进仓内。很多人都习惯用手直接将光盘托盘推进仓内，这样做虽然不会对激光头造成不好的影响，但对光驱的进、出仓机械部分是有很大危害的，这会加速机械部件的磨损和老化，所以最好是使用托盘进、出键来开关仓门。现在已经有专门控制进、出托盘的软件了，用鼠标即可实现。

（9）最好不要使用光驱来玩光盘游戏。VCD 盘无论使用什么速率的光驱都只是运行在倍速下，可游戏光盘就是全速了，这对于光驱内的很多机械部件和激光头组件都是不利的，所以建议最好使用虚拟光驱来玩光盘游戏。

（10）光驱两次读不出来的盘就不要再强行读盘了。在读绝大多数光盘都没问题的前提下，如果某张光盘从表面看上去并没有什么问题，但就是无法读出来，这可能是光盘有质量问题、表面有杂物或背面数据面有损坏的地方，对于这样的盘不断地读取也是没有意义的，反而，还加速激光头老化，所以一定要认真检查光盘以做相应的处理。

（11）要定期、正确清洁激光头物镜。

这可以说是一个常识性问题，但还是不得不再说一下，因为很多人使用方法都有不妥之处。关于清洁方法，有说用脱脂棉蘸酒精来擦的，有说用干脱脂棉棒来擦的，有说用脱脂棉蘸水来擦的，在这 3 种方法中，后两种是正确的，其中最科学的是第二种方法；只有第一种做法是错误的，原因很简单，酒精是有机物，而光头物镜是不允许使用任何有机清洁剂的，虽然有人说长期使用酒精没出过问题，但一旦出问题就会造成一定的麻烦。而且自来水和矿泉水都不能使用，这样的水很有可能含有过多的杂质，来回擦拭就很有可能造成物镜的轻微划痕（几率并不是很高），但使用纯净水和蒸馏水是没有问题的。

注 意

内置式光驱最好半年或一年进行一次清洁，这是保养中最为重要的一个环节，当然，对于那些只有使用专用光盘盒才能将光盘放入光驱的进口外置光驱来说，这一保养没有任何实际意义——其内部有一个自动清洁物镜的软毛刷，每进出一次光盘都会对光头物镜进行一次除尘，所以物镜并不会被灰尘所污染。

6.3.5 CRT 显示器的使用与维护

1．定期除尘

在 CRT 显示器的维护保养中最重要的环节就是要定期除尘。在一些污染较严重的地区，要在半年左右进行一次机内除尘（一般地区一年左右除一次尘就行），尤其是那些污染源为可吸入颗粒物的地区。显示器内有高压和很多热量，它们都是显示器吸附灰尘的重要原因，灰尘的导热性是非常差的，久而久之一些元件在所难免地会因为热量散发不出去而出现虚焊故障，有些元件的虚焊又会造成某些重要元件损坏，所以除尘是非常有必要的。

另外，防尘也是非常有必要的，平时要保持显示器周围的洁净，即在关机状态下用尽量干的湿抹布将电脑桌及显示器周围擦干净（两天擦一次即可），这可较有效地减少灰尘进入显示器内部；在不使用显示器的时候用一个电视机罩（市场有售或自制）将显示器罩好，这样做可明显减少灰尘进入机内，这一方法对那些将计算机放在卧室的用户来说效果显著。

2．远离潮湿

如果房间内的湿度过高，会造成图像模糊或某些元件接触不良，甚至损坏高压包等，所以，需要尽量保持室内湿度不要太高，较有效的防潮措施：不要在有计算机的房间内养花草；不要在有计算机的房间内烧水做饭；向地面洒水和拖地时不要打开计算机主机和显示器；尽量不要在显示器附近放热水等。上述防潮措施如果不能做到，即使短期内不会对显示器造成明显的危害，但日久天长就会给显示器带来使用隐患。

3．避光摆放

显示器的显示屏一定要背向阳光，千万不要将显示屏正对着阳光，以免显像管的荧光粉过早老化。显示器应尽量放在距离磁场远一点的地方，比如远离家庭影院中的大功率音箱和一些带有中、高功率电机的电器等，只要保证每次关机后能将显示器的交流电源切断并遵循以上所述内容，就基本能够保证显示器不被磁化。

4．屏幕清洁

显示器的显示屏每隔两三个月就要擦一次，方法是用脱脂棉或纱布口罩轻轻干擦，用鹿皮效果最好，不易擦掉的污垢可用嘴哈气将显示屏弄潮再擦，千万不要用任何化学清洁液和自来水，对于实在不易擦除的污垢可用少许纯净水。显示屏吸附灰尘的现象也非常严重，时间一长就会给人一种对比度和亮度下降的感觉，而且清晰度也会随对比度的下降而下降，可是无论如何提高对比度也无济于事，提高显示器的亮度对眼睛、对显示器都是不利的，这时不妨擦一擦显示屏。如果在开机状态下擦，可以发现清晰度和对比度有明显的变化，建议在关机状态下擦拭，开机后也能明显看出差别。

5．不要超频

分辨率和刷新率不要设得太高，更不要进行所谓的“超频”使用，那样做是毫无好处的。17 英寸显示器将分辨率设成 1024×768 即可，刷新率在 75Hz 或 85Hz 也就能满足要求了。至于色深建议选用 32 位真彩色，当然，如果计算机配置太低，还是选用 16 位增强色较好；如果是早期的 15 英寸显示器，还是用 800×600 的分辨率、75Hz 刷新率较好。

6．通风散热

显示器的散热也是十分重要的，其实除尘就是为了散热，有的人为了防止灰尘进入机内而在显示器上放一块布或其他一些诸如书本之类的东西来遮住机顶散热孔，其实这样做比灰尘进入机内还有害。由于热空气是向上升的，如果将上面堵住了，热量就非常不易散去了，长此以往，各种元件（包括显像管在内）就会因长期工作在高温下而过早老化或造成虚焊故障。

7．巧用显示器维护工具

巧用各类显示器维护工具，如 Display Tuner、显示器最佳模式自动设置软件 AutoDisplayMode 等，可提高系统显示效能。

提示

扫描封底“本书资源下载”二维码可以获取试用软件进行学习。

6.3.6 液晶显示器的使用与维护

1．避免屏幕内部烧坏

CRT 显示器会因为长期工作而烧坏，对于 LCD 也如此。所以一定要记住，如果不用，一定要关闭显示器，或者降低显示器的显示亮度，否则时间长了，就会导致内部烧坏或者老化。这种损坏一旦发生就是永久性的，无法挽回，所以一定要引起足够的重视。另外，如果长时间地连续显示一种固定的内容，就有可能导致某些 LCD 像素过热，进而造成内部烧坏。

2．保持环境的干燥

不要让任何具有湿气性质的东西进入 LCD。若发现有水汽，要用软布将其轻轻地擦去，然后才能打开电源。如果水汽已经进入 LCD，就必须将 LCD 放置到较温暖而干燥的地方，以便让其中的水分和有机物蒸发掉。对含有湿气的 LCD 加电，能够导致液晶电极腐蚀，进而造成永久性损坏。

3．正确清洁显示屏表面

液晶显示器用得久了，屏幕也会变脏，所以，液晶显示器的表面也要定期清洁。正确的清理方法是拿沾有少许玻璃清洁剂的软布小心地把污迹擦去（没有清洁剂就用水），擦拭时力度要轻。在这一过程中千万不要让水流到屏幕与屏幕框的接缝中，以免出现短路烧坏显示器。也不要用硬质毛巾擦洗屏幕表面，以免将屏幕表面擦起毛而影响显示效果。清洁显示屏还要定时定量，频繁擦洗也是不对的，那样同样会对显示屏造成一些不良影响。

4．避免不必要的振动

LCD 屏幕十分脆弱，所以要避免强烈的冲击和振动。LCD 差不多就是用户家中或者办公室中所有用品中最敏感的电气设备，LCD 中含有很多玻璃的和灵敏的电气元件，掉落到地板上或者其他类似的强烈打击会导致 LCD 屏幕以及 CFL 单元损坏。还要注意不要对 LCD 显示器表面施加压力。

5．切勿拆卸

液晶显示器的功耗比较小，但液晶显示器后面的变压器的电压还是很高的，即使在关闭了很长时间以后，背景照明组件中的 CFL 换流器依旧可能带有大约 1000V 的高压，这种高压能够导致严重的人身伤害。所以尽量不要拆卸或者更改 LCD 显示屏，以免遭遇高压。不正确地拆卸会导致显示屏暂时甚至永久的损坏。

6．杜绝使用中的坏习惯

最大的坏习惯就是经常用手对屏幕指指点点，液晶显示器很脆弱，用手在上面指指点点就会留下痕迹，而且很难擦除。更不要拿着玻璃之类的硬物比划，以免划伤显示器。

7．液晶屏维护工具

巧用各类磁盘工具，如 Display Test、LED 显示屏测试软件 Nokia_Test 等维护液晶屏，有助于延长其使用寿命。

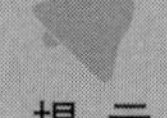

提 示

扫描封底“本书资源下载”二维码可以获取试用软件进行学习。

归根结底，不同原理的显示器应当使用不同的保养方法，液晶显示器最好的休息方式就是关闭显示器。

总之，在液晶显示器的使用过程中，采用推荐的最佳分辨率，让显示效果达到最佳。如果保养得比较好，一台液晶显示器完全能够用 10 年左右。

注 意

在液晶显示器中，唯一会逐渐消耗掉的零件就是显示器的背景照明灯。在长期使用后，屏幕可能不再那么明亮，或者干脆就是一片漆黑，这不是什么严重的问题，只要换个新的背景照明灯就可以了。

6.3.7 电源的使用与维护

计算机的电源是主板、CPU、硬盘、内存等其他部件的动力来源，主机开关电源的稳定性高低、输出电压的准确与否、输出电流的质量高低，都决定了计算机是否能够正常工作，能否长时间运行。所以，购买计算机时，一定不能为了省钱购买廉价的电源，以免造成系统在今后的工作中不稳定或出现一些奇怪的故障，甚至于主板、硬盘或 CPU 损坏等严重损失，在日常的使用中要注意以下几个方面。

1．保证空气流通

在计算机的使用过程中，应为主机保留一定的空间，使空气流畅，使主机工作时产生的热量能够正常散出。同时，主机在工作时，防尘罩必须取下。如果主机在工作时电源的风扇停止工作，必须马上关机，防止电源烧毁甚至造成其他更大的损失。

2．不要频繁开机

电源在开机的瞬间会有很大的冲击电流，容易造成元器件的损坏，所以关机后，最好等 10 分钟左右再进行第二次开机。

3．定期检查

为了保障计算机能够正常稳定地工作，应该定期检查风扇是否正常工作，一般为 3~6 个月。因为如果风扇停转或者速度变慢，这时电源的温度或机箱内的温度及 CPU、北桥、显卡的温度会升高，可能造成系统频繁死机或重启，无法正常工作。如果有可能，选购替换风扇时最好选购工业标准的滚珠轴承风扇，而不要选购一般的含油轴承风扇，这样可以保证电脑长时间无故障地稳定工作。

4．定期清洁电源

电源在使用一年左右时，最好打开电源，用毛刷清除电源内部的灰尘，同时为电源风扇加油润滑。在长时间工作后，会有好多灰尘积聚在电源内，造成散热不良；同时灰尘过多，在潮湿的环境中也会造成电路短路，所以为了系统正常稳定的工作，计算机应定期除尘。但要特别注意安全，建议在专业人员指导下拆装电源。

6.3.8 键盘鼠标的使用与维护

1．光电鼠标的正确使用

所有电脑配件中，鼠标和我们的手是最密不可分的，计算机的大部分操作都是通过鼠标来实现的。鼠标在长时间、高频率的使用下，很容易损坏。要想延长鼠标的工作寿命，就要注意正确的使用方法和必要的日常维护。现在大部分的用户使用光电鼠标，虽然光电鼠标不用担心灰尘的影响，但日常使用时也要注意一些事项。

（1）防尘

灰尘导致鼠标故障的现象屡见不鲜，一旦有过多的灰尘遮挡住了“光头”，那么鼠标的移动精度就大幅度下降。

（2）选择合适的鼠标垫

鼠标垫太轻或与桌面之间的摩擦系数太小会致使鼠标垫随着鼠标器的移动而移动，不利于鼠标的使用。有许多人不喜欢用鼠标垫，但是有不少廉价的或者自己打造的电脑桌的反光程度和平滑度不符合要求，如果电脑桌的反光程度过大，那么鼠标就非常不容易移动；如果平滑度不够，那么鼠标移动起来也会很困难。

（3）保护好鼠标“滑垫”

鼠标的底部一般有2～4个耐磨滑动垫，因长时间的使用、磨损或被人为损坏，会导致高度偏离正常位置，影响鼠标正常使用。

（4）不要强光照射

当移动不平滑时，一般是因为有强光照射，建议在相对正常的可见光下使用。

（5）注意使用力度

按鼠标按键时不要用力过度，并避免摔碰鼠标，以免损坏弹性开关或其他部件。

而且光电鼠标中的发光二极管、光敏三极管都是怕震动的配件，使用时要注意尽量避免强力拉扯鼠标连线。

2．键盘的使用与维护

键盘由于使用频繁而成为故障率较高的外部设备之一，因此在平常的使用中要细心维护，重点要注意以下几点。

（1）注意防潮气、防灰尘

现在大部分键盘都采用塑料薄膜开关，非常容易受潮腐蚀，沾染灰尘也会使键盘触点接触不良、操作不灵。如果发生上述两种情况，打开键盘的后盖，先用棕刷或吸尘器将脏物清除出来，然后用电吹风均匀加热或自然晾干除潮即可。还要尽量保持工作场所的干净整洁，特别是键盘周围要干净；不要在计算机附近吸烟、吃东西；不要把喝水的杯子放在键盘附近；定期地用纯酒精擦洗键盘；键盘不用时，要盖上保护罩。

（2）不要随意拖拽

日常使用中一定注意键盘轻拿轻放，不可暴力拉拽损伤键盘线，否则计算机会出现线路接触的故障，重则造成键盘无法使用。

（3）慎重热插拔

一般USB接口的键盘可以支持热插拔。但是AT和PS/2接口的键盘并不支持此项功能，带电插拔会非常容易损坏键盘或主板的键盘接口，这类接口的键盘应关机后再行更换。

6.4 软件系统维护

6.4.1 软件日常维护

计算机已经成为生活、工作中不可缺少的工具。虽然现在Windows系统的稳定性越来越好，但是为了保证计算机的正常使用，并保证重要资料不受损失，需要做好如下几点。

1．定期整理硬盘

定期整理硬盘可以提高速度，如果碎片积累过多不但访问效率会下降，还可能损坏磁道。通常只要一个月进行一次扫描就即可，也不要经常整理硬盘，以免有损硬盘的使用寿命。

一般可以使用Windows系统自身提供的“磁盘碎片整理”和“磁盘扫描程序”来对磁盘文件进行优化，也可以用相应的应用软件来实现该功能，例如Norton utilities提供的Norton disk doctor和Norton speed disk，都是由Symantec推出的磁盘维护工具，其显著特点是运行速度快，功能强大，Norton speed disk的磁盘碎片整理速度比Windows内置的同类工具要快十几倍，而且程序提供了非常多优化控制，是一个非常值得使用的工具。这两个工具的使用方法都非常简单，只需要选择好需要进行磁盘扫描或优化的驱动器，并执行相应程序界面中的命令即可开始操作。此外，除了进行磁盘文件排列的优化和错误扫描，还可以使用 Windows 自身提供的“磁盘清理工具”或 Norton Utilities 提供的 space wizard 对磁盘中的各种无用文件扫描，它们都可以非常安全地删除系统各路径下存放的临时文件、无用文件、备份文件等，完全释放磁盘空间。

2．及时打上系统补丁

虽然 Windows 与多种硬件、软件都能完美地配合工作，但是系统的 BUG 还是不停出现，微软也不停地推出 Windows 补丁来修正。用户可以到微软网站的 Windows 更新那里查看最新的补丁程序，特别是比较重要的补丁程序是一定要及时补上的，比如冲击波病毒和震荡波病毒等病毒都是利用系统漏洞来进行攻击。

3．维护系统注册表

Windows 的注册表是控制系统启动、运行的最底层设置，其文件为 Windows 安装路径下的 system.dat 和 user.dat。这两个文件并不是以明码方式显示系统设置的，普通用户根本无从修改。如果经常地安装、卸载应用程序，这些应用程序在系统注册表中添加的设置通常并不能够彻底删除，时间长了会导致注册表变得非常大，系统的运行速度就会受到影响。目前市面上流行的专门针对 Windows 注册表的自动除错、压缩、优化工具也非常多，可以说 Norton Utilities 提供的 Win Doctor（Windows 医生）是比较好的，它不但提供了强大的系统注册表错误设置的自动检测功能，而且提供了自动修复功能。使用该工具，即使对系统注册表一无所知，也可以非常方便地进行操作，因为只需使用鼠标单击程序界面中的 Next 按钮，就可完成系统错误修复。

另外，对系统注册表进行备份是保证 Windows 系统可以稳定运行、维护系统、恢复系统的最简单、最有效的方法。所以要经常对注册表进行备份，如果系统有问题，可以及时恢复注册表。具体操作可以参见本书 6.4.3 节。

4．正确卸载程序

将不需要的程序文件夹拖到回收站这样简单地将程序删除，可能会留下桌面图标、不需要的驱动或者可能损坏其他应用软件使用的共享文件等问题。

对于 Windows 系统，一般每个 Windows 程序都会在系统上记录资料，或是在 Windows 的反安装工具中产生一个 log 记录，Windows 会记录系统新增了哪些文件，列出对系统设定所做的任何变更。所以正确的删除方法是利用控制面板中的“添加/删除程序”或程序自带的卸载工具卸载程序，这样 Windows 会删除该程序的所有资料和它对系统所作的修改。

5．清理 system 路径下无用的 DLL 文件

这项维护工作是影响系统能否快速运行的一个至关重要的因素。应用程序安装到 Windows 中后，通常会在 Windows 的安装路径下的 system 文件夹中复制一些 DLL 文件。而当将相应的应用程序删除后，其中的某些 DLL 文件通常会保留下来；当该路径下的 DLL 文件不断增加时，将在很大程度上影响系统整体的运行速度。而对于普通用户来讲，进行 DLL 文件的删除是非常困难的。

针对这种情况，建议使用 Clean System 自动 DLL 文件扫描、删除工具，只要在程序界面中选择扫描的驱动器，然后单击界面中的“start scanning”按钮就可以了，程序会自动分析相应磁盘中的文件与 system 路径下的 DLL 文件的关联，然后给出与所有文件都没有关联的 DLL 文件列表，此时可单击界面中的“OK”按钮直接进行删除和自动备份。

扫描封底“本书资源下载”二维码可以获取试用软件进行学习。

提 示

6．防毒和杀毒

随着 Internet 的日益普及，在享受网络带来的大量信息的同时，计算机不可避免地会染上病毒。对于计算机病毒，主要采取以“防”为主、以“治”为辅的方法。

这里所说的“防”有两种，一种“防”主要指提高病毒防范意识，比如说尽量不要使用盗版软件和来历不明的软件，不要浏览那些非法的网站，不要随意复制、使用来历不明的软盘、U 盘、光盘等；另外一种“防”是利用防火墙软件，并且要打开防火墙的实时监控软件，虽然这样会占用部分内存，但是可在一定程度上避免感染病毒。

这里所说的“治”是指安装杀毒软件查杀病毒，现在的杀毒软件有很多种，可以根据自己的需要安装一种或者几种。不过，不管使用哪种杀毒软件，应该选用正版的杀毒软件，而且要及时对杀毒软件进行升级，因为病毒的变异是非常快的。

7．做好系统备份

不管系统有多可靠，总会发生一些意想不到的事情导致系统数据丢失。例如硬件故障或人为操作失误等。因此，使用备份来保护数据是一种非常重要的手段，尤其是在系统数据非常重要的情况下。经常进行数据备份能够减少偶然破坏造成的损失，保证系统能够从错误中恢复正常运行。具体操作可以参见本书 6.4.2 节。

6.4.2　系统备份与还原

防止数据丢失的最好办法就是做好备份，等到系统出现故障或者数据丢失时，直接还原就可以了。现在系统或者数据备份的方法有很多，最常见的系统备份软件是 Ghost，下面介绍 Ghost 的安装与使用。

> 提示　扫描封底“本书资源下载”二维码可以获取试用软件进行学习。

1．安装 GHOST

步骤 1　确认第一硬盘为 IDE 硬盘，如果是 SATA 硬盘，要在 BIOS 中设置为 Compatible Mode（兼容模式）。如果正在挂接第二硬盘、USB 移动硬盘、U 盘，应该先暂时拔掉。

步骤 2　双击“一键 GHOST 硬盘版.exe”图标，打开 GHOST 安装程序，如图 6.4 所示。

步骤 3　单击“下一步”按钮，直到最后单击“完成”按钮，如图 6.5 所示。

图 6.4　一键 GHOST 欢迎界面

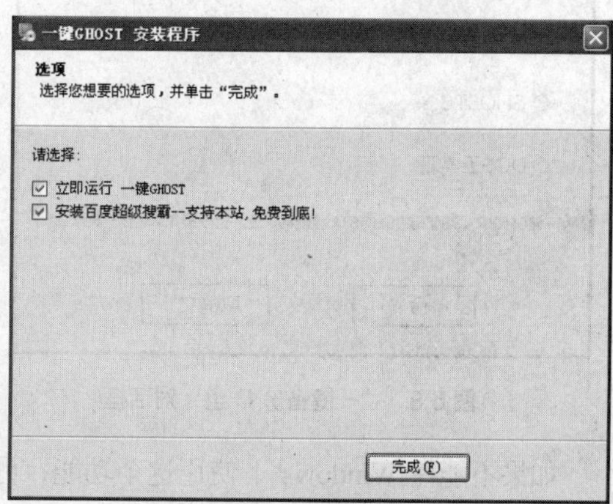

图 6.5　安装完成

2．设置选项

步骤 1 选择“开始”|“程序”|“一键 GHOST”|“选项”命令，弹出“一键 GHOST 选项”对话框，如图 6.6 所示。

步骤 2 在“登录密码”选项卡中设置登录密码。

步骤 3 切换到“引导模式”选项卡，设置引导模式，如图 6.7 所示。这 4 种模式分别适用于不同类型的计算机，用户可根据自己的情况选择。

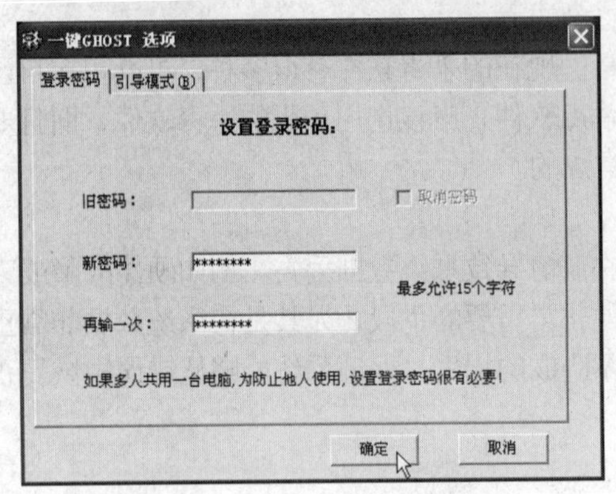

图 6.6 “登录密码”选项卡

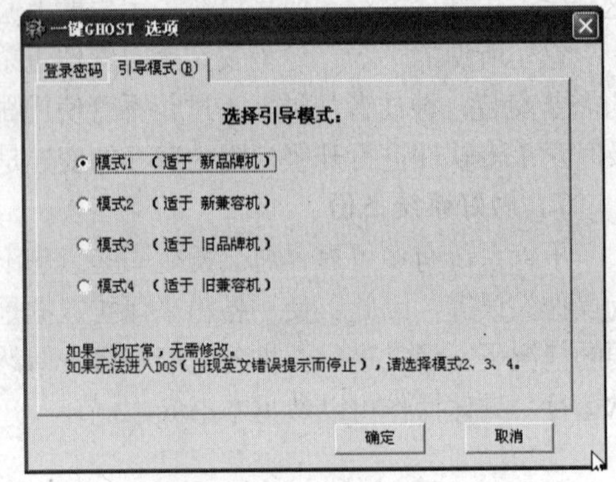

图 6.7 “引导模式”选项卡

3．运行

在 Windows 下选择“开始”|“程序”|“一键 GHOST”|“一键 GHOST”命令，根据具体情况（映像是否存在等）会自动显示不同的窗口。

例如使用“一键备份 C 盘”功能，应确保电脑正常无毒的情况下运行，如图 6.8 所示。

使用“一键恢复 C 盘”功能，如图 6.9 所示，应在杀毒、清除卸载类软件无效后使用。

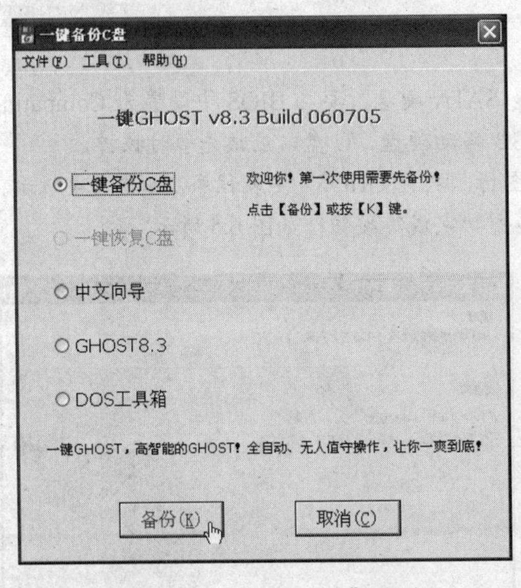

图 6.8 “一键备份 C 盘”对话框

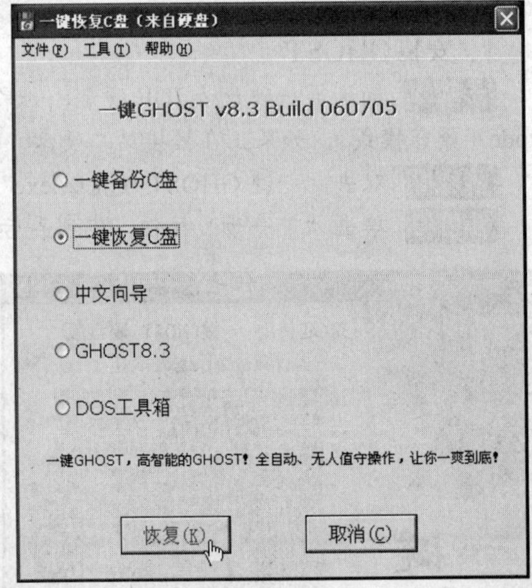

图 6.9 “一键恢复 C 盘”对话框

如果不能在 Windows 下使用这个功能，可以利用如下步骤，在 DOS 系统下对磁盘进行备份或者恢复。

首先，开机或重启选择开机引导菜单“一键 GHOST”选项，如图 6.10 所示。

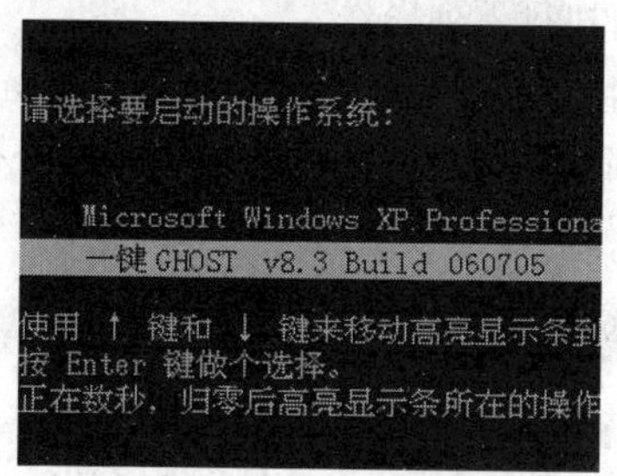

图 6.10　开机引导画面

软件根据具体情况自动显示不同的窗口，如果没有备份文件，则会出现如图 6.11 所示的对话框，如果已经备份过了，则会弹出如图 6.12 所示的对话框。

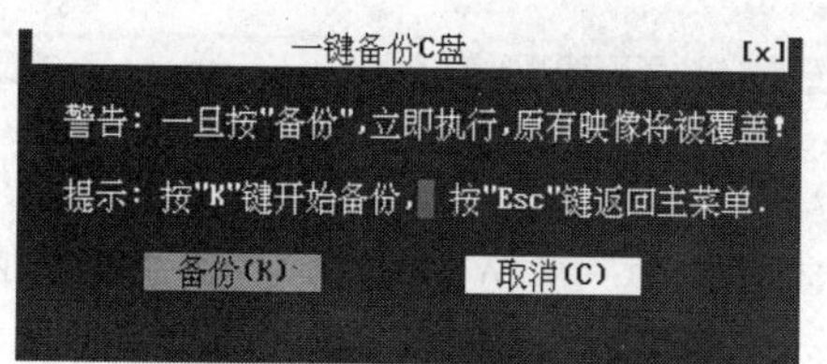

图 6.11　DOS 下一键备份 C 盘

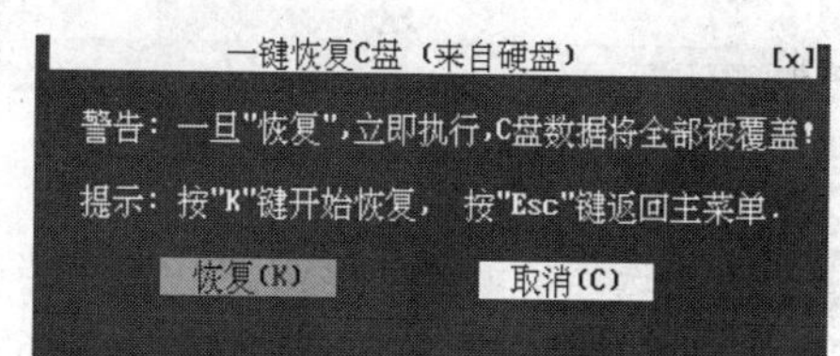

图 6.12　DOS 下一键恢复 C 盘

6.4.3　注册表的维护

注册表是 Windows 操作系统的核心。它实质上是一个庞大的数据库，存放有计算机硬件和全部配置信息、系统及应用软件的初始化信息、应用软件和文档文件的关联关系、硬件设备说明以及各种网络状态的信息和数据，可以说计算机上所有针对硬件、软件、网络的操作都是源于注册表的。

Windows 7 的注册表同样是以树形结构组织的，它由两个注册表子目录树 HKEY_LOCAL_MACHINE 和 HKEY_USERS 组成。但是为了使注册表中的信息更易于查找，Windows 预定义了 5 个子目录树。每个根项名均以 HKEY_打头，以便向软件开发人员指出这是可以由程序使用的句柄。句柄是一个数值，用来识别资源便于程序进行访问。

由于注册表是树形结构的，所以可以将注册表里的内容分为树枝和树叶。树枝下可以有多个树枝，也可以有多个树叶。树枝叫做“项”，树叶叫做“值项”。值项包括值的名称、值的数据类型和数值本身 3 部分。

注册表内的所有信息都是存放在 System.dat、User.dat 文件中的，其中 System.dat 文件包含了所有硬件信息和软件信息，User.dat 包含了用户信息。如果在系统中配置了两个或两个以上的用户，在 Windows\Profile\用户名目录中还存放有各个用户的 User.dat 文件，这些文件都是二进制数据文件，修改注册表实际上就是对上述这 3 个文件进行修改。但是，用户不能对这些二进制数据文件进行直接修改，而必须要借助于注册表编辑器。注册表编辑器实际上就是查看和修改这些注册表文件的图形界面。

1．启动注册表编辑器

从 Windows 7 操作系统为例，选择“开始”|“搜索程序和文件”命令，在对话框的文本框中输入“regedit”，然后单击选中注册表编辑器，注册表编辑器就会启动运行，如图 6.13 所示。

2．新建注册表项

要新建注册表项和值项，可执行下列操作。

步骤 1 打开“注册表编辑器”，选定要新建注册表项或值项的注册表项。

步骤 2 选择“编辑”|“新建”|“项”命令，即可新建一个子项，该新建的子项被命名为“新项#?”（其中“?”从 1 开始依次递增），如图 6.14 所示。

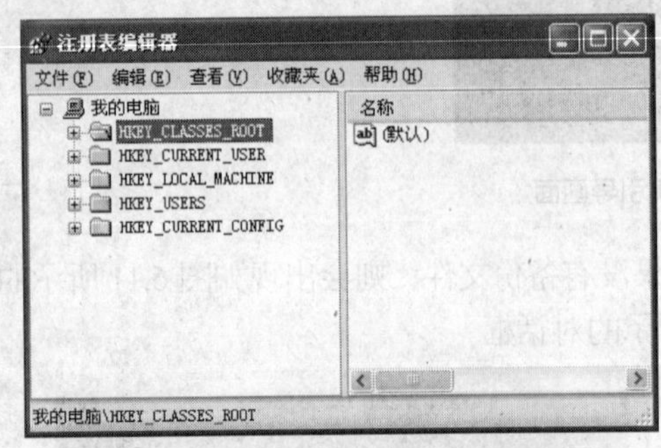

图 6.13 注册表编辑器主界面

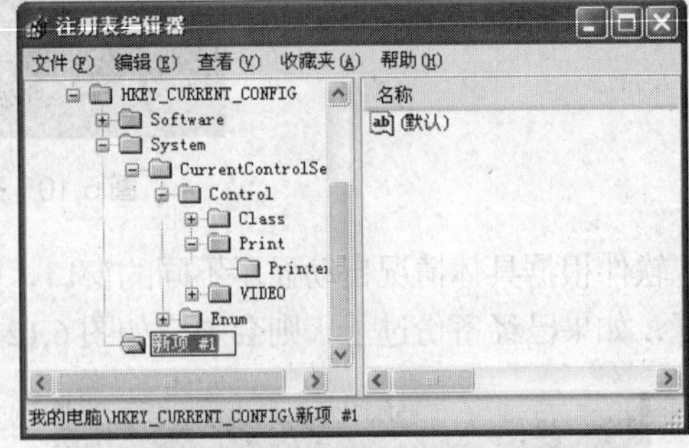

图 6.14 新建注册表项

步骤 3 选择“编辑”|“新建”|“字串值”“二进制值”“DWORD 值”“多字符串值”或“可扩充字符串值”命令，可产生值项如图 6.15 所示。其中各命令项的类型如下。

- 字串值：新建值项类型为 REG_SZ。
- 二进制值：新建值项类型为 REG_BINARY。
- DWORD 值：新建值项类型为 REG_DWORD。
- 多字符串值：新建值项类型为 REG_MULTT_SZ。
- 可扩充字符串值：新建值项类型为 REG_EXPAND_SZ。

3．修改注册表项

修改注册表值项的操作步骤如下。

步骤 1 打开“注册表编辑器”，双击需要更改的值项的名称，或右击后在弹出的快捷菜单中选择“修改”命令。

步骤 2 若要修改的值项的类型为“字串值”，则弹出“编辑字符串”对话框，如图 6.16 所示。

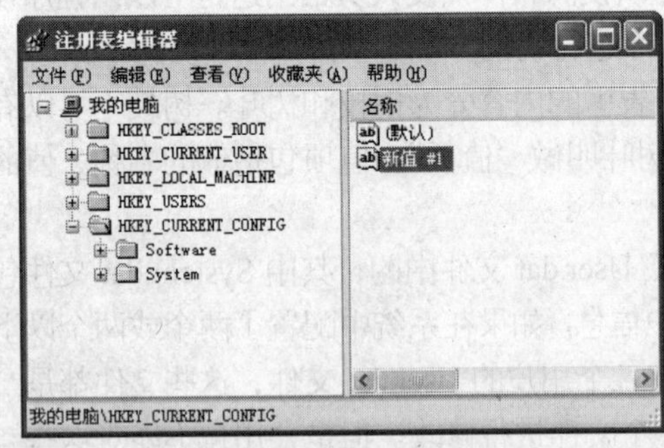

图 6.15 新建值项

图 6.16 “编辑字符串”对话框

步骤 3 在“数值名称”文本框中可更改该值项的名称；在“数值数据”文本框中可更改值项的数据。修改完毕后，单击“确定”按钮。

步骤 4 若要更改的值项类型为“二进制值”，则弹出“编辑二进制数值”对话框，如图 6.17 所示，在“数值数据”文本框中可改变值项的数据。

步骤5 若要修改的值项为“DWORD值”类型，则弹出“编辑DWORD值”对话框，如图6.18所示；在“数值数据”文本框中更改值项的数据；在“基数”选项组中可选择以十六进制为基数，或以十进制为基数。

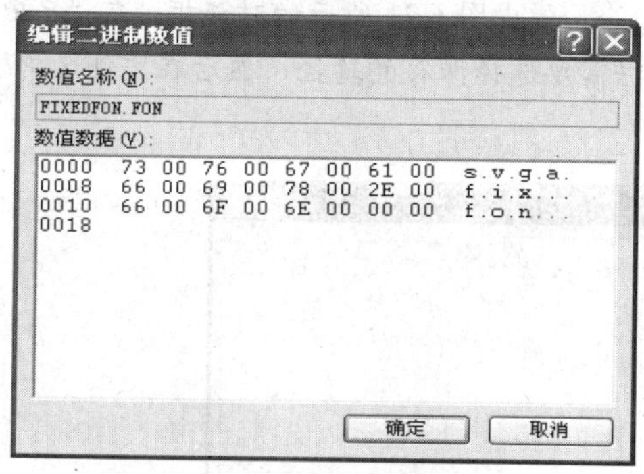

图6.17 “编辑二进制数值”对话框

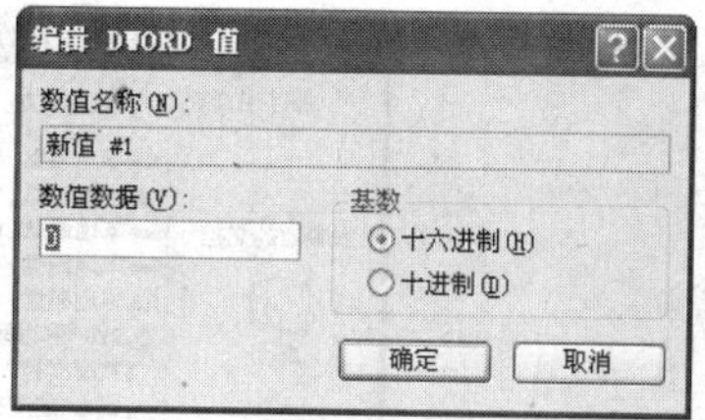

图6.18 “编辑DWORD值”对话框

步骤6 若要修改的值项类型为“多字符串值”，则弹出“编辑多字符串”对话框，如图6.19所示，在“数值数据”文本框中可修改值项的数据。

步骤7 若要更改的值项类型为“可扩充字串值”，则弹出“编辑字符串”对话框，如图6.16所示。在“数值数据”文本框中可更改值项的数据。

步骤8 修改完毕后，重启计算机即可。

4．删除注册表项

若要删除注册表项和值项，可执行下列步骤。

步骤1 选定要删除的注册表项或值项。

步骤2 选择“编辑”|“删除”命令，或右击后在弹出的快捷菜单中选择“删除”命令。

步骤3 弹出“确认数值删除”对话框，如图6.20所示。

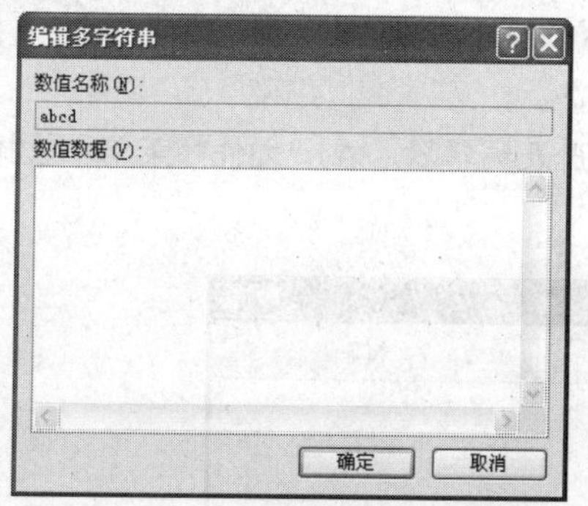

图6.19 “编辑多字符串”对话框

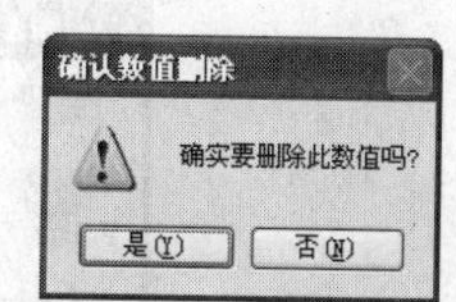

图6.20 确认删除

步骤4 单击“是”按钮，即可将该注册表项或值项删除。

5．注册表的备份及还原

注册表对于计算机来说是非常重要的，如果注册表受到了破坏，轻者影响Windows的启动和运行，重者将会导致整个系统瘫痪，因此对注册表的定期备份是非常有必要的。注册表的备份方法有很多，可以直接保存System.dat、User.dat这两个文件，也可以利用注册表编辑器的“导入/导出”功能，还可以借助一些常用的注册表备份软件。这里只介绍利用注册表编辑器的“导入/导出”功能备份、还原注册表的操作。

注册表提供了“导入/导出”功能，这是最方便的备份/还原注册表的方法，步骤如下。

步骤 1 在“开始”菜单中选择“运行”命令，打开“运行”对话框，输入“regedit”，单击“确定”按钮，打开注册表编辑器。

步骤 2 在“文件”菜单中选择“导出”命令，弹出图 6.21 所示的对话框，在“导出范围”选项组中单击选中“所选分支”单选按钮，根据需要选择保存的路径，然后在文件名中输入合适的名字即可。

图 6.21　“导出注册表文件”对话框

注意

如果只想保存注册表中的某个项，在导出范围中选择“所选分支”即可。

步骤 3 设置完毕后单击“保存”按钮即可。

步骤 4 如果想要还原注册表，只要打开注册表编辑器，在“文件”菜单中选择“导入”命令后选择要导入的文件即可，如图 6.22 所示。

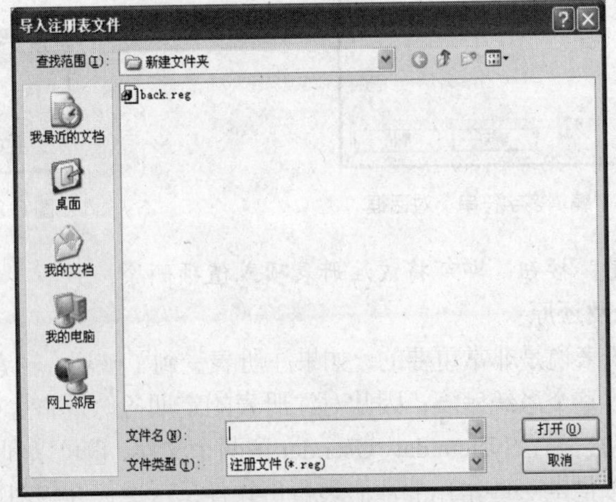

图 6.22　“导入注册表文件”对话框

6.5 系统优化

如果要计算机系统保持新机器般的性能，养成良好的定期系统优化习惯就非常重要。

6.5.1 优化操作系统

Windows 操作系统是现在应用最广泛的操作系统，稳定、功能强大，初装时运行速度快，但是随着时间的推移，系统运行会越来越慢，而且经常出现一些莫名其妙的错误，为了避免这些情况，要通过一定的措施对系统进行优化。

下面以 Windows 10 为例详细介绍一些 Windows 操作系统的优化技巧。

1．使用朴素界面

安装后默认的界面包括任务栏、开始选单、桌面背景、窗口、按钮等，采用的都是 Windows 10 的豪华、炫目的风格，但缺点显而易见，它们将消耗掉不少系统资源，但实用意义不大。

优化方法如下。

步骤1 右击桌面空白处，在弹出的快捷菜单中选择“属性”命令，进入“显示属性”对话框，如图 6.23 所示。

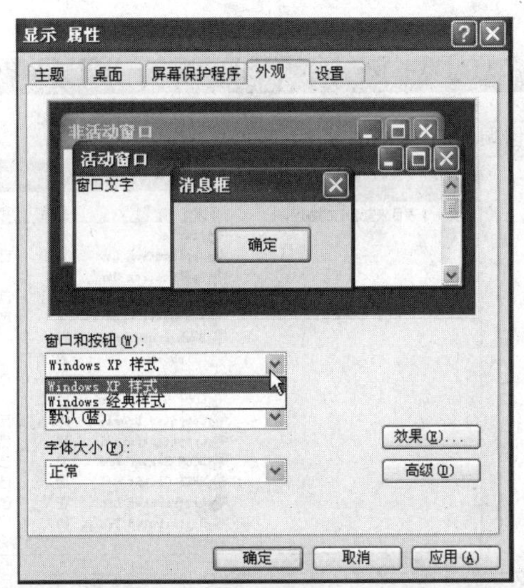

图6.23 “显示 属性”对话框

步骤2 将“主题”“外观”都设置为“Windows 经典”，将桌面背景设置为“无”，单击“确定”按钮保存退出。

2．减少启动时加载项目

许多应用程序在安装时都会自作主张添加至系统启动组，每次启动系统都会自动运行，这不仅延长了启动时间，而且启动完成后系统资源已经被吃掉不少！用户可以通过手动选择取消一部分不是经常使用的程序，释放系统资源，方法如下。

选择“开始”|“搜索程序和文件”命令，输入“msconfig”打开“系统配置实用程序”对话框，切换到“一般”选项卡，如图 6.24 所示，列出了系统启动时加载的项目及来源，仔细查看是否需要它自动加载，否则取消勾选复选框。加载的项目愈少，启动的速度自然愈快。此项设置需要重新启动计算机后才能生效。

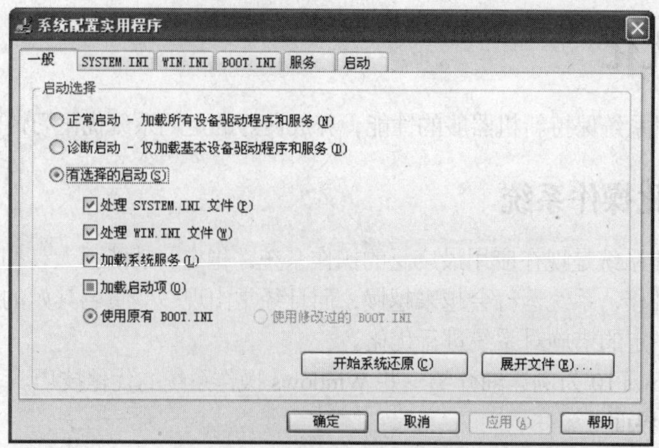

图 6.24　“系统配置实用程序”对话框

3. 关掉不必要的服务

选择“开始”|“控制面板”命令，打开“控制面板”窗口。依次双击“管理工具”→“服务”图标，打开“服务”窗口，可以看到服务列表，如图 6.25 所示。有些服务已经启动，有些则没有。

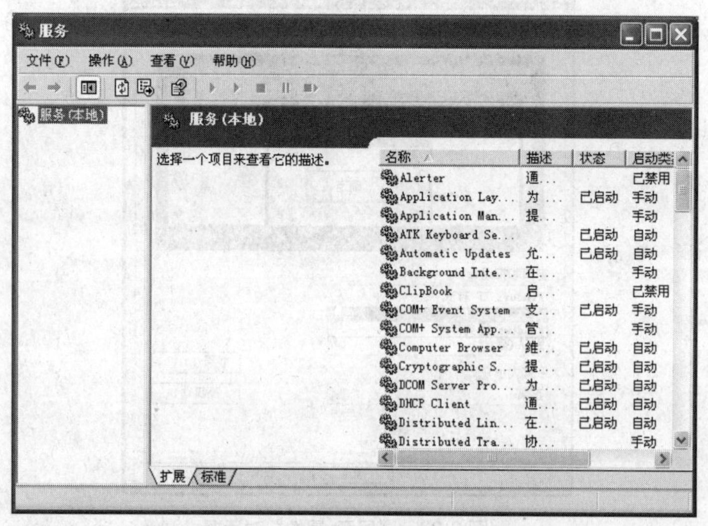

图 6.25　“服务”窗口

右击要配置的服务，然后在弹出的快捷菜单中选择“属性”命令。在弹出的对话框的“常规”选项卡的“启动类型”下拉列表中选择“自动”“手动”或“禁用”选项。其中“自动”选项表示每次系统启动时，Windows 10 都自动启动该服务；“手动”选项表示 Windows 10 不会自动启动该服务，而是在用户需要该服务时手动启动该服务；而“禁用”选项则表示不允许启动该服务。在实际配置时，选择“手动”或者“禁用”都可以实现关闭该服务的目的，推荐使用手动功能，这样可以随时启动一些临时需要的服务。

有些服务是 Windows 10 所必需的，不能关闭，否则将会造成系统崩溃。至于各项服务的功能，我们可以通过双击该服务或将鼠标悬停在该服务名上查看。具体服务的说明浅显，应该能看得懂，用户可以自己选择哪些要哪些不要。修改的方法是：选中要禁用的服务，右击，在弹出的快捷菜单中选择“停止”命令，将“启动类型“设置为“手动”或“已禁用”。

4. 优化视觉效果

在“控制面板”窗口中双击“系统”图标，打开“系统属性”对话框，切换到“高级”选项卡，单击“性能”选项组中的“设置”按钮，打开“性能选项”对话框，如图6.26所示，勾选的效果越多，占用的系统资源越多，选中“调整为最佳性能”单选按钮将关闭列表中列出的诸如淡入淡出、平滑滚动、滑动打开等所有视觉效果。

5. 删除Windows强加的附件

① 用记事本Notepad修改\WinNT\inf\sysoc.inf。单击“编辑”菜单中的“替换”命令，弹出“替换”对话框，在“查找内容”文本框中输入“, hide”，将“替换为”文本框设为空，单击“全部替换”按钮，把所有“, hide”都去掉。

② 存盘退出。

③ 再选择“添加或删除程序”命令，在打开的“添加或删除程序”对话框中单击“添加/删除Windows组件”图标，打开“Windows组件向导”对话框，在“组件”列表中可以看到多出了好几个选项用户可以在这里删除一些没有用的附件。

6. 关闭系统还原

默认情况下系统还原功能处于启用状态，每个驱动器约被占用高达4%～12%的硬盘空间，并且系统还原的监视系统会自动创建还原点，这样在后台运行就会占用较多的系统资源。

通过手动关闭“系统还原”，可以释放不少的资源。右击桌面上的“此电脑”图标，在弹出的快捷菜单中选择“属性”命令，进入“系统属性”对话框，切换到“系统还原”选项卡，勾选“在所有驱动器上关闭系统还原”复选框，如图6.27所示。

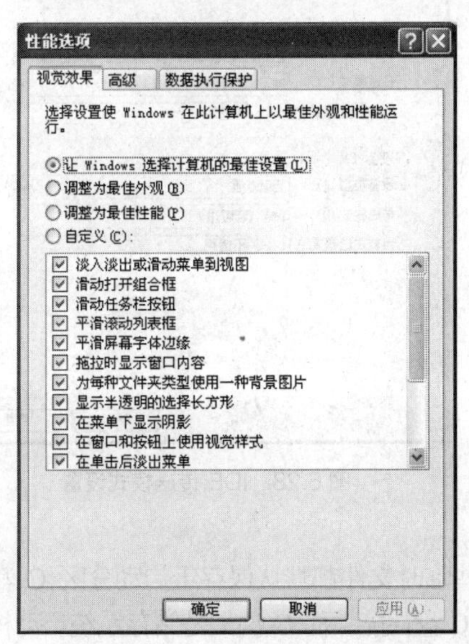

图6.26 “性能选项”对话框中的“视觉效果”选项卡

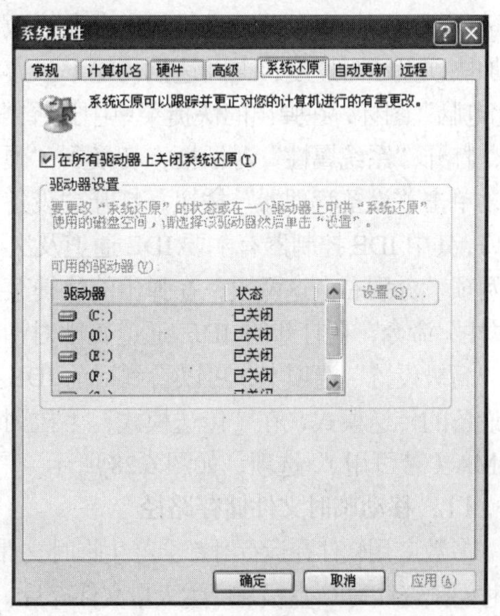

图6.27 关闭系统还原

7. 加速关机

(1) 缩短等待时间

开启注册表编辑器，找到HKEY_LOCAL_MACHINE\System\CurrentControlSet\Control键，将WaitToKillServiceTimeout值设为1000或更小（原设定值为20000）。找到HKEY_CURRENT_USER\Control Panel\Desktop键，将右侧视窗的WaitToKillAppTimeout值改为1000（原设定值为20000），即关闭程序时仅等待1s。将HungAppTimeout值改为200（原设

定值为 5000)，表示程序出错时等待 0.5s。

(2)让系统自动关闭停止回应

打开注册表 HKEY_CURRENT_USER\Control Panel\Desktop 键，将 AutoEndTasks 值设为 1(原设定值为 0)。

8．加快菜单显示速度

运行注册表编辑器，找到 HKEY_CURRENT_USER\Control Panel\Desktop 键，将名称为 MenuShowDelay 的数据值由原来默认的 400 修改为 0，修改后 Windows 的开始菜单、甚至应用软件的菜单显示速度都会明显加快。

9．不加载 DLL 文件

浏览器在使用之后往往会有部分 DLL 文件在内存中缓存好长一段时间，相当大一部分内存会被不用的 DLL 文件占用。为了防止这种事情发生，找到注册表的 HKEY_LOCAL_MACHINE\SOFTWARE\Microsoft\Windows\CurrentVersion\Explorer 键，建立一个名为 AlwaysUnloadDLL、值为 1 的双字节值项，可以进行优化。如果想要去除这项优化，只需把该键值设为 0，也可以干脆把键删掉。

注 意

该项优化要在 Windows 重新启动后才生效。

10．启用 DMA 传输模式

所谓 DMA，即直接存储器存储模式，指计算机周边设备(主要指硬盘)可直接与内存交换数据，这样可加快硬盘读写速度，提高速据传输率。方法：右击“此电脑”图标，在弹出的快捷菜单中选择“属性”命令，打开“系统属性”对话框，切换到“硬件”选项卡，单击“设备管理器”按钮，打开“设备管理器”窗口，其中 IDE 控制器有主要 IDE 通道及次要 IDE 通道两项。分别右击这两项，在弹出的快捷菜单中选择“属性”命令，在打开的 IDE 通道属性对话框中切换到“高级设置”选项卡，可以看到目前 IDE 接口所连接设备的传送模式，在“传送模式”下拉列表中选择“DMA(若可用)”选项，如图 6.28 所示。

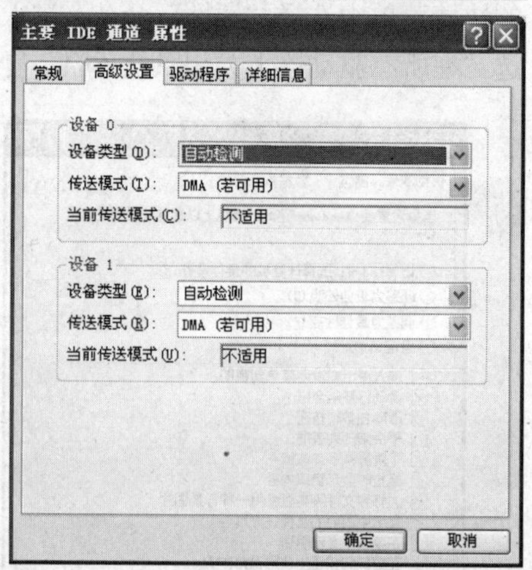

图 6.28　IDE 传送模式设置

11．移动临时文件储存路径

多数应用软件在运行时都会产生临时文件，而且这些临时文件都默认保存于启动分区 C 盘，长时间频繁读写 C 盘极易产生大量文件碎片，从而影响 C 盘性能，而 C 盘又是储存系统启动核心文件的分区，C 盘的性能直接影响到系统的稳定性与运行效率。将应用软件安装于启动盘以外的分区并定期对硬盘进行整理，可最大程度避免产生磁盘碎片，将启动或读写速度保持在最佳状态。

(1)移动 Internet Explorer 临时文件夹

打开 IE 浏览器，选择“工具”|“Internet 选项”命令，在“常规”选项卡的“Internet 临时文件”选项组中单击“设置”按钮，打开“设置”对话框，如图 6.29 所示。单击“移动文件夹”按钮将原来保存于 C 盘的临时目录移动至 C 盘以外的驱动器中。

(2)移动刻录时产生的临时文件

文件在刻录之前都会保存于 C 盘的临时文件夹中。右击“此电脑”，进入资源管理器，选择刻录机盘符并右击，在弹出的快捷菜单中选择“属性”命令，打开属性设置对话框，在“录制”选项卡下可设置将临时文件夹安置于其他驱动器。

（3）移动“文档”

右击“文档”，在弹出的快捷菜单中选择“属性”命令，在打开的对话框中可将默认的保存路径修改至其他驱动器，如图 6.30 所示。

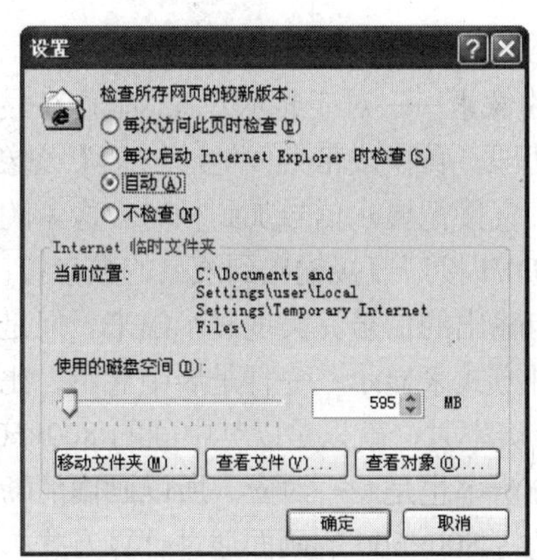

图 6.29 “设置”对话框

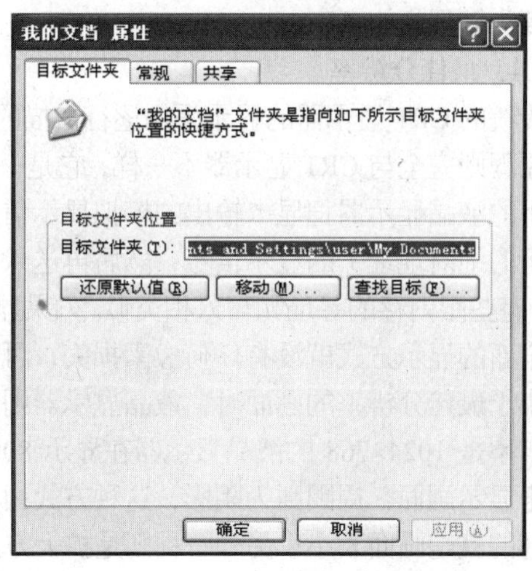

图 6.30 “我的文档 属性”对话框

12．配置虚拟内存

① 打开“系统 属性”对话框。

② 切换到“高级”选项卡，在“性能”选项组中单击“设置”按钮，打开“性能选项”对话框，切换到“高级”选项卡，如图 6.31 所示。

③ 选中“处理器计划”及“内存使用”选项组的“程序”单选按钮，单击“更改”按钮打开“虚拟内存”对话框，如图 6.32 所示。若计算机的内存大于 256MB，建议禁用分页文件，默认的分页文件为物理内存的 1.5 倍。禁用系统缓存需重新启动系统。如果计算机的内存低于 256MB，就不要禁用分页文件，以免导致系统崩溃或无法再启动 Windows XP!

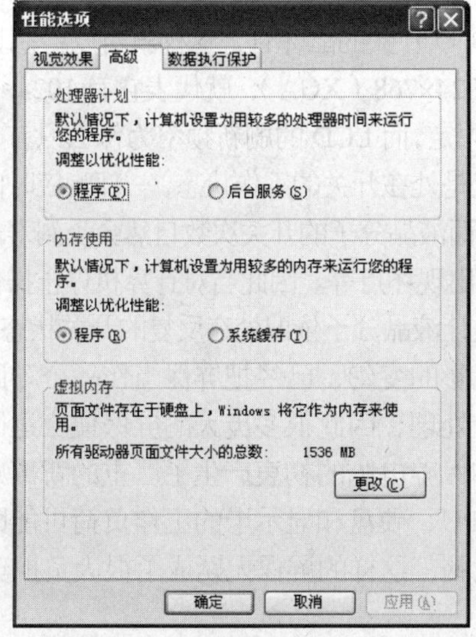

图 6.31 “性能选项”对话框

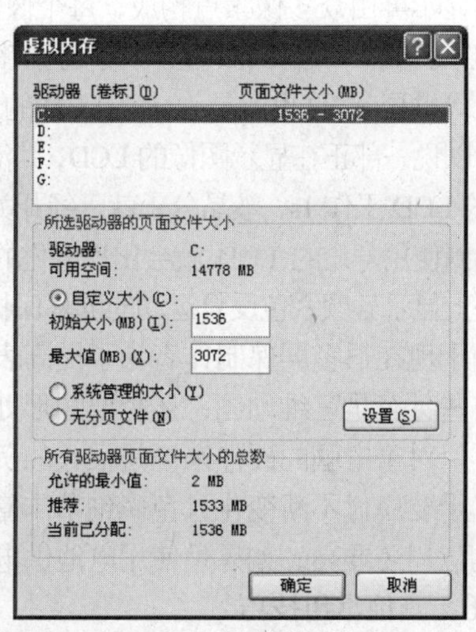

图 6.32 “虚拟内存”对话框

13. **设置亮度**

亮度越高越清晰是错误的，这样做不仅伤害人的眼睛，也会缩短显示器的使用寿命。所以，在平时使用过程中，要将亮度设置到一个比较理想的值，方法如下。

将壁纸设为无，并将桌面设为纯黑色，接着将亮度调到最大值，然后调小亮度，直到把亮度调节至屏幕上的黑色不再发红或发白时为止，即屏幕黑色部分与关机时的亮度一致时，这时的亮度为较理想的亮度。

14. **最佳分辨率**

传统的CRT显示器的显示采用逐行扫描的方式，分辨率设置比较好理解；而液晶显示器的显示原理则完全与CRT显示器不一样，它是一种直接的像素一一对应显示方式，工作在最佳分辨率下的液晶显示器把显卡输出的模拟显示信号通过处理，转换成带具体地址信息（该像素在屏幕上的绝对地址）的显示信号，然后再送入液晶板，直接把显示信号加到相对应像素的驱动管上，有些跟内存的寻址和写入相类似。如果显卡上有DVI接口直接输出到液晶的数字接口上，这种全新的显示方式就没有任何像素损失，可以把显卡输出的信号完美地显示出来。但是，在显示小于最佳分辨率的画面时，液晶显示器则采用两种方式来显示，一种是居中显示，比如最佳分辨率是1024×768的液晶显示器在显示800×600分辨率时，就只是以其中间的800×600个像素来显示画面，周围则为阴影，这种方式由于信号分辨率也是一一对应，所以画面清晰，唯一遗憾的就是画面太小；另外一种则是扩大方式，就是将800×600的画面通过计算方式扩大为1024×768的分辨率来显示，由于此方式处理后的信号与像素并非一一对应，虽然画面大，但是比较模糊。无论哪种显示方式效果都不理想，所以建议采用推荐的最佳分辨率。

15. **背景屏保**

通过背景设置可以较有效地提高显像管的工作寿命。

首先，不要用壁纸，尤其是色彩艳丽的那一种，最好是将桌面“背景”设为无，再将“外观”中的桌面颜色设为纯黑色。

其次，尽量不用屏幕保护。

屏保对液晶显示器是有害的，从LCD显示屏的工作原理看，其核心结构是由两块玻璃基板中间充斥运动的液晶分子，信号电压直接控制薄膜晶体的开关状态，再利用晶体管控制液晶分子。液晶分子具有明显的光学各向异性，能够调制来自背光灯管发射的光线，实现图像的显示。一个完整的显示屏由众多像素点构成，每个像素好像一个可以开关的晶体管，这样就可以控制显示屏的分辨率。如果一台LCD显示屏的分辨率可以达到1024×768（XGA），就代表它有1024×768个像素点可供显示。这也就是为什么LCD的最佳分辨率固定，而LCD的刷新频率为什么只有60Hz。

所以说一部正在显示图像的LCD，其液晶分子一直是处在开关的工作状态，一部响应时间达到20ms的LCD工作1s，液晶分子就已经开关了几百次。而液晶分子的开关次数自然会受到寿命的限制，达到使用寿命的LCD就会出现老化的现象，比如出现坏点等。因此当对计算机停止操作时还让屏幕上显示五颜六色反复运动的屏幕保护程序无疑是让液晶分子依旧处在反复的开关状态。

由于现在很多屏保制作者为了提高表现力以及色彩的变幻，已经把屏保当作一个动画来制作，有些甚至是三维动画，还需要图形处理器的配合处理，因此很多庞大的屏保便应运而生，如此屏保对于电脑的硬件来说是很大的负担，这就和保养电脑的初衷产生了严重的背离感。另外，由于要应付不断变化且色彩细节丰富的屏保，CPU、硬盘和显示卡的工作负荷可能比平时一般的应用还要高，如果是使用电池供电的笔记本电脑，这样的屏保无疑成了很大负担。

16. **其他常用技巧**

由于Windows本身的自动化程度已经很高，但是在使用过程中还是总结出一些经验，这对于提高系统的运行速度也是有效的。

（1）尽量少在 autoexec.bat 和 config.sys 文件中加载驱动程序，因为 Windows 可以很好地提供对硬件的支持，如果必要，删除这两个文件都是可以的。

（2）使用 FAT32 文件系统。这也是一个非常好的方式，虽然 FAT32 并不能提供更快的磁盘数据存取，但是它可以提供更多的磁盘可用空间，使用效果非常好。在此也建议使用 Windows 提供的"FAT32 转换器"进行操作，它的优点是可以在不破坏磁盘已有数据的前提下将 FAT16 转换为 FAT32。使用 PartitionMagic 也可以进行 FAT32 转换，这个工具提供的功能更加强大，转换速度也极快。

（3）定期删除不再使用的应用程序。安装过多的应用程序，对系统的运行速度是有影响的。所以如果一个应用程序不再使用了，就应该及时将其删除。对于删除操作，一般可以使用程序自身提供的 Uninstall 程序。如果没有提供，在此建议使用 Norton 提供的 Uninstall Deluxe，这是一个极好的工具，其最大优点是删除彻底，并提供系统优化功能，非常值得使用。

（4）删除系统中不使用的字体。

（5）关闭系统提供的 CD-ROM 自动感知功能（在"设备管理"窗口中设置）。

（6）日常使用过程中应该留意最新硬件驱动程序，并及时更新，这通常是提高系统性能的有效方法。

综上所述，通过一系列的手动设置，不但可以释放一些资源，而且能让操作系统的运行更快、更稳定、更安全。

6.5.2 系统优化工具

Windows 是一个非常庞大的系统，对 CPU、内存的要求也日益提高，加上现在的应用程序也越做越大，这都是促使专门为 Windows 和其应用程序进行优化的工具出现，例如 Windows 优化大师、超级兔子等，都是一些非常好的优化系统运行的工具。此外，现在有很多提供 Windows 增强功能的共享软件出现。这些工具通常都非常小，但是它们在很大程度上填补了系统在某些方面的空白，如提供增强的系统鼠标右键菜单、系统桌面、任务条、快捷菜单、鼠标功能等。下面以 Windows 优化大师为例讲解系统优化工具的使用。

Windows 优化大师是一款功能强大的系统辅助软件，它提供了全面有效且简便安全的系统检测、系统优化、系统清理、系统维护 4 大功能模块及数个附加的工具软件。使用 Windows 优化大师，能够有效地帮助用户了解自己计算机的软硬件信息，简化操作系统设置步骤，提升计算机运行效率，清理系统运行时产生的垃圾，修复系统故障及安全漏洞，维护系统的正常运转。

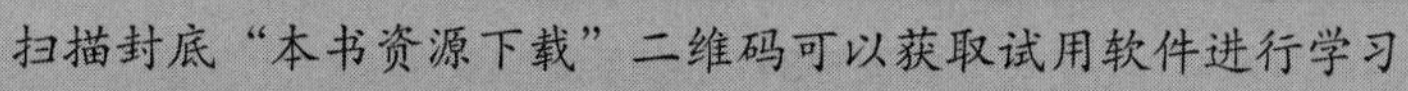

提示　扫描封底"本书资源下载"二维码可以获取试用软件进行学习。

1．全面了解计算机的系统信息

只要安装了 Windows 优化大师，CPU 是多少位的、是多少针的、内存频率是 533MHz 还是 667MHz、计算机是否配置合适等这些问题都会轻易了解到。

打开 Windows 优化大师，依次单击左侧的"系统检测"→"系统信息总览"标签，在这里可以看到计算机系统信息的大体情况，如 CPU 的型号、频率，内存大小等，如图 6.33 所示。

如果想要进一步了解计算机配置情况，分别单击"系统检测"下面的"处理器与主板""视频系统信息""音频系统信息""存储系统信息"等标签，可查看相应硬件情况以及使用情况，如图 6.34 所示为存储系统信息的详细情况。

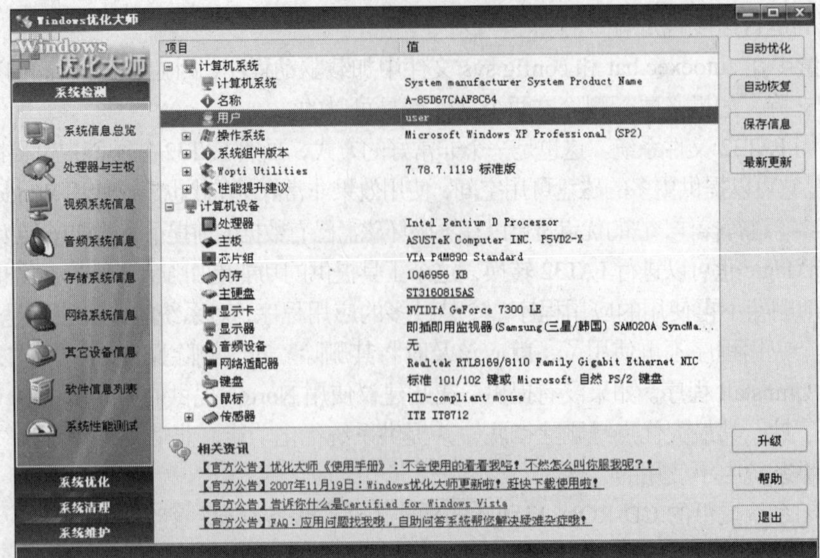

图 6.33　系统信息

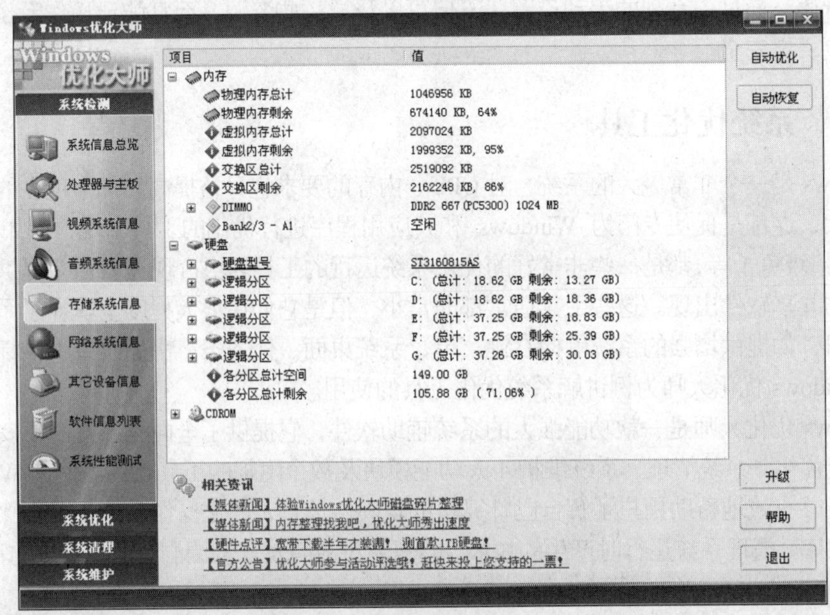

图 6.34　存储系统信息

其他标签就不再一一介绍，操作非常简单。

使用计算机一段时间后，计算机中就会不知不觉安装许多软件，究竟安装了哪些软件，只要单击“软件信息列表”标签就可以轻松地看到电脑中安装的所有软件，同时单击列表中的一个软件名称，就可以在下面看到软件的版本号、发布商、安装日期以及卸载信息等，单击“删除”或“卸载”按钮，就可以对软件进行卸载操作，如图 6.35 所示。

计算机性能如何，是不是配置合理，哪方面欠缺一些，这些都可以使用优化大师的系统性能测试功能来对电脑进行打分，同时与其他相近配置进行比较。单击“系统性能测试”标签，然后单击“测试”按钮，就可以对电脑进行全方位测试，同时在新版本中还增加了针对 OpenGL 与 DirectX 7 的测试模块，测试完成后，可以看一下计算机性能能够打多少分，如图 6.36 所示。

图 6.35 软件信息列表

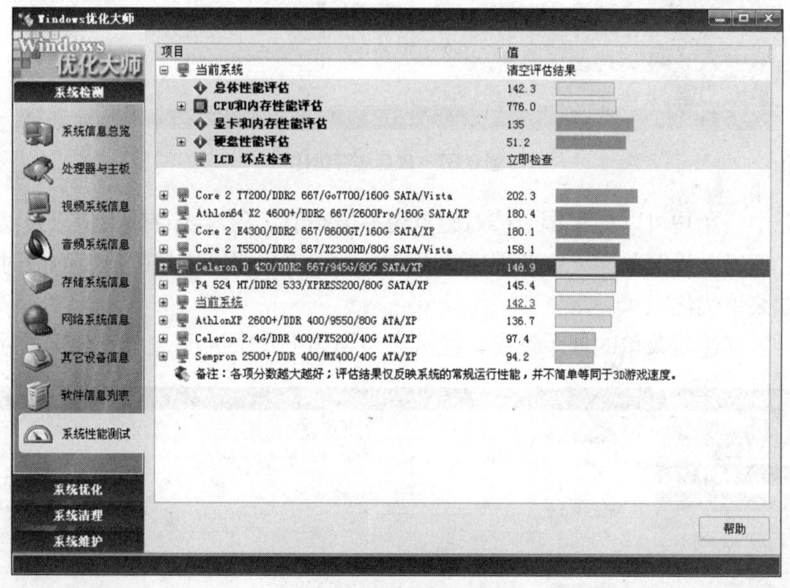

图 6.36 系统性能测试

2．全面优化系统

电脑使用一段时间，就会发现系统速度越来越慢，如何让电脑速度达到最快的运行速度是一个复杂的问题。前文介绍了修改系统配置文件的方法，但这些方法通常是要手工进行修改，可能会使系统瘫痪。总之，经过手工设置会使用系统速度进一步提升，但这样太过复杂、麻烦，会浪费大量的时间。如果用 Windows 优化大师就方便多了，可以用很短的时间解决大量问题。

打开 Windows 优化大师的主界面，然后单击“系统优化”标签，在这里可以对“磁盘缓存”“桌面菜单”“文件系统”“网络系统”“开机速度”“系统安全”等进行全面优化，只要单击相应的标签项，然后根据实际情况对其进行设置就可以了。软件设置非常简单，只需用鼠标选择或是取消勾选设置项前面的复选框就可以；同时软件具有强大的恢复功能，如果设置后发现效果不理想，单击每个窗口上的“恢复”按钮，就可以将其恢复到 Windows 默认设置，这样就能保证系统正常运行。

（1）磁盘缓存优化

单击左侧窗格中的“磁盘缓存优化”标签，转到对应的界面，如图 6.37 所示。

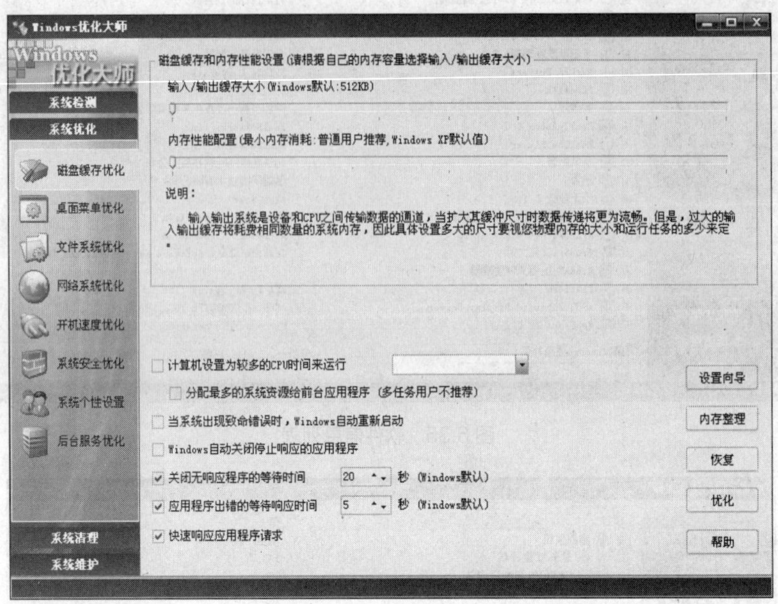

图 6.37　磁盘缓存优化

在该界面中，用户可以通过调节棒对磁盘缓存最小值、磁盘缓存最大值以及缓冲区读写单元进行调节，还可以设置关闭无响应程序的等待时间和应用程序出错的等待响应时间等。

（2）桌面菜单优化

此功能可以加速各菜单的显示速度，经常会用到如下几个选项，如图 6.38 所示。

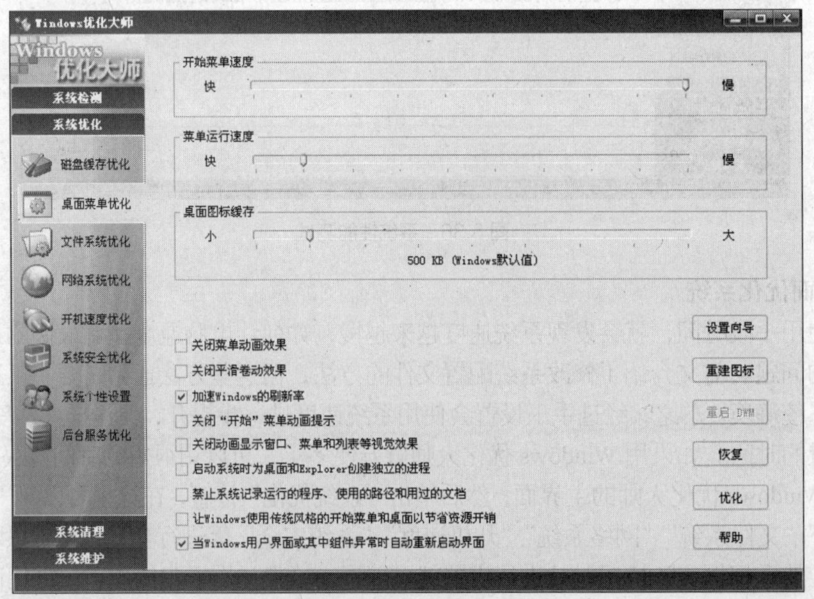

图 6.38　桌面菜单优化

"开始菜单速度"的优化可以加快开始菜单的运行速度，建议将该值调到最快。

"菜单运行速度"的优化可以加快所有菜单的运行速度，建议将该值调到最快。

"桌面图标缓存"优化可以提高桌面图标的显示速度，建议将该值调整到 1000KB。

另外，建议勾选"加速 Windows 刷新率"复选框，这样可以让 Windows 具备自刷新功能；勾选"关闭菜单动画效果"和"关闭开始菜单动画提示"复选框，这些效果会降低 Windows XP 的速度。

（3）文件系统优化

通过调整光驱缓存和预读文件大小可以调整 CD-ROM 的性能。Windows 优化大师根据内存大小推荐光驱缓存的大小，64MB 以上内存（包括 64MB）为 2048KB，64MB 以下为 1536KB。光驱预读文件大小由 Windows 优化大师根据 CD-ROM 速度进行推荐，8 速为 448KB，16 速为 896KB，24 速为 1344KB，32 速以上为 1792KB。

此外，如果勾选"优化毗邻文件和多媒体应用程序"复选框，可以提高多媒体文件的性能，如图 6.39 所示。

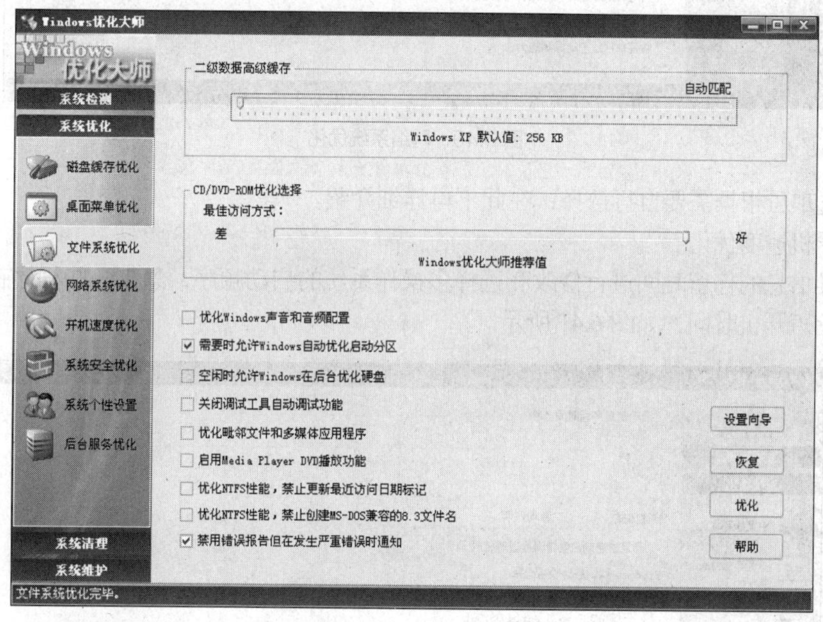

图 6.39　文件系统优化

（4）网络系统优化

通过修改网络通信中的一些参数可以优化系统，如图 6.40 所示。

最大传输单元大小：一般为 1500B（以太网标准），拨号上网用户使用该值会降低传输效率，一般应该改为 576B。

传输单元缓冲区：如果是拨号上网，最好根据 Modem 的速度进行选择。如果太小，将导致分组阻塞，降低传输效率；太大，一个分组出错会导致缓冲区中的所有分区被丢弃和重发，也会降低效率。

默认分组报文寿命：如果分组在 Internet 中传输的时间超过了分组的寿命，则该分组将被丢弃。将 Default TTL 改得更大些有利于信息在 Internet 中传得更远，建议拨号用户选择 255。

优化 COM 端口缓冲：这是为 Modem 所在的 COM 端口设置的缓冲大小。勾选该复选框，Windows 优化大师会根据内存大小设置相应的缓冲大小。同时，Windows 优化大师还将端口的波特率设置为 115200。

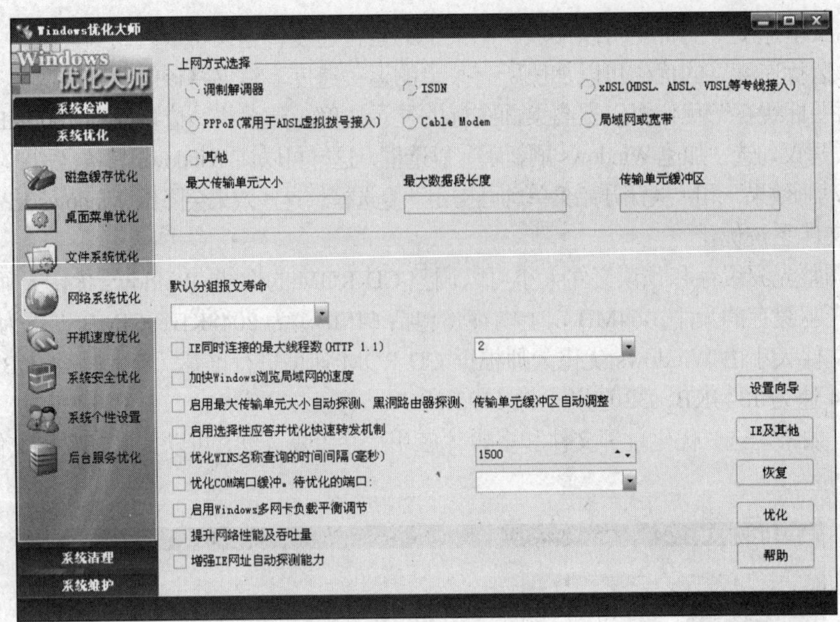

图 6.40 网络系统优化

其余选项可根据需要自行选择，在此不再详细介绍。

（5）开机速度优化

对引导信息的停留时间进行修改和选择多操作系统的启动顺序，禁止一些程序在开机时运行，可以缩短开机时间，如图 6.41 所示。

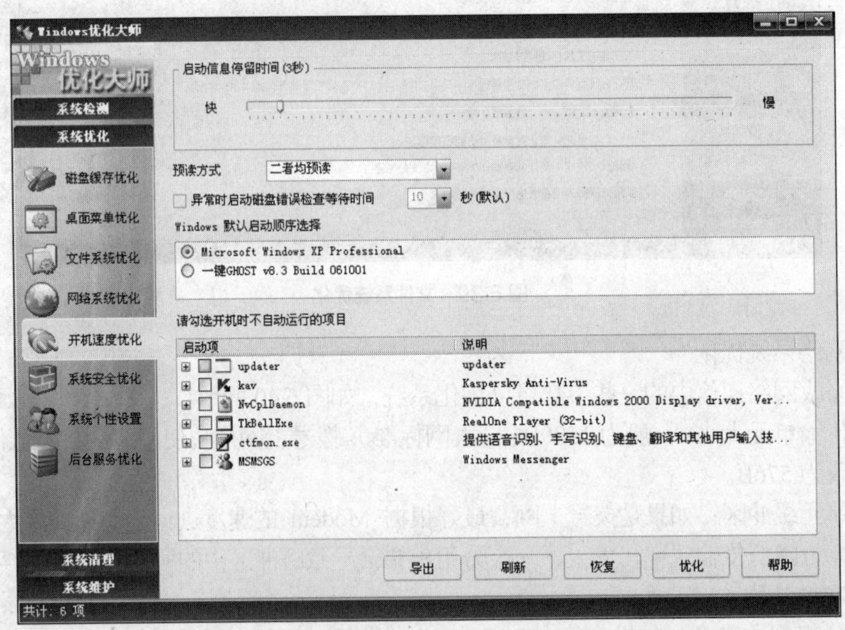

图 6.41 开机速度优化

（6）系统安全优化

在“系统安全优化”界面进行相关设置，可以对 Windows 系统的常见漏洞进行防范，并可搜索系统中是否有黑客程序和蠕虫病毒。另外，通过禁用某些端口和服务，可以增强网络的安全性。

“更多的系统安全设置”对话框中，给对 Windows 有一定使用经验的用户提供了一些高级选项，包括隐藏控制面板中的一些选项、锁定桌面、隐藏桌面上的所有图标、禁止运行注册表编辑器 Regedit 及禁止运行任何程序等，如图 6.42 所示。

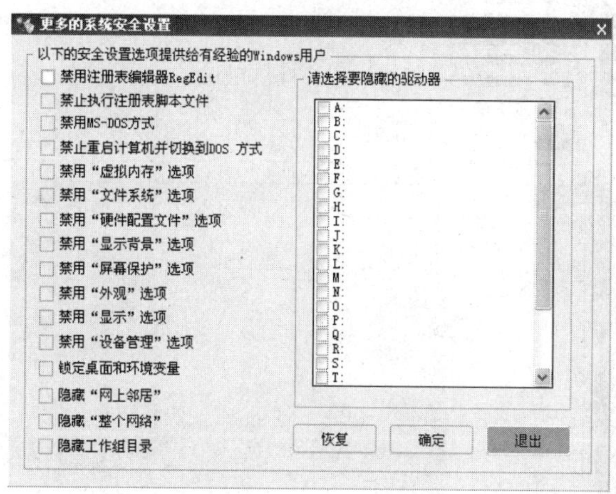

图 6.42　系统安全设置

3．系统维护

计算机在运行过程中会产生一些垃圾文件，或是一些垃圾 DLL 链接文件，这也是导致计算机系统速度变慢的重要原因，所以有必要对这些垃圾信息进行进一步的清理。这里以清理系统垃圾文件为例进行说明。

启动 Windows 优化大师，然后依次单击“系统清理”→“磁盘文件管理”标签，打开系统垃圾文件清理界面，在上面的列表中选择要进行扫描的磁盘驱动器，接着对扫描选项、文件类型、删除选项等信息进行设置，然后单击右上角的“扫描”按钮，就可以对设置的磁盘驱动器进行扫描，如图 6.43 所示。扫描完成后，可以把这些垃圾信息全部清除。

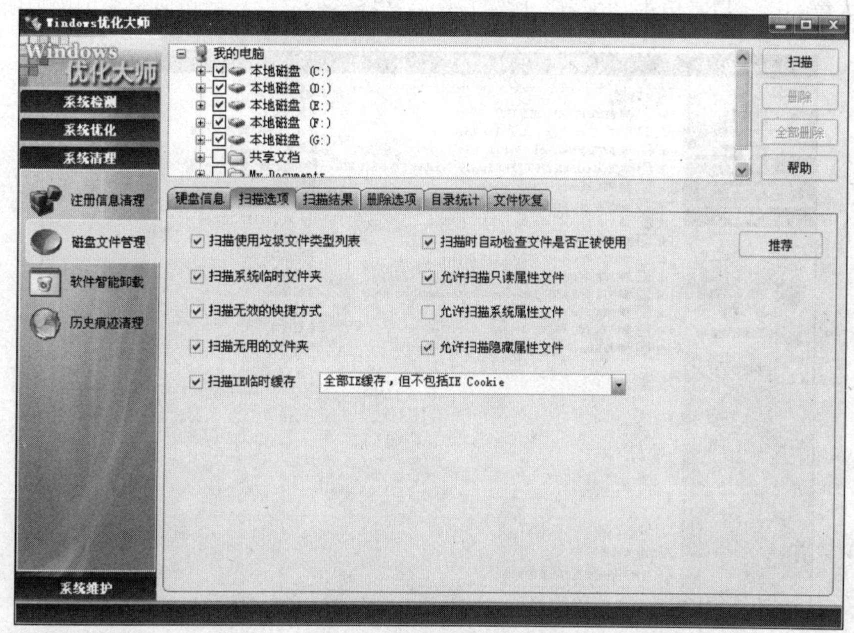

图 6.43　磁盘文件管理

另外，在系统维护界面中，可以对磁盘碎片进行整理，如图 6.44 所示。

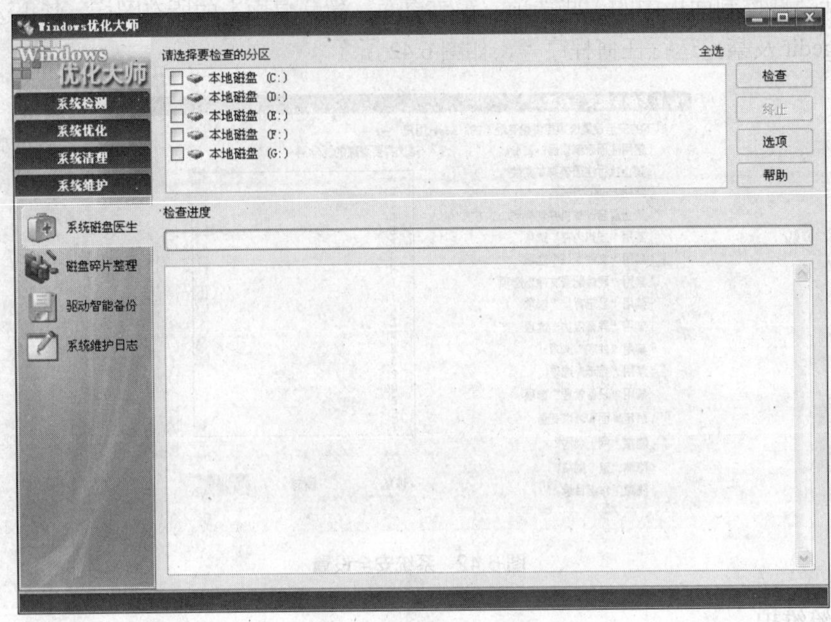

图 6.44　磁盘碎片整理

4．智能备份驱动程序

对一般用户来说，重装系统后，安装驱动程序是一件十分困难的事情，如果驱动光盘找不到了，更是一件非常麻烦的事，所以有必要在安装完驱动程序后对其进行备份。另外也需要对系统文件与收藏夹进行备份，这样就能够在系统遭受病毒破坏后及时修复系统，同时使损失降到最低。

打开 Windows 优化大师，然后依次单击“系统维护”→“驱动智能备份”标签，就可以看到所有驱动程序了，如图 6.45 所示。选择需进行备份的驱动，单击“备份”按钮就可以了。如果以后进行恢复的话，只需单击“恢复”按钮，然后选择备份文件，就可以轻松地恢复所有驱动。

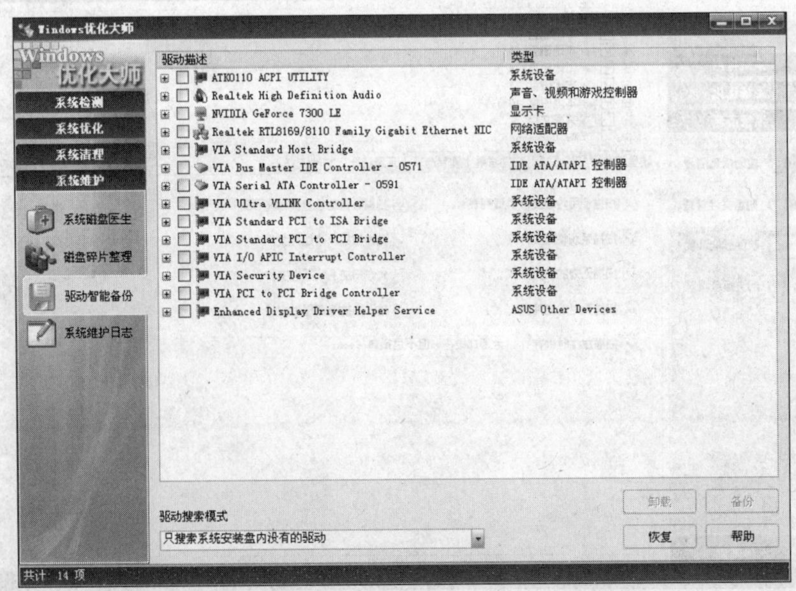

图 6.45　驱动程序备份

除了上面介绍的功能外，Windows 优化大师还有其他一些功能，如系统磁盘医生、系统维护日志等。从使用可以看出 Windows 优化大师把复杂的设置变成简单的事情，在对系统进行优化的时候，只需单击鼠标就可以轻松完成，而不用面对繁杂的注册表键值。同时，所有设置都可以进行恢复，如发现设置错误，只需单击“恢复“按钮就能够轻松恢复到 Windows 正常的状态。

5．超级兔子

超级兔子也是一款完整的系统维护工具，如图 6.46 所示，拥有电脑系统评测、垃圾清理和注册表清理、可疑文件和插件检测、维护系统安全、安装系统补丁、网页防护等功能，同时自带一些实用的系统工具。超级兔子还有强力的软件卸载功能，可以清理一个软件在计算机内的所有记录。由 9 大组件构成，可以优化、设置系统大多数的选项，帮助用户打造一个属于自己的 Windows。

图 6.46　超级兔子界面

扫描封底“本书资源下载”二维码可以获取试用软件进行学习。

提 示

（1）魔法设置系统检测可以诊断一台电脑系统的 CPU、显卡、硬盘的速度，由此测试计算机的稳定性及速度，还有磁盘修复及键盘检测功能。进程管理器具有网络、进程、窗口查看方式，同时超级兔子网站提供大多数进程的详细信息，是国内最大的进程库。

（2）安全助手可以隐藏磁盘、加密文件，超级兔子系统备份能完整保存 Windows 注册表的软件，彻底解决系统上的问题。

（3）由于 32 位的操作系统并不支持 4GB 容量的内存，很容易造成内存浪费。为了解决这问题，超级兔子加速器特别使用了内存虚拟空间技术，能够将正常情况下无法识别的内存空间和系统使用不到的内存剩余空间转化为虚拟盘，并将系统的分页文件、临时文件、IE 缓存等转存至内存虚拟盘中。突破了硬盘读写速度的硬屏障，加快了系统运行速度。

（4）使用超级兔子加速器，上网浏览等一些日常应用程序的运行速度会有明显的提升，并且将 IE 缓存和临时文件夹设置在虚拟磁盘后，会大大减少垃圾文件和磁盘碎片的产生，有效增强系统的稳定性。

6.6　计算机硬件性能优化

1．CPU 性能优化

CPU 性能的优化可以通过系统设置和软件优化两个方面实现。

（1）系统设置优化

在默认情况下，一些较特殊的主板 BIOS 中并没有打开 CPU 的一些特性功能，比如 CPU 的内部高速缓存（二级缓存）和超线程技术等，因此有必要通过手动设置打开，以提升 CPU 的性能。首先进入 BIOS 设置主界面，选择“Advanced BIOS Features”设置项，按 Enter 键进入，将“CPU Internal Cache”设置为“Enabled”即可（见图 6.47）。这样就打开了 CPU 的二级缓存，打开后可以减少 CPU 在存储器读/写周期中的等待时间，从而提升 CPU 的工作效率。

另外，CPU 二级缓存 ECC 校验也是一个值得重视的参数，将“CPU L2 Cache ECC Checking”设置为“Enabled”，这样就启用了 CPU 内部 L2 Cache 进行 ECC 检测，它可以侦察并纠正单位信号错误保持资料的准确性，对超频的稳定性有帮助，但不能侦察双位信号错误。近年来，Intel 和 AMD 新推出的 CPU 都会按照默认 Auto 设定走，睿频、超线程技术都会自动开启，对 BIOS 设置的依赖性已经大大降低了。

在 Windows 系统中，针对 CPU 的优化处理并不多，可以通过设置 CPU 优先等级的方法来优化 CPU。在某些时候，可以降低一些无关紧要的进程的优先级，由此来提升 CPU 的性能。要设置 CPU 的优先级，可以执行以下操作（见图 6.48）。

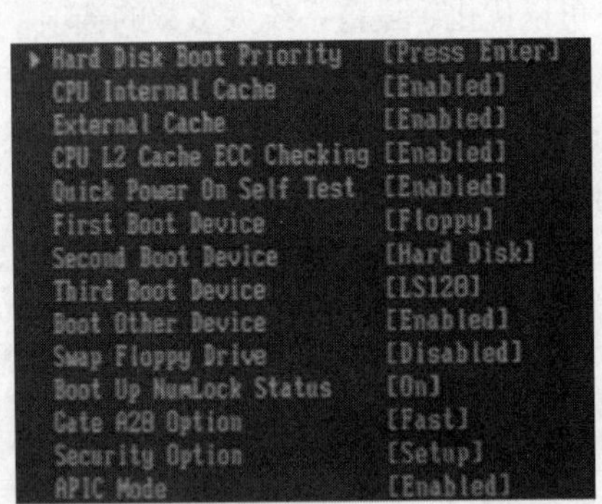

图 6.47　CPU Internal Cache

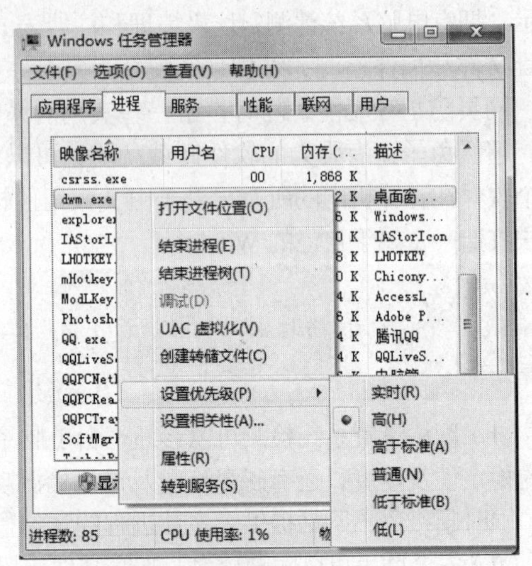

图 6.48　设置 CPU 优先级

步骤 1　按“Ctrl+Alt+Delete”组合键，打开“Windows 任务管理器”窗口。

步骤 2　选中要设置优先级的程序，右键单击，在弹出的快捷菜单中选择“设置优先级”→“低”的命令，即可降低程序的级别。

（2）工具软件优化

Process Lasso，如图 6.49 所示，是一款独特的调试级别的系统优化工具，主要功能是基于其特别的算法动态调整各个进程的优先级并设为合理的优先级，以实现为系统减负的目的，可有效避免蓝屏、假死、进程停止响应、进程占用 CPU 时间过多等症状。同时，它还具备前台进程推进、工作集修整、进程黑名单等附加特性。Process Lasso 在后台能实时智能优化系统，且不会自动修改任何系统既有配置，适用于普通家庭用户和专业工作环境。

提 示

扫描封底“本书资源下载”二维码可以获取试用软件进行学习。

2．内存性能优化

（1）优化设置

通常情况下，在 BIOS 设置的“Advanced BIOS Features”选项下可以找到“CAS Latency Time”（内存延迟时间）和“SDRAM Timing”（SPD 内存时序）两个选项，如果内存品质很不错，可以将“SDRAM Timing”设置成“Enabled”或“Manual”，此时系统会自动根据 SPD 中的数据确定内存的运行参数。

内存延迟时间决定了内存的性能，这个参数越小，则内存的速度越快。一般情况下，可以根据内存上所标记的 CAS 参数设置。对于 VIA 芯片组而言，Bank Interleave 技术是其特有的功能，打开内存交错技术可以节约时间，从而提高效率。通常来说，在 VIA 主板 BIOS 中的“Bank Interleave”选项有“Disabled”“2Bank”“4Bank”3 个选项。将其设置为“4Bank”可以很好地发挥内存性能。

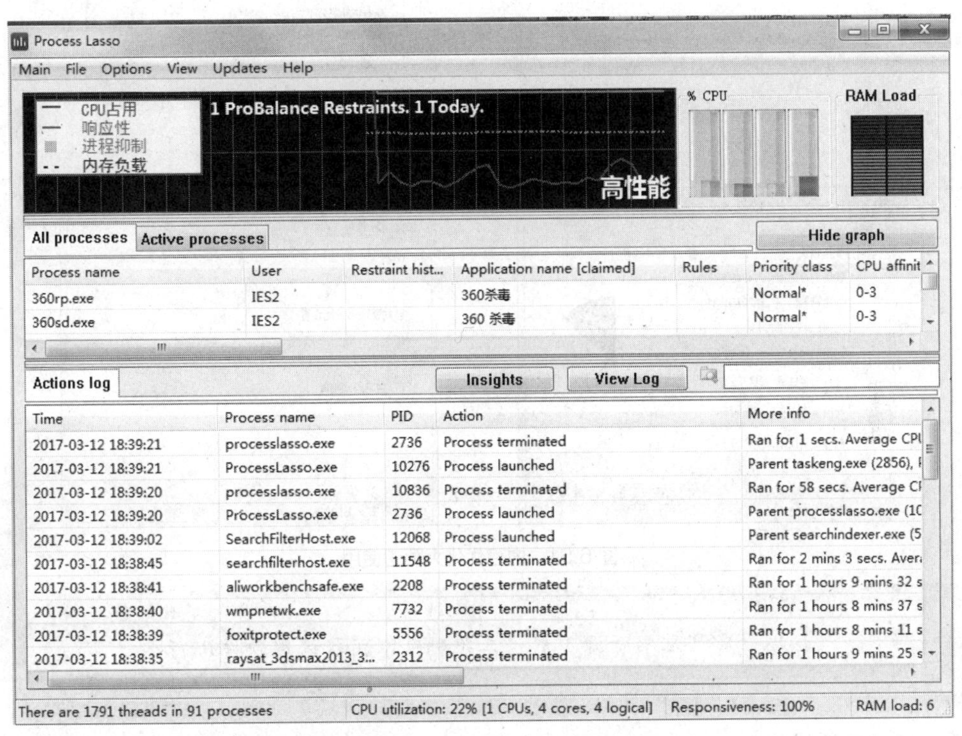

图 6.49 Process Lasso 使用界面

在运行多个比较大的程序时，有时候系统会提示虚拟内存不足，导致机器运行速度十分缓慢。新机可以按照比例来设置系统虚拟内存。在“系统属性”中切换到“高级”选项卡，在“虚拟内存”工作组中单击“更改”按钮，如图 6.50 所示，然后在“驱动器”下选择一个有较大空闲容量的分区，选中“自定义大小”单选按钮，在“初始大小”和“最大值”文本框中输入虚拟内存的数值，最小值建议选择物理内存的一倍，最大值可根据剩余空间的大小来定。而后依次单击“设置→确定”按钮，重启计算机后虚拟内存设置即可生效。

（2）工具软件优化

因为 Windows 操作系统本身在内存管理机制上存在着固有的缺陷，所以系统运行一段时间后速度就会减慢，当有较多程序同时运行时，还有可能导致内存耗竭而死机。内存优化大师（RamCleaner），如图 6.51 所示，就可以帮助用户清理内存碎片，释放被过多占用的内存，这样随时都会有足够的内存供给新运行的程序使用，也就提高了计算机的运行速度。内存清理的过程可以由用户手动进行，也可以交给 RamCleaner 在后台自动处理。内存优化大师可以提供“对内存进行完全的管理，最多可以提高 1 倍运行速度，并减少 95% 死机的可能”；还提供了必要的设置选项，可以实时显示内存与 CPU 的使用率，并且能够监视与强行关闭系统中正在运行的进程。

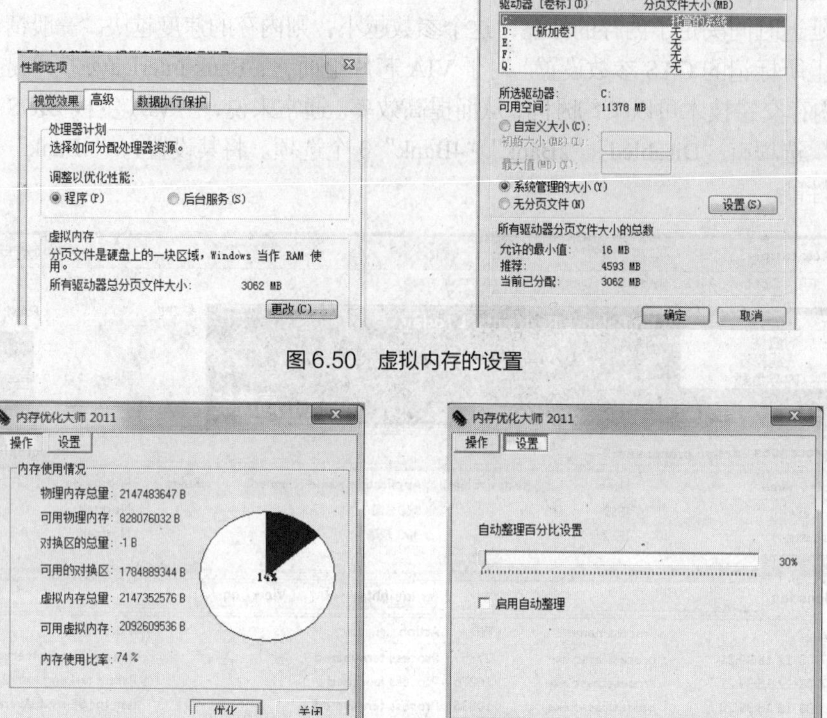

图 6.50　虚拟内存的设置

图 6.51　内存优化大师的使用

> 扫描封底“本书资源下载”二维码可以获取试用软件进行学习。
>
> 提 示

3．硬盘性能优化

在 Windows 系统默认的情况下，无论哪一款硬盘均不能发挥最高性能，必须对硬盘进行一些合理的配置和优化操作。

（1）用固态硬盘作为系统盘

硬盘问题在过去很长一段时间都是计算机系统整体性能提升的“瓶颈”，其根本原因在于硬盘的读/写速度比之内存和 CPU 要慢很多。固态硬盘采用 Flash 芯片作为存储介质，不用磁头，寻道时间几乎为零，随机读/写速度相对于机械硬盘要快得多。针对目前固态硬盘的价格高、容量低的特点，可以采用一块小容量的固态硬盘作为系统盘，再搭配一块容量大的机械硬盘作为存储盘，这将会提升系统的性能。

（2）合理设置分区的大小

Windows 启动时要从主分区（就是安装有 Windows 系统的那个分区，一般是 C 盘）查找和调用文件，如果主分区空间过大，就会延长启动时间，所以应当将主分区的空间控制在一定范围内。此外，在主分区上装过多软件也会影响系统的启动时间，一定要保证主分区有 800MB 以上的空闲空间用于临时文件的交换。

（3）打开硬盘的 DMA 传输模式

打开硬盘的 DMA 传输模式不仅能提高传输速率，而且可以降低硬盘的 CPU 占用率，CPU 会因此获得加速效果。通常只要把主板的驱动程序安装好，就可以自动打开 DMA 传输模式了。如果没有自动打开，在确定 BIOS 设置正确无误的情况下可在“设备管理器”窗口中手动将其打开。

（4）关闭硬盘的自动挂起功能

Windows 系统为了防止电脑“发呆”（当在一定时间内没有对硬盘进行任何读、写操作时）过久而损坏显示器和硬盘，默认规定“发呆”一段时间后会自动挂起显示器和硬盘。这对于小内存的电脑确实有好处，但现在多数电脑的内存都在 4GB 以上，大内存就意味着读、写硬盘的次数会明显减少，例如在大内存的电脑上玩中、小型游戏，只有刚开始系统需要读硬盘，等把整个游戏都读到内存中后就不会再读、写硬盘了，这样用不了多久系统就会认为硬盘在“发呆”而将硬盘挂起，等玩完游戏再回到桌面时就会因硬盘处于挂起状态而死机，所以可以在“控制面板”的“电源管理”窗口中将“关闭硬盘”这项的时间设置为“从不”。

（5）定期对硬盘的垃圾文件进行清理

系统只要在运行，就会产生垃圾文件。硬盘上的垃圾文件通常占用的空间并不是很大，但数量却很多，有时会多达几千个垃圾文件。这样就会造成硬盘寻找文件的速度变慢，而且，磁盘碎片增多也会使读盘的次数更加频繁，所以应该定期对硬盘的垃圾文件进行清理。

（6）定期整理硬盘的碎片

对硬盘的碎片进行整理可以提高硬盘的运行速度。虽然通过上述优化方法已经可以减少系统所在盘的碎片，但其他盘的碎片也会变多，所以对于存放“常用文件夹”的硬盘来说最好是两个月进行一次碎片整理，至于不是经常进行写操作的分区只要半年左右整理一次即可。

（7）设置适当的磁盘缓存

磁盘缓存的大小直接影响着几乎所有软件的运行速度和性能，默认状态是让 Windows 自行管理，但 Windows 通常情况下不启用磁盘缓存，这样就会制约硬盘性能。所以需要用户手动设置磁盘缓存来提高硬盘性能。操作方法如下。

步骤 1 打开注册表编辑器（单击“开始”菜单中的“运行”命令，输入“regedit”并单击“确定”按钮）。

步骤 2 寻找 HKEY_LOCAL_MACHINE/SYSTEM/CurrentControlSet/Control/Session Manager/Memory Management 项下的 IoPageLimit 值。

步骤 3 打开 IoPageLimit 的快捷菜单，如图 6.52 所示，并从中选择“修改”（打开“编辑 DWORD 值”对话框），在“数值数据”文本框中输入磁盘缓存的大小，建议设置值为 32768（即 32MB）或者 65536（即 64MB），确定后重启计算机就可以完成设置了。

图 6.52　硬盘缓存的设置

（8）BIOS 设置

现在绝大部分的主板 BIOS 都只需在初期装系统这个阶段将有关于硬盘部分的参数检查一

下，虽然很多主板都默认为AHCI，但也有个别主板例外。

如今固态硬盘的售价逐渐降低，成为了性能用户的标配，固态硬盘在IDE模式下性能损失会比较明显，特别要注意在BIOS中将SATA接口硬盘模式调整为AHCI，如图6.53所示。

（9）取消索引和关闭分页

固态硬盘的响应速度远超过机械硬盘，磁盘索引并不能提高多少客观的速度，并且由于固态硬盘的读写寿命相比机械硬盘要差，过多的索引反而无谓消耗了磁盘寿命，如图6.54所示即取消了索引。关闭磁盘分页可以减少出现磁盘碎片的总量，如图6.55所示，不仅可以一定程度延长固态硬盘的使用寿命，同时也能让硬盘更稳定，保持更长时间的高效运行。

图6.53 SATA模式选择

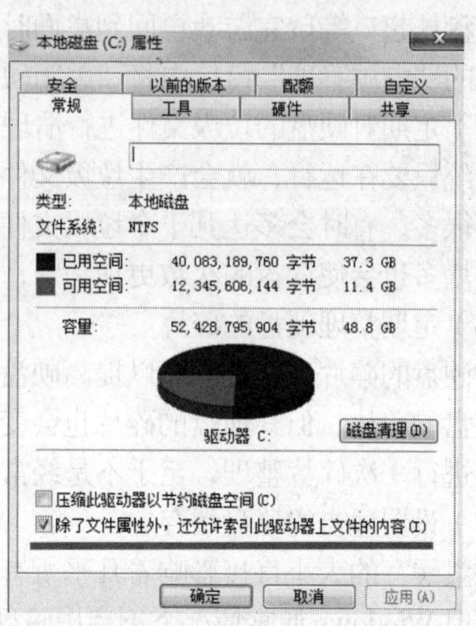

图6.54 取消文件索引

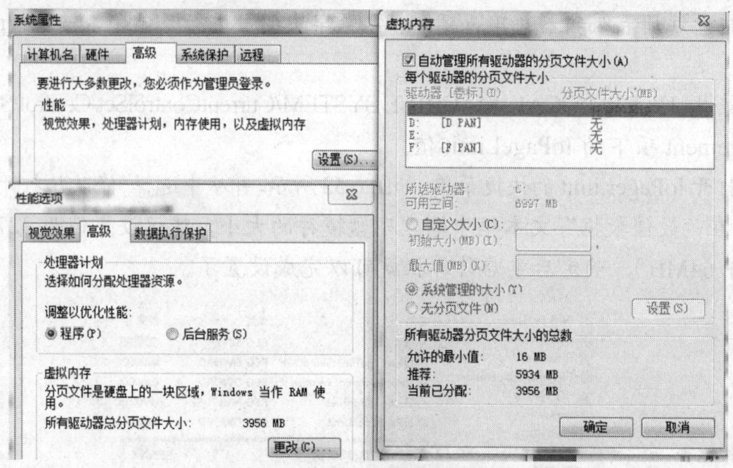

图6.55 关闭磁盘分页

（10）使用优化大师协助磁盘管理

杂乱无章的文件夹、随意摆放的文件还有磁盘碎片都会占用硬盘空间，影响计算机的运行速度。无论是前面提过的系统优化软件，还是专用的硬盘优化大师，都可以协助磁盘管理，所提供的磁盘碎片分析和整理功能可以轻松了解硬盘上的文件碎片并进行整理。相关内容可参见本书6.5.2节。

4．显卡性能优化

显卡性能优化可以进入BIOS进行设置，一般是在里面优化调整关于显卡设置方面的项目，然后到厂商网站下载安装最新的显示卡驱动程序，优化注册表中针对显卡的部分；此外还可以对显示卡进行超频。

（1）BIOS 中的优化设置

找出主板说明书，仔细查看主板关于显卡设置方面的部分，然后启动计算机时进入 BIOS 设置，优化调整显卡设置项，一般只修改厂商允许改动的设置。注意记录修改前的原始设置，如果修改后出现故障，可以恢复。如果 BIOS 不允许修改某些选项，可以使用 Tweak-BIOS 软件来强制修改这些项。

集成显卡性能的稳定和提高要注意并调校好以下几个 BlOS 选项。

① AGP Fast Write。Fast Wrtte 是快速写入的意思，这个选项能提高集成显卡的性能，但它也可能有负作用，对系统的稳定性有一定影响。目前很多集成显卡都能正常使用 Fast Write 选项。

② Grapphic Window WR Combine。此选项在基于 SiS 芯片组的集成主板比较多见，可以起到优化图形系统的读写性能，对集成显卡的性能有一定的提升，建议开启此选项。

③ AGP Aperture Size。AGP Aperture Size 选项的含义是 AGP 有效空间的大小，即划拨内存为显存的大小。显存容量太大会导致内存减少，影响系统的性能；显存容量划小了，对显卡的性能又有影响。因此在实际操作中应根据机器的内存容量来确定，通过实际使用，AGP Aperture Size 选项在 64MB 显存和 128MB 显存下，一般的应用性能差别并不明显。

（2）安装最新的驱动程序

首先应认识显卡采用的显示芯片类型，然后到显示芯片厂商网站去下载最新的驱动程序，升级驱动程序都可以发挥出显卡的独有性能和一些附加功能，比如 TV 输入/输出等。

（3）升级显卡的 BIOS

现在显示卡也同主板一样，可以更新升级它的 BIOS，升级后也能大幅度优化显卡功能。首先到显卡厂商网站下载最新的显卡 BIOS，安装后可以自动识别显卡。

（4）软件优化

许多硬件厂商和软件开发商都提供免费的显卡超频工具。AMD 在其 Catalyst 驱动程序中包含一款被称作 Overdrive 的工具。美国板卡厂商 EVGA 提供一款名为 Precision 的工具，技嘉有 OC Guru，Sapphire 有 Trixx，微星有 Afterburner，还有许多其他厂商也发布了显卡超频工具，所有这些显卡超频工具都供用户免费下载，支持许多不同的显卡。但显卡一般在出厂之前已经调整到性能-稳定-节能三方面均衡的最高频率，自己能调整的幅度很小，而且极易造成损坏。

提 示

扫描封底“本书资源下载”二维码可以获取试用软件进行学习。

另一类显卡优化软件是通过修改显卡驱动设置，使之更适应游戏需要，这类软件的代表是 Nvidia 的 Geforce Experience 和 Kepler BIOS Tweaker，利用技术手段来调整 BIOS 文件中的数值，进而达到优化显卡的目的。

扫一扫

获取本章实训指导

6.7 本章实训

1. 对长期使用的计算机进行除尘操作，并且完成清洁维护方案。
2. 根据本书的介绍，结合实际的情况，总结出日常使用计算机中的不良习惯。

3. 使用 Windows 优化大师优化系统，并试着学习使用相关的计算机软件（例如超级兔子）。

4. 利用工具软件对有问题的计算机进行维护。

5. 交流本章介绍的几款工具软件的使用心得。

6.8 本章习题

获取本章习题指导

1. 阐述计算机维护与优化的重要性及计算机维护实施的角度。

2. 环境因素对计算机的影响体现在哪些方面？结合实际的情况，总结出日常使用计算机中的不良习惯。

3. 阐述 CPU 的维护与优化方法。

4. 阐述硬盘的维护与优化方法。

5. 使用工具软件也可以检测出计算机存在的一些不易发现的问题，简述本书所介绍几款工具软件的使用心得。

本章小结

本章首先介绍了计算机维护与优化的重要性，并揭示了本章内容展开的角度；然后介绍了计算机基本的环境要求和使用注意事项及软硬件系统维护工具和方法；最后针对软硬件系统优化分别介绍了优化操作系统、系统优化工具和计算机硬件优化的方法。

Chapter 7 第7章 计算机故障维修

内容概要与学习要求：

本章学习计算机硬件故障诊断与处理，掌握计算机维修的原则和方法，了解基本的计算机维修技能，通过学习典型故障案例，要求读者能够解决计算机使用过程中出现的常见问题。

扫一扫

获取本章学习指导

7.1 计算机故障概述

计算机系统相对来说是一个复杂的系统，因而计算机在工作过程中出现故障在所难免。不同的计算机故障往往表现出的现象是不同的，因此，了解计算机故障的基本知识是非常重要的。

7.1.1 计算机故障的种类

计算机故障根据发生的部位、产生的原因、造成的影响及程度不同而有不同的划分方法，主要有以下几种划分方法。

1．根据故障产生的原因划分

（1）硬件故障

硬件故障是由于计算机部件或板卡问题而发生的故障，如元器件毁坏、虚焊脱焊、性能下降、部件或板卡接触不良等方面的原因造成的故障。由于当今计算机硬件制造技术先进，因此，由于硬件本身原因出现的故障并不多，主要表现在接口氧化造成接触不良、参数设置不当而超出其极限值或违规操作而造成损坏等方面。

（2）固件故障

固件故障是由于固件中的程序被破坏而出现的故障，如计算机病毒破坏了固件中的程序或用户刷新固件失败等。

（3）软件故障

软件问题是造成计算机故障的主要原因。计算机病毒主要以攻击软件为主，会造成计算机软件被破坏使得计算机无法正常工作；再就是软件本身的 BUG 或操作者的误操作使计算机软件产生故障而使计算机出现故障。

（4）机械故障

计算机设备中存在大量机械部件，由于机械部件在使用过程中不可避免地要出现磨损，当磨损达到一定程度时，机械部件的工作就会出现问题而产生故障。

（5）病毒故障

一方面病毒可能破坏计算机的软件和硬件，造成计算机软件和硬件无法正常工作而使计算机出现故障；另一方面，计算机病毒还可能大量耗费 CPU、内存和硬盘资源，使得计算机运行效率大大降低，以致计算机无法正常工作，主要表现是计算机运行速度变得很慢。

2．根据故障影响的范围及程度划分

（1）局部故障

局部故障主要表现为故障造成的影响限定在某一个较小的范围内，只是造成计算机某一个方面的功能异常或丧失，如软盘驱动器故障、光盘驱动器故障、接口故障、键盘或鼠标故障等。

（2）全局故障

由于故障而造成整个计算机系统无法正常工作，这类故障称为全局故障。全局故障往往是由于计算机系统的核心部件出现了问题造成的，如电源故障、CPU 故障、内存故障、主板故障等。

3．根据故障持续的时间划分

（1）暂时性故障

有一些计算机故障出现后，持续一段时间后自行消失了，可能以后再也没有出现过，这一类故障称为暂时性故障。这类故障的产生往往与环境有关，如电磁干扰、电压波动、震动等。暂时性故障一般无须维修，当造成故障的因素消失后，故障也就不存在了。

（2）间歇性故障

间歇性故障与暂时性故障不同，它不像暂时性故障那样自行消失后就不再出现了，而是经常性地出现。间歇性故障主要是由于硬件本身存在的质量问题而产生的。随着计算机使用时间的延续，硬件本身的性能会越来越差，这种故障出现的频率会越来越高，持续的时间会越来越长，只有更换硬件才能解决。

（3）永久性故障

如果不进行人工干预，不会自行消失且会持续存在的计算机故障称为永久性故障。

7.1.2　计算机故障产生的原因

计算机故障都是由于一定原因引起的，而且造成故障的原因很多，归纳起来主要有以下几个方面。

1．硬件本身质量存在缺陷

由于制造方面的原因，硬件在生产出来的时候质量就存在着一定的缺陷，开始使用的时候并没有表现出存在问题，但是随着使用时间的延长，硬件逐渐老化，性能逐渐下降，这时硬件本身存在的缺陷就逐渐暴露出来，进而引发计算机故障。开始的时候故障偶尔发生，表现为间歇性；随着时间的推移，故障发生的频率越来越高，直到硬件彻底损坏，表现为永久性故障。

2．人为因素影响

人为操作不当是造成计算机出现故障主要原因之一，因此，提高操作人员对计算机的操作技能，是避免人为因素造成计算机故障的关键。造成计算机故障的人为不当操作主要表现为没有严格按照操作规程进行操作、硬件设备之间错误的连接和操作者的误操作等。

3．环境因素影响

环境因素对计算机的工作也会造成较大的影响，环境因素主要体现在以下几个方面。

（1）环境温度

电子设备在工作的时候都会产生一些热量，环境温度的高低直接影响计算机的散热。环境温度高不利于计算机将产生的热量及时地散发出去，可能造成局部温度过高甚至烧毁某些元器件造成计算机故障。环境温度过低也会造成计算机的某些方面无法正常工作，尤其是机械部件。

（2）环境湿度

环境湿度对计算机的影响也不容忽视，湿度过大容易造成计算机电路短路，湿度过低容易产生静电从而造成计算机元器件被击穿。通常计算机工作环境的湿度控制在40%～70%较为适宜。

（3）粉尘、灰尘

粉尘、灰尘对计算机的影响主要体现在粉尘和灰尘过多会堵塞计算机的散热孔造成计算机内部通风不畅或影响计算机部件与空气的热交换，从而造成计算机部件温度过高。

（4）震动

震动对计算机系统的某些部件影响较大，尤其是硬盘等部分对震动比较敏感的计算机部件。较大的震动往往会造成某些部件难以恢复的器质性损伤，特别是硬盘存储介质划伤，会造成难以挽回的损失。因此，计算机应放置在稳固的工作台面上，尤其是计算机在工作的时候不要搬动计算机。

（5）电磁干扰

电场和磁场及无线电信号会对计算机产生一定的干扰，它会使计算机通信线路中的噪声增大，进而影响计算机的信息传输，使计算机通信的可靠性降低，严重的情况下还可能使计算机系统瘫痪。

（6）静电

静电是计算机的杀手。由于计算机硬件中很大一部分元器件都是大规模集成电路产品，集成电路所能够承受的电压一般都比较低，而静电电荷所产生的电压往往都比较高，很容易击穿这部分电子元器件，所以，静电对计算机所造成的危害是非常大的。尤其是人体在湿度比较低的环境中容易携带静电，一个不经意的举动就可能会对计算机造成较大的伤害，所以一些要求比较严格的计算机工作场所都会采取一些防静电措施。

4．病毒对计算机的影响

病毒对计算机系统尤其是计算机软件系统的破坏是有目共睹的。计算机病毒已经成为计算机故障的主要原因。自从20世纪80年代后期世界上第一例计算机病毒“巴基斯坦智囊病毒”出现以来，短短的几十年时间里，计算机病毒已经发展到了泛滥的地步。因此，树立正确的人生观、价值观，增强安全防范意识是对每一个计算机领域从业人员的基本要求。病毒对计算机系统的危害主要表现在以下几个方面。

（1）破坏系统和数据

计算机系统中最容易受到病毒攻击的是一些可执行程序，病毒往往寄生在这些程序中，伺机获取计算机的控制权。另外，硬盘存储器上的一些重要区域和数据也是计算机病毒攻击的对象，如硬盘分区表、引导扇区等，所有这些都会造成用户信息被窃取或丢失，给用户带来重大损失。更有一部分计算机病毒甚至还会破坏计算机硬件中BIOS芯片中的程序，造成计算机系统瘫痪。由于计算机病毒具有很强的隐蔽性，用户很难发现它的踪迹，因此，在计算机系统中安装防病毒软件是非常必要的。

（2）耗费计算机资源

计算机病毒寄生在可执行程序中，会伴随程序的运行驻留到计算机内存中，大量占用CPU和内存资源，使计算机运行效率大幅降低，常表现为计算机处理信息速度变慢。

（3）破坏计算机功能

计算机病毒还会影响计算机系统部件和设备之间的通信，造成通信紊乱或中断，使计算机系统部分功能丧失。

综上所述，计算机系统出现故障往往都是由于某种因素造成的，了解这些影响计算机系统正常工作的因素，对于更好地应用计算机具有非常重要的作用。

7.2 计算机故障的诊断及处理

在计算机广泛应用的今天，如果出现故障，必然会影响工作。快速地找到出现故障的位置并排除故障，使计算机重新恢复正常的工作，这对于每一位计算机使用者来说都是非常重要的。然而，并非所有计算机使用者在面对计算机故障时都能够快速地找到故障的准确位置，实际情况是当面对出现故障的计算机时，很多人不知该如何下手。其实这很正常，因为计算机可能出现的故障和造成计算机出现故障的原因的确是太多了。虽然如此，并不是说计算机的故障没有规律可寻，事实上，不同的计算机故障现象是不同的，因此，掌握基本的故障诊断和处理原则具有重要意义。

7.2.1 计算机故障的诊断原则

实际经验在计算机系统故障诊断这项工作中起非常大的作用，对于一个初学者来讲，虽然还没有积累多少经验，但遵循故障诊断的基本步骤和原则应对这项工作将是十分有效的。

计算机系统故障诊断的基本原则主要包含以下几点。

1．先软件后硬件

软件问题造成的计算机故障，一般是不需要拆卸机器就能够完成修复的工作。因此，当计算机系统出现故障的时候，应先从软件入手查找故障，如果排除了软件方面的原因，再检查硬件。

2．先外设后主机

外设相对于计算机主机来说要简单一些，因此，如果计算机故障出现在外设上一般都比较容易发现和排除，如果外设没有问题，再来看主机这一部分。

3．先电源后部件

电源是计算机系统的心脏，如果电源出现问题，会造成计算机系统的某些部件工作不正常，因此，查找故障应先从电源入手。如果电源正常，再检查其他部件。

4．先简单后复杂

计算机系统的故障多数都是由一些简单的原因造成，因此，当计算机系统出现故障时，先不要把问题想得过于复杂，首先应该从简单的方面入手，这些简单的检查主要包括如下几项。

- 计算机系统各部件和设备的连接情况，包括电源连接、设备连接等。
- 计算机屏幕情况，计算机扬声器的响声。
- 计算机内部散热器及风扇工作情况。
- 计算机系统硬件及软件配置情况。
- 计算机系统中各种板卡之间的连接情况。
- 计算机病毒的影响。

7.2.2 计算机故障的处理流程

在计算机硬件故障诊断处理中，对故障性质和故障位置做出准确判断是顺利完成故障处理工作的重要环节，而要想做出这种判断，必须要对故障进行全面的综合分析。对计算机故障进行综合分析要做好以下几个方面的工作。

1．认真观察故障现象

计算机系统出现故障往往都会以某种形式表现出来，不同的计算机故障往往都会出现不同的现象，认真观察故障所表现出来的现象，并透过现象看本质，是对故障做出准确判断的重要依据。

故障现象主要包括计算机各部件和设备的工作情况、计算机屏幕显示情况和显示内容、计算机部件和设备所散发出来的气味、计算机扬声器的声响等方面。

2．尽力回想故障征兆

计算机出现故障往往都有一定的原因，很多计算机故障在完全暴露之前，已经对计算机系统的工作产生了一定的影响，只是这种影响比较小，用户不容易察觉。因此，了解计算机故障现象出现前计算机的工作情况，特别是故障前最近一次操作时计算机的工作情况以及都进行了什么样的操作，对故障的判断也是非常重要的。

需要了解的情况主要包括计算机工作时有无异常表现（如死机、异常响声、焦糊气味等）、计算机工作的环境情况（如温湿度变化、机内粉尘情况、有无雷电、有无较大震动、电网稳定情况等）、人为操作情况（如有无拔插接头、有无改动硬件配置、有无违规操作等）。

3．仔细查看机箱内部件及设备的连接、工作情况

打开计算机机箱查看内部部件和设备的各项情况也是计算机故障诊断工作的重要内容。计算机机箱内安装了大量的计算机部件和设备，它们的工作情况以及相互之间的连接情况和各种电路板上的元器件的外观状态都会对计算机的工作产生影响。打开机箱后应仔细查看各种设备的运转、连接情况，如风扇是否转动、散热片是否脱落、部件连接是否良好等，还有就是仔细查看各种电子元器件是否变形、变色等。

在掌握上述各项基本情况的基础上，结合积累的经验，通过综合分析，一般情况下都能够对故障做出一个准确的判断，最后采用故障处理方法解决故障即可。

7.2.3 计算机故障的处理方法

在遵循计算机故障诊断的基本原则的基础上，在实际操作工作中通常采用如下具体的处理方法。

1．观察、触摸法

观察和触摸是查找计算机故障部位最常使用的方法，尤其是对解决一些诸如连接错误，接头脱落，风扇不工作或转速低，元器件变形、变色及温度过高等这些问题非常有效。

2．替换法

替换法也是计算机系统故障处理经常采用的方法，如果通过诊断怀疑故障出现在某一部件或设备上，可以找一个相同功能的部件或设备将其替换下来，如果故障现象消失，就基本可以肯定故障出现在被替换下来的部件或设备上，进而达到确定故障位置的目的。

3．隔离、拔插法

通过逐渐减小系统配置进行检查也叫减小系统配置法，如果用户怀疑计算机系统中的某一个部件或设备存在问题而影响计算机使之不能正常工作，而手头上又没有现成的部件或设备来替换它，可采用将该部件或设备在系统中禁用或干脆将该部件或设备的驱动程序卸载的处理方法，如果故障消失，即可确定是该部件或设备的问题造成计算机故障。当然也可以将该部件或设备从系统中卸掉，从而实现对该部件或设备的隔离。该方法可用于查找处理由于硬件冲突或硬件故障造成的计算机故障。

4．升降温法

降温法主要用于处理计算机硬件中各种元器件由于本身存在质量问题造成该元器件的热稳定性能低或由于计算机散热性能不好造成局部温度过高而出现的故障。计算机出现故障时，如果发现某个元器件温度过高，可以试着给它加上散热片或换一个体积更大一些的散热片，通过增强散热能力使之温度降低，如果故障消失，即可判断是由于该元器件的温度过高造成的故障。

升温法主要用于怀疑某个元器件因室温较低不能正常工作而造成计算机故障的情况，可以使用吹风机给被怀疑有问题的元器件加温，如果故障消失，就能断定是该元器件的问题。

5．敲打法

敲打法主要用于判断是否由于某个部件或元器件因接触不良而造成计算机故障。操作时可以使用绝缘物体轻轻敲打该部件或元器件，也可以用手轻轻晃动该部件或元器件，看其是否牢固。敲打法也可用于处理由于虚焊或脱焊造成计算机故障的情况。

6．清洁法

清洁法可用于处理计算机机箱内灰尘过多造成散热不良致使温度过高而出现的计算机故障。

7．测量法

测量法是一种对操作者要求较高的计算机故障处理方法。测量法又可根据计算机系统是否带电分为带电情况下的动态测量法（主要用于测量电流和电压）和断电情况下的静态测量法（主要用于测量电阻或短路和断路）。该方法主要用于处理由于电子元器件损坏造成的计算机线路中电流、电压失常或电路短路、断路等问题。

8．诊断卡判断法

现在市面上可以买到一种称为诊断卡的装置，通常把它插在 PCI 扩展槽上使用。如果计算机硬件中存在问题，计算机开机后诊断卡的显示装置即可显示相应的信息，用户可以根据所显示的信息方便地查找到故障位置，提高了查找故障的效率。

9．工具软件诊断法

一些软件公司开发出了很多用于检测计算机硬件性能的工具软件，用户可以使用这些软件检测计算机各个硬件的性能高低，同时也可以检测出计算机硬件中存在的一些不易发现的问题。由于该种工具软件品类众多，关于它们的一些使用情况用户可以查阅相关工具软件的资料，在此本文不再赘述。

10．加电自检法

计算机系统出现由硬件原因引起的故障，很多都可以通过计算机主机箱中安装的扬声器以不同的报警声告诉给用户，这是因为在计算机主板上的 BIOS 芯片中存有硬件诊断程序，当诊断程序发现某些硬件出现问题时就会报警。因此，了解计算机扬声器发出的报警声的含义对于计算机故障的诊断是非常有帮助的。下面列出了常用 BIOS 程序故障报警声的具体含义，供读者参考。

（1）Award BIOS 报警声

- 1 短：系统正常启动。
- 2 短：常规错误。解决方法：重设 BIOS。
- 1 长 1 短：RAM 或主板出错，更换内存或主板。
- 1 长 2 短：显示器或显卡错误。
- 1 长 3 短：键盘控制器错误，检查主板。
- 1 长 9 短：主板 FLASH RAM 或 EPROM 错误，BIOS 损坏。

- 不停地响（长声）：内存条未插紧或损坏。
- 不停地响：电源、显示器未和显卡连接好。
- 重复短响：电源有问题。
- 无声音、无显示：CPU 或电源有问题。

（2）AMI BIOS 报警声

- 1 短：内存刷新失败。解决方法：更换内存条。
- 2 短：内存 ECC 效验错误。解决方法：进入 CMOS 设置，将 ECC 效验关闭。
- 3 短：系统基本内存（第一个 64KB）检查失败。
- 4 短：系统时钟出错，主板上的 TIMER 定时器不工作。
- 5 短：CPU 错误。
- 6 短：键盘控制器错误。
- 7 短：CPU 例外中断错误，主板上的 CPU 产生例外中断，将不能切换到保护模式。
- 8 短：显示内存错误，显卡上无显示内存或显示内存错误，更换显卡或显存。
- 9 短：ROM 检查失败，ROM 校验值和 BIOS 中记录值不一样。
- 10 短：CMOS 寄存器读/写错误，CMOS RAM 中的 SHUTDOWN 寄存器故障。
- 11 短：Cache 错误/外部 Cache 损坏，表示外部 Cache 故障。
- 1 长 3 短：内存错误，内存损坏，更换。
- 1 长 8 短：显示测试错误，显示器数据线没插好或显卡没插牢。

（3）Phoenix BIOS 报警声

- 1 短：系统启动正常。
- 1 短 1 短 1 短：系统加电初始化失败。
- 1 短 1 短 2 短：主板错误。
- 1 短 1 短 3 短：CMOS 或电池失效。
- 1 短 1 短 4 短：ROM BIOS 校验错误。
- 1 短 2 短 1 短：系统时钟错误。
- 1 短 2 短 2 短：DMA 初始化失败。
- 1 短 2 短 3 短：DMA 页寄存器错误。
- 1 短 3 短 1 短：RAM 刷新错误。
- 1 短 3 短 2 短：基本内存错误。
- 1 短 3 短 3 短：基本内存错误。
- 1 短 4 短 1 短：基本内存地址线错误。
- 1 短 4 短 2 短：基本内存校验错误。
- 1 短 4 短 3 短：EISA 时序器错误。
- 1 短 4 短 4 短：EISA NMI 口错误。
- 2 短 1 短 1 短：前 64KB 基本内存错误。
- 3 短 1 短 1 短：DMA 寄存器错误。
- 3 短 1 短 2 短：主 DMA 寄存器错误。
- 3 短 1 短 3 短：主中断处理寄存器错误。
- 3 短 1 短 4 短：从中断处理寄存器错误。
- 3 短 2 短 4 短：键盘控制器错误。
- 3 短 1 短 3 短：主中断处理寄存器错误。

- 3 短 4 短 2 短：显示错误。
- 3 短 4 短 3 短：时钟错误。
- 4 短 2 短 2 短：关机错误。
- 4 短 2 短 3 短：A20 门错误。
- 4 短 2 短 4 短：保护模式中断错误。
- 4 短 3 短 1 短：内存错误。
- 4 短 3 短 3 短：时钟 2 错误。
- 4 短 3 短 4 短：时钟错误。
- 4 短 4 短 1 短：串行口错误。
- 4 短 4 短 2 短：并行口错误。
- 4 短 4 短 3 短：数学协处理器错误。

11. 最小系统法

构造最简系统进行测试，逐渐扩大。

7.3 计算机硬件典型故障实例解析

一些典型的计算机硬件故障诊断案例往往对我们的工作具有一定启示和指导作用，在此一起分析几个综合性计算机硬件故障诊断的成功案例。

> **提 示**
>
> 扫描封底“本书资源下载”二维码可以获取计算机故障典型案例的学习指导和教学互动。

【案例 1】 计算机主板南桥芯片问题造成计算机故障。

微机配置：CPU 为 Intel Pentium 4 2.0GHz，主板为 i845PE 主板，256MB 内存，80GB 硬盘，操作系统为 Windows XP。

故障现象：计算机系统启动到出现 Windows XP 系统桌面后马上重启。

诊断过程：计算机突然无法正常启动，看到机器后仔细观察计算机的启动过程，从打开机器一直到 Windows XP 系统桌面出现这一过程没有发现任何异常，只是桌面出现几秒钟后系统就重新启动，不断重复这一过程。

本着先软后硬的原则，首先怀疑是计算机病毒造成的破坏，用正版杀毒软件启动计算机进行杀毒，结果没有发现病毒。

接下来怀疑可能是 Windows XP 系统设置有问题，由于 Windows XP 系统无法正常启动，重新启动计算机在开始系统启动时按 F8 键，选择安全模式启动，进入 Windows XP 安全模式查看 Windows XP 系统的配置情况。结果发现 Windows XP 安全模式能正常启动，系统不再出现重启现象，在 Windows XP 安全模式下没有发现错误的配置，再重新启动计算机进入正常模式故障依旧存在。

接下来怀疑 Windows XP 系统可能有问题，重新安装 Windows XP 系统，再重新启动计算机，结果故障仍然存在，至此，应该断定故障不是软件方面的原因引起的，而是由于硬件问题引起的。

硬件方面首先怀疑是不是 CPU 有问题，如 CPU 超频或散热不好，重新启动计算机按 Delete 键进入 CMOS 设置，发现 CMOS 设置一切正常。

打开主机箱侧板发现机箱内部积上了很厚的一层灰尘，怀疑原因是灰尘太多影响了散热，因此，将主机箱内部灰尘打扫干净，重新启动计算机，结果还是出现相同的故障现象，再仔细查看其他硬件连接情况、各种元件情况，均无发现异常现象。

此时采用部件替换法，最终更换了一块新的主板，故障排除。

案例分析：仔细分析故障现象，进入 Windows XP 安全模式下系统正常，而进入正常模式下系统表现出故障，安全模式和正常模式的不同之处就是安全模式下 Windows XP 系统启动时不会加载一些设备的驱动程序，而正常模式启动 Windows XP 系统，将会加载这部分设备的驱动程序，而系统加载的这些设备驱动程序多数与主板上的南桥芯片有关，因此，将注意力集中到南桥芯片，如果手头上没有测量南桥芯片的工具设备，就把机器送到专业的检测中心。经检测，最终确定南桥芯片存在问题。

【案例 2】 计算机内存条兼容问题造成的计算机故障。

微机配置：CPU 为 Intel Pentium 4 2.4GHz，主板为技嘉 865P 主板，512MB 内存（两条），160GB 硬盘，操作系统为 Windows XP。

故障现象：计算机突然无法正常启动，重装 Windows XP 系统，仍然无法正常启动。

诊断过程：计算机突然无法正常启动，开始怀疑是 Windows XP 系统出现了问题，因此就使用快速恢复 Windows XP 系统盘，对系统进行了恢复（恢复过程无异常现象），重新启动计算机却发现系统仍无法正常启动，总是提示加载文件时出错。面对这种现象应该怀疑可能是硬盘存在问题，在将硬盘重要信息备份后，对硬盘进行重新分区并格式化，整个过程没有出现异常现象，最后重新使用快速恢复 Windows XP 系统盘对系统进行了恢复（恢复过程仍无异常现象），但重新启动计算机还是无法正常启动，仍然提示加载文件时出错。这时就应该怀疑可能是快速恢复系统与本计算机硬件存在冲突，而造成计算机系统无法启动，所以使用 Windows XP 系统安装盘重新安装系统，但是又出现新的情况，在系统安装过程中系统提示某文件不存在，而该系统安装盘在其他计算机上安装无此提示，至此，系统恢复工作只能终止。经过仔细分析，并重新对计算机做了认真检查，无任何问题，也可以排除是硬件损坏造成计算机系统无法正常启动，依据是计算机系统在 DOS 操作系统下工作正常，无任何异常情况，而且使用 Windows XP 光盘版启动计算机也很正常。这时应该想到本机器扩充过内存，在原 256MB 内存的基础上又增加了一条 256MB 内存，扩充之后偶尔出现过死机现象，所以怀疑两个内存条存在兼容问题，将计算机内存取下一条，重新使用恢复系统盘快速恢复系统，计算机系统正常启动，关闭计算机重新装上取下的内存条，再启动计算机一切正常，至此，系统恢复完成。

案例分析：本案例是内存条存在兼容方面的问题造成的计算机系统无法正常安装，或即使能正常安装其系统启动也会出现问题。原因是：两条内存兼容方面存在一些问题，使得它们在同时工作时会出现数据读取和写入方面的错误，进而造成安装到硬盘中的 Windows XP 系统出现问题，但是使用单条内存安装 Windows XP 系统后，再插上第二条内存系统仍然能正常工作，原因是单条 256MB 内存在 Windows XP 系统启动时，其容量已能够满足 Windows XP 系统的要求，另外一条内存处于等待（闲置）状态，而不会表现出兼容方面的问题。如果两条内存同时安装上后安装 Windows XP 系统，Windows XP 系统将会使两条内存同时工作以加快安装进程，就会因为兼容问题使系统无法正确安装。另外，两条内存同时安装在计算机中，Windows XP 系统正常工作的情况下并没有表现出兼容问题，这是因为用户很少运行一些较大的程序，256MB 内存空间足够 Windows XP 系统正常工作，但当用户运行一些大程序时就有可能出现由于兼容问题而出现故障。因此，建议用户在扩充计算机系统内存时最好购买与已有内存相同品牌、相同参数标准的内存条，以避免出现由于内存条兼容问题造成计算机故障。

7.4 主机部件常见故障及处理

主机是计算机硬件系统中较为复杂的一部分，主机箱中除了有主板、CPU、内存外，还有各种板卡和设备，而且，主机部分出现问题，在计算机故障中占的比例也较大。因此，掌握主机故障的诊断方法，对于计算机故障诊断具有重要意义。下面就对几种常见的主机故障进行处理分析。

7.4.1 主板常见故障及处理

随着主板电路集成度的不断提高及主板价格的降低，其可维修性越来越低。但掌握全面的维修技术对迅速判断主板故障及维修其他电路板仍是十分必要的。

1．主板故障的分类

（1）根据对计算机系统的影响程度可分为非致命性故障和致命性故障，非致命性故障发生在系统上电自检期间，一般会给出错误信息；致命性故障也发生在系统上电自检期间，一般导致系统死机。

（2）根据影响范围不同可分为局部性故障和全局性故障，局部性故障指系统某一个或几个功能运行不正常，如主板上打印控制芯片损坏，仅造成联机打印不正常，并不影响其他功能；全局性故障往往影响整个系统的正常运行，使其丧失全部功能，例如时钟发生器损坏将使整个系统瘫痪。

（3）根据故障现象是否固定可分为稳定性故障和不稳定性故障，稳定性故障是由于元器件功能失效、电路断路、短路引起的，其故障现象稳定重复出现；而不稳定性故障往往是由于接触不良、元器件性能变差，使得芯片逻辑功能处于时而正常、时而不正常的临界状态而引起，如由于显卡插槽变形造成显卡与该插槽接触不良导致显示呈变化不定的错误状态。

（4）根据影响程度不同可分为独立性故障和相关性故障，独立性故障指完成单一功能的芯片损坏；相关性故障指一个故障与另外一些故障相关联，其故障现象为多方面功能不正常，而其故障实质为控制诸功能的共同部分出现故障，例如软、硬盘子系统工作均不正常，而软、硬盘控制卡上其功能控制较为分离，故障往往出在主板上的外设数据传输控制，即 DMA 控制电路。

（5）根据故障产生源可分为电源故障、总线故障、元件故障等，电源故障包括主板上+12V、+5V 及+3.3V 电源和 Power Good 信号故障；总线故障包括总线本身故障和总线控制权产生的故障；元件故障则包括电阻、电容、集成电路芯片及其他元部件的故障。

2．引起主板故障的主要原因

（1）人为故障：带电插拔 I/O 卡，在装板卡及插头时用力不当造成对接口、芯片等的损害。

（2）环境不良：静电常造成主板上芯片（特别是 CMOS 芯片）被击穿；主板遇到电源损坏或电网电压瞬间产生的尖峰脉冲时，往往会损坏系统板供电插头附近的芯片；主板上布满了灰尘，造成信号短路等。

（3）器件质量问题：由于芯片和其他器件质量不良导致的损坏。

3．主板故障检查维修的常用方法

主板故障往往表现为系统启动失败、屏幕无显示等难以直观判断的故障现象。下面列举的维修方法各有优势和局限性，往往结合使用。

（1）清洁法

用毛刷轻轻刷去主板上的灰尘；主板上一些插卡、芯片采用插脚形式，常会因为引脚氧化而接触不良，用橡皮擦去表面氧化层，重新插接。

（2）观察法

反复查看待修的主板，看各插头、插座是否歪斜，看电阻、电容引脚是否相碰，看表面是否烧焦，看芯片表面是否开裂，看主板上的铜箔是否烧断；还要查看是否有异物掉进主板的元器件之间。触摸一些芯片的表面，如果异常发烫，可换一块芯片试试。遇到有疑问的地方，可以借助万用表测量。

（3）电阻、电压测量法

为防止出现意外，在加电之前应测量一下主板上电源+5V 与地（GND）之间的电阻差值。最简捷的方法是测芯片的电源引脚与地之间的电阻。未插入电源插头时，该电阻一般应为 300Ω，最低也不应低于 100Ω。再测一下反向电阻值，正常情况下略有差异，但不能相差过大，若正反向阻值很小或接近导通，就说明有短路发生，应检查短路的原因，原因有以下几种。

① 系统板上有被击穿的芯片。一般说此类故障较难排除，例如 TTL 芯片（LS 系列）的+5V 连在一起，可吸去+5V 引脚上的焊锡，使其悬浮，逐个测量，从而找出故障芯片。如果采用割线的方法，势必会影响主板的寿命。

② 板上有损坏的电阻电容。

③ 板上存有导电杂物。

当排除短路故障后，插上所有板卡，测量+5V、+12V 与地是否短路，特别是+12V 与周围信号是否相碰。当手头上有一块好的同样型号的主板时，也可以用测量电阻值的方法测板上的疑点，通过对比，可以较快地发现芯片故障所在。

当上述步骤均未见效时，可以将电源加电测量。一般测电源的+5V 和+12V，当发现某一电压值偏离标准太远时，可以通过分隔法或割断某些引线或拔下某些芯片再测电压。如果割断某条引线或拔下某块芯片时电压变为正常，则这条引线引出的元器件或拔下来的芯片就是故障所在。

（4）插拔交换法

主机系统产生故障的原因很多，例如主板自身故障或 I/O 总线上的各种插卡故障均可导致系统运行不正常。采用插拔维修法是确定故障在主板或 I/O 设备的简捷方法。该方法就是关机将插件板逐块拔出，每拔出一块板就开机观察机器运行状态，一旦拔出某块后主板运行正常，那么故障原因就是该插件板故障或相应 I/O 总线插槽及负载电路故障。若拔出所有插件板后系统启动仍不正常，则故障很可能就在主板上。交换法实质上就是将同型号插件板，总线方式一致、功能相同的插件板或同型号芯片相互交换，再根据故障现象的变化情况判断故障所在。此法多用于易插拔的维修环境，例如内存自检出错，可交换相同型号的内存芯片或内存条来确定故障原因。

（5）静态、动态测量分析法

静态测量法：让主板暂停在某一状态下，根据电路逻辑原理或芯片输出与输入之间的逻辑关系，用万用表或逻辑笔测量相关点电平来分析判断故障原因。

动态测量分析法：编制专用诊断程序或人为设置正常条件，在机器运行过程中用示波器测量观察有关组件的波形，并与正常的波形进行比较，判断故障部位。

（6）先简单后复杂结合组成原理的判断法

随着大规模集成电路的广泛应用，主板上的控制逻辑集成度越来越高，其逻辑正确性越来越难以通过测量来判断，可先判断逻辑关系简单的芯片及阻容元件，后将故障集中在逻辑关系难以判断的大规模集成电路芯片上。

（7）软件诊断法

通过随机诊断程序、专用维修诊断卡及根据各种技术参数（如接口地址），自编专用诊断程序来辅助硬件维修可达到事半功倍的效果。程序测试法的原理就是用软件发送数据、命令，通过读线路状态及某个芯片（如寄存器）状态来识别故障部位。此法往往用于检查各种接口电路故障及具有地址参数的各种电路，前提是 CPU 及总线运行正常，能够运行有关诊断软件，能够运行安装于 I/O 总线插槽上的诊断卡等。编写的诊断程序要严格、全面、有针对性，能够让某些关键部位出现有规律的信号，能够对偶发故障进行反复测试，并能显示记录出错情况。

4．典型主板故障案例

故障现象：一台 CPU 为 Intel i7、3GB 内存、2TB 硬盘、装有 Windows XP 系统的计算机工作中经常出现死机。

故障排除：如果经常性地出现死机，使得计算机几乎无法使用，首先回顾计算机近来的使用情况，是不是由于人为操作不当造成计算机系统出现这种故障，如果此计算机过去也偶尔出现过死机现象，只不过没有引起注意，则只要重新启动计算机就没有事了，但是近一个时期，死机现象频繁出现，可以认为是计算机 Windows XP 系统有问题，但是重新安装 Windows XP 系统后，问题依旧存在，还是经常出现死机，而且死机现象更加频繁，甚至根本无法使用计算机工作。此时可以开始怀疑是计算机硬件方面出现了问题，但又不完全排除软件问题造成故障，本着先软件后硬件的原则，首先检查软件方面有无问题，开机后首先进入计算机硬件配置状态，检查一下系统配置有无问题，经过检查没有发现配置错误，重新启动计算机，在 Windows XP 系统启动完成后打开杀毒软件扫描一下计算机看是否感染了病毒，结果出现死机。为了排除软件问题而造成的故障，决定重新安装系统，结果在 Windows XP 系统重装过程中再度出现死机。至此，基本可以断定故障是由于硬件方面的原因造成的。关闭计算机电源，将计算机主机箱打开，仔细检查机箱内部设备的连接情况和主板上各种元器件的情况，检查过程中发现主板 CPU 周围的多个电解电容不同程度地出现了变形，如图 7.1 所示，造成 CPU 工作不正常因而频繁出现死机。将主板从机箱中卸下，仔细查看这些变形的电解电容，记下它们的型号等参数，替换相同元件，重新安装好机器，加电启动重新安装 Windows XP 系统，整个安装过程中没有再出现死机现象，安装完系统重新启动计算机，一切恢复正常。

故障总结：主板上 CPU 周围电容的主要功能是滤波，如图 7.2 所示，进而提供给 CPU 一个稳定工作电压，当这些滤波电容出现问题时，会大大降低 CPU 供电电压的质量和稳定性，严重情况下甚至可能造成 CPU 损坏。不仅是 CPU，主机板作为一个载体平台，不仅承担整合的作用，也肩负着供电等功能，主板上的电容、电阻等部件是较容易损坏的元件。由于计算机使用时间较长，这些元件逐渐老化，开始时造成的影响并不严重，往往不容易引起使用者的注意，但是随着时间的推移，老化现象越来越严重，故障会加重，死机现象边会变得日渐频繁。

图 7.1　电容开裂鼓包

图 7.2　CPU 供电电路

7.4.2 主机电源常见故障及处理

故障现象：一台计算机突然出现反复重新启动，无法进入正常状态。

诊断过程：计算机系统突然无法正常启动，现象是每一次启动时都无规律终止，计算机系统就会重启，如此反复，计算机无法进入正常的工作状态。出现这种情况后首先怀疑可能是 Windows XP 系统出现了问题，找来 Windows XP 系统盘尝试修复 Windows XP 系统，将光盘放入光盘驱动器重启机器，计算机系统从光盘启动后选择修复 Windows XP 系统，在系统修复过程中机器又出现重启，如此几次使 Windows XP 系统修复工作无法进行，系统修复失败。通过这一系列现象判断问题可能出现在硬件方面，尤其是主板造成故障的可能性较大，依据故障检测先简单后复杂的原则，打开计算机机箱仔细查看主机箱内部设备之间的连接情况以及主板上各种元件的外观情况，没有发现连接和元件异常，使用替换法把另外一台计算机的电源卸下来替换掉故障计算机的主机电源，接通电源，打开计算机系统正常启动故障排除。至此，故障的原因最终定位到主机电源，用工具把计算机主机电源卸开，发现主机电源内部聚集了很多灰尘，并且有滤波电容出现较严重的变形。

故障分析：这是一例由主机电源问题引起计算机故障的典型实例。主机电源经过长时间的工作，部分元器件老化，性能下降，尤其是滤波电容受损变形，进而造成滤波性能下降，使得电源的输出不稳定，计算机主板在这种情况下容易产生一些错误操作，导致计算机复位重启。ATX 电源有金属外壳封闭一般不会打开清洁，内部结构如图 7.3 所示，易于造成电源内部大量灰尘聚集，内部电路极易受到静电或者短路的威胁。保证清洁的使用环境和良好的供电环境，可以大幅延长电源的使用寿命。

图 7.3 电源内部结构

7.4.3 CPU 常见故障及处理

1．频率有时自动降低

故障现象：开机后，本来 166MHz 的 CPU 变成 133MHz，显示的信息是“Defaults CMOS Setup Loaded”，在重新设置 CMOS Setup 中的 CPU 参数后（软跳线主板），系统正常显示 166 主频，但不一定何时又会重复上述过程。

故障分析：这种现象常见于软设置 CPU 参数的主板。普通的纽扣型锂电池是 3V 的，如果发生上述问题，多数是电池电压已经低于 3V 了。

方法：更换 CMOS 电池。

步骤：关机→在主板上找到纽扣形的锂电池→取下电池→开机，重新设置 CPU 等参数。

如果使用的是特殊的电池，如 Dallas 电池，则需要找厂商更换。

2．频率跳变

故障现象：主板是华硕 LX97（非软跳线主板），CPU 是 Intel 原装的。计算机有时显示 PII 266，但有时变成了 PII 133。重新设置几天后，就又成了 133 MHz。如果开机是 133 MHz 的，使用一段时间后，再启动可能就成 266 MHz 了。

故障分析：可能与 CMOS 电池或主板或电源有关。

有过实例更换了同型号新主板和电源后正常了，最有可能是 CMOS 电池问题。

3．降频

故障现象：一台 IBM 原装电脑，原来开机后显示 1400MHz，现在显示 800MHz。

故障分析：关机；打开机箱；打开 CPU 边上的杠杆机制；拔下 CPU；在另外的计算机上安装该 CPU，正确设置 CPU 参数，包括电压、外频、倍频。

如果该 CPU 在其他计算机上正确设置，但也显示 800MHz，则说明是 CPU 坏了，不能以更高的频率工作。如果在 3 年保修期内可以更换，否则只能当普通的 800MHz CPU 来使用。

4．锁频

故障现象：改变 CPU 倍频系数超频后，计算机开机时显示的频率没有改变。

故障分析：这是一个锁频的 CPU，倍频系数被锁住了，所以只能修改外频。如果原来使用的外频是 66MHz，现在可以使用 75MHz 甚至 83MHz 等更高外频，具体由主板外频跳线决定。

方法：关机后设置外频跳线，修改外频。

5．不能超频

故障现象：使用华硕 PⅡB 100MHz 主板，散装 PⅡ 300 CPU，名牌 64MB 100MHz 的内存，宝利得机箱和电源，接上电源线后没按开机按钮计算机就自动启动了，屏幕一片漆黑。

故障分析：因为使用了不少名牌配件，开始时怀疑机箱按钮始终处于开启状态。检查结果证明机箱开关正常。更换机箱和电源还是出现上述故障。开始怀疑主板有问题。因为，使用同样的配置组装了两套计算机，都是同样现象。换主板故障依旧。逐个替换内存、CPU，当更换成原装（盒装）的 PⅡ300 CPU 后，系统运行正常。事后把散装的 PⅡ300 CPU 安装在 66MHz 的华硕主板上，运行稳定，内存自检正常，说明很多 CPU 不能超频运行。

6．生锈

故障现象：计算机使用两个月后，开机后显示器黑屏。

故障分析：开始以为显卡有问题，因为从显示器的指示灯来判断是无信号输出，但换一块好显卡后一切照旧。又怀疑是显示器有故障，换了一台显示器后情况照旧。替换 CPU 后才正常了！仔细观察发现原本金光闪闪的金手指不是发黑了就是长出了绿斑，原来是生锈了。具体来说，一片半导体制冷片，安装在散热片与 CPU 之间。同时为了保证导热良好，制冷片的两面都涂上了硅胶。制冷片的表面温度过低结露，导致 CPU 长期工作在潮湿的环境中，日积月累，终于产生太多锈斑，造成接触不良，从而引发这次故障。

方法：用一块橡皮仔仔细细地把每一个针脚都擦一遍，直到恢复以前的模样。再装入机内，尝试开机，也可能在除锈后恢复正常。

7.4.4 内存常见故障及处理

内存是计算机中最容易出现故障的配件产品之一，如果在按下机箱电源后机箱喇叭反复报警或是计算机不能通过自检，大部分情况下故障源于内存。而在形形色色的内存故障中，基本上都是以内存烧毁为主，这时往往会将烧毁后的内存丢在一边而直接更换内存条。由于内存条与其他的配件产品相比比较便宜，导致一旦检测出机器内存出现问题，不经过任何的处理而直接更换内存条，造成了很大的浪费。其实在很多情况下内存出现故障以后通过修复是完全可以再利用的，下面就遇到的两例内存故障做一下探讨。

1．内存金手指氧化生锈造成机器无法启动

故障现象：打开机箱电源后机器出现长时间的报警，根本无法正常进入操作系统。计算机采用 Intel Pentium 4 2.4GB 处理器，主板采用的是硕泰克 865PE 芯片组，一条 256MB DDR333 内存，硬盘为西部数据 WD800BB，显卡为七彩虹 R9550，另外还有一个三星 DVD-ROM。根据以上描述的现象，初步可以断定是内存条出现了问题，将内存条拔下后换个插槽。开机后随着一声清脆的“滴”声，问题解决。日后又出现和前几次相同的故障，但这次无论怎么更换内存插槽均无法正常启动了，主板上仅有的4条内存插槽已经逐个试了个遍。

故障排除：打开机箱，取下这条内存仔细的观察，内存的PCB板上的各个元件并没有出现过任何烧毁过的痕迹。但在检查中发现内存的金手指上有几处明显的锈斑，用橡皮将这些锈斑仔细的擦拭干净，并将内存的4个插槽进行仔细的清整，完成后将内存重新插入到任意一条插槽中，按下机箱上的POWER按键，随着一声清脆的“滴”声过后，机器正常启动。

因为内存条的金手指镀金工艺不佳或经常拔插内存，导致内存在使用过程中因为接触空气而氧化生锈，逐渐地与内存插槽接触不良，最后产生开机不启动报警的故障。另外由于插内存条时不注意，用手直接接触内存条的金手指，使手上的汗液附着在金手指上，这样就更容易造成金手指氧化生锈。而且，如果用手直接接触内存的金手指，身体上的静电极有可能把内存上的颗粒或电容击穿，导致内存报废。因此在任何情况下一定不要用手接触内存的金手指，防止出现意外。

2．内存插入不完全导致内存条上的金手指烧毁

故障现象：在一次对机箱进行“大扫除”后机器便再也无法正常启动了。打开机箱电源后机器出现长时间的报警，根本无法正常进入操作系统，初步断定是内存条出现了问题。于是对内存条的金手指用橡皮认真的擦拭，并逐个更换内存进行测试，结果还是无济于事。

既然反复测试都没法解决，那么也可能是其他部件也出现了问题。为了进一步确定故障的出处，将另一条内存条插入故障的计算机中，开机后顺利进入了操作系统，所以故障依旧出现在这条内存条上，这次很可能是内存条烧毁了。

图7.4　内存条卡扣未回位

故障分析：清洁机器内部后，在安装内存条的过程中，内存插入没有完全到位，如图7.4所示，造成内存条的金手指因为大电流放电而烧毁。

其实这种情况经常出现，只要做过计算机维修的恐怕都遇到过类似内存烧毁的事情。一般情况下，内存条的烧毁多数都是因为在长时间的故障排除过程中，精神不集中，在反复开机测试过程中无意把内存条插反或内存条没有完全插入插槽，也或许是带电拔插内存条，造成内存条的金手指因为局部大电流放电而烧毁。

只有极少数内存条是在正常使用过程中，因为意外过压或电源损坏，造成内存条和主板等同时损毁。

不过，内存条插反烧毁后并不是一定就报废了，多数还是能够正常使用的，这是因为内存条有多根供电和地线，插反时往往是因为局部的地线把电源正和地相连通，所以只要加电就会把这一段起短路作用的地线烧毁，而其他地线和芯片却没有被破坏。即使内存条有两个金手指引脚被烧脱落，有些内存条仍然能够正常使用。

7.4.5　硬盘常见故障及处理

在计算机的配置上，如果内存容量较小，那硬盘读盘的次数就会显著增多，这对硬盘的寿命是没有保障的。在装硬盘时，我们需要对硬盘进行加固，这是无可厚非的。但有时粗心大意，固定硬盘的螺丝都没有拧紧，这对硬盘也是极其不利的。强烈的震动会使硬盘发出极大的噪声，更严重的是导致物理坏道的出现。还有人总以为，电源是无关紧要的配件，其实不然。电源的好坏不但影响系统的稳定性，对硬盘也是非常重要的，如果电源的滤波功能非常差，就会影响到硬盘的工作，并导致非常多的问题。频繁地对硬盘进行碎片整理，也是导致硬盘老化的一大原因。

1．故障的种类

（1）逻辑坏道：俗称“软坏道”。是由软件安装或使用错误造成的，一般对硬盘本身不会造成太大的危害。

（2）物理坏道：这类坏道就是前段 IBM 硬盘事件的普遍症状。磁头和磁盘间的间隙仅有 0.015～0.025μm，这么小的间隙，硬盘在运输途中，如果受到强烈颠簸，会使硬盘产生物理坏道。除此以外，人为的错误也会使一块硬盘报废，例如在装机时粗心大意，硬盘螺丝没有拧紧，为日后的使用埋下了隐患。硬盘工作时的震动也会造成物理坏道的产生。

（3）零磁道故障：众所周知，硬盘读盘都是从 0 磁道开始的。如果 0 磁道损坏，就会造成硬盘不能读盘、开机不能找到硬盘等。

以上 3 种故障是硬盘常见的疑难症状。逻辑坏道算是硬盘的小故障，一般很容易解决，用 Windows 的磁盘扫描程序就能解决，如果无法解决，还可以格式化硬盘、重装系统。但对于物理坏道和零磁道故障，就得花费点时间和精力来探讨了，通常根据以下不同症状进行维护。

2．硬盘故障处理

（1）故障案例 1

故障现象：在打开某一文件或运行某一程序时，硬盘反复读盘且出错，或者要经过多次尝试才能成功。与此同时，硬盘会发出异样的杂音；启动时不能通过硬盘引导系统，用软盘启动后可以转到硬盘盘符，但无法进入，用 SYS 命令传导系统也不能成功；Format 硬盘时，到某一进度停滞不前，最后报错，无法完成；对硬盘执行 Fdisk 时，到某一进度会反复进进退退。

故障排除：这些症状都是物理坏道的常见病症。目前尚无完全修复物理坏道的好方法。只能通过修复少量的坏道或屏蔽坏道来缓解这一问题。

首先从最简单的方法入手。如果能进入系统，则使用 Windows 自带的磁盘扫描程序，“扫描类型”选择“完全”，对所在分区进行一次完整的“体检”，发现并尽量修复潜在的坏簇。对于不能通过硬盘引导，即不能进入系统的现象，则可以用 Windows 的启动盘启动系统，然后在 A：>提示符后输入 Scandisk D：（其中“D”是具体的硬盘盘符）来扫描硬盘。对于坏簇，程序会以黑底红字的“B”（bad）标出。

由于系统只能修复逻辑坏道，对付物理坏道就有些力不从心了，所以第一步往往不会奏效，但在所有的修复工作中，它却是最重要的，可以诊断病症发生在哪个部位，在这些坏道上做好标记。切记第一步中坏道的位置，然后对硬盘 Format，将有坏道的区域单独划成一个区，如果坏道不是连续的，而且相距较远，可以将邻近的坏道划在一个区内，甚至可以多划几个区。值得注意的是，不要吝啬硬盘空间而把含有坏道的区划得过分紧凑，坏道周围应留有适当的“好道”空间作为缓冲。以后就不要在这些危险区域内存取文件了，因为坏道具有扩散性，如果动用与坏道靠得过分近的“好道”，那么过不了多久，病情又会扩散了！

有些用户可能在硬盘中存储了大量的重要信息，除了 Format 外，可以尝试使用 PartitionMagic 对硬盘进行处理。PartitionMagic 允许在不破坏数据的前提下对硬盘重新分区、动态改变分区大小、改变分区的文件格式、隐藏或显示已有分区等。将 PartitionMagic 的 DOS 版拷在软盘上，用 Windows 启动盘引导系统，运行软盘上的 Pqmagic.Exe。由于 PartitionMagic 中 Operations 菜单下的 check 命令也能扫描硬盘，检查坏道，所以我们大可以化繁为简，跳过前两步。检查完毕，标记了坏簇后，在 Operations 菜单下选择 Advanced/bad Sector Retest 命令；把坏簇分成一个（或几个）区后，再通过 Hide Partition 菜单项把含有坏道的分区隐藏，以免在 Windows 系统中误操作。要特别注意的是，如果没有经过格式化而直接将有坏道的分区隐藏的话，那么该分区的后续分区将由于驱动器盘符的变化而导致其中的一些与盘符有关的程序无法正确运行。解决的办法是利用 Tools 菜单下的 DriveMapper 命令，自动地收集快捷方式和注册表内的相关信息，立即更新应用程序中的驱动器盘符参数，以确保程序的正常运行。这种方法适用于全系列的 PartitionMagic，不过，需要提醒用户的是：不要使用 3.0 以下的版本（可能也找不到这版本了），因为 3.0 以下的 PartitionMagic 还很不成熟，会造成执行操作失败、甚至硬盘资料丢失的情况。对于想保留自己信息的用户，可要关注一下。

（2）故障案例 2

故障现象：当开机时，检测 CPU、内存正常后，硬盘不能通过自检，屏幕显示“HDD Controller Error（硬盘控制器故障）”，而后死机。进入 BIOS 中仍然无法对硬盘进行设置，也找不到硬盘，用 Norton、KV3000 等软件也无法找到硬盘。

故障排除：碰到这种问题，就非常棘手了，这极大可能是零磁道损坏。但也不是无药可救，可以通过以下方法解决。

步骤 1 接上一个正常的硬盘，跳线设为 MASTER。

步骤 2 刚才那个硬盘，跳线也设为 MASTER，但只接电源线，不接数据线。

步骤 3 开机，运行 Norton 2000 等的 DiskEdit（磁盘编辑）。

步骤 4 在 Tools（工具）菜单中选择 Configuration（配置）命令，取消选中 Read Only（只读）复选框。

步骤 5 在 Object（目标）菜单中选择 Drive（驱动器）命令，然后选择 C: Hard Disk（C 盘），并将 Type（类型）设置成 Physical Disks（物理磁盘）。

步骤 6 在 Object（目标）中选择 Partition Table（分区表）命令，将完好硬盘的主引导记录（MBP）和分区表信息读取到内存中。

步骤 7 将正常硬盘上的信号线拔下并接到零磁道故障硬盘上。

步骤 8 从 Tools（工具）菜单中选择 Write Object To（目标写入至）命令，在任务区选择 To Physical Sectors（至物理扇区）后单击“OK”按钮，然后选择 Hard Disk1 后单击“OK”按钮；从 Write Object to Physical Sectors（目标写入至物理扇区）对话框中，将 Cylinder（柱面）、Side（盘面）、Secto（扇区）分别设置成 0、0、1 后单击“OK”按钮，当出现“警告”对话框时单击“Yes”按钮。

步骤 9 退出 DiskEdit 并重新启动计算机。

步骤 10 进入 BIOS 重新设置硬盘参数，并对硬盘重新分区。

7.4.6 显卡常见故障及处理

如果打开计算机电源，听到一声长嘀和两声短嘀就表示显卡有故障了（当然这是针对 Award BIOS 而言。如果用的是 Ami BIOS，听到的将是八声短而急促的嘀声）。应该立即关闭电源，检查显卡有没有安装好。查好后依然如此表示显卡有故障，就要考虑维修或直接更换显卡。

1．开机无显示

此类故障一般是因为显卡与主板接触不良或主板插槽有问题造成。对于一些集成显卡的主板，如果显存共用主内存，则需注意内存条的位置，一般在第一个内存条插槽上应插有内存条。由于显卡原因造成的开机无显示故障，开机后一般会发出一长两短的蜂鸣声（针对 Award BIOS

显卡而言）。

2. 显示花屏，看不清字迹

此类故障一般是由于显示器或显卡不支持高分辨率而造成的。花屏时可切换启动模式，然后再在安全模式下进入显示设置，在 16 色状态下单击“应用”“确定”按钮。重新启动，在 Windows 系统正常模式下删掉显卡驱动程序，重新启动计算机即可。也可不进入安全模式，在纯 DOS 环境下，编辑 SYSTEM.INI 文件，将 display.drv=pnpdrver 改为 display.drv=vga.drv 后，存盘退出，再在 Windows 里更新驱动程序。

3. 颜色显示不正常

此类故障一般有以下原因。

（1）显卡与显示器信号线接触不良。

（2）显示器自身故障。在某些软件里运行时颜色不正常，一般常见于老式计算机，在 BIOS 里有一项校验颜色的选项，将其开启即可。

（3）显卡损坏。

（4）显示器被磁化，此类现象一般是由于与有磁性能的物体过分接近所致，磁化后还可能会引起显示画面出现偏转的现象。

（5）死机。出现此类故障一般多见于主板与显卡的不兼容或主板与显卡接触不良；显卡与其他扩展卡不兼容也会造成死机。

（6）屏幕出现异常杂点或图案。此类故障一般是由于显卡的显存出现问题或显卡与主板接触不良造成，需清洁显卡金手指部位或更换显卡。

（7）显卡驱动程序丢失。

（8）经常性显卡驱动程序丢失。显卡驱动程序载入，运行一段时间后驱动程序自动丢失，此类故障一般是由于显卡质量不佳或显卡与主板不兼容，使得显卡温度太高，从而导致系统运行不稳定或出现死机，此时只有更换显卡。

此外，还有一类特殊情况，以前能载入显卡驱动程序，但在显卡驱动程序载入后，进入 Windows 时出现死机，可更换其他型号的显卡，载入其驱动程序后再插入旧显卡予以解决。如若还不能解决此类故障，则说明注册表故障，对注册表进行恢复或重新安装。

4. 显示卡常见故障案例

故障现象：一台 AMD 速龙 II X4 640 CPU 的主机，AMD 870 主板，2GB DDR3 内存，500GB 硬盘，ATI HD5670 显示卡。安装后使用一直很正常，最近一段时间在运行游戏或者观看视频时出现不规则的死机现象。

故障排除：首先怀疑可能是病毒造成的，用最新的正版杀毒软件在安全模式下查杀病毒。没有发现有病毒存在；然后怀疑系统有问题，重装了系统，仍然在打开视频或运行大型游戏时死机，开始怀疑是显示卡有故障。断电，打开机箱，发现显卡上堆积很多尘土，清理尘土和金手指部分后重新装回显卡，开机，使用十几分钟后又出现死机现象。重新检查显卡，感觉显卡散热片非常烫，似乎风扇运行速度不是很快，风量也不大。更换一个风扇后，故障消失，如图 7.5 所示。

图 7.5 显卡散热片和风扇

故障总结：显卡是机箱中的散热大户，现在的显卡散热片越来越大，风扇也越来越大，而风扇极易受到灰尘的影响，风扇的轴承被污染后会使风扇转速变慢甚至停转，造成芯片过热引起死机或者烧毁现象。

7.4.7 声卡常见故障及处理

1．无法正常安装

早期的声卡在安装过程中比较麻烦，需要改动各种跳线和进行比较复杂的软件设置。后来随着“PnP”即插即用技术的广泛运用，声卡的安装被简单化，但依然有不少中小厂商设计的产品在安装过程中会出现这样那样的麻烦，或是系统无法正确识别声卡，或是无法正确设置中断号，出现设备冲突，如今流行的PCI声卡则已经比较好地解决了这些问题。鉴于眼下已没有许多用户在使用ISA声卡，这里不对这类无法安装的故障进行探讨。

当系统属性中出现“惊叹号”的时候，就是遇到设备冲突问题了，这在声卡中是非常常见的毛病。这时候可以手动调整声卡的各种设置属性，一般正常情况下声卡的输入、输出范围是在0220～022F之间，直接内存访问是01，而中断请求通常是05或者07。用户可以按照这个标准上下微调，直至解决系统冲突。

驱动程序的质量对于声卡的安装难易程度也有很大影响，而且Windows系统有自动检测即插即用设备并自动安装驱动程序的特性。如果安装的这个驱动程序偏偏不能正常使用，以后，每次当删掉设备重新启动后，Windows都会自动匹配原来的驱动程序，并且不能用“添加新硬件”的方法解决。此时可以把与声卡相关的inf文件全部删掉，再重新启动后进行手动安装。

2．PCI声卡在Windows 98下使用不正常

有些用户反映，在声卡驱动程序安装过程中一切正常，也没有出现设备冲突，但在Windows 98下面就是无法出声或是出现其他故障。这种现象通常出现在PCI声卡上，请检查一下安装过程中把PCI声卡插在哪条PCI插槽上。有时出于散热的考虑，喜欢把声卡插在远离AGP的PCI插槽。问题往往就出现在这里，因为Windows 98有一个BUG：只能正确识别插在PCI-1和PCI-2两个槽的声卡，而在ATX主板上紧靠AGP的两条PCI才是PCI-1和PCI-2（在一些AT主板上恰恰相反，紧靠ISA的是PCI-1），所以如果没有把PCI声卡安装在正确的插槽上，问题就会产生了。

3．声卡无声

如果声卡安装过程一切正常，设备都能正常识别，也没有插错槽，但却依然无法发出任何声音，这就要从以下几个方面来检查了。

（1）与音箱或者耳机是否正确连接。

（2）音箱或者耳机是否性能完好。

（3）音频连接线有无损坏。

（4）Windows音量控制中的各项声音通道是否被屏蔽。

如果以上4条都很正常，依然没有声音，可以试着更换较新版本的驱动程序试试。如果还不行则可把声卡插到其他的机器上进行试验，以确认声卡是否损坏。

4．播放MIDI无声

如果声卡在播放WAV、玩游戏时非常正常，但就是无法播放MIDI文件则可能有以下3种可能。

（1）早期的ISA声卡可能是由于16位模式与32位模式不兼容造成MIDI播放的不正常。

（2）如今流行的PCI声卡大多采用波表合成技术，如果MIDI部分不能放音则很可能因为没有加载适当的波表音色库。

（3）Windows音量控制中的MIDI通道被设置成了静音模式。

5．播放CD无声

如果无法正常播放CD唱片，最可能就是没有连接好CD音频线，这条4芯线是CD-ROM和声卡附带的。线的一头与声卡上的CD in相连，另一头则与CD-ROM上的ANALOG音频输出相连。需要注意的是早期声卡上CD in类型有所不同，必须用适当的音频线与之配合使用。

6．无法录音

在麦克风和声卡连接正常的情况下，无法录音通常是由于用户没有设置好录音通道所造成的。在“控制面板”窗口中双击“多媒体”图标，在打开的对话框中切换到“音频”选项卡，在“录音首选设置”选项组中，单击麦克风小图标就可以进入“录音控制”对话框，在这里可以预置好需要的录音通道，随后就可以尽情录音了。

7．噪声

廉价的低档声卡往往在放音时会出现较大的噪声，这是由于这些产品往往采用了比较廉价的功放单元，同时在做工上也不能令人满意，很容易受到电磁干扰。一般这类声卡往往有一个Speaker out、Line out的切换跳线，Speaker out表示采用声卡上的功放单元对信号进行放大处理，通常这是给无源音箱使用的，虽然输出的信号“大而猛”，但信噪比很低。Line out则表示绕过声卡上的功放单元，直接将信号以线路传输方式输出到音箱，这样廉价声卡的噪声问题就可以得到适当的解决。

8．爆音

这里探讨的“爆音”特指声卡在放音过程中出现的间歇干扰声，而不是诸如信噪比低而引起的信号“噪音”。爆音问题主要出现在PCI声卡上，主要是由于PCI BUS Master控制权引起的，并在PCI显卡与PCI声卡共同工作的计算机中显得尤为突出。其“病症”通常是：在PCI声卡处理声音信息的同时，运行其他大型的应用程序，在诸如下拉菜单滚动条，使图形画面出现变化的时候，会发出间歇的“噼啪”声。究其根本原因，其实是PCI显卡在作怪。由于当时显卡制造厂商为了最大程度地提升自己产品在运行Winbench之类软件时的图形测试分值，往往将PCI显卡设置为BUS Master的方式。在放音时，画面有所动作，显卡瞬间抢过了PCI BUS Master的主控权，势必造成PCI声卡受到干扰，以致出现瞬间的爆音。如果是AGP接口的显卡则不会有这类困扰，且也并非所有的PCI显卡都有抢夺PCI BUS Master主控权的“恶习”。这类原因引起的爆音是可以非常容易被解决的，在Windows安装目录下找到system.ini文件，对其进行编辑，可以试着添加或寻找如下两段语句。

```
[display]
busthrottle=1
optimization=1
```

如果已经有了这两段话，则一定要注意将busthrottle和optimization后面的变量设置为“1”。如果PCI声卡爆音来源于BUS Master控制权的争夺，那么修改了以上设置并重新启动机器以后，应该可以解决问题了。

另外，SB Live声卡与VIA主板的兼容问题，CD-ROM的数字音频输出等也会引起爆音，这里不做详细讨论。

9．不能正常使用四声道

最近时常听一些朋友反映某些声卡号称支持4声道，但使用中有时不正常，譬如SB PCI 64和PCI 128。具体表现为在玩游戏时4个音箱可以同时发音，但在听MP3或是CD的时候，却只有前面的两个音箱有声音。其实这主要是因为这类声卡的 4 声道是需要 DS3D 支持的。在DS3D环境下可以正常使用，而到了非DS3D环境下只有立体声输出。也可以说，这类声卡的4

声道不是真正的 4 声道，而是通过软件模拟的。

7.4.8 机箱常见故障及处理

1．机箱按键失效引发的故障

故障现象：一台计算机配置为 PⅢ1GHz、128MB 内存、20GB 硬盘，安装 Windows 系统，启动后刚进入桌面就自动关机。

故障分析：首先在 DOS 状态下用瑞星杀毒软件检测是否有病毒，瑞星杀毒软件检测完成后报告没有发现病毒。怀疑机箱内温度太高引发的故障，于是打开机箱，对硬件逐个检查，发现除了 CPU 有些烫，其他硬件温度都很正常。接着拔下硬盘、网卡、声卡等，只留 CPU、主板、内存条再检测，开机 20s 后又自动关机了，可以怀疑内存条有问题，用正常的内存条替代后，故障依旧。用 Debug 卡检测也查不出问题。最后可以怀疑电源有故障，用了正常的电源替代，故障没有排除。最后检查机箱，用一个新的机箱替代后，开机，故障排除。

通过排查，原来是机箱上的 power 按键失效了，出现了断路的现象，BIOS 的“power management setup”的“soft-off by pwrbtr”的“delay 4 sec”设置了“Enabled”参数，所以造成机器重启现象。

2．机箱前置音频故障解决

故障现象：为了方便上网进行语音聊天，购置了带麦克的耳机一副。连接到电脑机箱自带的前置的音频接口，可是，耳机和麦克均无法正常使用。

故障分析：首先查看桌面任务栏下代表音频设备的小喇叭图标是否正常，并保证里面各项音量没有被设置为静音。然后在控制面板中双击“声音和音频设备”图标，在打开的对话框中切换到“硬件”选项卡，确认声卡的驱动程序已经被正常安装而且其他设置均为正常。这样首先在软件设置方面排除了引起故障的可能性，因为计算机在购买后一直没有配备音箱，一般系统默认的音频设备是后置音频（Rear Audio），于是将新购的耳机接入，经试验一切工作正常。但是一旦接回到机箱前置的音频插口，就无任何反应。

一般情况下，主板并不同时支持前置和后置音频设备同时使用，两者只能择一使用。当然如果要经常使用麦克进行聊天，后置音频接口的操作显然非常不方便，如何将主板默认的音频设置进行更改，应该参考主板的说明书进行相关的设置，比如技嘉的 KT880 主板说明书特别指出：如果使用前置音频插口，必须拔除针脚 5 6，9 10 短接的跳线帽，这样输出信号才会转到前面的音频端口。

7.4.9 光驱常见故障及处理

带有刻录功能的光驱正逐步取代单一读取功能的光驱。本小节分析光驱常见的一些故障及处理方法。

1．光驱的常见故障类型

（1）开机检测不到光驱。

（2）光驱不读盘或读盘能力不强。

（3）光驱门不能打开。

2．光驱常见故障的处理

（1）检测不到光驱

此类故障多与光驱连接线路包括数据线和电源线连接不良、损坏 BIOS 设置不正确、光驱驱动丢失或损坏、光驱跳线设置错误有关。光驱面板上通常有一个指示灯，在开机加电时会闪烁几秒，若此指示灯不亮，则可以判断光驱电路是有问题，应先检查电源线是否连接良好，若在 BIOS 中找不到光驱，则除了检查电源以外，还要检查数据线路的连接性及 BIOS 程序中有关光驱的参数，是否打开了相应的接口。IDE 接口的光驱还应检查光驱背板上的跳线是否设置正确，如图 7.6 所示。若在 BIOS 中能找到光驱，但在操作系统中无法被显示，先用安全模式进入，然后重启计算机看能否修复，一般安全模式可以修复死机，或者非法操作带来的驱动程序故障；若安全模式重启后故障依旧，则要进入系统检查注册表；如果修复注册表后仍无法修复光驱驱动，则可以通过重新安装操作系统来解决。

（2）光驱不读盘或读盘能力差

光驱是通过激光头来读取或写入光盘内容的，激光头是一个光学部件，容易受到灰尘的影响。而激光发射器也是有一定使用寿命的，所以，光盘大多数读盘问题都是由这个部件故障带来的。在出现读盘问题时一般首先用清洗盘对激光头部位进行清洁，若清洁无效则需要打开光驱外壳调整激光头的功率直至能顺利读写光盘。若调整后仍无法正常读盘，则有可能是激光头老化或损坏导致的。

（3）光盘托盘不弹出

这个故障常见于长期未用的光驱。光盘托盘由电机带动一系列的齿轮传动将光盘托架送出。长期使用的光盘驱动器齿轮间的润滑失效或磨损过大，电机无力推动齿轮运转致使托架无法送出，而长期未用的光驱电机上的皮带老化、齿轮间的灰尘堆积也可以导致托架无法送出。若想解决这些问题必须从根本入手，打开光驱外壳对齿轮组进行除尘和润滑，更换电机传动皮带和损坏磨损的齿轮即可。光驱面板上面一般都有个小孔，专门来临时解决此类问题，只需用弯直的曲别针垂直插入小孔就能把托盘从光驱中顶出来，如图 7.7 所示。

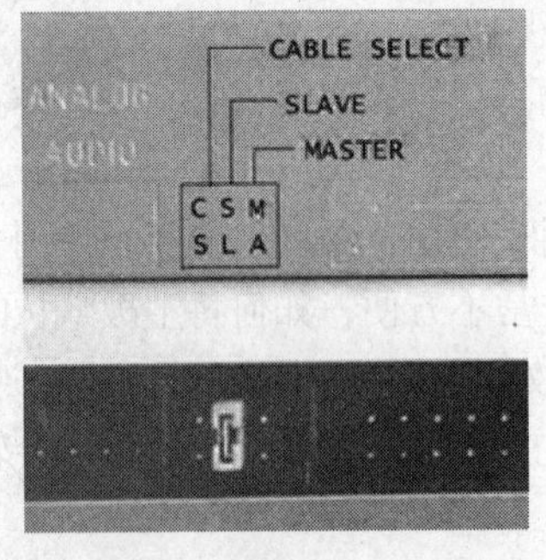

图 7.6　IDE 光驱跳线

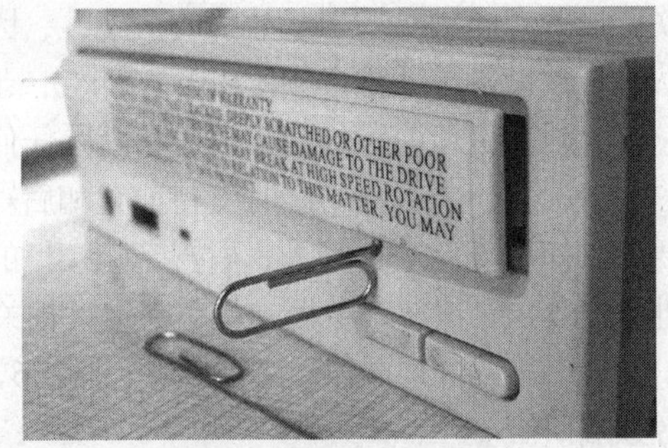

图 7.7　光驱托架弹出口

7.5　外设部件常见故障及处理

键盘、鼠标、显示器、打印机等是计算机硬件系统中常见的输入输出设备，这部分设备在实际工作中的使用频率较高，如果出现故障将对计算机的使用产生较大的影响，下面将列举几种常见外设的典型故障并加以处理分析。

7.5.1　显示器常见故障及处理

1．显示器有亮条

故障现象：一台 ACER 19 英寸显示器在屏幕右侧从上到下有一条亮条无论画面如何更换，

分辨率如何调整亮条始终存在且位置不变，如图 7.8 所示。

图 7.8　显示器右侧亮线

故障排除：不论在任何情况下亮条都存在且不改变位置，亮线是贯穿且亮度均匀，问题就出现在模组上，售后修理可以解决。

故障总结：液晶显示器出现亮线可能是面板的问题也可能是模组的问题，还可能是屏线的问题。观察这亮线是不是贯穿屏幕两端，假如贯穿屏幕两端，再观察这亮线从头至尾是不是亮度都一样。如果亮线是贯穿等亮，那么这个亮线的问题很可能就出现在模组上。如果液晶显示器出现一道或多道亮线，甚至花屏，在调整显示器角度后可消失，多由于屏线脱焊、信号缺失引起，也可能是模组虚焊导致的问题。如果是半段亮线或者贯穿亮线而亮度不一，那就是液晶显示器面板的问题，亮条和坏点、亮斑一样都是无法修复的，只有更换显示面板才能解决，只有平时注意保护屏幕，防止此类故障出现。

2．显示器黑屏，指示灯不亮

故障现象：黑屏，指示灯不亮。

故障分析：保险已断且呈黄黑色，说明有严重短路现象；查开关管（2SK2141）击穿；S 极限流取样电阻断；集成块 UC3842 已击穿（7 脚对地电阻很小）。以上器件换新，开机，电源指示灯亮，测电源后极，电压低（50V 左右），正常电压应是 90V。说明电源工作不正常，几经周折查得 300V 滤波电容失效，换新 180μF（450V），故障消除。

3．显示器黑屏，指示灯闪烁

故障现象：黑屏，电源指示灯呈黄色且闪烁。

故障分析：检测电源部分，经测电源电压偏低，+12V 电压偏离正常值最严重，测 12V 负载部分未发现有损坏元件，怀疑是+12V 滤波电容漏电，换同型号电容，显示器正常。

4．显示器显示不正常

故障现象：屏幕显示不正常；光栅很暗且屏幕中间有一垂直干扰带；左右显示基本正常（偏暗一些）；中间干扰条比左右光栅更暗一些。

故障分析：开机测量行管集电极电压基本正常（比正常偏低 5V）；进一步测量二次电源的前一级电压只有 25V 左右，怀疑滤波电容不正常，用个 160V/100μF 电容直接并联到滤波电容

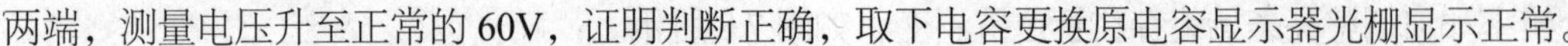

两端，测量电压升至正常的 60V，证明判断正确，取下电容更换原电容显示器光栅显示正常。

5．显示器缺色

故障现象：缺少红色。

故障分析：开盖检查显示器视放板，测量显像管 RGB 三点电压，基本正常；用示波器检测 R 枪波形电压很低，检查输入端也没有信号，关机试着检测信号线，一切正常又开机一切显示正常，敲击视放板故障又重新出现，关机剪断信号线与视放板的连接插座，改为直接焊接，一切恢复正常。

7.5.2 鼠标常见故障及处理

随着光电鼠标性价比的提升，光电鼠标的市场占有率越来越高，本小节重点对光电鼠标的常见故障及处理进行探讨。

光电鼠标使用光电传感器替代机械鼠标中的机械元件，因而维修方法具有独特性。光电鼠标故障的 90%以上为断线、按键接触不良、光学系统脏污造成，少数劣质产品也常有虚焊和元件损坏的情况出现。

1．电缆芯片断路

电缆芯线断路主要表现为光标不动或时好时坏，用手推动连线，光标抖动。一般断线故障多发生在插头或电缆线引出端等频繁弯折处，此时护套完好无损，从外表上一般看不出来，而且由于断开处时接时断，用万用表也不好测量。处理方法是：拆开鼠标，将电缆排线插头从电路板上拔下，并按芯线的颜色与插针的对应关系做好标记后，然后把芯线按断线的位置剪去 5～6cm，如果手头有孔形插针和压线器，就可以照原样压线，否则只能采用焊接的方法，将芯线焊在孔形插针的尾部。

为了保证以后电缆线不再因疲劳而断线，可取废圆珠笔弹簧一个，待剪去芯线时将弹簧套在线外，然后焊好接点。用鼠标上下盖将弹簧靠线头的一端压在上下盖边缘，让大部分弹簧在鼠标外面起缓冲作用，可以延长电缆线的使用寿命。

2．按键故障

（1）按键磨损

这是由于微动开关上的条形按钮与塑料上盖的条形按钮接触部位长时间频繁摩擦所致，测量微动开关能正常通断，说明微动开关本身没有问题。处理方法：在上盖与条形按钮接触处刷一层快干胶解决，也可贴一张不干胶纸做应急处理。

（2）按键失灵

按键失灵多为微动开关中的簧片断裂或内部接触不良，这种情况需要另换一只按键；对于规格比较特殊的按键开关，如果一时无法找到代用品，则可以考虑将不常使用的中键与左键交换。具体操作是：用电烙铁焊下鼠标左、中键，做好记号，把拆下的中键焊回左键位置，按键开关须贴紧电路板焊接，否则该按键会高于其他按键而导致手感不适，严重时会导致其他按键失灵。

另外，鼠标电路板上元件焊接不良也可能导致按键失灵，最常见的情况是电路板上的焊点长时间受力而导致断裂或脱焊。这种情况须用电烙铁补焊或将断裂的电路引脚重新连好。

3．灵敏度变差

灵敏度变差是光电鼠标的常见故障，具体表现为移动鼠标时光标反应迟钝，不听指挥。故障原因及解决方法分类讨论如下。

（1）发光管或光敏元件老化

光电鼠标的核心 IC 内部集成有一个恒流电路，将发光管的工作电流恒定在约 50mA，高档鼠标一般采用间歇采样技术，送出的电流是间歇导通的（采样频率约 5kHz），可以在同样功耗的前提下提高检测时发光管的功率，所以检测灵敏度高。

有些厂家为了提高光电鼠标的灵敏度，人为地加大了发光二极管的工作电流，增大发射功率。这样会导致发光二极管较早老化。在接收端，如果采用了质量不高的光敏三极管，工作时间长了也会自然老化，导致灵敏度变差。此时，只有更换型号相同的发光管或光敏管。

（2）光电接收系统偏移，焦距没有对准

光电鼠标是利用内部两对互相垂直的光电检测器，配合光电板进行工作的。从发光二极管上发出的光线，照射在光电板上，反射后的光线经聚焦后经反光镜再次反射，调整其传输路径，被光敏管接收，形成脉冲信号，脉冲信号的数量及相位决定了鼠标移动的速度及方向。

光电鼠标的发射及透镜系统组件是组合在一体的，固定在鼠标的外壳上，而光敏三极管是固定在电路板上的，二者的位置必须相当精确，厂家是在校准了位置后，用热熔胶把发光管固定在透镜组件上的，如果在使用过程中，鼠标被摔碰或震动过大，就有可能使热熔胶脱落、发光二极管移位。如果发光二极管偏离了校准位置，从光电板反射来的光线就可能到达不了光敏管。此时，要耐心调节发光管的位置，使之恢复原位，直到向水平与垂直方向移动时，指针最灵敏为止，再用少量的 502 胶水固定发光管的位置，合上盖板即可。

（3）外界光线影响

为了防止外界光线的影响，透镜组件的裸露部分是用不透光的黑纸遮住的，使光线在暗箱中传递，如果黑纸脱落，导致外界光线照射到光敏管上，就会使光敏管饱和，数据处理电路得不到正确的信号，导致灵敏度降低。

（4）透镜通路有污染，使光线不能顺利到达

原因是工作环境较差，有污染，时间长了，污物附着在发光管、光敏管、透镜及反光镜表面，遮挡光线接收路径使光路不通。

处理方法是用棉球沾无水乙醇擦洗，擦洗的部件包括发光管、透镜及反光镜、光敏管表面，要注意无水乙醇一定要纯，否则会越清洗越脏，也可以在用无水乙醇清洗后，对准透镜及反光镜片呵一口气，然后再用干净的棉棒轻轻擦拭，直到光洁如初为止。

（5）光电板磨损或位置不正

光电鼠标的光电板上印有许多黑白相间的小格子，光照到黑色的格子时就被黑色吸收，光敏三极管便接收不到反射光。相反，若照到白色的格子上，光敏三极管便可以收到反射光。

使用时，要注意保持光电板的清洁和良好感光状态，同时鼠标相对于光电板的位置要正，光电板位置有偏斜或光电板磨损厉害，则会使反射后的光线脉冲变形或模糊不清，电路便无法识别而导致鼠标灵敏度变差。

4．鼠标定位不准

故障表现为鼠标位置不定或经常无故发生飘移，故障原因主要有以下几种。

（1）外界的杂散光影响

现在有些鼠标为了追求漂亮美观的外壳造成透光性太好，如果光路屏蔽不好，再加上周围有强光干扰，就很容易影响到鼠标内部光信号的传输，而产生的干扰脉冲便会导致鼠标误动作。

（2）电路中有虚焊

电路虚焊会使电路产生的脉冲混入造成干扰，对电路的正常工作产生影响。此时需要仔细检查电路的焊点，特别是某些易受力的部位。发现虚焊点后，用电烙铁补焊即可。

（3）晶振或 IC 质量不好

如果晶振或 IC 质量不好，受温度影响，其工作频率会不稳或产生飘移，此时，只能用同型

号、同频率的集成电路或晶振替换。

以上维修需要注意以下事项：许多故障都需要打开鼠标外壳进行修理，此时需要卸下底部的螺丝，如果卸下了可见螺丝还不能打开鼠标，千万不要硬撬，检查标签或保修贴下是否还有隐藏的螺丝，有些鼠标连接处还有塑料倒钩，拆卸时更要小心。

7.5.3 键盘常见故障及处理

键盘的重要性不言而喻，但或许是由于它价格便宜的因素，很多计算机用户一遇到键盘发生故障便随手弃之，再重新购买一个，不去研究如何修理。

从计算机维修经验可知，其实有时候键盘不能正常运作并非是键盘完全损坏，而是因为一些小的问题在作怪，只要能掌握一些排除故障的小技巧，那么键盘一定会再次恢复如初。下面分类讨论如何处理键盘故障。

正如本书第 3 章所述，导电橡胶式键盘是计算机中使用最普遍的输入设备，它一般由按键、导电橡胶、编码器以及接口电路等组成。在键盘上通常有上百个按键，每个按键负责一个功能，当用户按下其中一个按键时，键盘中的编码器能够迅速将此按键所对应的编码通过接口电路输送到计算机的键盘缓冲器中，由 CPU 进行识别处理。通俗地说也就是当用户按下某个按键时，它会通过导电塑胶将线路板上的这个按键排线接通产生信号，产生了的信号会迅速通过键盘接口传送到 CPU 中。

讨论键盘维修，首先要知道键盘会出现哪些故障。其实键盘故障相对于其他配件或设备来说还是比较少的，它大致可分两种，第一种是计算机开机时搜索不到键盘，第二种是键盘按键失灵。

1．“计算机开机时搜索不到键盘”故障维修

导致“计算机开机时搜索不到键盘”的原因有很多，例如连接不牢固、键盘接口损坏、线路有问题、主板损坏等，但主要的问题几乎都是在连接上（概率在 60%左右）。对于这类故障通常采用的方法是先关机，然后拔掉键盘接头，再用力插进主板上的键盘接口即可。

假设不是接口连接问题，那么就要进行连线、主板等部件的检查。至于如何操作，本文不作详细介绍，因为这些问题一则不会经常遇到；二则比较复杂，大家没有必要苦心研究，如真遇到类似问题，一定要请专业人士在旁边指导维修。

2．“键盘按键失灵”故障维修

“键盘按键失灵”也是我们经常遇到的问题。出现这种现象一般都是因为在线路板或导电塑胶上有污垢，从而使得两者之间无法正常接通。其他因素也有可能，例如键盘插头损坏、线路有问题、主板损坏、CPU 工作不正常等，但并非主要原因。因此这里只讨论如何进行除垢工作便可。

具体操作的步骤如下。

步骤 1 拆开键盘。注意在打开键盘时，一定要按钮面（也就是操作的一面）向下，线路板向上，否则每个按键上的导电塑胶会纷纷脱落，给修理带来麻烦。

步骤 2 翻开线路板。线路板一般都用软塑料制成的薄膜，上面刻有按键排线，用浓度最好在 97%以上酒精棉花（75%以上的医用酒精棉花也可以，但最好用高浓度的酒精棉花）轻轻地在线路板上擦洗两遍。对于按键失灵部分的线路要多处理几遍。

步骤 3 查看按键失灵部分的导电塑胶。如果上面积攒了大量的污垢，同样使用酒精擦洗。假设导电塑胶有损坏，建议把不常用按键上的导电塑胶换到已损坏的部分，虽然这种“拆东墙补西墙”的措施无法让键盘发挥出所有功能，但最起码可以延长常用按键的寿命。

步骤4 清除键盘内角落中污垢。清除键盘内角落中污垢的工具可选用毛笔、小刷子等，但注意动作要轻柔一些。

步骤5 查看焊接模块有无虚焊或脱焊。如果会使用电烙铁，可以进行补焊工作。

步骤6 装好键盘。这里有一点须注意，那就是一定要等酒精挥发完全后再进行。

到此为止，维修步骤基本介绍完毕，其实本文所讲的“键盘按键失灵”故障维修办法，不仅仅对计算机键盘上有效，在处理家电遥控器按钮失灵、手机或电话机键盘按键失灵方面也同样有用。

7.5.4 打印机常见故障及处理

打印机故障种类也很多，在此仅就喷墨打印机打印质量下降，缺少笔画和缺色的故障处理进行讨论。

以一台喷墨打印机（Epson Stylus CX3500）出现了打印质量明显下降的问题为例，如果打印出来的文字存在明显的缺少笔画现象，原因可能是喷墨打印机长时间不使用了，突然想打印一张彩色图片，结果却会发现出现了上述问题。

出现这种现象很明显是因为打印机喷头被堵所致，就是因为打印机除了打印的效果差了一些之外，其工作还是正常的。

首先使用打印机本身的清洗喷头功能，如果没有解决这一问题，可以试着自己动手解决这一故障，因为这台打印机是台一体机，因此，拆卸起来比较麻烦，把打印头卸下来将喷嘴浸泡在温水中一段时间后取出，用脱脂棉轻轻将喷嘴擦拭干净，装回打印头一般就能解决喷头被堵的问题，重新将打印机装好，将打印机连接到计算机试打一张，应该可以发现打印效果有了非常大的好转，然后重新使用打印机自身的清洗喷头功能，对喷头再进行一次清洗，再试打，这时打印出来的效果就会比较正常了，至此，故障排除。

通过这一打印机维修的实例，可以了解到喷墨打印机由于其喷嘴非常小，而且墨水又容易干，故喷墨打印机的喷嘴堵塞现象是一件比较容易发生的故障，因此，建议用户使用喷墨打印机时，不要长时间闲置，而是要经常地使用一下，以免长期闲置造成喷嘴处的墨水干涸造成喷嘴堵塞。

7.5.5 U 盘的常见故障及处理

U 盘作为常用的移动存储工具已经取代软驱，更有取代光驱的趋势。下面分析和解决几个常见的 U 盘故障。

1．无法安全删除

故障现象：在删除 U 盘时出现“无法停止通用卷设备”，如图 7.9 所示。

图 7.9 提示无法停止“通用卷”设备

故障排除：打开“任务管理器”，单击“进程”，找到“explorer.exe”进程并结束它。在“任务管理器”中，选择“文件”→“新建任务”命令，然后输入“explorer.exe”，再确定。最后删除 U 盘即为安全删除。

故障总结：一般无法安全删除是因为 U 盘中的文件被系统或软件占用，处于待用状态。这时就需要关闭占用程序或者清空剪切板来释放这些占用文件，当然系统重启也可以解决这类问题。

2．U 盘插入后没有反应

故障现象：U 盘插入机箱前面板的 USB 接口后系统没有任何反应。

故障排除：将 U 盘接入主机后面的 USB 接口后识别正常了。

故障总结：U 盘无反应首先怀疑是供电不足造成的，换一个接口尝试。若还无法识别，就将此 U 盘插入别的计算机，以确定是不是 USB 驱动故障引起的。若 U 盘还是没有反应，就有可能是时钟振晶或主控芯片损坏了。

3．U 盘插入计算机后提示“无法识别的设备”

故障现象：一个 2GB U 盘插入计算机后提示“无法识别的设备”，如图 7.10 所示。

故障排除：首先换了一个 USB 插口尝试，仍然提示无法识别。打开 U 盘外壳用万用表检查数据接口到主控之间的两个电阻，其中一个发现是开路，如图 7.11 所示，更换一个电阻后故障排除。

图 7.10　提示无法识别的 USB 设备

图 7.11　U 盘的内部结构

故障总结：电阻、主控、振晶损坏都可能造成 U 盘提示无法识别，要逐个检查才能排除故障。

4．打开 U 盘时提示“磁盘没有格式化”

故障现象：一个 U 盘可以识别，但打开磁盘时提示“没有格式化”，系统格式化时失败，如图 7.12 和图 7.13 所示。

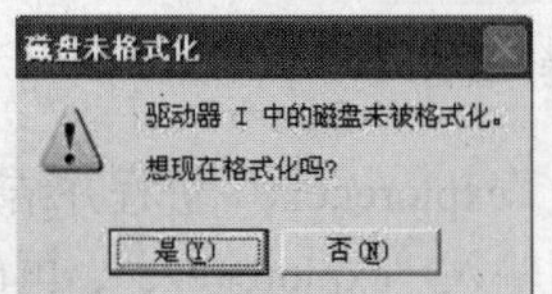

图 7.12　提示未格式化

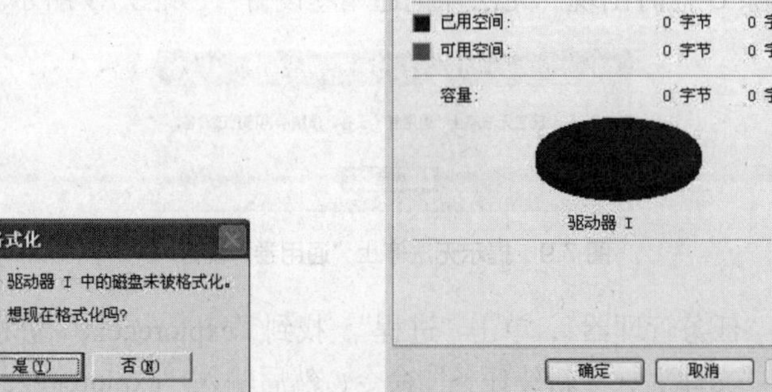

图 7.13　磁盘属性异常

故障排除：因为格式化也是失败的，所以打开 U 盘外壳，找到主控芯片，记录主控芯片具体型号，在网上查找此芯片的主控方案修复工具，修复主控芯片程序后故障排除。

故障总结：提示“未格式化”，有可能是 DBR 错误造成的，可以尝试使用 WinHex 软件修复，若修复失败再格式化不迟。主控修复时则必须严格按照芯片型号查找相应的修复工具才能修复成功。

5．正确识别后在我的电脑中没有 U 盘对应的磁盘

故障现象：一个 4GB U 盘分了两个区，每个 2GB。在插入 USB 接口后系统提示正确识别但在“我的电脑”里只有其中一个分区。

故障排除：右击“此电脑”，选择“管理”→“磁盘管理”命令，发现 U 盘的两个分区都存在，在无法识别的那个分区上右击选择“更改驱动器号或路径”发现此分区和计算机原有的硬盘分区使用了相同的盘符，更改 U 盘分区的盘符后故障排除。

故障总结：若定义的盘符已经存在，则系统无法显示相同盘符的第二个分区，这时需要修改盘符使之没有冲突。

7.6 本章实训

1. 对一台报警的计算机进行故障判断。
2. 利用诊断卡对计算机进行测试。
3. 采用替换法对故障的计算机进行维修。
4. 利用插拔法对计算机进行维护。
5. 利用最小系统法对计算机进行诊断。
6. 对一台 CPU 过热的计算机进行诊断。
7. 利用 PartitionMagic 对一台硬盘有坏道的计算机进行维修。
8. 对一台黑屏的计算机进行维护。
9. 对一台声卡在 Windows 中使用不正常的计算机进行维修。
10. 使用 Debug 解决 DBR 损坏问题。

扫一扫

获取本章实训指导

7.7 本章习题

1. 简述计算机故障的种类。
2. 简述计算机故障产生的原因。
3. 环境因素对计算机的影响体现在哪些方面?
4. 简述计算机故障诊断的基本原则。
5. 简述 Award BIOS 报警声的具体含义。
6. 简述计算机故障处理的具体方法。
7. 观察和触摸是查找计算机故障最常使用的方法，阐述观察、触摸法的具体应用。
8. 对计算机故障进行综合分析要做好哪些方面的工作。
9. 阐述主板故障的分类及故障检查维修的常用方法。
10. 阐述硬盘常见问题。

获取本章习题指导

11. CPU 常见的问题有哪些？
12. 内存的常见问题有哪些？
13. 显卡的常见问题有哪些？
14. 声卡的常见问题有哪些？

本章小结

本章首先介绍了计算机故障的种类和人为及环境因素导致故障产生的原因，然后介绍计算机故障的诊断原则及计算机故障的处理流程和方法，最后以案例分析的形式解析综合典型的故障和主机、外设部件分门别类的故障实例。